AF331478

TRAITÉ COMPLET THÉORIQUE & PRATIQUE

DE LA FABRICATION DE

LA BIÈRE & DU MALT.

Gand, imp. C. Annoot-Braeckman

©

TRAITÉ COMPLET THÉORIQUE & PRATIQUE

DE LA FABRICATION DE

LA BIÈRE

ET

DU MALT

COMPRENANT

LA DESCRIPTION DE TOUS LES PROCÉDÉS, MACHINES
ET APPAREILS LES PLUS RÉCENTS

SUIVIE

DU TEXTE DE LA LÉGISLATION FISCALE RÉGISSANT LA BRASSERIE

DANS LES DIVERS PAYS

PAR

JULES CARTUYVELS ET CHARLES STAMMER

PROFESSEUR A LA FACULTÉ DES SCIENCES
DE L'UNIVERSITÉ DE LOUVAIN, INGÉNIEUR DES
ARTS-MANUFACTURES ET DES MINES, ETC.

DOCTEUR ÈS SCIENCES CHIMIQUES, ETC.

OUVRAGE ORNÉ DE NOMBREUSES GRAVURES DANS LE TEXTE

LIBRAIRIE POLYTECHNIQUE

DECQ ET DUHENT
9, rue de la Madeleine, 9
BRUXELLES

ÉMILE DECQ
22, rue de la Régence, 22
LIÉGE

1879

PLAN ET DIVISION DE L'OUVRAGE.

Il est d'usage banal, en présentant au public un
nouveau traité technique, de dire qu'il comble une
lacune. Loin de nous pareille prétention. Sans nous
astreindre à cette coutume des auteurs, nous ne pouvons pourtant pas nous empêcher de constater tout
d'abord l'opinion, généralement admise par les brasseurs,
qu'aucun des nombreux ouvrages parus sur la fabrication des bières ne constitue réellement un traité
complet, théorique et pratique tout à la fois, susceptible d'être consulté avec un fruit égal et par l'homme
de science et par le praticien.

Pour ne citer qu'un exemple, le professeur Mulder,
d'Utrecht, produisit, il y a quelques années, un remarquable traité, où le côté scientifique de la question

était exposé avec érudition et talent : son *Manuel du Brasseur* offre malheureusement l'inconvénient de ne s'adresser point aux industriels. Dans le traité que nous offrons aujourd'hui au public, nous avons visé, tout au contraire, à donner à nos enseignements ce cachet pratique, manufacturier, qui seul peut acquérir à l'ouvrage la sympathie de la classe nombreuse des industriels auxquels il est destiné, qui seul aussi peut rendre cette œuvre de vulgarisation scientifique susceptible d'aider efficacement au progrès d'une industrie qui joue un si grand rôle dans l'alimentation publique.

Notre manuel a été conçu sur le plan ou plutôt dans le genre du traité publié jadis par l'ingénieur La Cambre. On sait que cet industriel distingué, originaire de France, exerça pendant un certain temps, à Louvain même, la profession de brasseur. Le Traité de La Cambre a rendu de grands et incontestables services à l'industrie des bières, tant en Belgique que dans les départements du Nord de la France. La réédition de cet ouvrage a été vainement réclamée depuis un quart de siècle.

Le présent Traité, par la nature de son enseignement qui est multiple, s'adresse tout à la fois, nous l'avons signalé déjà, à l'homme de science et au manufacturier ; et par la clarté du style, la forme méthodique que nous nous sommes efforcés de lui donner, principalement par le soin apporté à bannir une phraséologie scientifique inopportune qui dépare, à certain point de vue, nombre de publications de l'espèce, on pourrait presque assurer qu'il n'est aucun lecteur, si illettré soit-il, qui ne puisse s'assimiler les notions de la science et du métier condensées dans l'ouvrage.

Au début figure une courte introduction historique sur l'usage de la bière chez les divers peuples, depuis les temps anciens jusqu'à la date actuelle : dans l'art de la brasserie, industrie aussi vieille que terre en bien des contrées, il nous a paru que c'était, en quelque sorte, un devoir, pour un auteur consciencieux, d'étudier, aux sources mêmes, les traditions du métier qui ont prévalu à travers les âges, afin de se rendre un compte raisonné de la persistance et du bien-fondé de ces traditions. Dans l'industrie des bières plus que dans toute autre industrie, peut-être, la routine, le plus souvent, se justifie et tout auteur sérieux ne peut se dispenser de la soumettre à une critique approfondie.

Contrairement à l'usage général des auteurs, qui entrent d'emblée dans la description des procédés manufacturiers, le Livre 1 du Traité est exclusivement consacré à un exposé élémentaire et méthodique des notions de la science qui trouvent leur application dans les opérations de la brasserie : il est vraisemblable de penser que, si cette partie purement théorique de l'ouvrage est celle à laquelle le lecteur attachera, dès le début, le moins d'importance, en revanche ces pages seront celles auxquelles il reviendra, par après, le plus assidûment, parce qu'elles initient le manufacturier, dans le style de la vulgarisation scientifique, aux causes premières, aux réactions caractéristiques, aux lois naturelles des phénomènes qui se manifestent ès cuves du brasseur. Il est reconnu sans conteste aujourd'hui, même par la plupart des industriels encore attardés dans la routine, qu'une grande part du succès des brasseurs le plus en renom en Angleterre et en Allemagne est due à ce qu'ils possèdent ces notions de science, dont la routine a fait trop longtemps litière, et à ce qu'ils en font les règles impérieuses de leur pratique manufacturière.

C'est là ce qui nous a déterminés à insister, par dessus tout et dès le début, sur les notions scientifiques, que nous nous sommes attachés soigneusement à mettre en lumière : lorsqu'on possède bien la clef des phénomènes, les applications industrielles où ils interviennent se conçoivent, s'ordonnent et se contrôlent bien plus aisément, plus rationnellement, plus efficacement.

Est-ce à dire, pour cela, que la pratique manufacturière, à son tour, ne mérite pas d'être enseignée avec un développement et un soin tout spécial? Loin de là : mais cette façon, toute didactique, d'y amener le lecteur, constituera (nous en avons l'espoir, et des praticiens éminents ont bien voulu nous en donner l'assurance) un élément de succès pour ce nouveau Traité. L'industrie aujourd'hui vient à la science, dont elle sent tout le prix, à une époque surtout où la pléthore de la production, cause essentielle et permanente du marasme commercial, constitue un obstacle invincible pour la plupart des industriels qui ferment les yeux à la lumière de la science, vrai foyer du progrès manufacturier.

Le Livre II décrit les matières premières utilisées pour la production de la bière.

Il traite conséquemment de l'orge, des céréales diverses, des autres graines ou produits végétaux renfermant la matière amylacée qui, admises aux cuves du brasseur, y fourniront l'extrait, élément constitutif du moût de bière. A côté de ces plantes à fécule viennent se placer leurs succédanés, dont l'emploi se généralise d'année en année, et les matières tant minérales qu'animales utilisées accessoirement dans la préparation des moûts : ces substances nombreuses sont examinées aux divers points de vue de leur composition organique et chimique, de leur origine, de leurs propriétés utiles ou nuisibles, de plus ou moins d'économie ou de convenance présenté par leur emploi industriel.

Dans cette revue des matières premières de la brasserie nous n'avons pu nous empêcher de signaler les pratiques blâmables de certains praticiens peu consciencieux et souvent ignorants de leurs véritables intérêts, lesquels, en vue de donner à peu de frais à leurs bières une saveur forte, une couleur flattant l'œil, substituent à l'emploi du houblon et des grains celui de substances végétales ou animales nuisibles à la santé et constituant parfois de véritables toxiques.

Le Livre III offre d'abord le résumé des méthodes perfectionnées usitées pour la production du malt : cent pages sont consacrées à cet exposé, que rend plus aisé l'intercalation de tableaux synoptiques et de nombreuses gravures dans le texte. La deuxième partie du Livre III traite du brassage proprement dit et des diverses méthodes en vogue pour produire le moût de bière. La troisième partie examine le traitement du moût en vue de le transformer en bière, les divers modes de fermentation, les types de bières en provenant, les soins à donner à la bière, ses maladies, leur diagnostic, les moyens d'y remédier ou de les prévenir. C'est dans ce livre que se trouvent une série de monographies sur les modes divers de fabriquer les bières préférés en Angleterre, en Belgique, en France, en Autriche, en Bohème, en Allemagne.

Les méthodes locales usitées en Belgique et dans le Nord de la France ont été étudiées par nous sur place avec un soin tout particulier : nous avons suivi dans cette critique, dont chaque brasseur saura faire son profit en raison des conditions spéciales où il est appelé à opérer, nous avons suivi, disons-nous, l'exemple donné précédemment par La Cambre et par feu le consciencieux professeur Vrancken, de l'Université de Louvain[1]. Nous citerons, au nombre des traités ou des travaux récents analysés dans le présent ouvrage, ceux de Pasteur, Thaussing, Muller, Mulder, Otto, Habich, Vrancken, Wauters, Thomson, Sheridan Muspratt, Black, Heiss, La Cambre, Rohart, Puvrez et nombre d'autres; nous citerons également les revues et journaux de l'Allemagne et de l'Angleterre spéciaux à la Brasserie et tout particulièrement le *Journal des Brasseurs, le Brasseur*, publications françaises de haute

---

(1) VRANCKEN, *De cerevisias elaborandi arte.*

valeur technique, et la *Revue universelle de la distillerie et de la brasserie*, redigée en Belgique, avec un talent auquel chacun se plait à rendre hommage, par M. Paul Roux, de Bruxelles. C'est, en quelque sorte, la quintessence de ces publications variées que nous avons pris à tâche de condenser pour les mettre, en un ensemble méthodique, à la portée des industriels intéressés.

La collection des gravures du Livre III, représentant les cuves et ustensiles de brasserie, les dispositions d'ensemble de l'outillage particulier aux méthodes variées de travail, constitue un atlas industriel dont la valeur technique n'échappera pas aux brasseurs et malteurs soucieux des progrès de leur art difficile. Nous nous sommes efforcés, tant par le choix des vignettes que par tous autres moyens, de ne rien négliger de ce qui pouvait rendre la lecture de l'ouvrage plus aisément assimilable et pratiquement fructueuse.

Le Livre IV est une innovation sur la plupart des manuels parus : il traite exclusivement du contrôle des opérations, des matières premières et des produits en provenant, contrôle tant par les moyens empiriques que par des méthodes physiques ou chimiques d'une pratique aisée, rapide, toute manufacturière. L'examen au microscope joue un grand rôle dans les essais de levûre, de grains, de moûts : c'est surtout à l'emploi de ce précieux instrument que sont dûs les progrès si marquants qu'a faits dans ces derniers temps l'étude des organismes inférieurs, de leur mode de propagation, des genres de fermentations qu'ils provoquent, des maladies dont ils sont cause, etc. ; et nous avons l'espoir que les enseignements du livre IV contribueront, dans une certaine mesure, à la diffusion des méthodes de contrôle scientifique qui aident si puissamment le manufacturier intelligent dans la pratique rationnelle et rémunératrice de son industrie délicate.

Le Livre V traite du régime légal de la brasserie dans les divers pays et comprend notamment, en son intégralité, le texte des lois et arrêtés formant le code particulier à l'exercice de la brasserie en France et en Belgique.

Un tel recueil était le complément indispensable d'une œuvre envisageant sous tous ses aspects une industrie aussi importante. Nous espérons qu'il contribuera aussi à procurer à l'ouvrage un accueil favorable auprès des hommes de lois, des fonctionnaires de l'administration des accises et des douanes, appelés par leur profession à l'étude si compliquée de ces lois spéciales, et qu'ils seront heureux de posséder sous la main, pour rendre possible et fructueuse cette étude ardue, les renseignements techniques indispensables, présentés sous une forme intelligible à tous.

Ajoutons que des relevés statistiques officiels, de dates récentes, terminent les divers chapitres consacrés à la législation de chacun des pays producteurs de bières.

Cette analyse de l'ouvrage justifiera, nous en avons l'espoir, auprès du lecteur bénévole, le titre de *Traité complet théorique et pratique de la fabrication de la bière et du malt*.

1 mars 1879.

INTRODUCTION.

L'usage des boissons fermentées remonte aux premiers âges de l'humanité. Voyageur sur la terre, le nomade ne connut d'abord pour se désaltérer que l'eau des fontaines et le lait de ses troupeaux. Mais lorsque les peuplades errantes se furent fixées au sol par les travaux de l'agriculture, elles apprirent à la fois à tirer de leurs récoltes un pain civilisé et une boisson substantielle. Aussi, partout où se rencontrent des hommes, il existe des potions enivrantes. Les traditions primordiales assignent à Noë l'invention du vin. Dans les régions déshéritées par leur climat trop rude des doux fruits de la vigne, diverses substances procurent à l'homme cette excitation artificielle qu'il demande aux coupes fermentées. En première ligne se place la boisson tirée des céréales et connue sous les noms variés de ζύθος, *cerevisia*, *curmen*, etc., dès la plus haute antiquité.

Ce ne sont pas les peuples du Nord seulement qui ont fait de la bière leur boisson principale. Partout où la culture des céréales a été en honneur on retrouve une liqueur fermentée dont la substance première est donnée par le grain. L'Égypte, cette terre des moissons, est aussi la première à nous montrer l'usage de la bière au début même des civilisations connues. HÉRODOTE en attribue l'invention aux dieux protecteurs de l'Égypte. « Osiris », écrit DIODORE DE SICILE, « parcourut l'uni- « vers. Dans les lieux où la terre était impropre à la « culture de la vigne, il apprit aux peuples à composer « avec l'*orge* une boisson dont la force et le parfum « égalaient presque ceux du vin [1]. » — Diodore appelle cette boisson du *vin d'orge :* οἶνος ἐκ κριθῆς. C'est la même expression dont se sert Hérodote [2] pour qualifier la boisson que les Égyptiens fabriquaient à Péluse, à l'aide de grains fermentés : οἴνῳ ἐκ κριθῶν διαχρῆσθαι; il désigne, au contraire, le vin des autres contrées par l'expression : οἶνος ἀμπέλινος, vin de la vigne.

---

[1] DIODORE DE SICILE, liv. I, ch. 20.
[2] HÉRODOTE, liv. II.

D'autres auteurs[1] font mention dans leurs écrits de la boisson de Péluse qui devait être vraisemblablement une bière mousseuse, d'après l'étymologie de son nom : ζύθος (ζέω, *fervere*), que Pline et Columelle ont transporté dans le latin : *zythus*.

Les HÉBREUX, dont la civilisation eut, dès l'origine, de si fréquents rapports avec celle de l'Egypte, connurent aussi la liqueur fermentée tirées des céréales. En différents endroits de la Bible, et notamment en ceux où il est parlé de l'abstinence des prêtres et des nazaréens [2], le texte sacré unit toujours à la mention du vin celle d'une liqueur qui produit l'ivresse, le *Shecar*, que la Vulgate traduit couramment par le mot *sicera*, adopté dans le latin moderne pour désigner la bière. Toutefois, le sentiment commun des interprètes est que sous ce nom Moïse entend toutes les liqueurs capables de provoquer l'ivresse, comme la bière, le verjus, le vinaigre, le vin de dattes de palmier, les vins artificiels faits de diverses espèces de fruits et d'herbages. Ces sortes de liqueurs sont encore aujourd'hui fort en usage dans tout l'Orient, surtout dans les pays qui sont sous la domination des Musulmans, à qui l'usage du vin est défendu.

---

(1) Entr'autres THÉOPHRASTE, liv. VI, ch. 15 ; DIOSCORIDE, liv. II, ch. 81 ; STRABON, ATHÉNÉE, etc.
(2) Lévitique X. Nombres VI. Juges XIII, 4, 7, etc.

St Jérôme, en particulier, dans son commentaire sur le chap. 28 d'Isaïe, affirme que le *Shecar* désigne non seulement le vin de palmier, mais toute liqueur fermentée susceptible d'enivrer, qu'elle soit tirée du froment, de l'orge, du millet, ou de divers fruits.

L'antiquité grecque et latine mentionne aussi la bière et les boissons analogues bien que dépréciées comme boissons de barbares.

ARISTOTE, au livre « de l'ivresse — περὶ μέθης, » nomme la bière πῖνον ἀπὸ κριθῆς, *une potion tirée de l'orge*. (C'est du même πῖνον (πίνειν, boire) qu'un érudit du 16ᵉ siècle fait venir le mot *pinte*, gobelet à bière).

ATHÉNÉE, qui cite plusieurs fragments du livre égaré d'Aristote, se sert du mot βρῦτον, πόμα ἐκ κριθῆς. Dès cette époque (rien de nouveau sous le soleil), on distinguait déjà les bières simples et les bières doubles : ζύθος, δίζυθος.

PLINE [1], le naturaliste de l'époque romaine, nous transcrit les noms divers sous lesquels la boisson tirée des grains était connue de son temps. « Ex iisdem frugibus « fiunt et potus, *zythum* in Ægypto, *cœlia* et *ceria* « in Hispania, *cervisia* et plura genera in Gallia, aliis-‹ que provinciis — c'est des mêmes grains que l'on fabri-

---

[1] Lib. XXII Cap. XXV.

« que une boisson que l'Egypte appelle *zythum*, qu'on
« nomme Celia ou ceria en Espagne, cervoise en Gaule
« et ailleurs. »

Pline cite également le mot *brasce*, par lequel les peuples
de la Gaule désignaient le blé employé à la confection de
la bière, et d'où vraisemblablement dérivent le vocable
brasser, *brasserie*, et le vieux mot français *brâ* qui, dans
certaines localités wallones, se prend encore aujourd'hui
dans le sens du mot *brasce*.

Isidore de Seville (origines, Liv. XX, ch. 3) distingue
plusieurs boissons plus ou moins analogues au vin, fabriquées avec l'orge ou d'autres céréales : « *Cerevisia, a*
« *Cerere, id est a fruge vocata. Est enim potio ex-seminibus*
« *frumenti vario modo confecta.* — La bière ou cervoise,
« tire son nom de Cérès, déesse des moissons : c'est en
« effet, à l'aide des grains du froment qu'on la fabrique
« par des méthodes diverses. »

Des latinistes modernes ont prétendu dériver le nom
gallo-romain de la bière, *Cerevisia*, de *Cereris vis* la force
du grain. Etymologie qui, pour être plus ingénieuse que
réelle, n'en est pas moins expressive et pittoresque.
Eckcardt, avec plus de justesse, en fait un dérivé de
Cerebibia, quod Ceres, id est frumentum, coctum bibatur :
expression poétique pleine de vérité, qui assimile la bière
à une espèce de pain liquide.

Florus[1] atteste l'usage commun de cette boisson en Espagne. « Cum sese prius epulis implevissent carnis « semicrudœ et *celiœ*, sic vocant *indigenam ex frumento* « *potionem....* » ... gorgés de chair demi crue et de *celia*, ainsi qu'ils appellent la *boisson indigène extraite du froment...*

Mais voici une définition tout à fait technique, empruntée à l'antiquité, et qui, par parenthèse, prouve que le latin se prête admirablement à l'expression des manipulations industrielles :

Orose. (Histor. V. 7)... « Larga priùs potione usi, non « *vini,* — *sed succo tritici per artem confecto, quem* « *succum a calefaciendo* Celiam *vocant. Suscitatur enim* « *igneà vis germinis madefactœ frugis, ac deinde sicca-* « *tur, et post in farinam redacta molli succo admiscetur,* « *quo fermentato sapor austeritatis et calor ebrietatis* « *adjicitur...* »

..« abreuvés largement non de vin, mais d'une boisson composée avec art des sucs du froment, qu'ils appellent du mot *Chaleur celia.* En effet, la force active (ignée) du germe est excitée d'abord par la trempe du grain ; puis on le sèche ; ensuite, après l'avoir réduit en farine, on le

---

(1) De Numantinis 2. 18. 12. Voir Gessner, *Novus lingœ et eruditionis romanœ thesaurus.* Leipzig, 1749, p. 834.

mêle au suc édulcoré (extrait glycosé), auquel la fermentation communique un goût amer et une chaleur capable
de produire l'ivresse. »

Ne croirait-on pas lire une description du *maltage* et
du *brassage* tels qu'ils sont pratiqués de nos jours ?

Ulpien [1] fait, à son tour, état de diverses boissons qui
semblent des variétés de bière : « .... et acetum, quod vini
« numero paterfamilias habuit, et *zythum*, et *curmi*. —
« *Curmi* [2], species cerevisiæ seu potionis ex maceratis
« et coctis frugibus ; curmi, boisson provenant des
« grains soumis à la macération, puis à la cuisson. »

Le mot *curmi*, κούρμι des Grecs, en latin *curmen*, est
défini, au Glossaire de du Cange : ζύθος ἀπὸ σίτου, *potus
quidam ex hordeo, similis zytho*, boisson tirée de l'orge,
analogue au *zythus* des Égyptiens. La racine de ce mot
offre à des philologues de valeur [3] une parenté probable
avec le mot allemand *korn*, froment. Des écrivains de la
basse latinité employent indifféremment les mots *curmi*,
camum [4] et *sicera* pour désigner la bière jeune, boisson
à consommer sitôt fabriquée, réservant le nom de cervoise, *cerevisia*, pour les bières qui ont gagné, en vieillis-

---

(1) Digeste, 33. 6. 9.
(2) Forcellini, *Totius latinitatis lexicon*. Lond. 1839.
(3) Voir entr'autres, M. Martini, *Lexicon philologicum*.
(4) *Camum*. du mot κάω, diall. att. pro κάιω, uro.

sant ès tonneaux ou dans le verre, la faculté de mousser et d'autres qualités.

Témoin cette citation de Cujas : « *camum, sicera,*
« potus factus ex hordeo et aliis rebus calidis, ut sunt
« zinziber et similia, quæ ponuntur in testaceis parvis,
« bene obturatis : et cum aperiuntur, salit in altum, et
« vocatur cerevisia. — *Camum, sicera,* boisson com-
« posée d'orge et autres matières soumises à la cuisson,
« telles que le gingembre et les substances analogues, que
« l'on conserve en cruchons bien clos : lorsqu'on les
« ouvre, le liquide jaillit en mousse et prend alors le nom
« de cervoise. »

Le professeur Vrancken, qui enseigna la chimie à l'Université de Louvain, a laissé, entr'autres, une dissertation[1] aussi savante que consciencieuse sur les méthodes usitées en Belgique, depuis les âges les plus reculés, pour la fabrication de la bière. Ce travail porte pour épigraphe un vers de Virgile, faisant allusion à la boisson favorite des Germains :

> . . . . et pocula læti
> « Fermento, atque acidis imitantur vitea sorbis. »
>
> « Ils suppléent au jus de la vigne par une boisson joyeuse qu'ils
> tirent des grains fermentés et des baies amères du sorbier. »

Aucuns prétendent, avec un certain fond de vrai-

---

[1] VRANCKEN, *De cerevisias elaborandi arte.*

semblance, que la boisson indiquée dans ce vers par le poëte des *Géorgiques* est plutôt une liqueur *alcoolique*, obtenue par la fermentation du grain macéré avec des baies de sorbier : on sait que tel est encore aujourd'hui le procédé auquel nos distillateurs de Hasselt et de Schiedam vont demander leur excellent genièvre, alcool aromatisé par l'infusion des fruits rouges du genevrier. Si Virgile avait eu en vue la bière dans le vers cité plus haut, il aurait probablement insisté sur le côté alimentaire de cette boisson, sur ce qu'elle renferme les principes du grain, *cereris vis*, de même que le pain. Les philologues trouveront avec nous qu'il faudrait une interprétation assez élastique de l'expression *acidis sorbis* pour y voir le *houblon*, plante dont l'usage en brasserie ne paraît s'être généralisé que depuis quelques siècles.

Chez les peuples du Nord, la nature et le climat semblent imposer la bière comme la boisson par excellence. L'harmonie qui partout s'établit entre les productions du sol et les mœurs du peuple qui l'habite en fit pour ces froides régions une liqueur nationale. boisson des fêtes, passe temps des heures oisives, délices des héros, nectar des dieux. Tous ces robustes enfants de la Germanie, Angles, Saxons, Danois, Belges, Francs, Gaulois du Nord, s'abreuvaient largement de la blonde liqueur. César, dans ses *Commentaires*, et Tacite, dans ses

Mœurs des Germains, nous apprennent que ces peuples n'avaient aucune espèce de vin, et que leur boisson ordinaire était une liqueur faite de grain fermenté. « *Potui*, « dit Tacite, *humor ex hordeo aut frumento in quam-* « *dam similitudinem vini corruptus.* (De morib. Ger- « man, XXIII). — Ils boivent une liqueur faite d'orge « ou de froment, à laquelle la fermentation donne quel- « que ressemblance avec le vin. » Pythéas, navigateur phocéen antérieur aux conquêtes d'Alexandre, et dont les extraits nous ont été conservés par Strabon, (Liv. XI), Pythéas constate l'usage de la bière jusque dans l'extrême Nord, dans cette terre lointaine et mystérieuse, *ultima Thule*, qui confine à la mer glaciale. « Dans ces « lieux aucun fruit délicat ne mûrit... là où il croit « du blé, et où ils recueillent du miel, les habitants « en composent une boisson[1]. »

La bière et l'hydromel furent partout, la nécessité aidant, les boissons favorites des peuples de race germanique.

Sous la domination romaine dans les Gaules et dans la Belgique, l'industrie de la bière était déjà florissante ; l'invasion des Barbares la vit échapper à la ruine qui

---

[1] Recherches géographiques et historiques sur le nord de l'Europe, par G. de Vaudoncourt. (*Revue du Nord*. t. II. 1838).

enveloppa tous les autres arts et les autres industries,
car les Barbares en usaient eux-mêmes, et ils durent
introduire avec eux de nouveaux éléments de fabrication.
Ainsi, l'on peut assurer que l'art de faire de la bière
exista dans la Gaule Belgique depuis les temps fabuleux,
et qu'il est arrivé sans interruption jusqu'à nous, suivant
toutes les vicissitudes de notre histoire et profitant de
tous nos progrès.

Les diverses citations des auteurs latins touchant
l'usage de la bière chez les peuples de nos contrées
trouvent leur confirmation dans les annales de l'histoire.
Ainsi, nous voyons l'empereur Domitien, à la suite
d'une grande disette, promulguer un édit qui devait,
chose étrange, entraîner comme conséquence une extension considérable de l'usage des boissons de grains. Par
décret de l'empereur, il fut interdit de cultiver la vigne
dans toute terre susceptible de porter des céréales, et
les ceps furent arrachés des vignobles existants Le
développement de la production du grain qui s'ensuivit
et l'abstinence forcée du vin amenèrent, dans toute
la Gaule, la généralisation de l'usage et de la fabrication
de la bière. Ce ne fut que deux siècles plus tard, sous
Probus, que l'on révoqua l'édit portant l'arrêt de mort
de la vigne. Dès lors, le vin reparut dans les usages
domestiques et refoula peu à peu son modeste suppléant

du midi vers le centre des Gaules, puis enfin du centre vers les régions belgiques. Néanmoins le peuple, habitué à la bière, continua à faire emploi de cette boisson économique, en réservant le vin pour les jours solennels.

Singulier retour de la fortune : le désir de procurer à l'alimentation publique des quantités plus considérables de grain entraîne, comme résultat, la création de l'industrie de la bière : et voici que, douze siècles plus tard (1415-1482), à la suite de crises alimentaires, nous voyons les pouvoirs publics se préoccuper de la même nécessité et prohiber absolument, cette fois, sous les peines les plus sévères, toute fabrication de bière et autres liquides provenant de la macération des céréales, et causant par suite la surélévation du cours des farines et du pain.

Au moyen-âge, et jusqu'au siècle dernier, cette industrie jouit d'une prospérité sans déclin : non toutefois qu'elle occupât dès lors de vastes établissements comme on en voit aujourd'hui. En revanche, ils étaient plus nombreux ; car non seulement chaque propriétaire foncier brassait lui-même sa bière, mais chaque brasseur était en même temps cabaretier, et il y avait presqu'autant de cabarets que de brasseries. Ainsi en est-il encore de nos jours en Allemagne. Le cabaretier, brassant sa propre bière, est naturellement intéressé à la faire la meilleure possible : ce fut peut-être cette émulation qui porta la bière, en Belgique, à ce degré de perfection qui lui valut une réputation européenne, et dont elle est bien déchue aujourd'hui.

Sous Charlemagne, on trouve, attachés à toutes les métairies impériales, des ouvriers au courant de la fabrication de la bière. Les menses monastiques possédaient, dès cette époque, des appareils pour la préparation de cette boisson, d'un usage presque général : il y avait, en outre, en maint endroit, des brasseries publiques où il était libre à chacun d'aller brasser à jour fixé, moyennant une redevance à la commune ou au prince. Les chartes des villes, des abbayes, font souvent état de ces redevances et de la faculté (parfois de l'obligation) octroyée au manant d'user de ces établissements publics à des conditions déterminées.

Peu à peu, principalement à partir de l'épanouissement du régime communal, l'industrie des bières ne tarda pas à passer aux mains des corporations de brasseurs, qui s'organisaient dans chaque cité du pays flamand.

En France, vers le XIIIe siècle, la fabrication de la bière, acclimatée avec succès à Paris même, se vit pour la seconde fois refoulée vers les régions où elle avait pris naissance, par suite de l'extension du commerce des vins. St. Louis, en vue de conserver dans sa capitale la corporation des brasseurs dont les produits, sous le coup de cette concurrence, baissaient de jour en jour dans l'estime publique, accorda de nombreux privilèges à cette corporation, ce qui para dans une large mesure à la crise. C'est vers cette époque qu'Estienne Boileau, dans son *Livre des Mestiers*, citait avantageusement la cervoise et surtout la *godale*, (la bonne ale, *goed ale*) sorte de bière double « *qui se boyt ès nopces et aultres festes.* » La façon bruyante et joyeuse dont nos ayeux procédaient à ces libations s'est photographiée, en quelque sorte, dans le mot *godailler*, locution pittoresque à laquelle Littré n'a pas craint d'accorder le droit de cité dans son dictionnaire.

Au XVme siècle, nous retrouvons de nouveau l'industrie des bières en veine de prospérité, probablement par suite des relations politiques et commerciales qui s'étaient établies entre Paris et les riches cités de la bourgeoisie flamande. Peu à peu, soit cherté du vin, soit affaire de mode, la consommation de la bière devint si générale en France que, selon le *Journal d'un bourgeois de Paris*, elle produisit à un certain moment, en droits perçus pour le Roi, deux tiers de plus que le vin.

A partir des Croisades, l'usage des épices, rapporté de l'Orient, s'était introduit dans l'économie domestique : les brasseurs d'alors, dignes devanciers de maints chimistes-brasseurs de nos jours, en profitèrent pour rehausser le goût de leurs bières à l'aide d'aromates et d'extraits amers de tous genres. En France, on eut surtout recours au piment, à la poix, au genièvre, à la sauge, à la lavande, à la gentiane, à la cannelle, au laurier, au pain grillé, aux pommes. En Angleterre, on fit emploi de sucre ; en Allemagne, de sel, d'infusions d'ivraie, etc Les bières de haut goût devinrent tellement en faveur que, pour caractériser le peu de mérite des personnes et le peu de valeur des choses, on ne trouvait rien de mieux que de les comparer dédaigneusement à la *petite bière*.

L'emploi du houblon dans la bière, qui marque, peut-on dire, le plus grand progrès introduit dans la fabrication au point de vue hygiénique, ne semble s'être généralisé qu'à partir du quinzième siècle.

Il n'entre pas dans le dessein d'une courte introduction de passer en revue les procédés divers de fabrication qui ont successivement amené l'industrie de la bière à la perfection où elle est aujourd'hui parvenue dans presque tous les pays de l'Europe, grâce surtout aux découvertes et aux applications des sciences naturelles. Ce sera l'objet de tout notre livre. La partie qui traite de la législation des bières donnera de même une idée assez complète du régime contemporain de cette industrie, désormais soustraite au monopole des corporations pour se développer librement comme jadis par la concurrence, à la réserve des impôts prélevés par l'État.

Il nous reste, pour ne laisser dans l'ombre aucun des côtés intéressants de cette étude, à dire quelques mots des qualités bienfaisantes qui ont assuré à la bière à travers les âges une si légitime popularité.

Pour se rendre un compte raisonné de l'influence hygiénique de la bière, il faut nécessairement se rappeler quelle est sa nature spéciale.

La bière est une boisson fermentée ; elle contient conséquemment de l'alcool, et participera, de ce chef, aux excellentes propriétés des vins. En outre, la bière renferme les principes alimentaires des blés, d'où son nom de « pain liquide » symbole de sa haute vertu nutritive. Un autre produit de cette transformation, conservé dans la bière, est l'acide carbonique, principe des eaux gazeuses, qui rend la bière d'une digestion aisée.

La valeur alimentaire de cette boisson précieuse variera, cela se conçoit aisément, en raison de la qualité, de la quantité et de la quotité respective de ses éléments, résultant du mode de préparation de la bière, de son âge et d'autres circonstances. Il est évident, par exemple, qu'on ne peut attendre les mêmes effets d'une bière double, où la dose d'alcool atteint jusqu'à dix pour cent, et d'une petite bière qui n'en contient que 1 à 2 pour cent.

La décoction du houblon introduit dans la bière une huile essentielle, provenant en grande partie de la secrétion jaune qui révêt les écailles calicinales des cônes du houblon. C'est à cette huile essentielle que la bière emprunte sa saveur amère et son odeur : cette substance agit sur l'économie à l'instar des amers, elle exerce un effet tonique des plus favorable.

Il va sans dire que l'on ne peut demander cette action bienfaisante à certaines *petites bières*, débitées naguères encore dans les quartiers populaires de Paris et qui ne consistaient qu'en une décoction de buis, aiguisée par du vinaigre, parfois même par des acides étendus, auxquels une addition d'eau-de-vie communiquait l'odeur et la saveur de l'alcool. La sophistication des denrées et des boissons alimentaires s'est naturellement accrûe en raison du développement considérable pris par la production de ces substances ; mais, d'autre part, la généralisation d'abus dans les industries bases de l'alimentation publique, a eu pour effet de stimuler dans une large mesure les progrès de l'hygiène, de sorte que, dans ces derniers temps, l'on constate que les falsifications des boissons fermentées ont sensiblement diminué de gravité. Est-ce à dire, pour cela, que les bières communes, pour ne plus constituer que rarement des liquides toxiques ou indigestes, en soient devenues meilleures? Il s'en faut de beaucoup, du moins en ce qui concerne les bières du nord de la France et de la Belgique. Il y a une trentaine d'années les bières belges étaient encore considérées comme les meilleures de l'Europe. Nul n'oserait plus les juger de même aujourd'hui. Soit négligence ou ignorance des fabricants, soit vice de la loi et exagération de l'impôt, la réputation et même la consommation des bières belges ont décru, et les étrangères leur sont préférées, au moins dans les grands centres.

Une étude sur les substances employées de tout temps à falsifier les bières sortirait du cadre restreint de cette introduction : nous leur consacrons d'ailleurs quelques pages au livre IV, qui traite spécialement du contrôle scientifique des opérations et des matières premières de la brasserie. Pour donner une idée de la flore spéciale où des brasseurs peu scrupuleux vont chercher les succédanés du houblon, nous citerons, entr'autres, le romarin sauvage, l'opium, le tabac, la belladone, la datura strammonium, la zizanie, l'écorce du ptelea trifoliata, la jusquiame tant noire que blanche, substances auxquelles il faut ajouter la coque du Levant, les semences de coriandre, etc.

Les avantages que peut présenter l'usage de la bière dans le régime alimentaire journalier étaient déjà connus des anciens. L'école de Salerne[1] en fait le plus grand

---

[1] L'école de Salerne, traduit en vers français par M. Ch. Meaux Saint Marc, Paris 1861.

éloge : témoin cet extrait, dont le lecteur bénévole daignera excuser le réalisme en faveur de son exactitude :

> « La bière, qui me plait, n'a point un goût acide.
> Sa liqueur offre à l'œil une clarté limpide ;
> Faite de grains bien mûrs, meilleure en vieillissant,
> Elle ne charge point l'estomac faiblissant ;
> Elle épaissit l'humeur, dans les veines serpente
> En longs ruisseaux de sang, nourrit la chair, augmente
> La force et l'embonpoint, des *eaux* accroît le cours,
> Et des flancs dilatés arrondit les contours. »

Au point de vue de l'action inébriante de certaines bières, riches en alcool, il est à remarquer qu'elle produit des résultats tout-à-fait caractéristiques, distincts de ceux dûs à l'usage des alcooliques proprement dits. L'ivresse amenée par excès de vin rend généralement gai, loquace, turbulent. Hogarth, lorsqu'il profile, dans ses caricatures si réalistes et si vraies, ses « *beer drunkard* » les représente comme des masses inertes, chargées de graisse, à l'encolure trappue et dans un état d'abrutissement stupide.

L'excès dans tout est un défaut : l'usage modéré de la bière est, par contre, recommandable. Aux siècles passés, les Boerhave, les Sydenham, les Magendie et, à leur suite, la plupart des praticiens de nos contrées recommandaient la bière dans nombre de maladies : cette faveur n'a fait que croître dans les temps plus rapprochés. La faculté, de nos jours, est unanime à apprécier le parti que l'on peut tirer de l'emploi de cette boisson tout à la fois alimentaire, rafraîchissante, tonique et légèrement excitante.

Mais il est temps d'entrer au cœur de notre sujet, en examinant tout d'abord les éléments premiers constitutifs de la bière.

LIVRE I.

NOTIONS GÉNÉRALES.

CHAPITRE I.

PRINCIPES IMMÉDIATS. — PROPRIÉTÉS FONDAMENTALES.

1. — LA CELLULOSE.

Lorsqu'on examine au microscope les diverses parties qui constituent les végétaux, on reconnait qu'elles possèdent toutes un tissu cellulaire, identique à lui-même, non-seulement dans les différents organes d'une même plante mais encore dans tous les végétaux. On a donné le nom de *cellulose* à cette substance constante dont sont formées les cellules qui par leur aggrégation constituent le tissu des plantes.

Le tissu de cellulose est en quelque sorte le canevas, le squelette solide du végétal. Dans les cavités de ce tissu viennent s'élaborer et se déposer des principes immédiats variés, tels que les globules d'amidon dont on tire parti dans l'industrie; la solution de sucre, des gommes et des matières albumineuses; certains sels minéraux dont la plante a emprunté les éléments au sol qui la porte; d'autres substances organiques très-diverses, telles que les matières grasses, résineuses, colorantes et autres.

La composition élémentaire de la cellulose est la suivante :

<pre>
Carbone. 44.45
Hydrogène 6.17
Oxygène 49.38
                             ───────
                              100.00
</pre>

Le symbole chimique synthétisant la composition élémentaire de la cellulose offre avec la formule de l'eau cette particularité que la proportion dans laquelle l'hydrogène et l'oxygène s'y trouvent réunis est identique dans les deux cas : il en est de même pour un certain nombre d'autres substances (amidon, sucres) dont l'étude fera l'objet d'un chapitre de ce traité et qui, bien que douées de propriétés différentes, offrent néanmoins une similitude de composition absolue ou presqu'absolue. .

La cellulose est une substance solide diaphane, insoluble dans l'eau et dans tous les réactifs connus, sauf dans une dissolution cupro-ammoniacale (Schweitzer). Mise en présence de l'iode dans certaines circonstances, elle donne une coloration d'un bleu intense.

Parmi les matières dont nous étudierons les propriétés dans le cours de ce traité, la *levûre* figure au premier rang : cette substance est un amas de particules de cellules simples non aggrégées, dont la matière constituante est principalement la cellulose, et présentant une vitalité caractéristique : le phénomène de cette vie végétative des cellules est le principe de toutes les fermentations et sert de base à diverses industries importantes.

2. — L'AMIDON OU LA FÉCULE.

La matière amylacée est une substance très-répandue dans le règne végétal : elle abonde surtout dans les semences des légumineuses et des céréales, ainsi que dans les pommes de terre et autres tubercules.

On la désigne indifféremment sous le nom d'*amidon* ou de *fécule*, bien que cette dernière appellation s'applique plus spécialement à la matière amylacée extraite des tubercules et des tiges de quelques végétaux, tandis qu'on réserve le nom d'amidon à la fécule des céréales. Ces deux variétés de matière amylacée ont une composition identique.

Ce principe immédiat offre, suivant les végétaux qui le secrètent, des particularités remarquables dépendant principalement du degré d'aggrégation de ses particules, de leur forme, de leur dimension et des matières étrangères qui l'accompagnent. L'amidon est élaboré dans les cellules de divers organes des plantes (racines, ligneux, feuilles, fruits) en granules blancs, transparents sous le microscope : le diamètre de ces granules varie entre $\frac{1}{120}$ et $\frac{1}{2000}$ de millimètre. D'après Würtz, le diamètre des granules de la fécule serait plus grand que celui des granules de l'amidon du blé. Les granules d'amidon présentent un diamètre maximum dans les grains de millet.

Les figures suivantes représentent la forme qu'affectent les

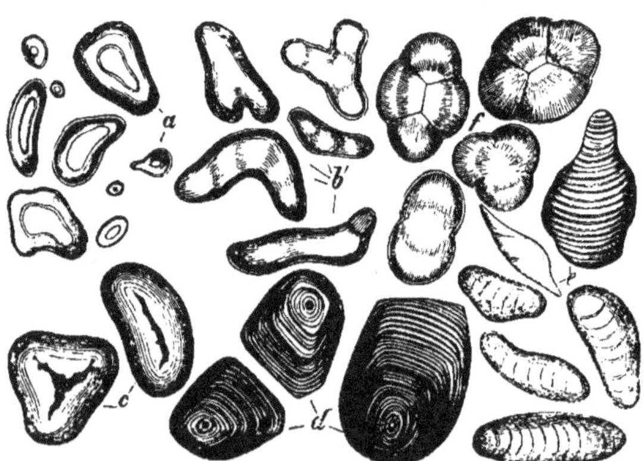

Fig. 1.

a. b. c. fécule de haricot ; *d.* de pomme de terre ; *e.* de racine de galgante ; *f.* de racine de salsepareille.

granules d'amidon de diverses provenances examinés au microscope, à un agrandissement linéaire de 200.

La fig. 2 représente la structure de la fécule de froment :
l'agrandissement linéaire est de 420.

Fig. 2.

La fig. 3 représente la fécule de pomme de terre : même
agrandissement linéaire.

Fig. 3.

Les granules de la fécule de pomme de terre ont, comme on le

voit, des dimensions variables. La fig. 4 représente leurs différentes configurations.

Les granules des matières amylacées sont formés par des couches
concentriques, d'autant plus
denses qu'elles sont plus rapprochées de la circonférence.
A l'égard de cette structure, il
existe néanmoins, ainsi que le
font ressortir les figures ci-dessus, une différence remarquable
entre l'amidon des pommes de
terre et celui des céréales.

Le premier contient des granules de dimensions variées,

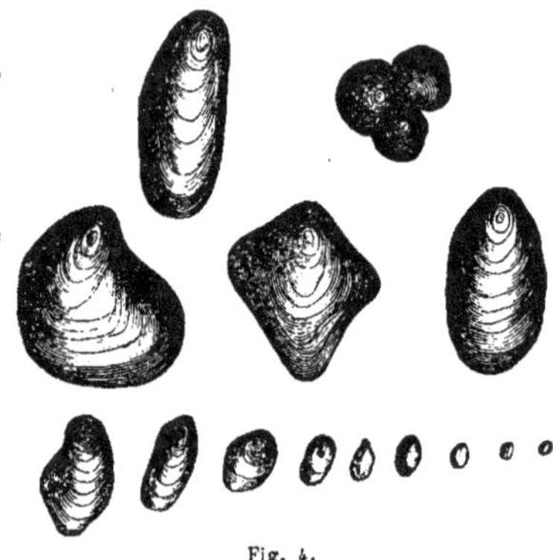

Fig. 4.

provenant de la superposition progressive des couches concentriques; l'amidon de grain, au contraire, ne présente pas ces degrés
intermédiaires mais simplement des granules plus ou moins ellip-
soïdes, grands ou tout petits, sans superposition de couches élémentaires apparentes à l'œil.

L'amidon de l'avoine fait exception : on aperçoit à sa surface
des lignes réticulaires, limites des
fragments dans lesquels se divise le
granule sous l'effet d'une pression
intérieure. Cette configuration spéciale est représentée ci-contre :
agrandissement linéaire de 600.

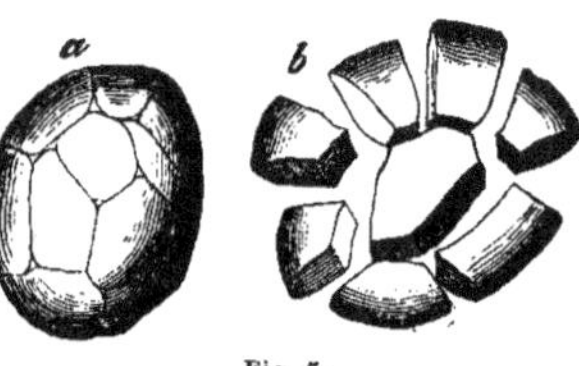

Fig. 5.

L'amidon ne se dissout pas dans l'eau à la température ordinaire;
il y reste en suspension et se dépose au bout d'un certain temps
sans avoir subi aucune modification.

Néanmoins, si l'on triture pendant longtemps dans un mortier
de l'amidon additionné d'eau, il se forme un liquide visqueux qui,
étant dilué, donne par filtration une solution claire susceptible de
se colorer en bleu, sans se troubler, sous l'action de la teinture

d'iode[1]. Cette réaction indique qu'une substance soluble a été extraite de l'amidon. Un effet similaire est obtenu quand on laisse séjourner quelque temps de l'amidon à une température de 40 à 50°, au contact de la salive; l'amidon ainsi privé de sa partie soluble, se présente encore avec toutes ses couches tégumentaires (fig. 6).

Fig. 6.

On a donné le nom de *granulose* à la substance soluble de la fécule et celui *d'amylo-cellulose* à la substance insoluble des téguments : la composition chimique de la granulose est identique à celle de l'amylo-cellulose. Le tannin donne un précipité dans la solution de granulose, mais la présence de substances albumineuses dans la solution empêche cette réaction de se produire.

La solution de la granulose acquiert en peu de temps une acidité prononcée, elle n'est pas susceptible de présenter le phénomène de la fermentation dite *vineuse* (voir plus loin); de ces deux caractères découle une conséquence d'une grande importance pour les industries basées sur la fermentation des liquides, à savoir, le danger de la *fermentation* dite *acide* qu'offre constamment tout liquide renfermant de la granulose.

L'amidon de froment, exposé à l'air, absorbe environ 12 p. c. d'humidité; l'amidon de pomme de terre 18 p. c. A une température de 80° à 100°, toute l'eau est chassée et l'amidon reste sec.

La composition centésimale de l'amidon est la suivante :

Carbone	44.45
Hydrogène	6.17
Oxygène	49.38
	100.00

---

[1] L'iode est très-peu soluble dans l'eau pure. Le réactif de l'amidon, la teinture d'iode, consiste dans une dissolution d'un peu d'iodure de potassium et d'iode dans de l'eau distillée. La solution offre une coloration brune qui ne doit pas être trop intense.

Cette composition correspond à la formule atomique : $C^{12}H^{20}O^{10}$.

L'amidon possède une réaction chimique tout à fait caractéristique, celle qui a lieu avec la solution d'iode. Ce réactif colore en bleu les granules d'amidon, comme on peut s'en assurer aisément au microscope.

L'amidon est insoluble dans l'eau, l'alcool et l'éther. Au contact de l'eau, chauffée à 60° ou 70°, il se gonfle sans se dissoudre, augmente sensiblement de volume et se transforme en une masse gélatineuse translucide, *l'empois ;* bouilli avec beaucoup d'eau l'amidon donne une solution épaisse et trouble. Cette liqueur est colorée en bleu intense par la solution d'iode ajoutée *après refroidissement.* Il paraît qu'une faible fraction de la fécule est dissoute dans l'eau, car la liqueur reste bleue, même après le dépôt complet des granules gonflés.

La formation de l'empois a lieu de 65° à 70° cg., pour la fécule de pomme de terre, et de 82° à 88° cg. pour celle de froment. Dans tous les cas, la température de l'eau bouillante transforme entièrement l'amidon en masse translucide.

L'alcool est sans action sur l'amidon ; les acides et les alcalis dilués ne l'attaquent pas à la température ordinaire. A l'état de concentration, ces agents transforment également la fécule en une masse gonflée et gélatineuse.

A la température ordinaire, l'empois de froment s'acidifie et acquiert une odeur désagréable. Cette altération est due à la présence de substances azotées contenues, à dose très-minime, dans l'amidon : l'acide produit est l'acide lactique.

Lorsqu'on prépare un empois peu consistant et qu'on ajoute après le refroidissement à 75-80° cg. un extrait concentré de *malt* d'orge, l'amidon subit un changement essentiel et caractéristique. L'empois se transforme en solution liquide, les granules disparaissent et l'amidon se trouve métamorphosé en *sucre d'amidon,* ou sucre de raisin, c'est-à-dire en *glucose.* Pour éprouver cette modification radicale il n'est pas nécessaire que l'amidon passe par l'état intermédiaire d'empois; car, dilué simplement dans l'eau froide et versé peu à peu dans la solution d'extrait de malt, chauffée à 75° environ, l'amidon se dissout également et passe à l'état de glucose.

La solution, dans un cas comme dans l'autre, n'est pas absolument claire : les couches tégumentaires des granules n'étant pas attaquées nagent dans la liqueur. Par voie de filtration, on obtient un liquide complétement clarifié.

La transformation de la matière amylacée en glucose n'a pas lieu sans transition : d'abord, il se produit une modification soluble qu'on nomme fécule soluble ou amidaline ; puis la fécule soluble passe à l'état de gomme d'amidon ou *dextrine*, laquelle enfin se transforme en glucose. On peut suivre la marche de ces réactions au moyen de la teinture d'iode. L'empois est, comme nous savons, coloré en bleu par cet agent; cette réaction se produit encore après la transformation de la fécule en amidon soluble ; mais lorsque l'action se prolonge, la coloration devient de plus en plus rougeâtre et disparaît enfin complétement : à ce moment, tout l'amidon est passé à l'état de dextrine et de glucose. La coloration rouge est un signe certain de la formation d'un produit intermédiaire.

Cette transformation de la fécule en glucose est le point de départ de toutes les industries basées sur la fermentation des matières amylacées : on la désigne sous le nom de *saccharification*.

Comme le *malt* contient aussi de l'amidon, on comprend qu'on doit obtenir une liqueur glucosique en traitant le malt par de l'eau chaude, ce qui a lieu effectivement. Le liquide sucré, obtenu d'une façon ou de l'autre, prend le nom de *moût :* envisagé au point de vue de la production de l'alcool, le moût correspond à une solution de glucose de provenance quelconque. (Voir plus loin chap. IV.)

Une transformation analogue se produit, sous l'influence de *l'acide sulfurique*, à la température de l'ébullition. Si, pendant le cours de cette expérience, on fait de temps à autre emploi de la teinture d'iode, on voit peu à peu la coloration bleue — réaction caractéristique de l'amidon — virer au rouge et finir par disparaître complétement après une ébullition suffisamment prolongée. A ce point, l'addition d'une nouvelle dose de teinture d'iode ne produit plus dans la solution aucun phénomène de coloration : tout l'amidon s'est changé en dextrine d'abord, puis en glucose.

La chaleur seule amène une transformation pareille de l'empois : mais cela réclame un temps plus long, à moins qu'on n'ait recours à l'ébullition sous pression, en vase clos. La présence de substances albuminoïdes dans l'empois a pour effet d'amener plus rapidement sa liquéfaction, surtout à une température de 60-70°.

La transformation de l'amidon en sucre par le malt ou l'acide sulfurique n'est jamais complète : il reste toujours dans la solution des substances que, dans le cours de ce traité, nous désignerons, suivant l'usage, par le nom générique de dextrine. Il est à remarquer que la variété de dextrine qui doit son origine à l'action du malt, peut se transformer, par l'effet de la fermentation vineuse, en glucose susceptible de fermenter ultérieurement : la dextrine produite par l'acide sulfurique semble au contraire peu susceptible d'être modifiée par la fermentation. On paraît d'accord pour reconnaître que, sous l'action de l'acide sulfurique, il se produit beaucoup moins de dextrine, mais que la transformation en glucose est presque complète.

3. — LA DEXTRINE.

La *dextrine*, substance dont nous venons d'indiquer le mode de production, présente une composition identique à celle de l'amidon. Sa solution dévie fortement à droite le plan de polarisation : d'où son nom. La dextrine est très-soluble dans l'eau ; sa solution est sans saveur et légèrement visqueuse.

La dextrine se transforme très-facilement en d'autres substances analogues et finalement en glucose. Une ébullition prolongée suffit pour opérer cette transformation qui se produit plus rapidement et à une température moins élevée sous l'influence de substances albuminoïdes.

Le tannin ne précipite pas la dextrine. Mais, si la solution de cette substance renferme en même temps des matières albuminoïdes, que le tannin précipite, la dextrine est entraînée, en quelque sorte, mécaniquement dans le précipité.

L'alcool en excès précipite la dextrine, quoique l'insolubilité de cette substance dans l'alcool ne soit pas absolue : si des substances albuminoïdes se trouvent en présence, elles sont entraînées dans le précipité.

Le tableau suivant indique la densité que possèdent les solutions de dextrine à différents états de concentration :

centièmes de dextrine.	densité.
5	1.019
10	1.038
15	1.057
20	1.078
25	1.096

On a cru jusqu'à présent que ce qu'on appelle en termes manufacturiers, le *corps* des bières, était dû principalement à la présence de la dextrine : nous verrons ultérieurement que c'est là une erreur grave.

Il existe encore certaines substances offrant une composition identique à celle de la dextrine et jouissant de propriétés peu différentes de celles qui caractérisent cette substance : les notions, d'ailleurs peu circonstanciées, que l'on possède sur ces substances, sont d'ordre purement chimique. C'est ce qui nous engage à ne pas nous étendre sur cet objet, malgré le rôle que jouent dans la fabrication du malt et des bières les matières analogues à la dextrine.

Enfin, l'on connaît aussi une classe de substances intermédiaires entre la dextrine et la glucose, qui participent de certaines propriétés de ces deux combinaisons, sans qu'on puisse néanmoins les ranger nettement sous l'une ou l'autre de ces dénominations. Ces substances se transforment en glucose sous l'influence du malt.

Elles ont été jusqu'à ce jour peu étudiées. Il en sera question au chapitre traitant de l'emploi du sucre de pomme de terre en brasserie.

4. — LES SUCRES.

Sucre de canne. — Le *sucre* proprement dit, ou sucre de canne, qui porte aussi le nom de *saccharose* ou sucre cristallisable, possède la composition centésimale suivante :

Carbone	42.10
Hydrogène	6.43
Oxygène	51.47
Total.	100.00

Cette composition correspond à la formule chimique : $C^{12}H^{22}O^{11}$. Le sucre ne contient pas d'eau de cristallisation. A l'état de pureté, le sucre cristallise en gros prismes du système rhomboïdal, parfaitement incolores et transparents. Son goût est franchement doux.

Le sucre est très-soluble dans l'eau : 16 centièmes de son poids d'eau chaude et 33 centièmes d'eau froide suffisent pour le dissoudre. Il est soluble aussi dans l'alcool et d'autant plus que l'alcool renferme plus d'eau. Ainsi, 100 parties d'alcool anhydre bouillant ne dissolvent que 1,25 p. de sucre qui se dépose presque entièrement par refroidissement ; 100 parties d'alcool à 83 p. 100 dissolvent 25 p. de sucre.

Le sucre se sépare de ses dissolutions sous forme de cristaux, par refroidissement ou par évaporation ; il fond à une température un peu supérieure à 160° en un liquide épais, transparent, qui se prend par le refroidissement en une masse amorphe, vitreuse (*sucre d'orge*) ; maintenu quelque temps à une température de 170° à 180°, il devient *incristallisable* et se dédouble en *glucose* et lévulosane ; enfin, chauffé à 215°, il se colore en perdant de l'eau et se transforme en *caramel*, composé acide fortement coloré en brun, très-soluble dans l'eau, possédant une saveur non sucrée et un peu amère, non susceptible d'éprouver la fermentation.

Le sucre cristallisable ne se transforme pas immédiatement, par la fermentation, en alcool et acide carbonique : il passe d'abord à l'état de glucose. Le sucre cristallisable se rencontre dans les sucs peu acides d'un grand nombre de végétaux. La canne et la betterave en fournissent la plus grande quantité, tant pour servir directement aux usages économiques que pour alimenter l'industrie de la fabrication des alcools. On rencontre encore le sucre dans les tiges du maïs, du sorgho, dans la sève de l'érable à sucre, des palmiers, etc.

Le sucre cristallisable, à l'état de pureté, soit qu'il provienne de la betterave ou de la canne, présente une composition absolument identique. Mais lorsque ces deux variétés de sucre ne sont pas complétement purifiées par le raffinage, il existe entr'elles des différences très-notables, dont il faut tenir compte dans la pratique. Le sucre brut extrait de la canne est imprégné de substances douées d'une odeur aromatique qui communiquent à tous les produits et résidus de la fabrication, vergeoises ou lumps, un goût agréable ; cette saveur aromatique est sensible encore dans les sucres candis jaunâtres employés, par exemple, au sucrage des vins mousseux. Les résidus et produits bruts analogues, provenant de la betterave, renferment toujours, à dose plus ou moins forte, des substances étrangères propres à cette racine et douées d'une odeur forte : ces matières ont un goût désagréable qui se transmet aux diverses préparations alimentaires et même aux produits alcooliques. De là vient la préférence qu'on accorde, pour ces usages, aux sucres de canne sur ceux de betterave lorsqu'ils sont à l'état brut ou imparfaitement raffinés. Mais lorsque ces sucres sont complétement blancs et purs, on ne peut plus les distinguer les uns des autres.

Sous l'influence des acides étendus, le sucre se convertit, lentement à froid, rapidement à la température de l'ébullition, en un mélange à proportions égales de deux sucres auxquels on a donné les noms de *dextrose* (c'est la glucose) et de *lévulose* : ce mélange constitue le *sucre interverti*, appelé improprement *glucose* dans le langage ordinaire. Bien que douées de propriétés dissemblables, la lévulose et la dextrose ont une composition identique; ces sucres diffèrent du sucre saccharose, dont ils proviennent : ils renferment en plus un équivalent d'eau, fixé pendant la réaction. Une transformation analogue a lieu pendant la fermentation alcoolique *par suite de l'action des ferments.*

Glucose. — Le sucre de *raisin*, produit dont il a été question précédemment sous le nom de *sucre d'amidon* ou *glucose*, se rencontre dans beaucoup de fruits et dans le miel. On le prépare artificiellement par les procédés amenant la saccharification de la fécule, au moyen de l'acide sulfurique et de la diastase. Il contient un équivalent d'eau de plus que le sucre de canne. Sa formule est $C^6 H^{12} O^6$ ou $C^{12} H^{24} O^{12}$. A l'état cristallisé il renferme, en outre, deux équivalents d'eau de cristallisation.

La glucose est une substance blanche, formée de petits cristaux confus, agglomérés en choux-fleurs; sa saveur sucrée et sa solubilité sont moindres que les propriétés similaires du sucre de canne; en revanche, la glucose est plus soluble dans l'alcool. Elle est inaltérable à l'air : à 100° ses cristaux fondent en abandonnant leur eau de cristallisation; à 140°, la glucose se transforme en caramel.

La solution de glucose dévie à droite le plan de polarisation : elle réduit très-facilement diverses solutions métalliques et notamment la solution cuivrique alcaline connue sous le nom de liqueur de Barreswill ou de Trommer, dont elle précipite le protoxyde de cuivre. Cette dernière réaction, très-sensible, peut servir à déceler et même à doser les plus petites quantités de glucose.

Lorsqu'on chauffe la glucose avec une solution de potasse, de soude ou de baryte, ou avec un lait de chaux, le mélange se colore en brun et il se forme des acides colorés, auxquels M. Peligot a donné les noms d'acides glucique et mélassique. Le sucre ordinaire ne présente point cette réaction. Sous l'influence de certains corps appelés *ferments*, la glucose se transforme facilement en alcool et acide carbonique.

La glucose se trouve dans le commerce sous diverses formes, suivant les différentes applications auxquelles on la destine : les principales variétés de ce produit sont la glucose granulée, le sirop de fécule, le sucre de fécule massé. En général, la glucose se rencontre comme *produit intermédiaire* dans tous les cas où l'on met en œuvre les *matières amylacées* en vue d'obtenir l'alcool.

La *lévulose*, sucre de fruit ou sucre incristallisable, possède une composition chimique identique à celle de la glucose : les propriétés de ces deux substances sont les mêmes à peu de chose près : on constate seulement que la lévulose est incristallisable et dévie à gauche le plan de polarisation, d'où son nom. Le sucre lévulose se rencontre dans un grand nombre de fruits, associé avec la glucose, et dans la partie liquide du miel : il se présente sous la forme d'un liquide qui, évaporé à complète siccité, prend l'aspect de la gomme. La lévulose est très-soluble dans l'eau et l'alcool : elle est aisément fermentescible.

Sucre interverti. — Le *mélange* de glucose (dextrose) et de lévulose, qui se produit par l'influence des acides sur le sucre de canne, porte, comme nous l'avons vu, le nom de *sucre interverti*. Ce sucre se rencontre aussi dans les sucs des fruits, etc., et prend naissance chaque fois que le sucre de canne est soumis à l'action des ferments. La lévulose est donc, avec la glucose, la véritable matière de la fermentation.

Comme les propriétés chimiques de ces deux sucres, ainsi que celles de leur mélange sont, en somme, peu différentes et que, au point de vue de la production des liquides alcooliques, il n'y a aucun inconvénient à les considérer comme étant de nature identique, nous adopterons, dans le cours de cet ouvrage, la coutume habituellement suivie de désigner sous le nom générique de *glucose* tous les sucres de provenance quelconque à l'exception du sucre cristallisable ou sucre de canne.

Dosage du sucre. — L'alcool étant un produit dérivé du sucre par voie de fermentation, la quantité d'alcool à obtenir de la mise

en œuvre d'une matière sucrée quelconque sera toujours rigoureusement dépendante de la quantité de sucre employée. Il est donc
important de s'assurer de la proportion de sucre contenue dans
les liquides sucrés soumis à la fermentation. En pratique, le
dosage du sucre s'exécute au moyen de l'aréomètre; les méthodes
plus exactes, telles que l'évaluation du pouvoir polarisant du
liquide, ou la méthode cuivrique, ne sont employées que pour
les recherches plus rigoureuses. Nous renverrons donc aux livres
spéciaux le lecteur qui prendrait intérêt à ces déterminations
purement scientifiques, et nous ne nous occuperons ici que du
dosage aréométrique du sucre. Tous les sucres se comportent,
pratiquement parlant, d'une façon identique vis-à-vis de l'aréomètre : les considérations qui suivent s'appliquent donc aussi
bien au sucre cristallisable qu'à la glucose.

Aréométrie. — Tableaux comparatifs.

L'usage de l'*aréomètre* pour les solutions sucrées ou *saccharimètre*,
est basé sur le même principe que celui de l'*alcoomètre*, ou aréomètre pour les liquides alcooliques. Mais la graduation des deux
instruments se fait en sens inverse, par la raison que, le sucre
étant plus dense que l'eau, les solutions sucrées sont d'autant plus
riches en sucre qu'elles sont *plus denses*; et que d'autre part,
l'alcool possédant une densité inférieure à celle de l'eau, les liquides
alcooliques sont d'autant plus riches qu'ils sont *moins denses*.
L'aréomètre pour le sucre indique donc la plus grande richesse
dans sa position la plus élevée, la poussée qui tend à faire sortir
l'instrument du liquide où il plonge étant en raison directe de la
densité de ce liquide. En outre, la température exerce une influence
différente, suivant la nature des liquides, sur les indications de
ces deux sortes d'aréomètres. Le liquide alcoolique devenant moins
dense par suite d'une certaine élévation de température, paraît
devenir *plus* riche en alcool; le liquide sucré, au contraire, devenant

moins dense, paraît contenir *moins* de sucre. Par conséquent, les indications aréométriques prises à des températures au-dessus de la normale sont trop élevées pour l'alcoomètre, tandis que le contraire a lieu pour des températures en-dessous de la normale. Remarquons encore que les mélanges de liquides renfermant à la fois du sucre et de l'alcool ne sauraient fournir aucune indication précise par une seule observation, puisque la présence de l'une des deux substances en solution a pour effet d'augmenter la densité alors que l'autre substance agit dans un sens contraire, ce qui, en définitive, établit une sorte de compensation. Dans certaines proportions, par exemple, il est clair que les deux aréomètres peuvent marquer zéro, tandis que des quantités très-considérables d'alcool et de sucre peuvent être en présence.

Pour le cas de solutions pures, le saccharimètre donne des indications suffisantes relativement à la richesse en sucre, à la condition que l'observation se fasse à la température normale. L'aréomètre le plus répandu est celui de *Baumé*; il existe des aréomètres Baumé pour les liquides moins denses que l'eau et d'autres pour des liquides de densité supérieure.

On voit, par ce simple fait, que les indications de cet instrument n'ont aucune relation rationnelle avec les véritables quantités des substances en solution : les degrés sont des divisions fictives, de pure convention. De même que pour l'alcool, il y a donc d'autres aréomètres plus rationnels : témoin le densimètre de la régie qui donne le poids spécifique absolu. On ne peut pas, sans l'aide de tableaux comparatifs, tirer des indications de l'aréomètre des conclusions exactes sur la quantité de sucre réellement renfermée dans les liquides essayés.

L'aréomètre le plus commode et le mieux approprié au dosage du sucre est celui de *Balling* (ou de *Brix*). Nous l'appellerons le *saccharimètre*, sans craindre qu'on le confonde avec l'instrument de polarisation usité pour les déterminations très-précises, en sucrerie. Les indications de l'aréomètre *Balling* sont celles auxquelles nous aurons

habituellement recours dans cet ouvrage.
Voici le principe de sa graduation.

Le saccharimètre Balling est construit
de façon à indiquer dans une solution de
sucre pur la proportion *en poids* de cette
substance dissoute *dans* 100 *parties en
poids* de la solution considérée. Une
solution dans laquelle le saccharimètre
Balling s'enfoncerait, par exemple, jusqu'au point 20, contiendrait donc 20 grammes de sucre en 100 grammes de liqueur,
soit 20 centièmes *en poids*.

Les nombres de l'échelle saccharimétrique représentent des *centièmes* du poids.
Nous désignerons donc les indications de
cet instrument, non par le mot conven-
tionnel de degré, mais par la notation
°/₀ Ball. ou simplement par °/₀ ; il serait
vivement à souhaiter que l'emploi de cet
instrument se répandît de plus en plus,
pour servir aux estimations où il s'agit
d'évaluer la richesse de liquides qui renferment en solution, soit du sucre, soit des
substances agissant sur l'aréomètre de la
même manière que le sucre.

Nous avons vu que le sucre pouvait
se dissoudre dans le 1/3 de son poids
d'eau froide : cent parties d'une solution
sucrée peuvent donc renfermer, à froid,
de 0 à 66 parties de sucre. L'échelle
saccharimétrique s'étend conséquemment
de 0 à 66 pour cent, et même au delà,
lorsqu'on a affaire à des solutions chaudes.

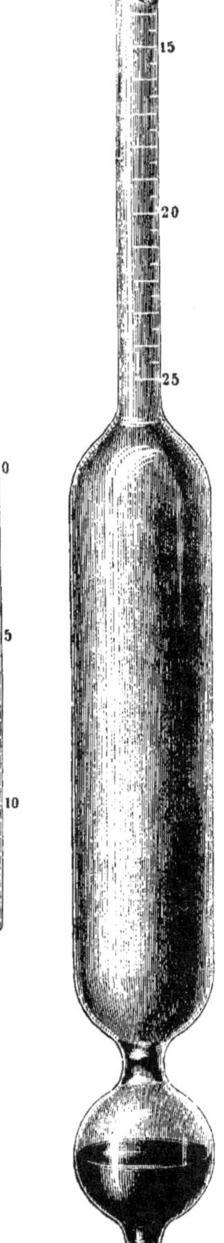

Fig. 7.

3

Les dosages les plus fréquents dans l'industrie se font à certains degrés constants de concentration, pour l'estimation desquels on construit des saccharimètres à échelle limitée : cela permet de donner à l'instrument toute l'exactitude désirable sans exiger des tiges d'une longueur démesurée.

Le saccharimètre usité dans l'industrie de la brasserie porte une échelle qui s'étend de 0 à 20 ou 25 p. cent; la lecture des indications peut s'y faire aisément avec une approximation d'un quart de degré. La fig. 7 représente un de ces instruments en grandeur naturelle : comme on peut s'en rendre compte, à l'inspection de cette figure, on pourrait encore, à la rigueur, inscrire sur la tige de l'instrument un plus grand nombre de degrés, mais dans ce cas, la lecture des subdivisions deviendrait peu aisée et présenterait des chances d'inexactitude. Or, la constatation rigoureuse et réitérée des variations qui se produisent dans la composition des moûts sucrés aux diverses époques du travail permet seule de donner aux procédés industriels toute la précision nécessaire pour assurer leur fonctionnement d'une manière rationnelle et efficace.

Comme l'usage du saccharimètre n'est pas encore généralement répandu, nous croyons bien faire en transcrivant ci-après quelques tableaux synoptiques de nature à vulgariser et à faciliter l'emploi de cet instrument.

TABLEAU I.

% BALLING.	DEGRÉS BAUMÉ.	POIDS SPÉCIFIQUE.	% BALLING.	DEGRÉS BAUMÉ.	POIDS SPÉCIFIQUE.
1	0.55	1.0039	11	6.11	1.0443
2	1.11	1.0078	12	6.66	1.0485
3	1.67	1.0117	13	7.21	1.0528
4	2.23	1.0157	14	7.77	1.0570
5	2.78	1.0197	15	8.32	1.0613
6	3.34	1.0237	16	8.87	1.0657
7	3.89	1.0278	17	9.42	1.0700
8	4.45	1.0319	18	9.97	1.0744
9	5.00	1.0360	19	10.52	1.0787
10	5.55	1.0401	20	11.07	1.0832

TABLEAU 2.

DEGRÉS BAUMÉ.	%BALLING.	DEGRÉS. BAUMÉ.	%BALLING.
0.5	0.9	5.5	9.9
1.0	1.8	6.0	10.8
1.5	2.7	6.5	11.7
2.0	3.6	7.0	12.6
2.5	4.5	7.5	13.5
3.0	5.4	8.0	14.4
3.5	6.3	8.5	15.3
4.0	7.2	9.0	16.2
4.5	8.1	9.5	17.1
5.0	9.10	10.0	18.0

Les tableaux 1 et 2 établissent la corrélation qui existe entre les degrés de l'aréomètre Balling, ceux de l'aréomètre Baumé et le poids spécifique. Les indications de ces tableaux sont limitées à 20 degrés : cette étendue est suffisante pour les besoins de l'industrie des bières. L'observation doit se faire à la température de 17 1/2 degrés centigrades : c'est à cette température qu'a lieu habituellement la graduation des aréomètres ; on la considère comme la *température normale* des instruments, celle à laquelle il convient de porter les liquides à essayer. Il n'existe pas de coëfficient que l'on puisse appliquer d'une manière générale en vue de corriger les inexactitudes amenées dans les indications de l'instrument par les variations de température.

Les tableaux 3, 4, 5, 6, 7 reproduisent, sous des formes variées, des notions aréométriques applicables aux différents cas qui se rencontrent le plus communément dans la pratique : les deux derniers établissent la correspondance des densités avec les degrés de l'aréomètre Baumé, calculée de 5 en 5 degrés par Gay-Lussac, et complétée, pour les degrés intermédiaires, par Collardeau.

TABLEAU 3.

*Comparaison des degrés et dixièmes de degrés Baumé avec les degrés sacchari-
métriques Balling (à 15° c.).*

DEGRÉS BAUMÉ.	% BALLING.	DEGRÉS BAUMÉ.	% BALLING.	DEGRÉS BAUMÉ.	% BALLING.
2.0	3.50	6.1	10.89	10.1	18.22
1	3.58	2	11.07	2	18.40
2	3.86	3	11.25	3	18.59
3	4.04	4	11.43	4	18.77
4	4.22	5	11.61	5	18.96
5	4.40	6	11.79	6	19.14
6	4.58	7	11.97	7	19.32
7	4.76	8	12.15	8	19.51
8	4.94	9	12.33	9	19.69
9	5.12	7.0	12.52	11.0	19.88
3.0	5.30	1	12.70	1	20.06
1	5.47	2	12.89	2	20.24
2	5.65	3	13.08	3	20.42
3	5.83	4	13.27	4	20.61
4	6.01	5	13.46	5	20.79
5	6.19	6	13.64	6	20.97
6	6.37	7	13.83	7	21.16
7	6.55	8	14.02	8	21.34
8	6.73	9	14.21	9	21.25
9	6.91	8.0	14.38	12.0	21.71
4.0	7.09	1	14.56	1	21.89
1	7.27	2	14.74	2	22.07
2	7.45	3	14.92	3	22.25
3	7.63	4	15.11	4	22.44
4	7.81	5	15.29	5	22.62
5	7.99	6	15.47	6	22.80
6	8.17	7	15.65	7	22.99
7	8.35	8	15.83	8	23.17
8	8.53	9	16.02	9	23.35
9	8.71	9.0	16.20	13.0	23.54
5.0	8.90	1	16.38	1	23.72
1	9.08	2	16.56	2	23.90
2	9.26	3	16.75	3	24.08
3	9.44	4	16.93	4	24.26
4	9.62	5	17.12	5	24.44
5	9.80	6	17.30	6	24.62
6	9.98	7	17.48	7	24.80
7	10.16	8	17.66	8	24.98
9	10.34	9	17.85	9	25.16
8	10.52	10.0	18.04	14.0	25.34
6.0	10.71				

TABLEAU 4.

Comparaison des degrés Baumé avec les degrés aréométriques Balling et le poids spécifique (à 15° c.).

DEGRÉS BAUMÉ.	°/₀ BALLING.	POIDS SPÉCIFIQUE.	DEGRÉS BAUMÉ.	°/₀ BALLING.	POIDS SPÉCIFIQUE.
0	0.00	1.0000	9	16.23	0667
0.5	0.90	0035	9.5	17.14	0706
1	1.80	0070	10	18.05	0746
1.5	2.69	0105	10.5	18.96	0787
2	3.59	0141	11	19.87	0827
2.5	4.49	0177	11.5	20.78	0868
3	5.39	0213	12	21.69	0909
3.5	6.29	0249	12.5	22.60	0951
4	7.19	0286	13	23.52	0992
4.5	8.09	0323	13.5	24.43	1034
5	9.00	0360	14	25.35	1077
5.5	9.90	0397	14.5	26.27	1120
6	10.80	0435	15	27.19	1163
6.5	11.70	0473	15.5	28.10	1206
7	12.61	0511	16	29.03	1250
7.5	13.51	0549	16.5	29.95	1294
8	14.42	0588	17	30.87	1339
8.5	15.32	0527			

TABLEAU 5.

Comparaison des degrés saccharimétriques Balling avec les degrés Baumé et le poids spécifique (à 17°,5 c.).

°/₀ BALLING.	DEGRÉS BAUMÉ.	POIDS SPÉCIFIQUE.	°/₀ BALLING.	DEGRÉS BAUMÉ.	POIDS SPÉCIFIQUE.
1	0.56	1.0039	18	9.97	0744
2	1.11	0078	19	10.52	0787
3	1.67	0117	20	11.07	0833
4	2.23	0157	21	11.62	0878
5	2.78	0197	22	12.17	0923
6	3.34	0237	23	12.72	0969
7	3.89	0278	24	13.26	1015
8	4.45	0319	25	13.81	1061
9	5.00	0360	26	14.35	1107
10	5.56	0401	27	14.90	1154
11	6.11	0443	28	15.44	1201
12	6.66	0485	29	15.99	1249
13	7.22	0528	30	16.53	1297
14	7.77	0570	31	17.07	1345
15	8.32	0570	32	17.61	1393
16	8.81	0657	33	18.15	1442
17	9.42	0700	34	18.69	1491

TABLEAU 6.

DEGRÉS BAUMÉ.	DENSITÉS.	DEGRÉS BAUMÉ.	DENSITÉS.
0	1.0000	12	1.0907
1	1.0069	13	1.0990
2	1.0140	14	1.1074
3	1.0212	15	1.1160
4	1.0285	16	1.1247
5	1.0358	17	1.1335
6	1.0434	18	1.1425
7	1.0509	19	1.1516
8	1.0587	20	1.1608
9	1.0665	21	1.1702
10	1.0744	22	1.1798
11	1.0825		

TABLEAU 7.

Proportions d'eau dans les dissolutions de sucre de différentes densités (à 15° c.).

SUCRE.	EAU.	POIDS SPÉCIFIQUE.	DEGRÉS BAUMÉ.	VOLUME LITRES.	SUCRE DANS	
					100 litres.	100 kilog.
100	50	1.345	37	111.5	89.68	66.6
"	60	1.322	33.75	121	82.64	62.5
"	70	1.297	32	131	76.35	58.8
"	80	1.281	30.50	140.5	71.17	55.5
"	90	1.266	29	150	66.66	52.6
"	100	1.257	27.25	159	62.88	50
"	120	1.222	25	180	55.55	45.4
"	140	1.200	22.50	200	50	41.6
"	160	1.187	21	219	45.66	38.4
"	180	1.176	19.50	238	42	35.7
"	200	1.170	18.50	256.25	39	83.3
"	250	1.147	16	305	32.7	28.5
"	350	1.111	12.50	405	24.6	22.2
"	450	1.089	10 15	505	19.8	18.1
"	550	1.074	8.50	605	16.5	15.3
"	650	1.063	7.50	705	14.18	13.3
"	750	1.055	6.50	805	12.42	11.7
"	945	1.045	5	1000	10	9.5
"	1145	1.030	3.50	1500	6.66	6.4
"	1945	1.022	2.50	2000	5	4.8
"	2445	1.018	2	2500	4	3.3
"	2945	1.015	1.75	3000	3.33	3.2

Ainsi que nous l'avons déjà fait observer, dans le cas où d'autres substances que le sucre se rencontrent avec lui dans une même solution, les indications du saccharimètre deviennent plus ou moins inexactes, suivant la nature particulière de ces substances. Parmi celles-ci, il en est qui contribuent à augmenter la densité des solutions qui les renferment et cela, dans une proportion analogue à celle qui relie la densité des liquides sucrés à la quotité de sucre y contenue : les centièmes indiqués par le saccharimètre Balling représentent donc encore dans ce cas des *centièmes de substances dissoutes*, bien que la graduation initiale de l'instrument exprime des centièmes de sucre. C'est là la raison de l'emploi du saccharimètre dans l'essai des moûts sucrés provenant des céréales, des pommes de terre, etc. Dans d'autres cas, où des quantités notables de sels entrent dans la composition des liquides essayés, l'aréomètre donne des indications trop élevées : la présence des sels a pour effet d'augmenter la densité de la solution, et cet accroissement du poids spécifique est plus considérable pour une addition d'un centième de sels que pour une addition d'un centième de sucre. En cette circonstance, les indications du saccharimètre sont donc faussées doublement. Il est à remarquer en outre que les sels, etc., possèdent des propriétés fermentescibles entièrement différentes de celles des substances organiques dont nous avons parlé plus haut, circonstance de nature à modifier encore la signification qu'il convient d'attribuer aux indications aréométriques.

Caramel, assamar et autres matières colorantes.

Si l'on chauffe le sucre à 210-220°, il perd de l'eau et se change en une masse brune, désignée sous le nom de *caramel*.

Pour expliquer la coloration de la bière, on a pendant longtemps avancé qu'il se formait du caramel pendant la cuisson : comme on vient de le voir, la modification du sucre qui donne naissance au caramel ne se produit qu'à une température bien supérieure à celle de la cuisson, ce qui enlève tout fondement à l'explication précitée.

On fait emploi du caramel comme matière colorante dans la fabrication de quelques bières très-foncées en couleur, telles que le *porter*, etc.

Dans la préparation du malt brun, qui exige une température supérieure à 200°, le sucre se transforme en *assamar*, substance fortement colorée en brun et d'une saveur amère, qui communique à la bière une nuance foncée et un goût plus ou moins âcre. L'*assamar* prend parfois naissance par suite de la torréfaction accidentelle du malt déposé au fond des vaisseaux, pendant la cuite des moûts : ce désagrément a pour effet de détruire le bon goût de la bière.

Certains brasseurs belges ont conservé, jusqu'en ces derniers temps, l'habitude peu recommandable d'ajouter de la chaux caustique aux métiers dans le but de leur faire gagner une couleur prononcée, exigée par une certaine classe de consommateurs. Cette pratique amène la formation d'une combinaison de la chaux avec un produit dérivé de la glucose, l'acide *glucique*. Si l'on continue l'ébullition, le glucate de chaux formé colore de plus en plus le liquide et l'on trouve finalement en solution de l'acide apoglucique ou mélassique. Cette réaction se produit surtout quand l'ébullition a lieu au contact de l'air.

5. — SUBSTANCES VÉGÉTALES MUCILAGINEUSES.

On fait usage, pour la fabrication des bières, de substances mucilagineuses variées, assez analogues aux gommes, quant à l'aspect : ces substances diffèrent des gommes par leur insolubilité dans l'eau, qui ne fait que les gonfler. L'action prolongée de l'eau bouillante amène néanmoins la dissolution des matières mucilagineuses, circonstance dont on doit tenir compte dans l'opération de la clarification du moût.

L'action propre de ces substances, du lichen d'Irlande, par exemple, consiste à entraîner dans un réseau visqueux les matières en suspension dans le moût : le magmas se sépare peu à peu du liquide éclairci, sous l'impulsion des bulles de gaz carbonique qui l'amènent à la surface : il est, dès lors, très-facile d'enlever des vaisseaux cette écume. Il est bon de noter que le mélange du moût et de ces substances végétales ne doit pas subir une ébullition prolongée, qui amènerait leur dissolution et leur enlèverait presque complétement leur efficacité.

6. — MATIÈRES SUCRÉES DIVERSES.

Il existe plusieurs substances qui possèdent une saveur sucrée des plus prononcées, sans néanmoins appartenir à la classe des sucres proprement dits. Ces substances, parmi lesquelles nous citerons spécialement la mannite, la glycyrrhizine et la glycérine, ont une composition et des propriétés essentiellement différentes de celles qui caractérisent les sucres : elles ne jouissent notamment pas de la faculté de pouvoir entrer en fermentation alcoolique.

La présence de la *mannite* dans les moûts paraît être, dans certains cas, la cause qui paralyse leur fermentation.

La *glycyrrhizine* est le principe immédiat spécial au sucre de réglisse : on l'introduit aussi parfois dans les bières, en raison du goût qu'elle leur communique.

Il en est de même de la *glycérine*, substance qui, à l'état de pureté, constitue un sirop incolore dont la saveur est franchement sucrée. La glycérine est employée pour conserver à des bières déjà vieilles un goût sucré, alors que, à la suite d'une fermentation prolongée, leur teneur en sucre s'est trouvée réduite à zéro. M. Pasteur a démontré que trois centièmes du sucre décomposé restent dans l'extrait sous forme de glycérine : cette dernière substance serait, dans ce cas, un véritable produit de la fermentation.

Nous reviendrons ultérieurement sur ce point.

7. — SUBSTANCES AZOTÉES.

Les substances dont nous avons parlé jusqu'ici, ne contiennent que trois éléments : le carbone, l'hydrogène et l'oxigène. Nous abordons présentement l'étude d'un autre groupe de substances dans la composition desquelles il entre, outre les trois éléments précités, de l'azote associé à une petite proportion de soufre et parfois de phosphore. Ces substances se rapprochent par leur composition et par leurs propriétés de la matière coagulable qui existe dans le blanc d'œuf et dans le serum du sang, et qu'on a désignée sous le nom d'*albumine* : d'où leur nom générique de matières *albuminoïdes*.

Tous ces corps répandent, au moment de leur combustion, une odeur qui rappelle celle des plumes brûlées : cette réaction est caractéristique. Pour la plupart de ces substances, on connaît deux modifications, l'une soluble, l'autre insoluble ou coagulée.

Les matières albuminoïdes présentent une constitution élémentaire très-compliquée et, par suite, se décomposent aisément. Les produits de leur décomposition, très-variés, nuisent sensiblement à la régularité de la fermentation des liquides soumis à leur influence. En présence des désagréments causés par la facile altération des substances azotées, l'industriel ne saurait prendre trop de soin pour entretenir constamment la plus scrupuleuse propreté dans les locaux où l'on manipule ces substances.

Les solutions albuminoïdes absorbent de l'oxygène et se troublent au contact de l'air ozonifié ; dès lors, bien qu'elles reprennent, par après, leur limpidité première, elles n'en ont pas moins subi une modification persistante dans leur composition et dans leurs propriétés. Ainsi, par exemple, l'albumine végétale, dans ces conditions, ne se coagule plus par l'ébullition. Une transformation analogue est aussi le résultat d'une cuisson prolongée, exécutée à air libre : en vase clos, sous pression, cette altération est rapide.

La variété que l'on remarque dans ces substances albuminoïdes modifiées est la cause déterminante de ce qu'on est convenu d'appeler le *caractère* des bières et la raison de leur plus ou moins de *corps*.

Ces substances constituent l'élément le plus important de l'alimentation tant de l'homme que des animaux.

Nous donnerons une description succincte de celles d'entr'elles qui trouvent emploi dans l'industrie de la fabrication des bières.

Le gluten. — Lorsqu'on soumet la farine de froment à un lavage méthodique, en vue d'en extraire par voie d'entraînement la totalité de la fécule, on obtient comme résidu une substance de consistance molle, collante, élastique, de couleur grise : c'est le *gluten*.

Desséché, le gluten prend l'aspect de la corne ; à l'humidité, il se décompose rapidement en exhalant l'odeur du fromage pourri. Le gluten est soluble dans l'acide acétique et les solutions des alcalis.

Substances albuminoïdes solubles dans l'eau. — Parmi ces substances, nous citerons l'albumine végétale et l'albumine du malt.

On range sous la première de ces dénominations les substances azotées que l'on peut séparer des solutions végétales claires sous forme d'un précipité plus ou moins consistant. On connaît deux modifications de l'albumine végétale, l'une coagulable, l'autre non coagulable. Cette substance possède certaines propriétés qui lui sont communes avec l'albumine de l'œuf, type du groupe, dont elle diffère d'ailleurs sous plus d'un rapport.

Si l'on produit, à l'aide de l'eau froide, un extrait de froment ou d'orge et qu'on porte ce liquide à l'ébullition, il se forme un précipité floconneux. Cette coagulation n'est pas causée par l'élévation de la température seulement, mais aussi par la présence de l'eau : cela est si vrai que, lorsqu'on dessèche, à une douce température, l'albumine végétale ou animale et qu'on porte ensuite la poudre obtenue à une température de 100°, cette substance conserve intégralement la faculté de se dissoudre dans l'eau.

Si, à un extrait de grains préparé à froid, l'on ajoute de l'acide acétique, on obtient au bout d'un temps plus ou moins long un précipité. La solution, débarrassée de ce dépôt par la filtration et neutralisée exactement par de l'ammoniaque, ne se coagule plus par la chaleur : on en conclut que l'action de l'acide acétique seul est suffisante pour éliminer toute l'albumine de la solution, ce qui ne se produit pas dans la même mesure avec l'albumine de l'œuf.

Mais, par contre, il existe dans les céréales une substance acide, dont la nature est encore mal définie et qui jouit de la propriété de maintenir en solution, même à une température de 100°, une certaine quantité d'albumine. L'acide phosphorique et l'acide lactique possèdent une propriété similaire. Abstraction faite de la quantité d'albumine maintenue en solution par le fait de la présence d'un acide, on estime que la proportion normale de cette substance, à l'état coagulable, contenue dans les grains est de 0,28 pour cent dans l'orge et de 0,26 pour cent dans le froment. Cette quotité augmente pendant la germination.

L'extrait obtenu à froid du malt d'orge diffère de celui que donne l'orge non maltée en ce que l'acide acétique ne produit dans le premier de ces liquides qu'un précipité peu considérable. La cuisson y détermine une coagulation ; et l'on constate la disparition de l'albumine non coagulable. Néanmoins, des expériences spéciales font voir que la quantité totale de l'albumine s'est accrue : on en conclut qu'il existe dans le malt une variété particulière d'albumine, peu connue jusqu'à présent, qui offre de grandes analogies avec la diastase, principe dont nous nous occuperons ultérieurement.

L'albumine propre au malt possède la faculté caractéristique d'absorber de l'oxygène à une température de 50° : elle prend alors la couleur brune et l'odeur spéciale aux moûts. C'est à l'*albumine brunie* que le moût clarifié doit la teinte qui lui est propre.

La quantité d'albumine qui prend naissance lors du maltage est proportionnelle au développement du germe foliacé ou de la plumule ; cette proportion règle l'influence qu'exerce la nature du malt sur les propriétés de la bière.

Substances albuminoïdes insolubles dans l'eau — Le gluten, traité par l'alcool, se dissout en partie et laisse un résidu qui a perdu son élasticité primitive. Pour lui restituer cette propriété, on fait séjourner ce résidu dans l'eau, qui lui enlève l'alcool absorbé : on obtient de nouveau, par là, une substance élastique mais non collante. La *glutine,* principe extrait du gluten par l'alcool, est une substance collante presqu'insoluble dans l'eau à froid, mais s'y dissolvant à chaud. Cette dernière propriété explique la présence de la glutine dans les moûts de bière

La glutine est une substance nuisible et *tracassière* pour le brasseur : un liquide qui en contient une certaine proportion ne se clarifie ni par le repos, ni par la filtration. Un moût clarifié, absolument transparent, se trouble par le refroidissement et abandonne un dépôt visqueux, lorsqu'il est vicié par la présence de la glutine. Le magmas visqueux formé par le dépôt de la glutine serait plus considérable encore, si une partie de cette substance n'était tenue en solution par la glucose du moût : c'est dans ce dernier fait que le manufacturier trouve un remède aux désagréments causés par la glutine. Il suffit, en effet, d'ajouter au moût un supplément de glucose pour lui conserver, après refroidissement, une limpidité *à peu près* complète.

La présence de la glucose est donc une des causes qui font passer et maintiennent en solution dans les bières la glutine, substance insoluble.

La glutine est parfois très-préjudiciable à la bonne conservation de la bière en cave ; en effet sa solubilité dépend essentiellement de la température et plus celle-ci s'abaisse, plus aussi s'accroît le dépôt de la glutine. Il en résulte, par exemple, qu'une bière limpide mise en cave à une température de 12°, se trouble sensiblement lorsque sa température s'abaisse à 5°. Le refroidissement artificiel par le moyen de la glace amène un résultat analogue. Le brasseur fera donc en sorte d'éliminer soigneusement la glutine des liquides qu'il travaille.

Le tannin précipite la glutine. L'ammoniaque la dissout : la solution prend une couleur jaune intense. L'addition d'ammoniaque à la bière donne un précipité composé d'acide phosphorique, de chaux et de magnésie.

On a donné le nom d'*élastine* au résidu insoluble que laisse le gluten traité par l'alcool. Cette matière azotée entre pour 96 "/₀ dans la composition du gluten : elle ne se dissout ni à chaud, ni à froid, dans l'eau, et reste conséquemment dans les drèches, dont elle constitue la principale substance nutritive. Comme toutes les substances albuminoïdes, l'élastine est sujette à se modifier promptement : elle peut dès lors plus ou moins entrer en solution.

Substances albuminoïdes brunies. — Dans certaines circonstances, les matières albuminoïdes subissent dans leur composition et dans leurs propriétés une modification importante, qui se trahit à l'œil par le virement de leur couleur au *brun*. La glutine spécialement présente ce phénomène. C'est ainsi qu'un moût filtré à chaud, après coagulation de l'albumine, et qui est devenu trouble par le refroidissement, sous l'action de la glutine, éprouve un changement essentiel lorsqu'on le maintient :

en contact avec l'air chargé d'ozone; ou

à une température voisine de 100°; ou encore

à une température supérieure à 100°, en vase clos.

Dans chacun de ces trois cas le liquide, après refroidissement, se clarifie complétement et n'offre plus de traces de glutine : le liquide éclairci possède une couleur brune et il se dépose au fond des vaisseaux un magmas floconneux.

Les autres substances albuminoïdes se comportent de même, mais leur transformation est moins aisée.

Les matières albuminoïdes brunies possèdent à un haut degré l'odeur du pain frais. Celles qui proviennent de l'albumine du malt ne jouissent que médiocrement de cette propriété : ce caractère différencie entr'elles les bières d'infusion et celles de décoction, comme aussi les malts à divers degrés de développement. On conclut de cette diversité de propriétés à l'existence de *deux* espèces de substances albuminoïdes brunies.

La modification de ces substances consiste entr'autres, en une absorption d'oxygène emprunté à l'un ou l'autre des éléments constituants du liquide : les produits bruns, résultats de cette transformation, sont éminemment hygroscopiques. Il s'ensuit que le malt brun, absorbant facilement l'humidité de l'air, doit être d'une conservation difficile : c'est ce que l'expérience constate en effet. L'on peut remédier à cet inconvénient par l'emploi de l'acide sulfureux qui, en se combinant avec la substance hygroscopique, empêche son altération et assure sa conservation.

La *musine* doit être classée parmi les substances albuminoïdes brunies.

Les cellules de la *levûre* contiennent des substances albuminoïdes spéciales qui jouent un rôle essentiel dans la fermentation : ces substances peuvent être extraites en partie par un traitement à l'eau froide ou chaude.

La *diastase*. — Les grains germés (le malt) contiennent une substance, la *diastase,* qui jouit de la propriété caractéristique de produire, dans certaines conditions, la transformation de l'amidon en glucose. On s'accorde à considérer la diastase comme une substance albuminoïde résultant d'une modification du gluten pendant la germination des céréales : mais la nature de cette substance n'est pas encore bien définie à l'heure actuelle.

On peut extraire du malt la diastase à l'état plus ou moins impur : le malt d'orge en fournit de 1 à 2 millièmes de son poids. A l'état de pureté, la diastase est une matière colloïde, jaunâtre, transparente : on ne l'emploie jamais sous cette forme, mais bien avec le malt qui la renferme ou encore avec l'extrait de malt. On admet qu'une partie de diastase est suffisante pour transformer en sucre 2000 parties de fécule. Au moyen du malt, et spécialement du malt d'orge, on peut saccharifier des quantités très-considérables d'amidon de n'importe quelle provenance.

La diastase est une substance fort peu stable; elle perd facilement sa propriété caractéristique en se décomposant, par exemple, sous l'influence de l'humidité, d'une température de 100°, etc. (Voir chap. IV).

8. — LA COLLE.

On a souvent recours à *la colle* (de poisson, etc.), dans l'industrie de la brasserie, pour opérer la clarification des liquides : malgré les services que rend cet agent précieux, nous ne pouvons nous empêcher de faire remarquer ici que son emploi devrait être proscrit, attendu qu'une bière soigneusement préparée n'a jamais besoin d'être clarifiée artificiellement.

La colle, soluble dans l'eau chaude, est insoluble dans l'eau froide : c'est sur cette propriété qu'est basé son emploi. Ajoutée à un liquide à chaud, la colle, par le refroidissement, se dépose sous forme d'un réseau extrêmement délié qui entraîne mécaniquement toutes les particules insolubles en suspension dans la masse du liquide.

La colle est soluble dans les acides faibles : la combinaison qui en résulte, introduite dans la bière, s'y décompose dans un excès de ce dissolvant : l'acide reste en solution, la colle se dépose en opérant la clarification de la bière.

CHAPITRE II.

LA LEVURE ET LA FERMENTATION.

1. — GÉNÉRALITÉS.

En abordant le chapitre de la fermentation, nous ne parlerons d'abord que de la *fermentation alcoolique,* sans entrer pour le moment dans des considérations sur les réactions de nature semblable, mais donnant lieu à des produits tout-à-fait différents, que l'on désigne par la même expression générique.

Par fermentation alcoolique, on entend la transformation de la glucose, sous l'action d'un *ferment* spécial, en certains produits dont les principaux sont l'*alcool* et l'*acide carbonique.* Ce ferment, c'est la *levûre de bière,* agent par excellence, dont nous aurons à étudier plus particulièrement la nature.

Lorsqu'on mêle une petite quantité de cette substance à une solution diluée de sucre, on observe les faits suivants : au bout d'un certain temps un dégagement de gaz se produit, le liquide commence à s'agiter, de l'écume monte à la surface et le goût sucré disparaît peu à peu. Le gaz dégagé est de l'acide carbonique, et le liquide prend la saveur et l'odeur alcoolique. Quand le dégagement de gaz a cessé, le liquide redevient clair, le sucre a disparu plus ou moins complètement et l'on trouve dans la solution une quantité correspondante d'alcool et de quelques autres combinaisons, ces dernières en très-faibles proportions ; en outre, de l'acide carbonique est retenu en dissolution. La liqueur est devenue une *liqueur fermentée,* et l'action chimique qui l'a produite, c'est-à-dire qui a transformé le sucre en alcool, en acide carbonique, etc., est appelée la *fermentation* alcoolique, ou fermentation proprement dite. L'alcool s'extrait du liquide fermenté par voie de volatilisation, par *distillation.*

Lorsque la fermentation d'une solution de sucre a pris fin, on trouve que la levûre elle-même a subi une transformation : elle est devenue inactive, incapable de produire une fermentation ultérieure. Mais si la solution soumise à la fermentation contenait, outre le sucre, des substances protéïques, (matières phosphatées et azotées,) comme c'est, entr'autres, le cas pour le moût de céréales, on trouve à la fin de la fermentation, à côté de la levûre devenue inactive, de la levûre nouvelle active. Dans ce cas, la fermentation est accompagnée de la formation simultanée de levûre. En effet, la fermentation de solutions sucrées renfermant des matières protéïques est elle-même la source de la levûre.

La nature de la fermentation et des causes principales qui la déterminent a été, pendant de longues années, le sujet des recherches les plus assidues. Les analyses les plus anciennes avaient démontré que la levûre renferme les éléments du gluten, mais moins de carbone et plus d'oxygène : on avait cru pouvoir induire de là qu'elle est un produit de l'oxydation du gluten. Pour expliquer l'action de la levûre sur le sucre on eut d'abord recours à l'hypothèse d'une action de contact ou force catalytique. Liebig démontra, par après, que la levûre, pour agir en produisant la fermentation, devait se trouver dans un certain état de décomposition, et il donna l'explication de la fermentation en disant que l'oxygène de l'air provoquait cette décomposition de la levûre, laquelle se communiquait au sucre en solution. Il admettait une certaine mobilité des molécules de la levûre, mobilité qui par le contact immédiat avec les molécules de sucre était transmise à ces dernières et en provoquait la transformation. Si à côté du sucre il se trouvait des substances protéïques, elles éprouvaient aussi cette action d'impulsion et fournissaient, en se décomposant, de nouvelles quantités de levûre.

Cependant cette explication devait tomber et tomba, en effet, devant les résultats de l'étude microscopique de la levûre. Il est reconnu aujourd'hui que la levûre n'est pas une simple combinaison chimique sans forme déterminée, mais qu'elle apparait sous le microscope comme une substance *organisée*, formée de globules de forme et de grandeur constantes, et doués d'une force vitale semblable à celle dont jouissent tous les végétaux d'un ordre inférieur, tels que les moisissures, les algues, etc. Les globules de la levûre sont réellement des *cellules*, et la levûre est une plante du genre *Saccharomyces*. Ces cellules sont formées de deux parties distinctes, nettement différenciées, à savoir : une enveloppe composée de *cellulose* et, dans cette enveloppe, une substance *protéïque* liquide. Ces deux substances principales sont accompagnées dans la levûre des mêmes éléments secondaires que l'on rencontre habituellement avec elles dans les végétaux où on les a étudiées.

Si l'on introduit la levûre, végétal inférieur, dans une solution sucrée contenant des combinaisons protéïques et réunissant les conditions essentielles à sa végétation, elle continue à se développer, elle se multiplie ou se propage, et enfin elle meurt. C'est là l'explication de ce fait que, la fermentation terminée, on trouve dans la liqueur de la levûre inactive, morte, à côté de cellules nouvellement formées, actives, ou en végétation ; celles-ci n'ayant pas encore parcouru toutes les phases de leur existence, reprennent végétation dans un liquide qui leur fournit à nouveau les éléments nécessaires à leur vie, et arrivent de leur côté à la mort après avoir donné naissance à une nouvelle génération de végétaux.

On s'explique maintenant comment la levûre, dans une solution de sucre pur qui ne renferme pas les éléments nécessaires à la formation de nouvelles cellules, ne peut pas, arrivée au terme de sa végétation propre, avoir donné naissance à de nouvelle levûre.

La propagation, en effet, n'est pas possible dans ce cas, vu le manque de substances protéïques et de phosphates, éléments indispensables pour la production des substances plastiques qui forment le contenu des cellules de levûre. Cependant il y a toujours formation d'une faible quantité de nouvelle levûre qui a emprunté ses éléments aux parties mortes de la levûre primitive.

Quant à la cause même qui détermine la décomposition du sucre et à la nature de la connexion que l'on constate entre le mouvement vital de la levûre et le fait de la fermentation, on ne les explique qu'à l'aide d'hypothèses dont l'exposé serait déplacé dans un traité pratique. Les notions indispensables à l'industriel sont la connaissance de la nature même de la levûre et de celle de son mode de végétation, phénomène solidaire de la transformation simultanée du sucre en alcool.

Reste à étudier les circonstances dans lesquelles se produisent ces phénomènes, dont la nature essentielle reste encore enveloppée de mystère, comme la plupart des phénomènes vitaux.

Nous avons dit que, pour réaliser la fermentation, il faut la présence de trois substances : une solution renfermant les éléments du sucre, des matières protéïques, de la levûre. Mais d'où provient la levûre originaire et à quoi doit-elle sa formation? Telle est la question qui se présente immédiatement à l'esprit : les remarquables travaux de Pasteur, de Schwann et d'autres savants ont établi sur des bases désormais indiscutables la réponse à cette question, prépondérante dans le sujet qui nous occupe. La levûre étant une plante, elle doit nécessairement provenir de semences, de germes ou spores. La levûre ne peut, par conséquent, prendre naissance au sein d'un liquide, si ce liquide ne renferme pas au moins une cellule de levûre ou des germes susceptibles eux-mêmes d'engendrer des cellules.

Les premières semences, embryon de la levûre à venir, préexistent donc dans les liquides fermentescibles, où elles ont pris naissance par suite de circonstances favorables à leur production ; ou bien, elles sont transmises à ces liquides par l'air athmosphérique, qui tient toujours en suspension des quantités variables de germes et spores de toute espèce.

On sait que le moût de raisin entre en fermentation spontanément et sans addition préalable de levûre : cette exception, purement apparente, à la loi que nous avons énoncée plus haut, s'explique par la présence dûment constatée de germes ou spores à la surface des grains de raisin. Quant à la fermentation par transmission de spores empruntés à l'atmosphère, il suffit d'un instant de contact entre le liquide fermentescible et l'air pour lui donner naissance, tant est générale cette diffusion des organismes inférieurs dans l'atmosphère. On croyait autrefois que l'oxygène était le véritable moteur de la fermentation, la cause qui agissait au début de cette opération : il est démontré péremptoirement aujourd'hui que les germes de levûre répandus dans l'atmosphère développent des végétations au sein des liquides ; que ces végétations, dans certaines circonstances favorables, constituent la levûre ; que la levûre une fois en végétation, provoque la fermentation alcoolique et, si les aliments nécessaires sont en présence, le développement de nouvelle levûre.

Avant d'aborder l'étude de la fermentation au point de vue pratique, nous examinerons spécialement la nature de la levûre elle-même qui en est l'aliment en même temps que la cause déterminante.

2. — LA LEVÛRE.

La levûre se présente sous forme d'une substance gris-jaunâtre, pâteuse, écumeuse ou pulvérulente, composée d'un liquide tenant en suspension des cellules globuliformes ou des globules entremêlés de liquide. En cet état, elle possède une odeur caractéristique agréable, une saveur acide un peu âcre et une réaction acide. Lorsqu'on la débarrasse, par des lavages successifs, de tout le liquide interposé, la levûre proprement dite apparaît comme une poudre tenue, composée de globules à dimensions très-minimes : ces globules atteignent à peine un diamètre de 1/10 de milimètre et ils apparaissent au microscope sous l'aspect de corpuscules sphériques à pellicule distincte du contenu. Ces globules ne sont pas tous adhérents les uns aux autres : les uns nagent isolés dans le liquide, les autres sont comme groupés sans symétrie à la surface de globules plus volumineux, d'autres enfin se trouvent accolés en grappes dont les grains sont à peu près de même importance; ces grappes sont d'autant plus nombreuses que la levûre a atteint un degré de développement plus prononcé.

On n'a jamais observé que les cellules possédassent entr'elles une communication organique, ou que leur contenu passât de l'une à l'autre.

La levûre des bières ordinaires de Bavière, de même que celle de la plupart des moûts de distillerie n'est formée que d'un seul genre d'organismes : tel n'est pas le cas pour la levûre des vins, des cidres et, en général, pour celle qui se forme au sein des liquides fermentant sans addition spéciale de levûre. Il est à remarquer que même dans les moûts alcooliques, où l'on attache peu d'importance au choix de la levûre ajoutée, on rencontre un certain nombre, d'ailleurs restreint, d'organismes autres que ceux caractérisant la levûre proprement dite et qui agissent en sens différent.

Pendant la fermentation des moûts de bière la levûre nouvellement produite se comporte différemment selon les circonstances extérieures : on la trouve tantôt à la surface, tantôt au fond du liquide, de là les noms de *levûre haute* et *levûre basse*, types correspondants à certaines variations dans la fermentation. Ces deux sortes de levûre sont constituées par des organismes identiques, mais qui ont pris un caractère et un développement différents sous l'action d'une végétation qui a elle-même varié suivant les circonstances où elle s'est produite. La levûre haute correspond au phénomène de la *fermentation haute* qui se manifeste à la température relativement élevée de 12 à 24° c. Son mode de végétation est caractérisé par la formation de nombreux bourgeonnements qui restent adhérents pendant un certain temps et qui, par suite de cette continuité temporaire, sont portés à la surface du liquide sous l'action ascendante des bulles du gaz carbonique qui se dégage au sein de la masse fermentante. Cette levûre vient graduellement former une couche compacte à la surface du moût.

La figure 8 représente, sous un agrandissement de 400, ces bourgeonnements persistants de la levûre haute.

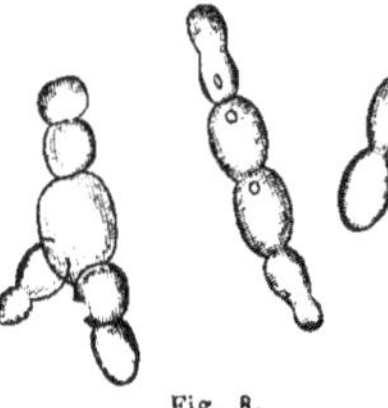
Fig. 8.

Les organismes de la levûre basse, quoique de provenance identique à celle des organismes de la levûre haute, se propagent en générations innombrables à la température de 5° à 10 seulement. Leur végétation est beaucoup moins rapide et les bourgeonnements ne se maintiennent que pendant un temps beaucoup plus court. Les cellules étant ici moins agglomérées, offrent conséquemment moins de prise au gaz carbonique qui tendrait à les soulever à la surface du moût : la levûre basse s'accumule donc au fond des vaisseaux de fermentation.

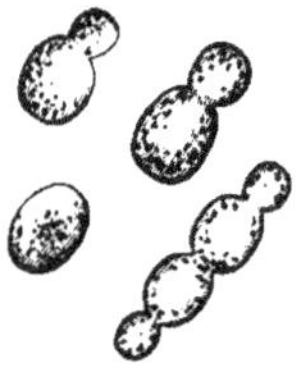

La figure 9 représente les globules de la levûre basse, sous un agrandissement de 400.

La figure 10 représente ces mêmes globules avant le moment de leur multiplication par bourgeonnement. Leur forme est plus sphérique et moins ovoïde que celle des corpuscules de la levûre haute.

Fig. 9.

Si l'on place les cellules de la levûre basse dans les conditions favorables au développement de la levûre haute, le bourgeonnement tend à s'accentuer et à se maintenir de plus en plus. Mais cette modification ne s'étend qu'à quelques générations, ce qui empêche la levûre basse de prendre intégralement le caractère de la levûre haute. Quant à la formation de nouvelles cellules, elle a lieu de la manière suivante : la cellule-mère produit un bourgeon latéral, excroissance

Fig. 10.

du tégument cellulaire, qui se remplit de liquide cellulaire. Le volume de ce bourgeon augmente jusqu'à atteindre celui de la cellule originaire : il devient, à son tour, cellule-mère et bourgeonne à l'instar de la cellule dont il provient, si le milieu où il se trouve réunit les conditions indispensables de température et les substances alimentaires exigées.

Nous avons dit que les soins apportés à la multiplication de la levûre dans les brasseries où l'on opère par la méthode bavaroise ont pour effet de ne développer que des ferments d'une seule espèce. Dans les distilleries, au contraire, on n'a pas à se préoccuper au même degré d'arriver à ce résultat : la conséquence en est que la levûre de distillerie renferme des organismes divers, dont une grande partie est impropre à produire la fermentation alcoolique. C'est encore ce qui a lieu dans les brasseries où l'on ne veille pas avec une sévère attention à empêcher le développement des ferments autres que celui de la levûre proprement dite.

Lorsque l'on a en vue d'établir la *composition chimique* de la levûre, il faut tout d'abord la débarrasser des corps étrangers qui y adhèrent mécaniquement. Sous l'action de lavages répétés, les corps insolubles tombent au fond du liquide ou surnagent, tandis que les cellules de levûre restent en suspension dans l'eau, qui a dissout et éliminé les principes étrangers solubles, tels que les acides acétique, lactique, les sels ammoniacaux, etc. Ainsi épurée et desséchée, la levûre offre l'aspect d'une poudre blanchâtre, inodore. Lavée à l'alcool, puis à l'éther, en vue d'éliminer les matières grasses, aromatiques, etc., elle devient absolument insipide, quoique les cellules aient à peine changé d'aspect.

La levûre, à cet état de pureté, renferme encore 2,5 à 5,3 pour cent de matières minérales (cendres), qui, en 100 parties, contiennent :

Acide phosphorique	53 à 59
Potasse.	28 à 39.5
Magnésie	6 à 8
Chaux	1 à 4

La partie organique de la levûre possède, d'après différents chimistes, la composition centésimale suivante :

Carbone. . .	47.00	. . 50.80.	. . 44.59
Hydrogène. .	6.00	. . 7.16.	. . 6.04
Azote. . . .	10.00	. . 11.08.	. . 9.25
Soufre . . .	0.60		
Oxygène . .	35.80	} 30.96.	. . 40.12

Voici la composition des parois cellulaires (semblable à celle de la cellulose) :

Carbone	44.6
Hydrogène	6.3
Oxygène	49.1

Voici celle de la matière contenue dans les cellules, rangée parmi les substances albuminoïdes :

Carbone	53.3
Hydrogène	7.0
Oxygène	23.7
Azote	16.0

Soumise à l'action de l'air, à l'état humide, la levûre se décompose et fournit les mêmes produits que les corps albuminoïdes en général.

La levûre séchée à 100° est encore susceptible de provoquer la fermentation ; mais si l'on chauffe à l'ébullition le liquide dans lequel elle se trouve en suspension, elle devient complètement inactive. Les acides minéraux libres (chlorhydrique, sulfurique, nitrique), de même que les alcalis, arrêtent la fermentation aussi longtemps qu'ils ne sont pas neutralisés. Quant aux acides organiques, ils ne nuisent à la fermentation qu'à l'état de grande concentration ; en solution diluée, ils paraissent plutôt la favoriser.

Parmi les autres substances dont la présence entrave la fermentation, nous citerons encore les alcaloïdes concentrés, l'acide cyanhydrique, le créosote, certaines huiles essentielles et substances empyreumatiques, l'alcool à un degré de concentration suffisante.

Nous avons vu plus haut que dans une solution de sucre pur, à défaut des éléments nécessaires à la constitution de la levûre, la vie végétative ne se continue qu'aux dépens de la levûre morte elle-même. Une solution de cette nature entre en fermentation par l'addition de la plus petite quantité de levûre, mais la fermentation cesse bientôt : on en conclut qu'une quantité donnée de levûre ne peut servir à la fermentation que d'une quantité limitée de sucre, et que, en outre, les éléments azotés de la levûre se modifient pendant la végétation de telle sorte, qu'ils perdent la faculté de fournir les matériaux nécessaires à la génération de nouvelles cellules. Si les choses ne se passaient pas ainsi et si les substances azotées des cellules mortes entraient en solution sans décomposition préalable, la formation de nouvelles cellules aux dépens des cellules primitives aurait lieu indéfiniment, et l'on pourrait obtenir la fermentation d'une quantité illimitée de solution sucrée pure au moyen d'une quantité donnée de levûre, ce qu'on n'observe nullement.

On ne connaît pas d'une manière précise la forme qu'affectent les substances azotées modifiées de la levûre.

Lorsqu'on incorpore dans des solutions sucrées un excès de levûre, la fermentation devient très-énergique et très-prompte. Quand tout le sucre se trouve transformé, la décomposition se poursuit encore, aux dépens de la levûre cette fois : la membrane cellulaire se transforme en glucose, qui finalement entre aussi en fermentation. Dans ce dernier cas, le poids de la levûre a sensiblement diminué au terme de l'opération, tandis que ce poids augmente en présence d'un excès de sucre, cette substance contribuant à former de nouvelles cellules et des traces de substances grasses.

Quand les solutions sucrées contiennent les combinaisons albuminoïdes et les sels inorganiques nécessaires à la formation de nouvelles cellules de levûre, ces cellules prennent naissance pendant la fermentation, aussi longtemps qu'il y a encore en présence du sucre non décomposé.

En général, voici ce qui se passe : les globules de la levûre que l'on ajoute à la liqueur sucrée se développent et se multiplient. Au sucre, ils prennent les éléments de la cellulose ; à la matière albuminoïde soluble, l'élément azoté qui se fixe sur les nouveaux globules, principalement sous forme de matière azotée insoluble ; aux phosphates, ils empruntent l'élément minéral, et c'est corrélativement à cette vie des globules nouveaux et à l'achèvement de la vie des globules anciens que le sucre fermente, tout en prenant une part active aux transformations, puisqu'il fournit aux globules plusieurs de leurs principes essentiels, tels que la cellulose et les matières grasses.

La quantité de levûre produite est différente, suivant que l'oxygène de l'air a libre accès ou non au liquide fermentant. Cette quantité s'accroit promptement, lorsque la levûre se trouve en présence d'une quotité suffisante d'oxygène, qu'elle emploie à sa végétation, et des autres matières indispensables à son développement ; au contraire, elle sert davantage à la fermentation, au détriment de son propre accroissement, lorsque ces substances — sucre, éléments minéraux et albuminoïdes, oxygène libre — ne sont pas à sa disposition en quantités suffisantes ; c'est alors que le sucre, absorbé seul ou en proportion trop grande, est éliminé sous forme d'alcool et d'acide carbonique. La fermentation constitue donc un régime anormal pour le développement vital de la levûre, régime que cette substance organique peut subir pendant un certain temps, tout en perdant de plus en plus de sa force vitale ; cette perte devient complète, lorsque la quantité de sucre, renfermée dans le liquide fermentant, ne s'épuise pas plus tôt que la vitalité de la levûre. En présence de l'oxygène, la multiplication de la levûre prédomine ; l'oxygène faisant défaut, c'est la fermentation qui prend le dessus. Dans les liquides fermentants exposés à l'air, les deux actions se produisent simultanément.

La *fermentation* exige pour se produire le contact immédiat de la solution sucrée avec la levûre ; en outre, elle est liée aux conditions suivantes :

a) La glucose doit se trouver en dissolution aqueuse, dans la proportion de 4 à 10 parties d'eau pour 1 partie de sucre. Les dissolutions plus concentrées ne fermentent qu'incomplètement ou point.

b) La levûre doit exister préalablement, ou se produire en quantité suffisante dans la solution. Pratiquement parlant, pour obtenir une bonne fermentation il faut mettre en présence 1 partie de levûre et 5 parties de glucose; naturellement, cette proportion n'est pas de rigueur quand les conditions exigées pour la formation de nouvelle levûre au sein du liquide sont remplies.

c) La température du liquide doit être maintenue entre certaines limites, qui sont de 5 à 30 degrés ou, plus rigoureusement, entre 9 et 25°, chiffres indiqués par la pratique. Une température plus élevée peut faire changer le caractère de la fermentation, tandis qu'une température plus basse peut la faire cesser complètement.

3. — PRODUITS DE LA FERMENTATION.

Nous savons que les produits principaux de la fermentation de la glucose sont l'alcool et l'acide carbonique. Si ces produits étaient les seuls issus de cette décomposition, la réaction se trouverait exprimée par la formule :

$$C^6H^{12}O^6 = 2(C^2H^6O) + 4CO^2$$

180 p. de glucose =   92 p. d'alcool + 88 p. d'ac. carbonique.

Le sucre ordinaire, exposé à l'action du ferment, absorbe d'abord un équivalent d'eau, ce que représente la formule :

$$C^{12}H^{22}O^{11} + H^2O = 4(C^2H^6O) + 4CO^2.$$

D'après ces données, 100 p. de glucose fournissent 51.1 p. d'alcool et 48.9 p. d'acide carbonique ; et 100 p. de sucre ordinaire produisent 53.8 p. d'alcool et 51.5 p. d'acide carbonique (après avoir absorbé 5.3 p. d'eau).

Mais la décomposition est, en réalité, plus complexe et donne lieu à divers autres produits. En effet, l'on constate une certaine proportion d'*acide succinique* et de *glycérine* dans toute liqueur fermentée, quelle que soit sa provenance : ces deux substances sont donc des produits normaux, bien que quantitativement peu importants, de la fermentation en général et elles sont la cause qui soustrait constamment 5 à 6 centièmes du poids total du sucre à l'action de la fermentation qui tendrait à les transformer en alcool et acide carbonique. Cent parties de glucose donnent, sous l'influence de la levûre, approximativement :

> 0.6 à 0.7   d'acide succinique,
> 3.3 à 3.6   de glycérine,
> 0.6 à 0.7   d'acide carbonique,
> 1.2 à 1.5   de cellulose et autres matières fixées sur la levûre ou dissoutes,
> Total 5.7 à 6.5   parties, en sus des quantités normales d'alcool et d'acide carbonique déduites de la formule ci-dessus.

En faisant entrer en ligne de compte tous ces produits secondaires, le *rendement théorique* en alcool s'estime à 63 degrés-litres par kilogramme de fécule ou de glucose. Cependant on peut admettre, avec une approximation suffisante pour la pratique de la brasserie, que la glucose, de même que la fécule, fournissent *la moitié de leur poids en alcool.*

Quant à l'*acide lactique*, dont on observe fréquemment la présence dans les liquides soumis à la fermentation, nous nous y arrêterons dans un chapitre subséquent.

Dans le travail des moûts de brasserie, ce ne sont pas simplement des substances sucrées qui sont transformées en alcool, mais on y met en œuvre des substances amylacées de composition plus ou moins complexe : de là vient qu'en pratique la fermentation se présente sous la forme d'un phénomène plus compliqué que nous ne l'avons supposé jusqu'ici, ne l'ayant examiné qu'au point de vue strictement théorique.

La transformation du sucre en glucose, et de cette dernière

substance en alcool, ont lieu pendant la fermentation des mélasses, résidus de la fabrication du sucre de betterave ou de canne et, conséquemment, pendant la fermentation des moûts de bières que l'on aurait additionnés de mélasses. Le changement de la fécule en dextrine et glucose, et de la glucose en alcool se manifeste dans le travail de tous les moûts de brasserie.

La réaction se complique encore, et ces phénomènes, de même que la formation de nouvelle levûre, peuvent prendre naissance simultanément dans un moût contenant les trois principes : glucose et amidon accompagnés de diastase, de levûre et de substances azotées, albuminoïdes et autres, dans les conditions que nous avons examinées précédemment.

Comme nous le verrons plus loin (Chap. 4) le moût saccharifié contient outre de la glucose, de la dextrine. Cette dernière substance n'est pas en général fermentescible, et la glucose seule se transforme directement en alcool et acide carbonique. Cependant la dextrine semble subir, au moins partiellement, une fermentation indirecte : en effet, au fur et à mesure de la disparition du sucre, la dextrine est transformée en sucre, par l'effet de la diastase, et elle subit dès lors la fermentation. De là vient que la quantité d'alcool produit est plus grande que celle dérivant de la glucose seule, malgré que la dextrine ne soit point fermentescible.

La diastase, portée à une température de 100°, perd son efficacité. Ce fait trouve une application dans la fabrication des bières, où l'on a intérêt, non pas à pousser la fermentation aussi loin que possible, comme dans l'industrie de la distillation, mais bien à l'arrêter à un certain point, en vue de conserver dans le liquide une certaine quotité de dextrine non décomposée. Pour atteindre ce résultat, on porte, à un certain moment, le moût à l'ébullition, ce qui rend inactive la diastase et l'empêche ultérieurement de provoquer la saccharification de la dextrine après la complète destruction du sucre par fermentation.

Il reste finalement à mentionner, parmi les produits qui prennent

naissance dans les fermentations de ce genre, des substances analogues à l'alcool, et dont la réunion est la cause principale, l'essence
même, du bouquet et de la saveur de la bière.

4. — QUALITÉS ET CONSERVATION DE LA LEVÛRE.

La meilleure levûre qu'on ait pu se procurer jusqu'à présent est
celle qui dans les brasseries, vient surnager en une écume épaisse,
à la surface des moûts houblonnés, pendant l'opération de la fermentation : cette levûre offre la consistance d'une bouillie semi-fluide.
L'impossibilité où l'on se trouve d'employer, au moment de sa
production, toute la quantité de levûre ainsi obtenue oblige à la
soumettre à une pression qui la modifie et qui rend sa conservation
moins difficile. Cette pression graduée s'opère dans des sacs en
toile : une grande partie du liquide interposé est par là éliminée et
l'on obtient dans les sacs une masse compacte formée par les globules
agglomérés, masse homogène, facile à débiter en fragments, d'une
teinte grisâtre, exhalant une odeur *sui generis,* légèrement aromatique, alcoolique et acidule, ne se délayant pas aisément dans l'eau,
vu l'adhérence des granules entr'eux et la propriété adhésive de
la substance elle-même, propriété qui augmente avec le temps. A
cet état la levûre est connue sous la désignation de levûre sèche
ou pressée : c'est la levûre du commerce.

Comme efficacité, elle vient immédiatement après la levûre en
bouillie, surtout lorsqu'elle provient d'une bière peu colorée et de
préparation récente. Pour la conserver, on doit la placer dans un
endroit frais, à l'abri de l'air.

On reconnaît la levûre commerciale de bonne qualité aux caractères que nous avons transcrits plus haut : lorsqu'elle est de date
trop ancienne, elle devient sensiblement acide, visqueuse, son odeur
est modifiée par des émanations putrides et son efficacité est
compromise d'une manière notable. Les levûres provenant de

fermentations vicieuses sont de qualité inférieure; elles se reconnaissent généralement à leur odeur.

La levûre saine doit exhaler franchement l'odeur de la bière ou de l'alcool, suivant sa provenance, et doit offrir une saveur légèrement acide. Son odeur ne doit rappeler en rien celle de l'acide lactique ou butyrique; sa saveur ne doit pas avoir la moindre analogie avec celle du lait aigri, du fromage fermenté ou encore avec les émanations ammoniacales ou putrides. On ne peut apporter assez de vigilance à proscrire l'usage de levûres accusant ces caractères organoleptiques, vu les inconvénients graves qui résultent de l'emploi de ces levûres.

La levûre de bonne qualité présente l'aspect d'une pâte épaisse, d'un blanc jaunâtre, renfermant dans sa masse une multitude de petites bulles de gaz et rappelant le goût de la bière. Ces divers caractères proviennent de ce que, à l'état frais, la levûre est effectivement un amas de globules noyés dans un liquide qui n'est autre que la bière et mélangés à une infinité de bulles d'acide carbonique : en enlevant toute trace de bière par des lavages successifs et en soumettant la levûre à une pression énergique, cette substance devient sèche et même friable, et constitue la levûre sèche ou levûre de Vienne.

La levûre de bière bien constituée, est d'une couleur jaunâtre-clair; plus sa teinte tire sur le brun, plus elle renferme de cellules mortes; en outre, elle doit former une masse consistante et écumeuse, et n'offrir ni mouvement ni dégagement de gaz, ce qui serait l'indice d'un état de décomposition et obligerait à la rejeter. On distingue aisément la levûre de bonne ou de mauvaise qualité en ce que la première, lorsqu'on en laisse tomber quelques gouttes dans de l'eau bouillante, y surnage comme les yeux d'un corps gras, tandis que la levûre altérée descend au fond du vase.

La meilleure manière de s'assurer de la qualité de la levûre consiste à pratiquer un petit essai de fermentation sur un moût sucré.

Une bonne levûre bien fraîche peut se conserver assez longtemps pourvu qu'elle soit soustraite à l'action de la chaleur. Elle reste sans s'altérer pendant un mois entier, en hiver, et pendant une semaine, en été, si l'on a soin de la tenir dans une cave saine, où la température ne dépasse pas + 8° à 10°, et de la recouvrir d'eau fraîche chaque jour. La conservation de la levûre est plus aisée quand cette substance se trouve à l'état pressé et aussi sèche que possible. Pour favoriser sa dessication, on y incorpore souvent une certaine proportion de fécule ou de farine, ce qui a pour effet d'augmenter le poids de la levûre au détriment de son efficacité : il faut tenir compte de ce fait en brasserie et employer, pour obtenir un même effet utile, de plus fortes quantités de cet agent de fermentation. On constate que la levûre ainsi mélangée à une quantité considérable de farine, pressée fortement et gardée dans un local à température peu élevée, se conserve assez longtemps sans perdre en qualité.

Le procédé de conservation le plus à conseiller consiste à mélanger la levûre, débarrassée d'eau aussi complètement que possible, avec une quantité suffisante de sucre ou même de sirop concentré pur, de façon à obtenir une pâte épaisse qui se conserve très-bien. On a aussi recommandé l'emploi de la mélasse pour cet objet, mais le sirop de sucre est de beaucoup préférable ; le sucre interposé est utilisé, et se transforme en alcool lorsque l'on met en œuvre la levûre. Le noir animal, poudre d'os calcinés, est parfois employé pour dessécher la levûre en vue de la conserver : la fermentation semble même pouvoir être mise en activité plus rapidement, quand on fait usage de levûre ainsi apprêtée, par suite d'un phénomène qui se rattache à la capillarité.

Un autre procédé de dessication consiste à répandre la levûre en couche mince, et à la soumettre à l'action d'un fort courant d'air froid, ou mieux à l'action d'une pompe pneumatique. La levûre, traitée par l'un ou l'autre de ces procédés, semble avoir perdu une partie de son énergie primitive.

On conserve avec succès la levûre à l'état sec dans des glacières, ou dans des vases hermétiquement clos, que l'on plonge dans des puits profonds.

Lorsque la levûre, à la longue, a acquis de l'acidité, on y remédie en saturant l'excès d'acide par l'addition d'un carbonate (magnésique, calcique, sodique ou ammonique). Un moyen de lui restituer *une partie de son efficacité* primitive, consiste à y ajouter du moût de bière ou de la farine de malt.

5. — FERMENTATIONS ACIDES ET AUTRES.

Nous avons spécialement envisagé jusqu'ici la fermentation alcoolique. La nature de celle-ci étant nettement établie par les considérations variées émises à son sujet, nous examinerons présentement les autres espèces de fermentation. Disons d'abord que, sous le nom générique de fermentation, l'on range les décompositions des corps organiques dans lesquelles, selon toute apparence, il n'intervient aucun corps étranger, prenant part à la formation des nouvelles combinaisons.

On distingue les différentes espèces de fermentation par le nom du produit principal auquel elles donnent naissance : ainsi, l'on désigne respectivement, sous le nom de fermentations alcoolique, acétique, lactique, butyrique, etc., celles qui engendrent l'alcool, les acides acétique, lactique, butyrique, etc.

Ces décompositions variées proviennent d'un même ordre de causes, elles sont dûes à la présence et au développement d'*organismes,* qu'on nomme *ferments,* qui se revèlent et se propagent toutes les fois qu'ils rencontrent l'ensemble des conditions nécessaires à leur vie végétative. Nous avons décrit ce phénomène à propos de la fermentation alcoolique, indiquant les circonstances favorables à la propagation du ferment alcoolique; les liquides où se produit l'alcool sont un milieu propice à la végétation et au développement d'un autre organisme microscopique, le *mycoderma aceti.* Cet organisme inférieur est le principe de la fermentation acétique et de la production de l'acide acétique au sein des liqueurs alcooliques. Il agit d'une façon identique à celle de la levûre : de même que ce ferment, dans la liqueur sucrée, provoque par sa végétation la transformation du sucre en alcool, le ferment acétique amène dans la liqueur alcoolique la transformation de l'alcool en acide acétique. Les germes de cette végétation microscopique sont encore fournis, soit par une liqueur en pleine fermentation acétique, soit par l'air atmosphérique dans lequel ils se trouvent disséminés.

La *fermentation acétique* s'établit toujours lorsque, la fermentation alcoolique se trouvant terminée, la couche de gaz carbonique dégagée ne persiste plus à la surface du liquide pour garantir celui-ci du contact de l'air. C'est à partir de ce moment que l'alcool, sous l'influence combinée du ferment acétique et de l'oxygène de l'air qui a accès au liquide, se transforme en acide acétique. Pour empêcher cette réaction, dont les effets sont préjudiciables à la bière, on devra donc conduire le travail du moût de façon à ce que la formation de l'alcool et le dégagement de l'acide carbonique ne cessent jamais complètement. Un signe précurseur de la fermentation acétique est l'aspect trouble que prend la bière : c'est là un indice certain, provenant de la dissociation de matières albumi-noïdes. Nous parlerons plus loin des remèdes qui permettent de modifier efficacement cette allure fâcheuse du travail.

La *fermentation lactique* se produit fréquemment dans le cours de la fabrication des bières, qui, toutes, renferment de l'acide lactique, substance dont la composition élémentaire est identique à celle de la glucose. Cet acide prend naissance pendant l'opération du maltage, pendant la trempe et probablement aussi pendant la fermentation : il se produit chaque fois que l'on ajoute au moût du sucre ordinaire. La fermentation lactique se manifeste surtout lorsqu'on traite les drèches par de l'eau froide : la raison en est que ce traitement a pour effet d'abaisser la température du liquide, produit du lessivage, à 25-30 degrés, point le plus favorable à ce genre de fermentation. En procédant à l'épuisement des résidus par l'eau chaude on peut aisément prévenir cet inconvénient. La formation de l'acide lactique est toujours accompagnée de celle d'une gomme spéciale : l'une et l'autre de ces substances se produisent au détriment de la glucose et, conséquemment, de l'alcool qui en résulte : d'où il suit que les bières renfermant de l'acide lactique sont pauvres en alcool. Quant au goût particulier que ce principe communique aux bières, il ne paraît pas désagréable à la majorité des consommateurs : témoin les bières belges qui, pour satisfaire au caprice d'une classe très-nombreuse de consommateurs, doivent être franchement acides. L'acidité, dans ce cas, n'est pas un signe d'altération, l'acide lactique paraissant plutôt favoriser la consertion de la qualité des bières en empêchant la fermentation acétique. L'inconvénient que présente ce principe, c'est que dans certaines circonstances il se transforme assez facilement en acide butyrique, dont le goût et l'odeur sont des plus désagréables.

La *fermentation butyrique* paraît être la conséquence de l'existence d'un ferment spécial, encore peu connu, qui se développe quelquefois dans les moûts. Elle constitue une véritable maladie de la bière : nous traiterons dans un chapitre ultérieur des remèdes à apporter à cette maladie.

La *fermentation mannitique* ou *visqueuse* est intimement liée à la putréfaction de substances albuminoïdes. Cette fermentation, dûe aussi à un agent spécial, est caractérisée par la présence de la mannite et de la gomme lactique, formées aux dépens de la glucose. La mannite, une fois engendrée dans les moûts, n'est plus susceptible de se transformer, ni en glucose, ni en alcool ; il n'y a donc aucun remède à la maladie déterminée par la formation de la mannite. Ajoutons que jamais la fermentation mannitique, si préjudiciable aux moûts, ne prend naissance lorsque la propreté la plus minutieuse règne dans les locaux où l'on se livre à la fabrication de la bière. Lorsque la fermentation mannitique est accompagnée des fermentations lactique et butyrique, l'examen du liquide décèle la présence de chacun des ferments spéciaux, causes de ces décompositions.

La *fermentation putride* ou *putréfaction* est caractérisée par le dégagement de produits gazeux à odeur repoussante : cette décomposition est spéciale aux matières albuminoïdes et azotées. Elle exige la présence de l'eau, de l'oxygène de l'air, élément constitutif des combinaisons nouvelles, de substances déjà en voie de se putréfier, et enfin une certaine température, qui peut atteindre jusqu'à 50°. En empêchant ces diverses circonstances de se produire, il va de soi qu'on préviendra la putréfaction.

Dans les brasseries, c'est principalement par leur contact avec des refroidissoirs en bois que les liquides s'assimilent les germes de cette dangereuse fermentation. Il suffit, en effet, que les résidus de moût, contenant des substances albuminoïdes, aient séjourné un temps plus ou moins long dans les anfractuosités ou les parties défectueuses de ces vaisseaux en bois, pour que ces dépôts, venant à entrer en décomposition, constituent autant de foyers de fermentation putride. La bière, sous leur influence, se couvre de moisissures et devient fétide : ces altérations graves se perpétuent tant que les liquides continuent à rencontrer sur leur parcours des substances en putréfaction. Les moûts qui ont subi la fermentation putride tiennent en dissolution de la mannite, de l'acide lactique et de l'acide butyrique.

Pour prévenir ou couper cette fermentation, on a recours à la chaux vive, dont on enduit à plusieurs reprises la surface des boiseries, et que l'on n'enlève qu'après son entière dessication. L'action caustique de la chaux détruit la vitalité des organismes, causes de la putréfaction. En Angleterre, on remplit les refroidisseurs d'eau, souvent renouvelée; ces vaisseaux sont maintenus pleins d'eau pendant les intervalles du travail. On objecte à cette pratique qu'elle a pour résultat de donner à la bière un goût désagréable; aussi nombre de praticiens sont-ils d'avis qu'il est préférable de tenir les refroidissoirs aussi secs que possible durant les heures de chômage.

En tout cas, il est hors de conteste que la pureté de l'eau joue un rôle prépondérant dans les opérations de la brasserie ; il paraît dès lors préférable de ne pas faire emploi d'eau, plutôt que d'avoir recours à de l'eau qui elle-même serait sujette à s'altérer.

Le moyen le plus radical de parer à ces inconvénients, c'est de rejeter l'emploi du bois dans la confection de ces vaisseaux, et de ne se servir que de refroidissoirs en métal.

Une remarque générale, qui s'applique aux divers types de fermentation que nous venons d'examiner, c'est que, si des liquides renferment simultanément, dans les conditions propices, les germes de différents ferments, les diverses fermentations se déclarent en même temps, et les produits deviennent de nature très-complexe.

CHAPITRE III.

L'ALCOOL.

———

1. — PROPRIÉTÉS CHIMIQUES.

L'alcool pur est une substance composée de carbone, d'hydrogène et d'oxygène dans les proportions suivantes :

$$
\begin{array}{lr}
\text{C carbone} & 51.17 \\
\text{H hydrogène} & 13.04 \\
\text{O oxygène} & 34.79 \\
\hline
& 100.00
\end{array}
$$

sa formule chimique est C^4H^6O.

L'alcool fait partie d'une série importante de corps dits *homologues* lesquels, ainsi que leurs dérivés chimiques, présentent entr'eux un ensemble de propriétés communes et d'analogies marquantes.

L'alcool ne se rencontre pas dans la nature : il résulte de la décomposition d'un produit naturel, le sucre, par voie de fermentation, ainsi que nous l'avons exposé précédemment. Cette décomposition a lieu au sein d'une solution aqueuse : l'alcool s'obtient conséquemment en dissolution dans l'eau, dont on le retire par la *distillation*.

L'alcool pur *absolu*, c'est-à-dire au maximum de concentration et privé d'eau, est un liquide très-fluide, réfringent, doué d'une saveur brûlante et d'une odeur agréable. Son poids spécifique est de 0,7947 à la température de 15°. L'alcool absolu conserve l'état liquide même aux plus basses températures, obtenues artificiellement. Il peut se mélanger en toute proportion à l'eau, liquide pour lequel il possède une affinité prononcée. C'est en raison de cette affinité que l'alcool absolu absorbe rapidement l'humidité de l'air ; c'est également dans cette propriété qu'il faut chercher l'explication de l'action énergique exercée par l'alcool absolu sur les tissus organiques, auxquels il enlève l'eau indispensable à leur constitution : aussi est-il un poison violent.

L'alcool est très-volatil : son point d'ébullition est 78°4. La température d'ébullition des mélanges d'alcool et d'eau se rapproche d'autant plus de celle de l'eau que la proportion d'eau est plus considérable dans le mélange. Les vapeurs émises par les liquides présentent une teneur en alcool supérieure à celle des liquides eux-mêmes ; par suite, en maintenant en ébullition un liquide alcoolique, ce liquide s'appauvrit de plus en plus en alcool; on arrive ainsi graduellement à volatiliser tout l'alcool du mélange et à n'obtenir comme résidu que de l'eau pure.

C'est ainsi, par exemple, qu'un mélange formé de 1 partie d'alcool pur et de 15 parties d'eau, liquide à 6.7 p. c. d'alcool environ, donne au commencement de l'ébullition une vapeur riche de 70 p. c. d'alcool. Après la volatilisation de 1/80 du mélange alcoolique, la vapeur accuse encore 54 p. c. d'alcool; après la volatilisation de 2/80 la richesse est de 48 p. c., et ainsi de suite.

Le contraire a lieu pour les mélanges très-riches en alcool, tels que ceux où la proportion d'eau est réduite à 2 ou 3 p. c. Les premières vapeurs obtenues sont chargées d'eau, et ce n'est qu'après un certain temps que l'on recueille de la vapeur anhydre d'alcool.

Le tableau suivant donne les points d'ébullition pour des liqueurs alcooliques variant en richesse de 5 en 5 pour cent.

TABLEAU 8.

PROPORTION D'ALCOOL P. 100.	POINT D'ÉBULLITION.	PROPORTION D'ALCOOL P. 100.	POINT D'ÉBULLITION.
5	96°,3	55	82°,2
10	92,9	60	81,9
15	91,0	65	81,5
20	89,1	70	80,9
25	87,5	75	80,3
30	86,2	80	79,7
35	85,	85	79,4
40	84,1	90	79,0
45	83,4	95	78,4
50	83,1		

L'alcool possède un *pouvoir dissolvant* considérable pour un grand nombre de corps, tels que l'iode, le phosphore, le soufre, la plupart des gaz, un grand nombre de sels inorganiques, les résines, les corps gras, les huiles essentielles, beaucoup de substances colorantes, etc.

Dans l'air atmosphérique, et au contact d'un corps incandescent, l'alcool brûle avec une flamme peu éclairante : les produits de cette combustion sont de la vapeur d'eau et de l'acide carbonique. Sous l'influence de certains ferments ou de certaines végétations microscopiques, les liqueurs alcooliques diluées s'oxydent également, en formant de l'acide acétique dilué (vinaigre).

2. — PROPRIÉTÉS PHYSIQUES. — DÉTERMINATION DE L'ALCOOL.

Dans tous les cas où les procédés industriels sont basés sur la fermentation, c'est-à-dire sur la production de l'alcool, il est de la plus haute importance de déterminer la *valeur* des liquides alcooliques, en d'autres termes, la proportion du produit principal qu'ils contiennent.

Lorsque les liquides à essayer ne renferment pas des quantités notables de substances, autres que l'alcool et l'eau, c'est-à-dire, lorsque l'on est en présence de liquides alcooliques *purs,* l'évaluation de la proportion respective des deux éléments du mélange est basée sur la différence qui existe entre le poids spécifique de l'alcool absolu et celui de l'eau. La densité de l'eau à 15° étant prise pour unité, celle de l'alcool pur à la même température étant de 0,7947, il est clair que les densités de tous mélanges d'alcool et d'eau devront se trouver entre ces limites, et se rapprocher d'autant plus de l'unité, que la proportion d'alcool sera moins élevée dans le mélange. Par suite d'une contraction qui se produit dans le volume des liquides mélangés, la densité du liquide alcoolique ne représente pas exactement la moyenne proportionnelle des densités propres à chacun des éléments du mélange ; l'expérience a déterminé une correction qu'il y a lieu d'apporter, de ce chef, aux notations alcoométriques.

Ainsi que nous l'avons dit précédemment, pour déterminer la densité des liqueurs alcooliques, on a généralement recours à l'aréométrie. Les instruments employés sont des densimètres ou aréomètres, flotteurs en verre munis d'une tige mince, qui s'enfoncent d'autant plus dans le liquide, que celui-ci est *moins dense.* En observant le point exact de l'affleurement, on lit, sur l'échelle adaptée à l'intérieur de la tige de l'instrument, la densité du liquide. Des tables, construites d'après des expériences d'une grande précision, permettent de traduire le nombre absolu trouvé par l'essai aréométrique en *teneur alcoolique;* certains *alcoomètres* (c'est le nom qu'on donne à ces densimètres spéciaux), renseignent cette teneur en centièmes du poids du liquide, d'autres en centièmes du volume de ce même liquide. Ces derniers sont les plus répandus : lorsque, dans le langage usuel, on dit qu'un liquide renferme 10 ou 50 pour cent d'alcool, cela signifie que 100 volumes (litres, décilitres, etc.), de ce liquide renferment 10 ou 50 volumes (litres, décilitres, etc.) d'alcool pur.

Il est à remarquer que le volume de tout liquide varie avec sa température et que, par conséquent, la densité elle-même variera, à son tour, en raison de la température. Il s'ensuit que les déterminations basées sur les données aréométriques ou densimétriques ne sont exactes que si elles ont eu lieu à la température normale à laquelle s'est faite la graduation de l'instrument, température qui est toujours inscrite sur l'échelle de l'instrument. Lorsqu'on exécute un essai aréométrique à une température autre que cette température normale, les indications de l'instrument, pour être l'expression de la vérité, doivent subir une correction : il existe des tables dressées avec précision, et dont l'emploi, dans la pratique, dispense du calcul réclamé par cette correction. La température normale est habituellement 15° ctg.

Dans l'industrie des bières, ainsi que nous avons eu déjà l'occasion de le signaler, les essais alcoométriques se font d'ordinaire sur des liquides dont la température ne s'écarte guère de 15°, ce qui permet l'observation sans correction ou, du moins, rend peu sensible les erreurs qui pourraient résulter de faibles écarts de température.

Voici quelques tableaux usuels pour l'essai alcoométrique de liquides pauvres.

TABLEAU 9.

Tableau des densités de l'alcool à 15° c.

DEGRÉS DE L'ARÉOMÈTRE.	DENSITÉ.	DEGRÉS DE L'ARÉOMÈTRE.	DENSITÉ
0	1,0000	11	9855
1	0,9985	12	9844
2	9970	13	9833
3	9956	14	9822
4	9942	15	9812
5	9929	16	9802
6	9916	17	9792
7	9903	18	9782
8	9891	19	9773
9	9878	20	9763
10	9867		

TABLEAU 10.

Tableau comparatif pour les liqueurs pauvres de 0 à 10 p. 100 en poids, d'après Drinkwater.

Temp. 60° F. = 15° 5/9 c.

DENSITÉ.	CENTIÈMES EN POIDS	DENSITÉ.	CENTIÈMES EN POIDS.	DENSITÉ.	CENTIÈMES EN POIDS.	DENSITÉ.	CENTIÈMES EN POIDS.	DENSITÉ.	CENTIÈMES EN POIDS.
1.0000	0.00	9982	0.96	9964	1.94	9946	2.97	9928	4.02
0.9999	0.05	9981	1.02	9963	1.99	9945	3.02	9927	4.08
9993	0.11	9980	1.07	9962	2.05	9944	3.08	9926	4.14
9997	0.16	9979	1.12	9961	2.11	9943	3.14	9925	4.20
9996	0.21	9978	1.18	9960	2.17	9942	3.20	9924	4.27
9995	0 26	9977	1.23	9959	2.22	9941	3.26	9923	4.33
9994	0.32	9976	1.29	9958	2.28	9940	3.32	9922	4.39
9993	0.37	9975	1.34	9957	2.34	9939	3.37	9921	4.45
9992	0.42	9974	1.40	9956	2.39	9938	3.43	9920	4.51
9991	0.47	9973	1 45	9955	2.45	9937	3.49	9919	4.57
9990	0.53	9972	1.51	9954	2.51	9936	3.55	9918	4.64
9989	0.58	9971	1.56	9953	2.57	9935	3.61	9917	4.70
9988	0.64	9970	1.61	9952	2.62	9934	3.67	9916	4.76
9987	0.69	9969	1.67	9951	2.68	9933	3.73	9915	4.82
9986	0.74	9968	1.73	9950	2.74	9932	3.78	9914	4.88
9985	0.80	9967	1.78	9949	2.79	9931	3.84	9913	4.94
9984	0.85	9966	1.83	9948	2.85	9930	3.90	9912	5.01
9983	0.91	9965	1.89	9947	2.91	9929	3.96	9911	5.07

Suite du tableau 10.

DENSITÉ.	CENTIÈMES EN POIDS.	DENSITÉ.	CENTIÈMES EN POIDS.	DENSITÉ.	CENTIÈMES EN POIDS.	DENSITÉ.	CENTIÈMES EN POIDS.	DENSITÉ.	CENTIÈMES EN POIDS.
0.9910	5.13	9875	7.43	9841	9.85	0.9807	12.62	0.9773	15.33
9909	5.20	9874	7.50	8840	9.92	9806	12.69	9772	15.42
9908	5.26	9873	7.57	9839	9.99	9805	12.77	9771	15.50
9907	5.32	9872	7.64	9838	0.07	9804	12.85	9770	15.58
9906	5.39	9871	7.71	9837	10 16	9803	12.92	9769	15.66
9905	5.45	9870	7.78	9836	10.29	9802	13.00	9768	15 75
9904	5.51	9869	7.85	9835	10.35	9801	13.08	9767	15.83
9903	5.58	9868	7.92	9834	10.44	9800	13.15	9766	15.91
9902	5.64	9867	7.99	9833	10.54	9799	13.23	9765	16.00
9901	5.70	9866	8.06	9832	10.63	9798	13.30	9764	16.08
9000	5.77	9865	8.13	9831	10.72	9797	13.39	9763	16.17
9899	5.83	9864	8.20	9830	10.81	9796	13.46	9762	16.25
9898	5.89	9863	8.27	9829	10.91	9795	13.54	9761	16.33
9897	5.96	9862	8.34	9828	11.00	9794	13.62	9760	16.42
9896	6.02	9861	8.41	9827	11.08	9793	13.69	9759	16.50
9895	6.09	9860	8.48	9826	11.15	9792	13.77	9758	16.58
9894	6.15	9859	8.55	9825	11.23	9791	13.85	9757	16.66
9893	6.22	9858	8.62	9824	11.31	9790	13.92	9756	16.75
9892	6.29	9857	8.70	9823	11.39	9789	14.00	9755	16.83
9891	6.35	9856	8.77	9822	11.46	9788	14.08	9754	16.91
9890	6.42	9855	8.84	9821	11.54	9787	14.17	9753	17.00
9889	6.49	9854	8.91	9820	11.62	9786	14.25	9752	17.08
9888	6.55	9853	8.98	9819	11.69	9785	14.33	9751	17.17
9887	6.62	9852	9.05	9818	11.77	9784	14.42	9750	17.25
9886	6.69	9851	9.12	9817	11.85	9783	14.50	9749	17.33
9885	6.75	9850	9.20	9816	11.92	9782	14.58	9748	17.42
9884	6.82	9849	9.27	9815	12.00	9781	14.66	9747	17.50
9883	6.89	9848	9.34	9814	12.08	9780	14.75	9746	17.58
9882	6.95	9847	9.41	9813	12.15	9779	14.83	9745	17.66
9881	7.02	9846	9.49	9812	12.23	9778	14.91	9744	17.75
9880	7.09	9845	9.56	9811	12 31	9777	15.00	9743	17.83
9879	7.16	9844	9.63	9810	12.39	9776	15.08	9742	17.91
9878	7.23	9843	9.70	9809	12.46	9775	15.17	9741	18.00
9877	7.30	9842	9.78	9808	12.54	9774	15.25		
9876	7.37								

Voici les densités pour les principaux mélanges d'alcool et d'eau en centièmes de 0 à 100 p. 100 du *volume* d'après Gay-Lussac.

TABLEAU 11.

Temp. 15°.

DENSITÉ.	ALCOOL EN 100 VOL.	DENSITÉ.	ALCOOL EN 100 VOL.
0.7947	100	0.9141	60
0.8168	95	0.9248	55
0.8346	90	0.9348	50
0.8502	85	0.9440	45
0.8645	80	0.9523	40
0.8799	75	0.9595	35
0.8907	70	0.9656	10
0.9027	65	1.0000	0

Voici encore un tableau comparatif pour la température de 15°,5 c. et pour les proportions en volumes.

TABLEAU 12.

DENSITÉ A 15°,5.	100 LITRES A 15°,5 CONTIENNENT.		DENSITÉ A 15°,5.	100 LITRES A 15°,5 CONTIENNENT.	
	ALCOOL.	EAU.		ALCOOL.	EAU.
1.0000	0	100.000	0.9821	14	87.086
0.9985	1	99.055	9811	15	86.191
9970	2	98.111	9800	16	85.286
9956	3	97.176	9790	17	84.392
9942	4	96.242	9780	18	83.497
9928	5	95.307	9770	19	82.603
9915	6	94.382	9760	20	81.708
9902	7	93.458	9750	21	80.813
9890	8	92.543	9740	22	79.919
9878	9	91.629	9729	23	79.014
9866	10	90.714	9719	24	78.119
9854	11	89.799	9709	25	77.225
9843	12	88.895	9698	26	76.320
9832	13	87.990	9688	27	75.426

Les chiffres de ce tableau présentent une anomalie, découlant du fait de la contraction des volumes de chacun des éléments du mélange : la somme des nombres inscrits aux colonnes *alcool* et *eau* est toujours supérieure à cent, chiffre représentant le volume résultant du mélange.

Les alcoomètres usuels indiquent directement les proportions mêmes d'alcool renfermées dans les liquides essayés et non pas leurs densités : cela abrège les calculs et simplifie l'expérience. Le zéro de l'échelle est inscrit au point où l'instrument affleure dans l'eau, à la température de 15°; le point 100 correspond à l'affleurement dans l'alcool pur, à la même température : l'intervalle entre ces deux limites est divisé en 100 parties ou degrés (de grandeur inégale) indiquant la proportion d'alcool contenue dans 100 volumes du liquide à la température normale (15° c.). Afin de rendre la lecture plus nette, on construit généralement les alcoomètres pour des densités de liquide ne présentant au *maximum* qu'un écart de 20 à 25 centièmes ou degrés, de sorte que l'on a recours à un jeu de 4 ou 5 aréomètres au lieu de n'employer qu'un seul aréomètre dont la tige porterait l'entièreté des 100 divisions.

Nous avons supposé jusqu'ici que les liquides dont on recherchait la composition ne contenaient sensiblement que de l'alcool et de l'eau : dans ces essais, la détermination de la densité seule suffit pour en déduire la richesse du liquide. Il n'en est plus de même dans le cas où l'on a affaire à des liquides qui, comme la bière, le vin, les moûts, les liqueurs à base de sucre, etc., contiennent en dissolution d'autres substances, marquant à leur tour à l'aréomètre : on a recours alors à diverses méthodes particulières. L'une d'entr'elles, *méthode générale* applicable à tous les cas, consiste à soumettre le liquide proposé à une distillation conduite de façon à obtenir tout l'alcool, mélangé seulement de vapeur d'eau condensée : on titre le liquide alcoolique, produit de l'opération ; un calcul des plus simples permet dès lors de remonter à la teneur propre du liquide originaire.

Voici la marche à suivre dans cet essai alcoométrique.

On introduit dans un appareil distillatoire en verre (cornue, matras) un volume ou un poids donné du liquide à essayer. Cet appareil est mis en communication avec un récipient par l'intermédiaire d'un tube formant spirale et présentant conséquemment une large surface de refroidissement à l'eau froide que l'on fait circuler à l'extérieur de ce tube : toute perte d'alcool est rendue par là impossible. On chauffe au bain-marie pendant un temps suffisant pour atteindre l'entière volatilisation de l'alcool : on obtient ce résultat, pour des liquides d'une richesse alcoolique inférieure à 16 p. c. en arrêtant la distillation lorsqu'on a recueilli dans le récipient un volume de liquide égal au tiers du volume primitif : pour des liquides plus riches, cette quantité ne suffit pas, surtout lorsqu'ils renferment, outre l'alcool, d'assez fortes proportions de sucre et d'autres substances. Dans ce cas, il est avantageux de diluer de moitié le liquide à distiller : l'addition de l'eau dans le rapport de 100 p. c. facilite singulièrement la volatilisation des vapeurs alcooliques.

Dans les liqueurs condensées, on détermine la richesse à l'aide d'un alcoomètre et l'on remonte, par une proportion, à la teneur du liquide primitif : ou bien, on ramène le liquide du récipient au volume du liquide primitif, en y ajoutant la quantité d'eau nécessaire, et l'on plonge seulement alors l'alcoomètre dans l'éprouvette. Cette dernière manière d'opérer donne, à la simple lecture, la richesse du liquide initial en alcool ; elle est d'un usage commode pour les alcools riches ; dans le cas d'alcools ou de liqueurs alcooliques pauvres, il est préférable d'obtenir d'abord, par distillation, un liquide fortement enrichi et de faire par après la réduction du titre.

Nous donnerons ultérieurement, à propos de l'analyse des bières, la description et le mode d'emploi de divers appareils spécialement appropriés aux déterminations dont il vient d'être question.

Les observations alcoométriques usitées dans la fabrication des bières ont trait à des liquides de composition complexe et sujette à des variations ; la constatation de ces variations mêmes est le plus souvent le but de l'opération. Tel est le cas lorsqu'on veut se rendre compte de la marche de la fermentation, c'est-à-dire des progrès de la formation de l'alcool dans les moûts sucrés. Cette opération est la base fondamentale du travail des brasseries : il est donc de la plus haute importance de la régler d'une façon méthodique, en soumettant le moût à des essais répétés et rapides, qui permettent de s'assurer de la progression descendante suivie par la quantité de sucre renfermée dans le moût, au fur et à mesure de la génération de l'alcool.

Pour les observations courantes, on se sert, à l'exclusion de tous autres aréomètres, du *Saccharimètre Balling* ou Brix, dont chaque degré indique un centième de sucre en poids du liquide observé. (Voir page 16.) Les essais au saccharimètre Balling doivent toujours avoir lieu à la température normale de l'instrument : par suite du principe même sur lequel repose la construction de cet aréomètre spécial, les corrections dues à la température n'ont ici aucune valeur. Cette circonstance oblige l'expérimentateur à ramener le liquide à la température normale avant de l'essayer. Les types d'aréomètres Balling en usage dans les brasseries et distilleries portent des échelles, embrassant un petit nombre de degrés et marquant nettement le dixième de degré, afin de rendre la lecture des indications bien précise.

Pour prendre la densité d'un moût pendant ou après la fermentation, il faut, autant que possible, en éliminer d'abord toutes les matières en suspension : on y arrive en filtrant le liquide à travers une poche en étoffe ou un linge. Il n'est pas requis que le liquide filtré soit limpide, mais il doit être débarrassé entièrement des drèches et autres substances en suspension.

Ce moût clarifié, non fermenté, se compose d'eau, de sucre et de substances dissoutes non fermentiscibles. Soit p le poids saccharimétrique du moût, z celui du sucre seul et x celui des substances étrangères ; on a la relation $p = z + x$. La fermentation détruit le sucre et laisse les substances étrangères intactes : si le sucre en disparaissant, donnait une solution ayant même densité que l'eau, la proportion de cet élément aurait pour expression $z = p - x$. Mais la densité de l'alcool, produit de la transformation du sucre, étant moindre que celle de l'eau, le liquide résultant de la fermentation possède un degré saccharimétrique *moindre* que celui représenté par cette expression. (On peut, pour éliminer l'influence propre de l'alcool dans ces réactions, débarrasser le liquide de ce produit par l'ébullition.)

Au fur et à mesure des progrès de la fermentation, la densité ou le degré saccharimétrique suit une progression descendante jusqu'à accuser une valeur minima au terme de la fermentation. Le gaz carbonique saturant le liquide exerce aussi son influence propre sur l'aréomètre et doit, par conséquent, être éliminé avant le dosage : on y arrive facilement en remplissant à moitié un flacon de moût clair, bouchant et agitant le liquide. En répétant deux ou trois fois cette manœuvre, en ayant soin toutefois d'ôter chaque fois le bouchon avant d'agiter de nouveau, on élimine entièrement le gaz carbonique. Il faut éviter d'exagérer le mouvement, ce qui pourrait amener dans certains cas une perte d'alcool par évaporation.

Soit m le degré saccharimétrique du moût clair, ainsi débarrassé du gaz acide carbonique. La différence des degrés observés dans le liquide avant et après la fermentation a pour valeur

$$m - p.$$

On a donné à cette expression le nom d'*atténuation apparente*. Elle correspond à la diminution amenée par la disparition du sucre, diminution augmentée encore, ainsi que nous l'avons fait remarquer précédemment, par ce fait que l'alcool est une substance moins dense que l'eau. L'atténuation apparente se trouve nécessairement dans un rapport constant avec la quantité de sucre fermenté ; il suit de là que l'observation de cette atténuation constitue le meilleur mode pour contrôler la marche de la fermentation.

Nous reviendrons en temps et lieu, à l'occasion des opérations de la fabrication, sur la théorie et la pratique de l'*atténuation*, ainsi que sur les conclusions, aussi importantes que variées, que l'industriel tire des observations saccharimétriques pour la conduite du travail.

Un aréomètre de nature quelconque peut servir à recueillir ces données : nous avons recommandé spécialement l'emploi du saccharimètre Balling, parce que cet instrument fournit directement des indications qui n'ont plus besoin d'être traduites, à l'aide de tables *ad hoc*, pour représenter des données pratiques, des centièmes de sucre. Or, en industrie les moyens de contrôle simples et sûrs sont ceux que l'on doit préférer.

CHAPITRE IV.

LA SACCHARIFICATION ET LA GERMINATION.

Nous avons exposé, au chapitre I de ce livre (p. 7 et suiv.) les principes généraux de la saccharification des matières amylacées. Ainsi que nous l'avons vu, la transformation de l'amidon en glucose est due à l'action d'une substance, à laquelle on a donné le nom de *diastase* et qui est un des éléments de la composition du malt. Le principe actif existe, après la germination, dans les graines de toutes les céréales : on ne l'y rencontre jamais avant leur germination. Le malt le plus généralement employé, celui qui possède au plus haut degré le pouvoir saccharifiant est l'*orge* germée. Dans certaines fabrications spéciales, on a recours au froment, au seigle, à l'avoine germés comme succédané du malt ordinaire : mais ces cas constituent l'exception et n'ont qu'une importance secondaire dans la production générale des bières.

La température la plus favorable pour la transformation de l'amidon en glucose est comprise entre 64 et 75° c. A des températures inférieures à la plus basse de ces limites ou supérieures à la plus haute, on voit diminuer l'intensité de cette réaction, qui s'éteint entièrement à la température de l'ébullition.

La transformation est d'autant plus rapide que la proportion de fécule est moindre par rapport à la diastase ou à l'extrait de malt.

Nous avons vu précédemment (p. 8) que la saccharification ne se produit pas instantanément et d'une manière complète : elle s'opère par étapes, en donnant naissance à des produits intermédiaires entre l'amidon et la glucose.

La nature de ces produits varie suivant les circonstances dans lesquelles ils prennent naissance. Ainsi, lorsqu'on porte à l'ébullition la liqueur amylacée immédiatement après sa liquéfaction par l'extrait de malt à 70° c. environ, l'action de la diastase est interrompue et l'on trouve en solution de la glucose, de la dextrine et de la fécule soluble. Un traitement par l'alcool permet d'isoler chacune de ces substances de la liqueur saccharifiée, préalablement évaporée à siccité. Si, au contraire, au lieu de chauffer à l'ébullition, on maintient entre 65 et 75° la température de la liqueur amylacée renfermant l'extrait de malt, la proportion de fécule soluble diminue rapidement. La réaction de la teinture d'iode permet de constater ce fait : on sait, en effet, que lorsque ce réactif ne produit plus dans un liquide amylacé sa coloration caractéristique, la fécule se trouve transformée en glucose et dextrine. Le liquide traité, comme nous venons de le dire, à une température voisine de 70° devient, si on le porte à l'ébullition et qu'on le concentre par l'évaporation, un sirop de glucose et dextrine : le traitement indiqué plus haut donne le moyen de séparer et de caractériser chacun de ses éléments, dont nous avons décrit les propriétés spéciales au chap. I de ce livre.

On n'est pas encore d'accord sur la véritable cause de la saccharification ou transformation de la fécule par la diastase : on sait seulement qu'elle a lieu dans certaines circonstances nettement déterminées. Quant aux proportions de diverses substances engendrées on n'est pas non plus suffisamment renseigné à leur égard, de sorte qu'on ne peut fixer pour tous les cas la quotité de glucose à résulter d'une quantité donnée de fécule. En général, le poids du produit soluble surpasse un peu celui de la matière première et l'on constate une proportion d'autant plus grande de glucose que l'on prolonge plus longtemps l'action de la diastase, sans que pourtant l'on puisse jamais obtenir de la glucose pure, exempte de tout mélange de dextrine. Il semble même résulter de nombreuses expériences que la proportion de deux parties de sucre sur une partie de dextrine ne peut être dépassée dans les cas ordinaires, même à la suite d'une action très-prolongée : on admet aussi que la quantité de glucose produite est d'autant·plus considérable que la fécule se trouve délayée et convertie en empois dans une plus grande quantité d'eau, à une température de 70 à 72° maintenue pendant 2 1/2 à 3 heures.

C'est la glucose qui est ici l'élément principal, puisque la dextrine ne fournit que peu d'alcool pendant la fermentation. (Voir plus haut p. 9 et suiv.)

Le mélange de glucose et de dextrine paraît s'opérer en proportion définie, jusqu'à un certain point, de sorte que l'action de la diastase s'arrêterait lorsque ces deux éléments ont atteint une proportion donnée, et ne recommencerait à s'exercer que lorsque le sucre se trouverait éliminé de la solution d'une manière ou d'autre. D'après les recherches les plus récentes et contrairement à certaines idées reçues jusqu'ici, ces phénomènes ne sont influencés ni par un excès de diastase, ni par une longue durée de l'action de cette substance.

Dans tous les cas, le succès de la saccharification, base principale de la préparation des liqueurs fermentées, dépend essentiellement de la bonne qualité du malt employé, ou, ce qui revient au même, de la diastase qu'il contient. Il est donc de la plus haute importance de connaître exactement les circonstances les plus favorables au développement de ce principe par la germination. Ceci nous amène à examiner d'une manière générale le principe de l'opération du *maltage*, réservant pour plus tard l'exposé des manipulations qu'elle nécessite.

Le maltage. — Le but du maltage est d'obtenir le développement de la diastase par la germination des céréales.

La manifestation de la force végétale dans le germe ou l'embryon est liée aux conditions suivantes :

1° Présence d'humidité ; les grains secs ne germent jamais.

2° Une température comprise entre 6 et 36 degrés centigrades. Dans ces limites, plus la température se rapproche du degré maximum, plus la germination est rapide.

3° Accès de l'air ; les semences ne germent point si le contact de l'air est empêché. Lorsqu'on entretient l'orge complétement mouillée à une température moyenne, la force vitale du bourgeon ne tarde pas à se manifester ; les petites racines et radicelles se font jour, à l'extrémité du grain où surgit le bourgeon, sous forme de filaments blancs qui s'allongent chaque jour davantage. Le bourgeon lui-même se transforme en une tigelle germinale foliacée ou plumule, qui se développe sous l'enveloppe du grain pour apparaître à l'extrémité opposée sous forme d'un corps blanc qui verdit bientôt sous l'influence de la lumière.

Le grain de froment se comporte un peu différemment : la radicelle et la plumule apparaissent *au même bout* du grain.

Lorsque les conditions qui déterminent la germination sont suspendues par une cause quelconque, par exemple par le fait de la dessication des grains germés, la germination est interrompue et les jeunes plantes cessent de croître.

Le développement du germe a lieu aux dépens de la matière amylacée du grain, qui fournit à la jeune plante les premiers aliments. Comme cette alimentation ne saurait avoir lieu qu'à l'aide de matières solubles, on en a conclu que, dès le commencement de la germination, une partie de la fécule est transformée en glucose et en dextrine probablement sous l'influence des premières traces de diastase provenant du gluten. La proportion de fécule transformée de cette façon est perdue pour la fabrication, car les organes de la jeune plante ne contiennent point de substance fermentescible. Mais on ne peut parer à cette perte : on ne saurait, en effet, se procurer la diastase par un autre moyen. Il est à noter, d'autre part, que la transformation de la fécule en substance végétante a lieu dans des proportions d'autant plus grandes que le développement du germe est plus avancé. On comprend, d'après cela, l'utilité, la nécessité même qu'il y a d'arrêter à un certain point la germination pour ne pas perdre trop de la matière amylacée. Le malt sert à la fois et comme agent saccharifiant et comme substance pincipale à saccharifier : l'on doit donc, pour fabriquer rationnellement la bière, tirer tout le parti possible, non-seulement de la diastase mais encore de la fécule de l'orge. Dans la pratique, l'art consiste à bien savoir apprécier l'instant où l'on doit mettre fin à la germination afin de ne pas, par exemple, produire une trop faible quantité de diastase en voulant restreindre la perte sèche en matière amylacée.

La fabrication du malt est, en quelque sorte, le corollaire de la fabrication de la bière : ces deux industries sont solidaires et généralement réunies. Beaucoup de distilleries tirent néanmoins leur malt de fabriques où l'on se livre exclusivement au maltage : il n'est pas inutile de remarquer, à cette occasion, que le meilleur malt pour la brasserie n'est pas tout à fait identique à celui que l'on doit préférer pour la distillerie. Pour ce dernier, on laisse la germination s'avancer un peu plus que pour le malt de brasserie, le maximum de diastase étant d'une plus grande importance pour le travail des liquides destinés à la distillation alcoolique. Néanmoins, il ne faut pas attribuer trop de valeur à cette distinction entre les deux variétés de malt.

Pendant la germination, les grains absorbent de l'oxygène et exhalent de l'acide carbonique ; il y a donc oxydation de carbone, et, par suite de cette action chimique qui est une véritable combustion, il y a dégagement de calorique. On pare aux inconvénients que peut présenter cette élévation de température au moment de la germination par des manipulations spéciales.

Lorsqu'on abaisse la température plus qu'il ne convient, et qu'on la maintient à ce point, on produit à la fois un ralentissement de la germination et un arrêt dans le développement des germes déjà formés. La privation de la lumière amène un résultat similaire. D'où il suit qu'en réglant la température et la lumière on règle le développement de la plumule des grains. Les *modifications chimiques* qui se présentent dans les éléments constitutifs de l'orge pendant la germination sont assez complexes ; nous nous y arrêterons un instant.

Voici, à ce propos, un tableau comparatif de la composition de l'orge naturelle et de l'orge germée, calculée pour 100 parties de substance sèche.

Ce tableau a été dressé d'après les analyses de M. Stein.

	Orge.	Malt vert.	Germes.
Cellulose	1,9364	1,9676	3,5686
Matières albuminoïdes solubles . .	1,542	2,131	1,5875
— insolubles . . . , . .	10,938	9,868	1,4728
Dextrine	6,500	7,559	»
Fécule	54,282	51,553	»
Matière grasse.	3,556	2,824	»
Substances extractives	0,896	4,000	»
Substances minérales	2,421	2,291	9,245

On désigne sous le nom de *Malt vert* celui dont la dessication n'a pas été produite artificiellement.

Pour pouvoir comparer entr'eux les chiffres de ce tableau, il faudrait les réduire en raison de la proportion de l'orge employée. Or, dans ces essais, 100 parties d'orge donnèrent 92 p. de malt et 3,475 p. de germes. La composition relative des trois produits considérés est donc la suivante :

	100 parties d'Orge.	92 parties de Malt vert.	3,475 parties de Germes.
Cellulose.	1,9364	1,8098	1,240
Matières albuminoïdes solubles. . .	1,542	1,916	0,552
— insolubles	10,938	9,078	0,512
Dextrine.	6,500	6,954	»
Fécule	54,282	47,429	»
Matière grasse	3,556	2,598	»
Substances extractives	0,896	3,680	»
Substances minérales.	2,421	2,108	0,321

M. Stein ne renseigne point de sucre dans la composition de ces substances. D'autres chimistes ont indiqué de 0,5 à 2 p. c. de sucre dans des analyses analogues : mais ce principe n'est pas essentiel à la composition des orges et des produits qui en dérivent.

Voici les conclusions qui se déduisent du tableau ci-dessus : par le fait de la germination, la quantité totale des matières albuminoïdes diminue de 3 p. c. ; c'est principalement l'oxygène de l'air qui les transforme en acide carbonique et azote.

La proportion des matières albuminoïdes solubles s'accroît aux dépens des matières albuminoïdes insolubles. Ces dernières sont utilisées surtout dans le développement des germes.

Les substances albuminoïdes renferment, entr'autres éléments, du phosphore : cet élément passe à l'état d'acide phosphorique, qui se retrouve dans les moûts, pour disparaître ensuite pendant la fermentation en servant d'aliment à la levure.

La proportion de dextrine est un peu augmentée ; celle des matières grasses a diminué, 27 p. c. ont disparu en se transformant en eau et en acide carbonique. On en retrouve une plus forte proportion dans le germe que dans le malt.

Quant aux substances extractives, substances dont la nature et le rôle sont relativement peu connus, leur poids a quadruplé.

La proportion de fécule est abaissée de 13 p. c. environ : la fécule contribue principalement à la formation de la dextrine, de la cellulose et des substances extractives.

Envisagée au point de vue de son emploi industriel, l'orge, par la germination, a principalement éprouvé les modifications suivantes : une partie des substances albuminoïdes s'est transformée en diastase et l'ensemble des éléments de l'orge ont subi une désagrégation qui facilite beaucoup leur dissolution dans les opérations ultérieures de la fabrication.

LIVRE II.

LES MATIÈRES PREMIÈRES

EMPLOYÉES

DANS LA MALTERIE ET LA BRASSERIE.

CHAPITRE I.

L'EAU.

De toutes les matières accessoires qui trouvent leur emploi dans la fabrication des bières, l'eau est sans contredit la plus importante, tant à raison de la quantité considérable de cette substance dont il est fait usage aux différentes opérations de la brasserie qu'à cause de l'influence capitale exercée sur le résultat de ces opérations par la nature même de l'eau employée. Ce dissolvant universel fait trop rarement l'objet des études du brasseur, et pourtant, s'il est une vérité de simple bon sens c'est que, à raison de la multiplicité et de la diversité même de son emploi, l'eau est appelée à jouer un rôle prépondérant dans le développement des phénomènes physiologiques qui accompagnent la production de la bière.

La composition chimique de l'eau, son degré de pureté, sa température, sa teneur en matières organiques sont autant de points dont il importe constamment de se rendre compte si l'on veut arriver à régler rationnellement le travail industriel, de, façon à s'en rendre maître quelles que soient les circonstances locales, de façon surtout à le rendre efficace et rémunérateur.

On peut dire, en thèse générale, que l'eau employée aux usages de la brasserie doit être la plus pure possible. Elle ne doit contenir qu'à dose modérée des *sels de chaux*, qui offrent l'inconvénient d'entraver les procédés du maltage et la préparation des moûts. Pour la production de la vapeur les eaux crues sont, en outre, peu économiques : leur emploi entraîne le dépôt d'incrustations au fond des chaudières à vapeur, et par suite, une dépense exagérée de combustible accompagnée souvent de l'usure rapide ou de la déformation des vaisseaux de vaporisation, parfois même de leur explosion.

On doit proscrire absolument l'emploi d'eaux très-calcaires, surtout de celles renfermant du sulfate de chaux ou gypse, élément réputé nuisible à la fermentation. L'eau de rivière est toujours préférable aux eaux de puits, vu sa moindre crudité : mais l'on doit s'assurer que sa composition n'est pas non plus viciée par la présence de matières organiques en putréfaction ou susceptibles de se putréfier aisément, comme c'est fréquemment le cas pour des brasseries situées en aval des agglomérations de population ou d'établissements industriels utilisant des matières premières d'origine animale ou végétale.

Une eau de puits, bien que calcaire, serait encore d'un meilleur emploi en brasserie qu'une eau chargée de déchets organiques : car, s'il est vrai que la première enraye la marche de la fermentation, par contre, la seconde offre l'inconvénient beaucoup plus grave de la faire dévier, en introduisant dans les moûts des germes délétères qui provoquent ultérieurement l'altération de la bière. C'est surtout lors de la création d'un établissement de brasserie qu'il importe de se renseigner préalablement, au moyen de l'analyse chimique, sur la nature et le degré de pureté des eaux destinées à l'alimentation de l'établissement : plus d'une entreprise de ce genre a dû son insuccès uniquement à l'oubli de cette précaution toute élémentaire.

Le cadre de ce traité ne nous permet pas de nous étendre ici sur les méthodes chimiques usitées pour l'analyse des eaux : l'exposé des procédés par lesquels on arrive à décéler et à doser les divers éléments qui entrent dans la composition de ces liquides serait d'ailleurs sans haute utilité, vu que leur mise en pratique exige essentiellement le tour de main d'un spécialiste rompu aux manipulations du laboratoire et apportant dans ses essais la rigueur scrupuleuse qui peut seule donner du poids aux résultats de ces sortes d'analyse.

Il est néanmoins aisé de s'assurer, par un essai rapide et en quelque sorte manufacturier, si une eau renferme des déchets organiques. Dans ce cas, elle possède ordinairement une nuance jaunâtre et laisse à l'évaporation un résidu coloré, parfois doué d'une odeur, phénomène que ne présente pas l'eau pure ou l'eau qui ne tient en dissolution que des sels minéraux. Le résidu de l'évaporation, desséché, puis chauffé au rouge, noircit et dégage une odeur rappelant celle de la corne brûlée lorsque la matière soumise à la combustion renferme de l'azote.

Il est difficile de bien fixer les idées sur la quotité des différentes substances dissoutes dans l'eau qui doit servir de point de départ pour son rejet ou son admission aux diverses opérations des brasseries ; autant certains observateurs ont exagéré l'influence de ces substances, autant certains autres, les praticiens spécialement, l'ont révoquée en doute. On semble néanmoins d'accord pour fixer la quotité maxima des matières étrangères à tolérer dans 1000 parties d'eau à 1 ou 2 parties de résidu fixe, minéral, et 0.5 à 1 partie de résidu organique : en outre, l'emploi de toute eau ferrugineuse, de même que toute eau présentant une odeur putride ou, en l'absence de ce symptôme organoleptique, des matières organiques en décomposition, doit être proscrit systématiquement.

Voici encore quelques faits d'expérience ayant trait à l'action propre de certains principes contenus dans les eaux.

Les *substances tanniques*, de même que les acides humiques et autres substances analogues, enrayent la marche de la fermentation. On évitera conséquemment de faire usage d'eaux renfermant de ces principes, telles que celles découlant des tanneries, des tourbières, des forêts, voire des brasseries elles-mêmes ; on veillera soigneusement à ce que des eaux de cette nature n'amènent pas, par leur infiltration dans les puits, l'altération des eaux destinées à l'alimentation journalière.

L'*ammoniaque* retarde ou empêche la germination de l'orge, vu l'influence que cet alcali exerce sur le gluten pendant l'opération du mouillage.

L'*hydrogène sulfuré* prédispose le gluten à la putréfaction et enraye, dans le malt, l'action de la diastase.

Parmi *les sels*, ce sont surtout les composés *magnésiques* qui ont un effet nuisible : les alcalis, au contraire, aux proportions dans lesquelles ils se rencontrent communément, sont sans action sensible.

Les opinions au sujet de l'action de la *chaux* sont assez divergentes. On attribue souvent une influence plutôt favorable à la présence du carbonate de chaux dans les moûts; une proportion de 2 grammes de sulfate de chaux par litre ne nuit pas au travail de ces mêmes liquides, au surplus, la cuisson a pour effet d'éliminer la majeure partie des composés calciques.

Pour le mouillage de l'orge, on remarque que l'eau douce l'effectue plus rapidement tandis que l'eau dure, dont l'action est plus lente, enlève à l'orge une quantité plus considérable de ses principes solubles.

Nous avons vu précédemment (p. 24) que la chaux est quelquefois employée pour produire la coloration de la bière. En Angleterre, on suppose généralement qu'une certaine contenance de chaux et de gypse est indispensable pour la production de bonne ale, de sorte que certains brasseurs du Royaume-Uni vont jusqu'à incorporer directement une poudre de gypse à l'eau destinée à la brasserie.

En résumé, l'on peut dire que l'eau à employer aux opérations de la malterie et de la brasserie doit répondre aux mêmes exigences qu'une bonne *eau potable*, et que hors les cas exceptionnels, les sels qui se rencontrent dans cette dernière sont aussi sans influence sensible en brasserie.

Les analyses suivantes donnent la composition chimique des eaux alimentant quelques brasseries renommées.

Les eaux de Münich contiennent en général 12 à 36 centigrammes de substances fixes par litre, moitié en sels solubles, moitié en carbonate de chaux.

Analyse de l'eau du puits artésien de la brasserie du Spalhen à Münich.

Un litre d'eau contient :

Carbonate de chaux	0.ᵍʳ1201
— — magnésie	0.0777
— — soude	0.0576
Sulfate de potasse	0.0096
— — soude	0.0031
Sel marin	0.0005
Nitrate de soude	0.0197
Acide silicique.	0.0146
Oxides de fer et d'alumine.	0.0010
Matière organique	0.0225
	0.3264

Analyses d'eaux de brasseries anglaises.

a) ALSOPP ET FILS, à Burton-on-Trent.

Un litre d'eau contient :

Carbonate de chaux	0.ᵍʳ221
— — magnésie	0.024
— — fer	0.008
Sulfate de potasse	0.109
— — chaux	0.270
— — magnésie	0.142
Sel marin.	0.144
Acide Silicique	0.011
	0.929

Sur ces 0gr.929 de matières minérales renfermées dans un litre d'eau, 0.253 deviennent insolubles par la cuisson et 0.676 restent en dissolution.

b) BASS ET C°, à Burton-on-Trent.

Un litre d'eau contient :

Carbonate de chaux	0.gr 143
Sulfate de chaux	0.791
— — magnésie	0.013
Chlorure de calcium	0.188
	1.165

Par la cuisson, 0.43 sont précipités et 0.99-2 restent en dissolution.

c) FETLEY ET FILS.

Un litre contient :

Carbonate de chaux	} 0.gr 282
— — magnésie	
— — fer	0.013
Sulfate de chaux	0.071
— — soude	0.187
— — magnésie	0.139
Sel marin.	0.191
Chlorure de magnesium	0.967
	0.860

Sur ces 0.860, la cuisson en élimine 0.295.

Les eaux de trois brasseries de Pilsen en Bohême contiennent par litre :

	A	B	C
Carbonate de chaux	0.gr 001	0.gr 020	0.gr 040
— — magnésie	0.046	0.023	0.033
— — fer . .	0.007	0.019	traces.
Sulfate de chaux . .	0.046	0.053	0.067
Sel marin	—	—	traces.
Chlorure de magnésium	0.013	0.019	—
Acide silicique . . .	0.008	0.015	0.022
Potasse	—	—	traces.
Matières organiques .	—	—	traces.
	0.149	0.121	0.173

La proportion de gypse est considérable.

Ces données variées suffiront pour montrer que les sels minéraux ne sont pas tellement à redouter qu'on le croit souvent ; en même temps, elles serviront de point de comparaison dans les cas où il s'agirait de conclure de *l'analyse complète* d'une eau à la possibilité de son emploi aux usages de la brasserie. Cette remarque s'applique aux sels fixes, d'origine minérale : quant aux substances organiques et surtout celles en décomposition, nous ne saurions insister assez sur le danger que présente leur emploi et la grande circonspection que le brasseur doit apporter à leur endroit. (Revoir, à ce propos, les considérations, page 26.)

Glace.— L'emploi de la glace est aujourd'hui devenu général dans la fabrication des bières : cette faveur se justifie par ce fait, universellement constaté, que les bières les plus fines sont celles dues à une fermentation lente et prolongée telle que celle réalisée, grâce à la constance d'une température peu élevée, dans les localités où se parachève la fabrication. Pour atteindre un résultat similaire dans les brasseries mêmes, il devient nécessaire de soustraire ces établissements à l'influence de la température extérieure, si peu constante : à cet effet, des provisions de glace sont indispensables et l'on peut dire, en quelque sorte, que la glace est de nos jours une véritable matière première de l'industrie des bières.

Pour conserver la glace, on a recours à des réservoirs, des caves ou des glacières, locaux spécialement aménagés pour cet objet et mis à l'abri de l'influence de la température extérieure grâce à leurs parois où l'on entasse des substances conduisant mal le calorique, telles que la paille hâchée, la tourbe, la sciure de bois, parfois même l'air renfermé dans des capacités bien closes. En outre, on vise à remplir le local où l'on conserve la glace de la façon la plus complète, soit en y entassant les blocs débités régulièrement comme des pierres de taille, soit en remplissant soigneusement les interstices de ces blocs à l'aide de fragments menus et en soudant le tout par le moyen de l'eau que l'on introduit et qui se congèle au fur et à mesure que s'élève l'amas de glace. Il est superflu de remarquer que la provision de glace doit être emmagasinée à une époque où persiste encore une température peu élevée ; on préfère généralement la glace provenant d'eau pure et limpide, parce qu'on peut l'introduire directement dans les moûts, ce qui est d'un usage plus commode et plus rapide.

La glace se conservera d'autant plus longtemps que la capacité de la glacière sera plus vaste et que sa superficie sera mieux soustraite aux influences extérieures. Cependant il est préférable de partager l'espace total en un certain nombre de compartiments séparés les uns des autres, afin de diminuer l'influence qu'exerce la température extérieure sur la masse de glace chaque fois que l'on est obligé de pénétrer dans la glacière pour en retirer les quantités nécessaires au roulement de la fabrication. Pour amoindrir encore l'influence dissolvante de la température extérieure, on a soin de disposer les ouvertures nécessaires à ce travail à la partie supérieure du local, et on les tient soigneusement bouchées au moyen de sacs remplis de menue paille disposés à la surface de la glace.

Malgré tout le soin apporté à l'aménagement de la glacière et aux manipulations, l'on ne peut empêcher qu'une certaine quantité de glace ne se fonde et l'on doit pourvoir à l'écoulement de l'eau ainsi produite. L'évacuation de l'eau a lieu par un tuyau en forme de siphon retourné, disposé au point le plus bas de la glacière et qui, maintenu plein d'eau, en clôture hydrauliquement l'entrée. Les diverses mesures de précaution que nous venons de signaler sont d'une réalisation très-aisée dans les glacières aménagées sur le sol , d'où la substitution de plus en plus générale des cabanes glacières aux caves et aux celliers souterrains à glace. La construction des glacières sur terre est assez variée. Nous donnons ici (fig. 11) le dessin et la description de la cave avec glacière, système Brainard.

Cette glacière est disposée au-dessus de la cave pour la bière de garde, séparée de cette cave par un étage de peu d'élévation, également sous le sol, où se trouve aménagé le cellier de fermentation. La température de ce local est donc maintenue assez basse, le plafond du cellier constituant le plancher de la glacière. D'autre

Fig. 11.

part, des conduits, qu'on peut à volonté ouvrir ou fermer, mettent en communication la cave inférieure et le local à la glace. Les conduits étant fermés, la température de la cave se maintient à 3-4 degrés au-dessus de zéro : en ouvrant les conduits, l'air froid de la glacière, plus dense que l'air de la cave, descend dans ce dernier local. Un effet inverse se produit sur l'air de la cave qui, déplacé par l'arrivée de l'air froid de la glacière, est chassé dans le cellier ou cave supérieure en traversant des canaux pratiqués dans l'épaisseur des murs, ainsi que le montre le dessin. Ces manœuvres permettent de maintenir l'atmosphère de la cave à tel degré que l'on juge le plus convenable (de 0° à 4°), et de fabriquer de la bière de garde en toute saison, moyennant une consommation relativement minime de glace.

Froid artificiel. — Il est parfois difficile, en raison de la climature ou de toute autre cause, de faire une provision de glace suffisante pour assurer la bonne marche de la fabrication en toute saison. Cette difficulté a été le point de départ des inventions nombreuses qui ont pour objet la production artificielle soit de la glace, soit du froid. Les machines à produire l'air froid ou la glace présentent au brasseur des avantages très-prononcés : elles mettent l'industriel à même de refroidir à volonté, à 0° et au delà, en un temps très-court, l'atmosphère des locaux dont la température est sujette à s'élever au détriment de la bonne marche des opérations qui s'y pratiquent. Ces machines peuvent, en outre, prolonger leur action aussi longtemps qu'on la juge opportune.

La production de la glace artificielle étant plus coûteuse, moins commode et d'une utilité moins générale que la production du froid artificiel, on donne, dans l'industrie, la préférence aux méthodes qui ont spécialement pour objet la réfrigération de l'air. L'aménagement figuré dans le dessin ci-contre (fig. 12) nous représente la

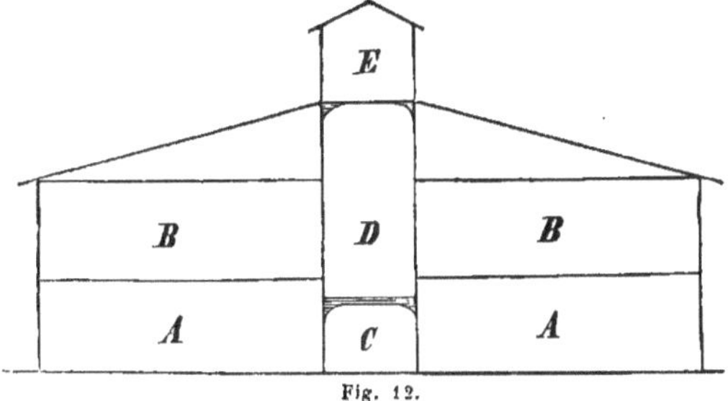

Fig. 12.

coupe idéale d'une brasserie où l'on fait usage de procédés de réfrigération. C entrée commune des caves AA pour bières de garde. BB locaux de fermentation. D Emplacement de la machine à air froid qui étend son action sur les locaux A et B : en E le réfrigérateur.

Cette disposition idéale offre, entr'autres avantages, celui d'une grande économie dans la construction, la main-d'œuvre, etc. ; mais ce qui la rend surtout recommandable, c'est la régularité, la sûreté et la facilité qu'elle procure pour la conduite de la fermentation et la conservation du produit fabriqué.

Une machine qui réunit au plus haut point ces différents avantages, c'est la *machine à glace* de M. Windhausen, de Brunswick, laquelle a pour principe la production du froid par l'expansion de l'air comprimé employé à opérer un travail mécanique. L'appareil Windhausen, à l'encontre des machines similaires, ne réclame l'emploi d'aucune substance chimique (ammoniaque, éther, acide sulfureux, etc.) et c'est ce qui lui a acquis dès l'abord une grande vogue et lui a fait donner la préférence sur les autres systèmes usités jusqu'à ce jour. Nul doute que le système Windhausen ne continue à se répandre rapidement partout où l'emmagasinage de grandes quantités de glace est impossible, ou difficile, ou même seulement rendu incertain par suite des vicissitudes de la climature. Le froid obtenu par ce système est d'autant plus intense que l'expansion de l'air est plus considérable, en d'autres termes que l'air aura été plus fortement comprimé avant son expansion. Ainsi, par exemple, la théorie nous apprend que lorsqu'un certain volume d'air possédant une température de 10° et une tension de 2, 3 ou 4 atmosphères, se détend en faisant un certain travail, sa température tombe à —43°, —69° ou à —85°. En pratique, l'effet n'est assurément pas aussi notable : des machines, grand module, donnent aisément, pour une tension de 3 atm. un cube d'air de 4000^{mc} par heure, possédant une température constante de 40 à 50° au-dessous de zéro.

La machine Windhausen se compose essentiellement des parties suivantes :

1. Un *cylindre de compression*, dans lequel l'air extérieur est aspiré et comprimé.

2. Un *réfrigérant* double, dans lequel l'air, qui a subi une forte élévation de température par suite de sa compression, est refroidi par l'action d'un courant d'eau à une température voisine de celle de l'eau servant à opérer le refroidissement.

3. Un *cylindre d'expansion*, dans lequel l'air comprimé et refroidi produit un travail mécanique, reprend la tension ordinaire et, par suite, éprouve un abaissement de température considérable.

4. La *machine motrice* : la température de l'eau servant à refroidir l'air s'élève à 15-20° après son passage au contact du réservoir renfermant l'air comprimé : la quantité d'eau nécessaire pour obtenir l'effet chiffré ci-dessus est de 6000 à 7000 litres par heure. L'air dont la température a été abaissée une première fois, se trouve énergiquement refroidi au moment de sa ré-expansion : il est dès lors expulsé de la machine par une soupape et employé soit à la fabrication de la glace, soit à la réfrigération des caves et autres locaux, soit à ces deux objets simultanément.

L'effet de la machine devient sensible dès qu'elle se met en marche : en quelques secondes, l'air atteint son maximum de tension (2 à 3 atm.) et, en moins de 10 minutes, ce gaz est expulsé avec 40 à 50° de froid. Lorsqu'on utilise ce froid à la production de la glace, l'air, après cette première opération, possède encore une température de — 10° c. et est susceptible encore de servir à refroidir de l'eau ou à d'autres usages secondaires : la machine le reprend alors, à 0° environ, et le dirige vers les divers locaux à refroidir. D'autrefois, la machine ne remplit que ce dernier objet : dans ce cas, on la fait marcher à une tension moins élevée.

Les données suivantes permettent d'établir une comparaison entre l'effet de la machine frigorifique de Windhausen et celui de la méthode ordinaire qui vise à obtenir le refroidissement par le moyen de la glace fondante. Nous supposerons la machine employée d'abord à la congélation de l'eau, ainsi que nous l'avons énoncé plus haut : dans ce cas, une machine donnant 4000^{mc} d'air à — 50°, procure, en outre, 400 kilog. de glace. On trouve, par le calcul, que la production de 4000^{mc} à — 50° équivaut à la génération de 650 kilog. de glace : l'effet total de la machine peut donc être considéré comme l'équivalent d'une consommation de 1050 kilog. de glace à l'heure.

Le prix de l'outillage complet du système Windhausen est de

90,000 marks ou fr. 112,500 00. Le travail journalier se chiffre de la manière suivante :

Par journée de 22 heures effectives :

	Marks.	Fr. C.
Combustible : 3000 kilogrammes.	60	75 00
Main d'œuvre : 2 ouvriers de jour, 2 de nuit . .	10	12 50
Graissage, éclairage, etc.	3	3 75
Amortissement du capital, à raison de 10 %, l'an .	30	37 50
Intérêt ″ ″ ″ 5 % ″ .	15	18 75
	118	147 50

Cette somme de 118 m^{ks} ou fr. 147,50 correspond à une production de 8800 kilogr. de glace compacte auquel il faut ajouter le refroidissement de l'air estimé, comme nous l'avons dit, à 650×22 soit 23,100 kilogr. de glace. Cent kilogrammes de glace reviennent par cette méthode à fr. 0,65 soit $0^{mk}225$ par centner. Il est à noter qu'en chiffrant sur ces bases la production de la glace, on a considéré comme nulle la perte de la glace dans les glacières : l'expérience constate néanmoins qu'il y a là, du chef de la fonte de glace, une perte qui s'élève à 25 %, environ. En tenant compte de cette donnée pratique, le travail de la méthode Windhausen se chiffrerait à raison de 19 pfennig ou 24 centimes les 50 kilogrammes. Quel que soit le prix auquel la machine procure l'effet frigorifique qu'on lui demande, nous répèterons que son principal mérite est de suppléer avantageusement au manque de glace dans les régions où cette substance est d'une conservation onéreuse ou d'une récolte aléatoire.

On a adressé à ce système le reproche de déterminer un courant d'air trop puissant dans les locaux dont il a pour but d'abaisser la température. Cette objection tombe d'elle-même, si l'on considère les quantités considérables d'air introduites dans ces locaux par suite de la ventilation naturelle : l'air refroidi lancé dans ces espaces est très-sec et très-pur, et il concourt, en raison de ces qualités, à amener le desséchement de ces locaux.

On peut formuler comme suit les avantages du système :

1° Production simultanée de glace et d'air pur et sec plus froid que celui obtenu par la liquéfaction de la glace employée même en grandes proportions ;

2° Suppression des glacières, constructions fort coûteuses ;

3° Régularité absolue introduite dans le mode de fabrication de la bière, quel que soit le climat et la saison, et partant, production uniforme de bière de même qualité et réduction du capital nécessaire à cette industrie ;

4° Effet plus certain obtenu à moindres frais.

A l'appui de l'exposé précédent, nous citerons quelques expériences exécutées à l'aide de l'outillage Windhausen.

a) Le local à refroidir était d'une contenance de 500 m. c. clos par des planches seulement. On y disposa trois thermomètres, placés respectivement à 4, 8 et 13 mètres de l'orifice d'entrée de l'air froid. La température initiale était de + 21°, et la machine fut réglée pour produire de l'air à — 35°. Après 3 heures de marche, les thermomètres marquaient respectivement —15°, —13°, —13°, à ce moment toutes les parois, le toit, le plancher étaient couverts de glace. L'expérience permit de constater un abaissement de 22 degrés au bout de 25 minutes de marche et de 35 degrés après 3 heures.

b) Expérience exécutée à l'aide d'une machine donnant, à l'heure 2,000 à 3,000 mètres cubes d'air à — 5°. En sortant de la machine, l'air froid traverse un chenal de 8 mètres de long qui l'amène à environ 1 mètre du sommet de la cave. De là, un conduit en bois, long de 20 mètres, l'emmène à l'autre bout de la cave, où il entre dans un distributeur qui le répartit entre divers chenaux servant au refroidissement des caves de garde et de fermentation. La machine marcha de 9 heures du matin à 7 heures du soir, sous une tension de 1,8 à 8 atmosphères : le refroidissement atteignit 50 à 52° sous zéro. La température de l'eau avant le refroidissement était de 12°; après le refroidissement, de 32°. La quantité d'eau dépensée par heure pour le service du refrigérant et de la chaudière : 5 mètres cubes .

Le thermomètre placé au bout du conduit principal, près du réservoir-distributeur marqua constamment 45° et plus au-dessous de zéro, et 42° dans les conduits latéraux des caves de garde. Dans la cave, la température prise près de la voûte fut de

$$+ 5° \text{ c.} \quad . \quad . \quad . \quad . \quad . \quad . \quad . \quad \text{à } 9 \text{ heures.}$$
$$- 2° \text{ 1/2} \quad . \quad . \quad . \quad . \quad . \quad . \quad \text{à } 10 \; —$$
$$- 4° \text{ 1/2} \quad . \quad . \quad . \quad . \quad . \quad . \quad \text{à } 11 \; —$$
$$- 6°. \quad . \quad . \quad . \quad . \quad . \quad . \quad . \quad \text{à } 1 \; —$$
$$- 6°. \quad . \quad . \quad . \quad . \quad . \quad . \quad . \quad \text{à } 2 \; —$$
$$- 8°. \quad . \quad . \quad . \quad . \quad . \quad . \quad . \quad \text{à } 6 \; —$$

Vers midi, il commença à neiger assez dru dans la cave, sur un espace circulaire de 8 mètres de rayon à partir de l'orifice du conduit : les tonneaux se couvrirent de glaçons. Des expériences ultérieures donnèrent une température de — 12° dans la cave.

Ces données suffiront pour faire apprécier l'importance et les avantages incontestables du système de production de froid artificiel : réaliser en tout temps une température aussi basse que le réclame le travail rationnel des moûts n'est plus désormais qu'une question d'installation et d'argent.

CHAPITRE II.

LES MATIÈRES FÉCULENTES.

---

1. — GÉNÉRALITÉS.

Il serait difficile de fixer le nombre des différentes substances, des semences principalement, au moyen desquelles on peut préparer de la bière. En effet, toutes les substances qui contiennent de l'amidon sont susceptibles de fournir de la dextrine et du sucre. Ce sucre peut fermenter : on peut donc employer à la fabrication de la bière toutes les substances renfermant de l'amidon quelque soit d'ailleurs leur nature. A part quelques exceptions, nous citerons notamment les pommes de terre, haricots, etc., les matières féculentes utilisées en brasserie sont surtout les graines des céréales.

Les grains sont traités, dans la fabrication de la bière, à deux points de vue distincts : tantôt on les considère simplement comme source d'amidon, tantôt comme matière première destinée à produire le malt et à amener, sous cette forme, à l'aide de la diastase, la saccharification de nouvelles quantités de grains non maltés.

L'orge est la céréale employée presqu'exclusivement à la production du malt : nous verrons que ce n'est qu'exceptionnellement qu'on a recours au froment ou à l'épeautre dans le même but. La germination des grains d'orge s'opère de la façon suivante : la plumule, ou le germe proprement dit, se prolonge *au-dessous* du péricarpe et apparaît à un bout de la graine différent de celui où se développe la radicelle, bien que la radicelle et le germe aient un point de départ commun. La plumule vient donc en contact avec la substance de toute la graine pendant sa croissance sous l'enveloppe et c'est pendant cette période qu'a lieu la transformation des substances albuminoïdes, but de l'opération du maltage. L'expérience prouve, en effet, que cette transformation n'a pas lieu lorsque la plumule ne s'est pas développée d'un bout de la graine vers l'autre. Pendant la croissance du germe, les substances albuminoïdes deviennent solubles (p. 26 et suiv.) et c'est là la cause de la préférence accordée à l'orge pour le maltage.

L'époque n'est pas encore bien éloignée où l'on expliquait par des motifs tout autres la raison de cette préférence. On croyait généralement que l'orge était, parmi les céréales, la plus riche en fécule et la plus pauvre en albumine, et que, par suite, renfermant la dose la plus minime de matières fermentescibles, elle donnait une bière plus facile à conserver que celles fabriquées à l'aide des autres grains. Les nombreuses analyses exécutées en vue de contrôler ce fait ont établi, au contraire, que le froment présentait, comparativement à l'orge, une teneur supérieure en matières amylacées comme en matières azotées. En effet, on estime généralement que cent parties contiennent :

	d'Orge.	de Froment.
Fécule.	53.8	57.0
Gluten.	9.7	11.5

En raisonnant dans l'ordre d'idées suivi autrefois, on devrait conclure de cette analyse que le froment possède le pouvoir saccharifiant le plus élevé : or, il n'en est rien, l'orge est la vraie céréale du maltage et sa prédominance pour cet emploi s'explique, comme nous l'avons dit, par la plus grande solubilité de ses principes albuminoïdes déterminée par le mode de végétation du germe.

On distingue dans les grains l'enveloppe et la partie interne où est surtout localisé l'amidon. Cette dernière est la plus importante pour le brasseur, l'enveloppe n'étant utilisée que pour garantir le germe pendant sa croissance et pour opérer plus tard la filtration et la clarification du moût. On comprend dès lors que l'orge à peau fine sera la plus convenable pour les divers usages de la brasserie, en même temps qu'elle est la plus économique.

La qualité de l'orge, et des céréales, en général, varie avec la nature du terrain dont elle provient : l'amidon se développe surtout dans les grains des orges récoltées en terrains légers et sablonneux, peu fumés et bien assèchés ; tandis que des terres fortes, fumées copieusement, donnent des grains plus riches en gluten, pauvres en fécule et présentant dans leur coupe transversale un aspect corné, un peu vitreux. Les autres circonstances culturales, le climat, l'altitude, etc., ont aussi une influence sensible sur l'élaboration des principes divers contenus dans les grains et, par suite, sur la valeur industrielle de ceux-ci. Dans tous les cas, la brasserie devra préférer les grains les plus riches en amidon ; le poids spécifique, c'est-à-dire le poids d'une unité de volume, fournit une base propre à l'évaluation de cette richesse des grains en fécule, à la condition, bien entendu, d'exclure les variétés à intérieur vitreux. Dans les grains à haute densité la partie interne prédomine sur l'enveloppe, cette dernière ayant un poids spécifique inférieur à celui de l'eau, et l'amidon un poids spécifique supérieur. D'où, l'usage de considérer le poids d'une unité de volume comme proportionnel à la qualité des grains.

Ce mode d'évaluation ne met pas l'acheteur à l'abri de certains procédés frauduleux, tel que, par exemple, le mouillage des grains avant la vente. La détermination de la densité, au contraire, procure un indice certain de la richesse des grains en amidon. Voici les principes sur lesquels reposent les méthodes usitées pour cette détermination, d'après M. Stein.

Si l'on plonge un corps solide dans un liquide donné, il surnage s'il est moins dense que ce dernier, il va au fond s'il est plus dense et il est simplement submergé, tout en restant en équilibre, s'il possède exactement la même densité.

Tous nos grains sont plus denses que l'eau et tombent au fond d'un vase rempli de ce liquide ; mais on peut arriver en dissolvant dans l'eau des substances salines, à augmenter graduellement la densité du liquide jusqu'à obtenir que les grains ne se précipitent plus au fond. A ce moment, il est clair que la solution saline comme les grains auront un poids spécifique identique, que l'on constatera sans peine et d'une façon précise, au moyen d'un aréomètre.

Pour pratiquer cette expérience, on a généralement recours au sel de cuisine à l'aide duquel on prépare une dissolution telle qu'elle peut encore être mêlée sans se troubler à de l'alcool ordinaire. On y projette alors une poignée de grains formant échantillon et l'on ajoute petit à petit de l'eau à la solution d'essai, en ayant soin de rendre constamment le liquide bien homogène par l'agitation : on procède de la sorte jusqu'au moment où la moitié des grains surnage, le reste de l'échantillon restant toujours au fond du vase. Le densimètre plongé alors dans la solution indique la densité moyenne de l'échantillon.

On voit, par ce qui précède, que la notion seule du poids absolu est insuffisante pour servir de base à l'achat des grains destinés à la brasserie et qu'il est, en outre, nécessaire de s'éclairer, dans des transactions de l'espèce, par la connaissance du poids d'une mesure donnée, *de l'hectolitre,* par exemple. Les recherches spéciales ont mis en lumière ce fait que la valeur des grains, quant à leur teneur en amidon, est d'autant plus grande que l'hectolitre pèse plus et vice versà. La valeur comme aliment au contraire, qui est déterminée par la teneur en gluten, est assez indépendante du poids de l'hectolitre.

Le mouillage des grains, par manière de fraude, se produit surtout lorsque la vente a lieu à la mesure et non au poids, le gonflement par le fait de l'humidité étant relativement beaucoup plus considérable que l'aggravation de poids qui en résulte. M. Payen a dressé à cet égard le tableau suivant :

Une addition de 5 % d'eau augmente le volume du froment de 15 pour cent.
    —   5 %   —   —   de l'orge   — 10   —
    —   5 %   —   —   de l'avoine — 10   —
    —   10 %   —   —   du froment — 25   —
    —   10 %   —   —   de l'orge   — 18   —
    —   10 %   —   —   de l'avoine — 22   —
    —   15 %   —   —   du froment — 35 1/2 —
    —   15 %   —   —   de l'orge   — 32   —
    —   15 %   —   —   de l'avoine — 35   —

Les grains une fois humectés ne reprennent plus, par le retrait dû à la dessication leur volume primitif ; ainsi, par exemple, 97 parties en volume de seigle, humectées puis desséchées, ont conservé par la suite un volume constant de 100 parties ; cette manipulation a pour effet de diminuer la densité des grains et de rendre leur surface rugueuse.

Un effet analogue se produit parfois sous des influences purement climatériques, lorsqu'un temps pluvieux accompagne la récolte des grains. Leur densité est dans ce cas sensiblement diminuée et lorsque les grains viennent à germer sur pied, ils deviennent impropres au maltage. Les blés récoltés en parfait état de siccité et de maturité, conservés en épis, n'éprouvent aucune altération dans leur faculté germinative; l'orge, par exemple, est encore après six semaines tout à fait propre à l'opération du maltage.

En vue de rendre un échantillon plus flatteur à l'œil, il arrive parfois que l'on enduit très-légèrement d'un vernis ou d'une couche d'huile la surface des grains de qualité inférieure, ou des grains plus ou moins avariés dont se compose cet échantillon. Cette sophistication est rendue évidente par le moyen suivant :

Lorsqu'on dépose à la surface d'un vase plein d'eau absolument exempte de principes gras un petit fragment de camphre, ce fragment prend immédiatement un mouvement giratoire qui dure de une à deux minutes. La moindre trace d'huile dans le liquide ou bien à la surface du camphre enraye de suite et radicalement ce mouvement de rotation. Pour être concluante, cette manipulation exige des précautions minutieuses. Le vase renfermant l'eau pure doit avoir été préalablement lavé à l'éther pour enlever toute trace de corps gras. Le fragment de camphre, pour la même raison, doit être découpé à l'aide d'un couteau lavé à l'éther et l'on ne peut le toucher avec les doigts. A l'instant où le petit fragment de camphre est déposé sur l'eau, il se met en mouvement : on dépose alors un grain d'orge dans le vase, et si le mouvement de rotation est arrêté, on en conclut que le grain a subi un vernissage.

Parfois les grains, dans leur séjour en greniers, subissent un échauffement qui altère leur qualité et atténue leur pouvoir germinatif au point de les rendre impropres au maltage : c'est à l'action de l'humidité et à un renouvellement insuffisant de l'air que l'on attribue cette altération qui a pour effet d'atrophier le germe dans son embryon. Les grains échauffés prennent une couleur grisâtre et une mauvaise odeur. On les reconnaît et on juge de leur degré d'altération par l'épreuve, dite *du jardinier*, consistant à introduire et à couvrir de terre, dans un pot à fleur, que l'on arrose convenablement, un échantillon des grains suspects renfermés dans un petit sac. On procède de même avec plusieurs échantillons du même lot, et l'on examine la modification subie par ces échantillons, pour le premier, après 48 heures, pour le suivant, 12 heures plus tard, et ainsi de suite. De cette façon, on peut parfaitement constater si le développement du germe se produit normalement et, conséquemment, si les grains sont de qualité saine et propres au maltage. Remarquons, en passant, que des grains échauffés qui ont perdu entièrement leur faculté germinative n'en sont pas moins susceptibles d'être utilisés, à titre de grains non maltés, dans les opérations de la brasserie, du moment qu'ils possèdent une teneur suffisante en amidon.

Les grains destinés au maltage doivent être conservés avec soin, à l'abri de l'humidité, cause la plus fréquente de leur altération. A cet effet, on opère avantageusement une sorte de drainage dans les tas de grains sur grenier, à l'aide d'un système de tuyaux en tôle perforée telle que celle servant aux tourailles, ou de tuyaux ordinaires de drainage du plus petit calibre. Une première série de lignes de tuyaux est disposée, en lignes parallèles distantes de 0^m75, sur le plancher même, à la base du tas de grains : une seconde série, au même écartement, est placée lorsque le tas a atteint une hauteur de 0^m50, dans le sens perpendiculaire à la direction de la première série. On procède de même pour une 3me, une 4me série, jusqu'à ce que le tas soit monté à hauteur, en ayant soin d'alterner constamment la direction des courants. Les tuyaux sont placés bout à bout, les extrémités de lignes sortant quelque peu pour faciliter la prise d'air destinée à assécher le tas et à empêcher son échauffement. Des ligatures en fil de fer rattachent les tuyaux à des latteaux rigides qui assurent l'horizontalité de tout le système.

Lorsqu'on a à conserver des grains qui ne sont pas suffisamment secs, il faut opérer artificiellement leur dessication : on possède, pour cet objet, des appareils spéciaux dont il sera parlé ultérieurement.

Pour apprécier la valeur des céréales que l'on destine à la brasserie il n'est pas nécessaire et il n'est pas d'usage de procéder à l'analyse chimique de ces substances : il suffit simplement de déterminer la proportion de matières solubles qu'elles peuvent donner à la macération. Nous désignerons sous le nom d'*extrait proportionnel* l'ensemble de ces principes solubles : l'extrait proportionnel se compose de glucose, fécule soluble, dextrine, matières albumineuses et sels solubles.

M. Balling, à la suite d'expériences très-soignées, consistant en macérations exécutées sur une petite échelle, a trouvé pour la valeur respective de l'extrait proportionnel donné par les diverses céréales les chiffres suivants :

Froment.	. .	68 à 72	soit en moyenne	70 p. c. en poids.
Seigle	. . .	63 à 67	—	—	65
Orge.	. . .	58 à 62	—	—	60
Avoine	. . .	40 à 44	—	—	42
Maïs	. . . .	68 à 72	—	—	70

Nous indiquerons ultérieurement (Livre IV, Dosages) les méthodes usitées pour la détermination de l'extrait proportionnel.

2. — L'ORGE.

Voici les caractères essentiels que doit présenter l'orge destinée à la malterie :

a) La couleur doit être uniforme et d'un jaune pâle, sans aspect grisâtre, ni pointes rougeâtres ou bleues. Ces derniers indices se rencontrent dans les grains qui ont germé sur pied : ces grains sont, en outre, souvent vides à leurs extrémités. L'orge de bonne qualité ne présente jamais de taches foncées.

b) Les grains doivent être durs, pesants, posséder une enveloppe fine et lisse, des dimensions uniformes, bombés. Il n'est pas à conseiller de jamais employer au maltage de l'orge pesant moins de 60 kilog. à l'hectolitre. Plus les grains sont développés, moins ils fournissent de *drèches* provenant des enveloppes. Comme les cellules contenant exclusivement des substances grasses et albumineuses se trouvent immédiatement à l'intérieur de l'enveloppe, au-dessous du péricarpe, les grains les plus gros sont aussi ceux qui renferment le moins de ces substances proportionnellement à la quantité d'amidon, circonstance d'une haute importance pour la brasserie.

c) L'intérieur des grains doit offrir une farine tendre et blanche et jamais un aspect vitreux.

d) L'orge doit être parfaitement sèche, ne pas paraître froide au toucher ; elle doit glisser à travers les doigts comme du sable sec, cette sensation est l'indice d'une enveloppe fine et lisse.

e) Pendant la germination, les orges d'âges et de provenances différentes se comportent différemment. Il est donc préférable de ne travailler simultanément que des grains de même provenance et de même âge.

f) L'orge nouvelle doit avoir séjourné pendant quatre semaines au moins dans un grenier bien aëré : tous les grains acquièrent par là un degré identique de siccité, et ils germent uniformément ; on évitera d'avoir recours à de l'orge vieille de plus de deux ans.

g) L'odeur de l'orge doit être franche et fraîche et ne rappeler, en aucun cas, le renfermé ou l'humidité.

h) L'orge doit être soigneusement débarrassée de tous grains autres, de semences de plantes, etc.

On connaît de nombreuses variétés d'orge : la plus répandue est la grosse *orge du Nord* (*hordeum distichon*), qui porte ses grains sur deux rangs. L'escourgeon, ou orge à six rangs (*hordeum hexastichon*), est aussi très-estimé : c'est une céréale d'hiver plus rustique que l'orge ordinaire et dont la maturation est plus hâtive. L'escourgeon est une variété des orges à deux rangs, mais portant de chaque côté un triple grain. Sous le nom de « big, » l'escourgeon constitue la céréale la plus répandue dans les contrées montagneuses de l'Ecosse. L'espèce la plus commune, cultivée seulement dans les pays qui ne produisent pas les orges de qualité, c'est l'orge commune à quatre rangs (*hordeum vulgare*) ; c'est la seule variété connue, sur le littoral de la Baltique. Les orges de la Baltique ont une enveloppe lisse, ce qui contrarie quelque peu le maltage. Lorsqu'on emploie l'orge à l'état non malté, on préfère les variétés à péricarpe très-mince ou orges nues (*hordeum nudum*). Les diverses variétés de cette espèce fournissent plus d'extrait que celles à enveloppes épaisses, mais la bière qui en provient a moins de corps, parce que les cellules albumineuses, qui dans les autres espèces se trouvent au-dessous de l'enveloppe, font défaut dans celle-ci.

La composition de l'orge n'est nullement identique à elle-même dans toutes les variétés : cette composition est influencée par la nature du terrain, le mode de culture et surtout de fumure, l'épaisseur des enveloppes et autres circonstances. En général, les blés semés sur fumure fraîche sont plus riches en substances albuminoïdes que ceux qui, dans l'assolement, viennent après une récolte fumée, telle qu'est, en Belgique, la betterave, cultivée en tête de la rotation. Les grains riches en matières azotées et à cassure vitreuse sont difficiles à moudre et entrent moins aisément en dissolution, à l'ébullition, que les grains plus farineux. C'est pourquoi on évite de les employer à l'état non malté. Il est vrai que les drèches ont dans ce cas une haute valeur alimentaire, mais cet avantage ne compense pas l'inconvénient que présentent ces grains de donner une bière légère. Un poids équivalent d'orge riche en fécule fournit, au contraire, une bière plus vineuse et plus forte.

On voit, par ces considérations, combien l'analyse chimique des grains, d'ailleurs utile, constitue un mode d'appréciation notoirement insuffisant de la valeur des grains pour leur usage dans la malterie et la brasserie.

La matière grasse des céréales exerce une certaine influence sur le goût et l'odeur des bières qui en proviennent. Chaque espèce de grain possède une graisse particulière qui, vraisemblablement, est un des éléments principaux du caractère spécial de la bière. Si cette observation était générale, il conviendrait d'attacher une importance plus grande à la graisse des orges, qui atteint environ 2 p. c. du poids du grain.

Beaucoup de brasseurs, principalement aux Pays-Bas, sont d'avis que l'orge d'hiver fournit une bière de meilleure garde que l'orge d'été. On a donné de ce fait l'explication des plus hasardées, selon nous, que l'orge d'hiver, ayant végété plus longtemps, devait aussi, à l'état de bière, être d'une conservation plus aisée. Il est plus simple d'admettre que la culture des orges d'été étant peu répandue en Hollande, le choix dans ces sortes de céréales est forcément des plus restreints. Au surplus, il n'existe pas jusqu'ici d'expériences concluantes sur la valeur comparative des orges envisagées à ce point de vue; il paraît probable que l'orge d'hiver, plus riche en amidon, donne par cela même une bière plus riche en glucose; or, une telle bière est toujours, toutes circonstances égales d'ailleurs, de meilleure garde qu'une bière provenant d'un moût pauvre en glucose.

3. — LE FROMENT.

Le froment est employé en brasserie à l'état crû et à l'état malté ; mais cette céréale est loin de posséder un pouvoir saccharifiant équivalent à celui de l'orge et ne peut remplacer le malt ordinaire pour amener la saccharification de grains non maltés. Le froment, au moment de la germination, ne pousse pas la plumule le long de la graine, au-dessous de l'enveloppe, comme c'est le cas pour le malt d'orge. Habituellement, les brasseurs règlent le maltage du froment de façon à ce que la plumule atteigne un fort développement, en vue, disent-ils, d'obtenir des bières se clarifiant bien. On constate en pratique, que les bières fabriquées à l'aide de froment non malté se clarifient dans la même mesure que celles où l'on a fait emploi de froment malté, ce qui tendrait à enlever tout fondement à l'opinion précitée. Ce qui est plus vrai, c'est que les moûts du froment crû donnent une bière dont le goût est moins agréable que celui dû à l'emploi de froment malté.

La grande quantité de gluten renfermée dans le froment provoque une fermentation active et rend difficile la conservation de la bière : pour peu qu'on exagère la dose du froment, la bière devient en outre, trouble et d'une clarification malaisée. Cependant, il se fabrique en Hollande et en Belgique des bières très-estimées dans lesquelles la proportion de froment atteint jusqu'à 50 et 60 pour cent du poids total du grain employé.

Les variétés de froment qui se prêtent le mieux à être utilisées à l'état crû sont celles à peau fixe, de consistance tendre, qui se laissent bien pénétrer par l'eau. Par contre, le maltage devient malaisé avec les froments de cette espèce : la germination s'établit et se propage mieux dans les espèces à texture cornée, plus foncées en couleur, qui, étant plus riches en matières albumineuses, sont d'un emploi commode pour la production du malt mais donnent des moûts d'un travail peu régulier.

On trouve dans le froment jusqu'à 12 p. c. de son, dans lesquels l'enveloppe proprement dite figure pour 3.5 p. c. environ, et 1.8 p. c. de graisse. La proportion de matières albumineuses est 1 1/2 fois plus élevée que celle constatée dans l'orge : ces substances ne doivent pas être de nature identique dans ces deux céréales car, malgré la forte quotité de matières albumineuses que renferme le froment, les bières qui en proviennent sont toujours moins colorées que celles préparées à l'orge seulement.

Nous donnons, ci-après, une analyse du grain entier de froment d'après Oudemans.

	GRAIN	
	NON DESSÉCHÉ.	DESSÉCHÉ.
Amidon	57.0	67.9
Dextrine	4.5	5.4
Matières cellulaires . . .	6.1	7.2
Substances albumineuses. .	11.5	13.7
Matière grasse.	1.8	2.1
Substances inorganiques. .	1.7	2.0
Eau	16.0	"
Autres matières	1 4	1.7
	100.0	100.0

Le tableau synoptique suivant résume les considérations émises par le professeur Mulder sur la composition respective du froment et de l'orge, tant à l'état ordinaire qu'à l'état de siccité absolue :

Tableau comparatif de la composition du froment et de l'orge.

	Froment.		Orge.	
Amidon.	57.00	67.90	53.80	65.70
Dextrine	4.50	5.40	4.50	5.50
Glutine, soluble dans l'alcool, insoluble dans l'eau.	0.42	0.50	0.28	0.30
Substance albumineuse coagulable	0.26	0.30	0.28	0.30
Deux substances albumineuses, non coagulables, solubles dans l'eau	1.55	1.90	1.55	1.90
Substances albumineuses insolubles	9.27	11.00	7.59	9.30
Matières grasses	1.80	2.10	2.10	2.50
Matières cellulaires	6.10	7.20	7.70	9.40
Substances inorganiques	1.70	2.00	2.50	3.10
Eau	16.00	〃	18.10	〃
Substances extractives et autres	1.40	1.70	1.60	2.00
	100.00	100.00	100.00	100.00

4. — L'ÉPEAUTRE.

L'épeautre est une variété de froment (*triticum spelta*) qu'on cultive surtout dans l'Allemagne méridionale et dans la Suisse. On l'a recommandée dans ces derniers temps comme matière première pour le maltage.

Cette variété se distingue nettement de toutes les autres par les caractères suivants : les grains de l'épeautre sont munis d'une écale se terminant en barbe effilée, écale formant une enveloppe commune à deux grains et leur adhérant fortement. Les moulins à épeautre possèdent un outillage spécial pour l'enlèvement de ces écales, opération nécessaire quand on a en vue la réduction du grain en farine pour les usages de la boulangerie, mais oiseuse pour l'emploi de l'épeautre dans les moûts. Le poids des écales atteint jusqu'à 25 % de celui du grain complet : le grain écalé possède, en outre, son enveloppe propre, pesant 3.5 p. %. La farine produite par l'apprêt de cent kilogramme d'orge ne s'élève conséquemment qu'à 72 kilogr. et le résidu, la *drèche*, est de 28 °/₀.

Il en résulte que l'épeautre est excellente pour être mis en cuve simultanément avec des substances qui ne fournissent pas de drèches, comme la farine de riz, de pommes de terre, etc., l'interposition des écales rendant la masse moins compacte, plus poreuse, plus perméable au gaz. La présence des écales rend la germination de l'épeautre plus aisée, plus régulière, et plus prompte que celle de l'orge elle-même. Les écales garantissent les radicelles du choc des outils et des pieds, et conséquemment, il y a beaucoup moins de grains détériorés ou enrayés dans leur germination, et il se développe moins de moisissures et de substances acides. L'air circule plus aisément dans les tas de malt d'épeautre, qui le tamisent, pour ainsi dire, étant beaucoup moins agglomérés que les tas d'orge germée; en outre, en raison de cette perméabilité des couches d'épeautre germée, la température ne risque jamais de s'élever trop, les radicelles se développent sans s'enchevêtrer et leur dessication s'effectue plus rapidement, à une température relativement peu élevée. Enfin, on attribue aux bières fabriquées avec addition d'épeautre un goût particulier assez agréable : par contre, il n'est pas démontré que le malt d'épeautre soit bien propre à la saccharification.

5. — L'AVOINE.

L'avoine est employée, dans quelques contrées, à la fabrication de certaines bières blanches, qui se consomment sur place et dont le goût particulier flatte le palais des consommateurs. C'est ici une question de tradition, d'habitude reçue, qui détermine l'usage de cette matière première. Dans l'emploi de cette céréale, le brasseur doit éviter avec soin de dépasser certaine limite au delà de laquelle les bières d'avoine se clarifient difficilement. Cet inconvénient sera peut-être levé quelque jour, ce qui assurerait à l'avoine, dans l'industrie des bières, un bien plus large débouché qu'aujourd'hui.

On attribue à l'avoine la propriété de rendre la bière légère et mousseuse, ce qui, du reste, n'est nullement démontré. Comme le seigle et le froment, l'avoine active beaucoup la fermentation : on doit donc l'employer à dose restreinte lorsqu'on a en vue la fabrication des bières de garde.

La proportion de graisse est plus élevée dans l'avoine que dans toutes les autres céréales : on l'a évaluée à 5.4 pour cent. Vogel donne une analyse d'après laquelle l'avoine dite *de brasseur* contiendrait, sur 100 parties, 66 parties de farine et 34 parties de son. Boussingault cite des chiffres un peu différents à propos d'une avoine de bonne qualité, récoltée à Bechelbronn : 78 parties de farine et 22 de son. D'après le même auteur, la composition de cette céréale, préalablement desséchée, serait la suivante :

```
Amidon . . . . . . . . . . .  46.1
Gluten et albumine . . . . . . .  13.7
Matières grasses . . . . . . . .   6.7
Sucre. . . . . . . . . . . .   6.0
Gomme dextrine . . . . . . . .   3.8
Ligneux et pertes . . . . . . . .  23.7
                                  ──────
                                  100.00
```

Les bonnes avoines de brasseur pèsent généralement de 49 à 51 kilog. à l'hectolitre.

6. — LE SEIGLE.

Le seigle, au point de vue de sa composition, renferme à peu près la même dose d'éléments utiles que le froment : il est un peu moins riche en gluten et amidon. Néanmoins, l'opinion de ceux qui veulent encourager la substitution du seigle du froment dans le travail de la brasserie est loin de rencontrer de nombreux partisans. C'est que, en effet, le moût de seigle, même en employant une moitié de malt d'orge, ne se clarifie ni aisément, ni complétement, et conserve une certaine viscosité, due peut-être à la quotité de dextrine assez considérable dans le seigle. La bière de seigle est presque toujours trouble et elle possède un goût particulier, rappelant celui du pain bis.

Le gluten du seigle est moins élastique, moins ferme et un peu plus soluble dans l'eau que le gluten du froment.

Des praticiens expérimentés ont préconisé l'emploi du seigle presqu'à l'égal de celui du froment; à leur avis, la différence des prix respectifs de ces deux céréales pourrait utilement, dans certaines circonférences, faire donner la préférence au seigle pour les emplois de la brasserie. Peut-être, la divergence si radicale que l'on constate dans les opinions à l'endroit de cette céréale a-t-elle pour point de départ les différences notables que présentent dans leur composition les variétés de seigle, suivant leurs provenances.

Le poids d'un hectolitre de seigle varie de 70 à 76 kilogrammes; et 100 kilogrammes de farine de seigle offrent la composition suivante :

Amidon.	62.0 à 64.0
Gluten .	7 à 9.5
Albumine .	1 à 2.3
Glucose .	2 à 3.3
Gomme dextrine .	6 à 11.0
Matière grasse .	. 3 0
Fibres végétales .	6.4 à 8.0
Phosphates et pertes.	. 2.5
	100 0

7. — LE MAÏS.

La culture du maïs (*Zea maïs*, blé de Turquie) se répand de jour en jour et fournit un aliment de plus en plus considérable à l'industrie de la brasserie. L'utilisation de cette matière première exige quelques précautions spéciales en raison de la structure particulière du produit, pour arriver à l'entière extraction des principes utiles et pour ne pas provoquer l'altération de la farine ou des gruaux de maïs avant leur introduction à la trempe.

Il existe un grand nombre de variétés de maïs, tant au point de vue de la dimension des grains qu'à celui de leur composition ; les gros grains ont une surface relativement moindre, et, par suite, les substances albumineuses, logées immédiatement sous l'enveloppe, y existent en proportion moindre que dans les grains de diamètre restreint. Ces substances albumineuses sont très-compactes et comme cimentées dans le tissu du réseau cortical, enveloppe du grain ; cette enveloppe elle-même, d'un jaune prononcé, est très-dure, présente une densité élevée et une texture qui n'est pas sans analogie avec celles des matières cornées ; les grains de fécule, à la périphérie du grain, sont, pour ainsi dire, soudés les uns aux autres. En raison de cette extrême compacité de l'enveloppe du maïs, la farine qui en provient est toujours rude au toucher, quel que soit le soin apporté à l'opération de la moûture : elle conserve aussi toujours une nuance légèrement jaunâtre. La fécule que donne le cœur du grain est, au contraire, de couleur blanche et ses granules, plus tendres, sont peu adhérents entr'eux.

Le produit de la moûture du maïs est de nature très-sèche et pour arriver, lors de la trempe, à épuiser à suffisance cette substance, il faut que la farine atteigne un grand degré de ténuité. Le maïs moulu s'altère aisément : la moindre humidité y détermine un échauffement qui le rend impropre aux usages de la brasserie.

C'est surtout en Hongrie que l'on fait usage du maïs comme matière première de la fabrication des bières : son emploi donne des résultats très-satisfaisants. Dans l'Amérique du sud, le maïs est aussi la base d'une boisson alcoolique, la *chicha*, que l'on devrait ranger dans la catégorie des bières puisqu'elle est le résultat de la trempe et de la fermentation de cette céréale.

Les poids relatifs d'un même volume de maïs, d'orge et de malt sont entr'eux comme les quantités 8.5, 7.0 et 5.6. La teneur en fécule n'est nullement constante dans les diverses sortes de maïs : elle oscille de 50 à 64 p. c. et même 74 p. c. M. Balling indique 70 p. c. comme moyenne, dans les bonnes variétés. Les matières grasses figurent aussi à forte dose (4.5 à 9 p. c.) dans la composition du maïs, circonstance qui influe sur le goût propre aux bières très-nourissantes qui en proviennent. Le bas prix relatif auquel on peut obtenir la graine du maïs, plante d'une culture aisée et rémunératrice, et la haute proportion des matières extractives de cette graine sont les principales raisons du développement qu'a pris dans certaines régions la fabrication des bières de maïs.

M. Payen indique pour le maïs la composition suivante :

Amidon	71.2
Matières azotées	12.3
Matières grasses	9.0
Cellulose ou son	5.9
Dextrine et sucre	0.4
Sels divers	1.2
	100.0

8. — LE SARRAZIN.

Le sarrazin porte en botanique le nom de *Polygonum fagopyrum*, à cause de la forme trigonale de la semence, plus ou moins analogue au fruit du hêtre : il est désigné dans le langage populaire sous le nom de *bouquette* ou blé noir. Cette céréale participe un peu des propriétés de l'avoine quant à son emploi en brasserie, lequel est d'ailleurs très-restreint. La bière de sarrazin est habituellement trouble, sans distinction, d'un goût désagréable. Sa saveur amère est due, dit-on, à la présence d'une certaine quantité de substances mucilagineuses (Livre I, page 24) que l'on pourrait aisément enlever du moût au début de la fermentation, où elles apparaissent à la surface du liquide, en couche assez consistante.

Le sarrazin renferme en cent parties : 52 d'amidon, etc., 8.5 p. de matières albumineuses et 14 p. d'eau. Cette céréale, peu coûteuse, est cultivée surtout dans les terrains pauvres, qui s'accommodent bien de cette culture. Sa farine est grisâtre, elle renferme des matières plus ou moins aromatiques et entre pour une large part dans l'alimentation de certaines régions, sous forme de bouillie, de pain, de galettes, etc. L'hectolitre de sarrazin pèse de 64 à 66 kilogrammes et donne, par sa macération avec l'orge germée, 52 à 54 p. c. de matières extractives. La Cambre affirme que l'amidon de sarrazin se saccharifie mal, se réduit plus difficilement en gomme dextrine et sucre que celui des autres céréales ; cet auteur donne pour le sarrazin la composition suivante :

Amidon.	52.00
Son et fibres	28.54
Matières azotées	10.50
Extrait	2.50
Sucre	3.00
Dextrine	0.30
Résine	0.30
Albumine	0.20
Pertes	2.66
	100.00

9. — LE RIZ.

Le riz (*Oriza Sativa*) est très-riche en fécule et il a trouvé de nos jours un débouché considérable dans la préparation des bières fines : cela tient surtout à son défaut d'amertume, à son faible arôme et à sa teneur minime en principes gras, laquelle n'atteint généralement que 0.2 à 0.4 p. c.

A l'inverse du maïs, le riz présente une composition qui varie très-peu d'après les provenances ; c'est ce qui fait que le cours du marché est, d'ordinaire, la seule raison qui détermine le brasseur à recourir à son emploi ou à s'en abstenir.

Dans cent parties de riz du Piémont, M. Poggiale a trouvé 74.5 p. de substances non azotées (amidon, dextrine et sucre) 7.8 p. de substances albumineuses et 13.7 p. d'eau. Deux autres déterminations ont fourni les nombres suivants :

Eau	9.8.	14.0
Substances albumineuses	7.2.	7.2
Substances non azotées (amidon, dextrine, sucre).	80.4.	77.9

Les trois analyses ci-dessus, calculées sur 100 de matière sèche, fournissent les chiffres suivants :

Substances non azotées .	86.3	89.4	90.6
Substances albumineuses.	9.0	7.9	8.4

Ces nombres diffèrent peu : aussi, admet-on généralement qu'il suffit de doser la quantité d'eau contenue dans un riz pour s'assurer de sa valeur comparative.

Pendant la macération du riz, les 9/10 environ de son poids, calculé sec, devraient, d'après cette analyse, entrer en solution en même temps qu'une partie des matières albumineuses. On devrait donc obtenir au moins 77.4 d'extrait proportionnel : pour atteindre en pratique ce résultat, il est indispensable de pousser la température à 100° au début de la macération, afin de rendre l'amidon saccharifiable.

Les bières de riz ont une couleur claire, ce qui doit tenir à une composition particulière des matières albumineuses.

Le riz avarié fournit souvent au brasseur une matière première à bon marché. Il est indispensable de soumettre ce riz à des lavages successifs à grande eau, à froid, avant de l'introduire en cuve. Ce lessivage améliore le goût de la bière et ne produit d'ailleurs qu'une perte insignifiante en glucose et en gomme.

10. — POMMES DE TERRE.

Les pommes de terre constituent la matière première propre de l'industrie de la féculerie. On sait, en effet, que ces tubercules sont très riches en fécule : ils en renferment jusqu'à 25 p. c. de leur poids.

Néanmoins, on ne peut utiliser directement dans les brasseries cette source de fécule, parce que la dissolution des matières extractives contenues dans ce tubercule introduit dans les moûts des principes doués d'une saveur âcre et d'une odeur désagréable que, jusqu'à ce jour, on n'est pas parvenu à éliminer d'une manière facile, complète et économique. Ce ne sont donc pas les tubercules que l'on met directement en macération, mais bien la fécule qui en provient et que l'on a soigneusement débarrassée des huiles et autres principes qui l'accompagnent dans les pommes de terre. On a même rarement recours à une addition de fécule crue pour étendre les moûts des céréales parce que, même sous cette forme, déjà plus convenable, l'amidon ne se saccharifie pas facilement : on obtient un résultat bien meilleur en utilisant pour le même objet, le sirop provenant de la transformation de la fécule, ce sirop glucosique étant d'une manipulation plus aisée et donnant une bière de meilleur goût avec un flairet plus agréable.

Ce fait est attesté par les praticiens, et La Cambre a publié autrefois les résultats d'expériences remarquables entreprises en Belgique en 1843, sous sa direction, expériences concluant dans le même sens. Cet auteur ajoute que les bières produites par l'addition directe de fécule en nature étaient de constitution normale, saines et nutritives, mais douées d'un goût tout à fait différent de celui des bières d'orge et de froment, circonstance qui les dépréciait auprès des consommateurs belges. En France, c'est presque toujours à l'état de sirop que se pratique l'addition de fécule à la cuve.

Il est à remarquer que les matières albumineuses contenues dans les pommes de terre sont éliminées par les lavages servant à la préparation industrielle de la fécule : on n'en retrouve plus dans le sirop et, conséquemment, lors de la fermentation des moûts étendus de fécule, il ne se forme pas de levûre et la bière produite est une bière sans corps. Ces deux motifs obligent à restreindre dans des limites assez strictes la dose de fécule à ajouter aux moûts des céréales.

Cent parties de fécule ordinaire de pommes de terre contiennent 18 p. d'eau et 82 p. d'amidon, donnant pareil poids d'extrait proportionnel. D'après cela, 100 parties de fécule, envisagée au point de vue de l'extrait, équivaudraient à 150 p. d'orge germée. La détermination de la valeur industrielle de la fécule se fait par le dosage de la quantité de substance sèche, supposée pure, qui y est contenue.

Nous décrirons ultérieurement les méthodes usitées pour la préparation des bières de fécule, méthodes pouvant présenter un certain intérêt pour les exploitants de brasseries agricoles.

MANIPULATION DES GRAINS ET PLUS SPÉCIALEMENT DE L'ORGE. — CONDITIONS PRATIQUES DE LEUR EMPLOI.

---

1. — TRIAGE ET NETTOYAGE DE L'ORGE.

Avant de servir au maltage proprement dit, les grains doivent subir un triage et un nettoyage soigné, opération trop souvent négligée, mais absolument indispensable pour obtenir un malt de qualité irréprochable.

Le triage des grains a pour but d'amener au maltage tous grains de dimensions uniformes, résultat dont l'importance pratique n'est plus récusée de nos jours par aucun brasseur intelligent. Il suffit, en effet, d'observer la manière dont se comportent au mouillage des grains de volumes différents, pour se convaincre immédiatement de la nécessité de faire précéder cette opération d'un triage conve- nable. Les grains les plus petits, cela se conçoit, acquièrent plus rapidement le degré de trempe nécessaire à la germination ; et, au moment où cette modification physiologique se manifeste en eux, on est encore loin d'avoir atteint, pour les grains de fortes dimensions, · le degré de mouillage indispensable à l'apparition et au développement du germe. Quel que soit donc l'instant où l'on interrompt la trempe de grains non triés, on obtiendra toujours une catégorie de grains incomplétement préparés à subir, dans les conditions requises, l'opération subséquente du maltage. Nous venons de constater que, au moment où les petits grains sont déjà susceptibles d'être envoyés fructueusement à la touraille, les grains volumineux, non germés, doivent continuer de rester au mouillage : si, d'autre

Fig. 13.

part, on prolonge la trempe de façon à atteindre le point de germination des gros grains, on constate que les petits grains ont déjà, depuis un certain temps, dépassé ce point, qu'ils ont absorbé un

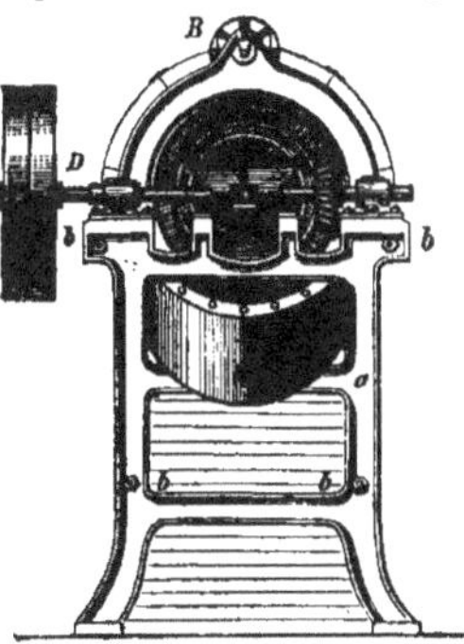

Fig. 14.

excédant nuisible d'humidité, et perdu la faculté de germer : au maltage, au lieu de donner une certaine quantité de malt, ils disparaissent par le fait de la pourriture et viennent, par là, entraver le maltage des autres grains, germés normalement. Ce résultat fâcheux ne se produit pas lorsqu'on a affaire à des grains de volume uniforme.

Il existe différents systèmes d'appareils à trier les grains. Un des meilleurs appareils, construits pour cet objet, est le trieur de Schwalbe, représenté par les fig. 13 et 14.

Les organes essentiels de ce trieur sont : le cylindre A, opérant le triage des grains, l'arbre à brosse B, le bâtis *aa*, et le mécanisme de transmission D.

Le cylindre trieur porte une vis d'archimède, dont l'hélice court le long d'une âme cylindrique en bois, traversée par l'arbre moteur. Le tout est entouré d'une surface cylindrique, disposée parallèlement à l'arbre moteur et destinée à opérer le tamisage des divers éléments du grain brut. Ce cylindre-enveloppe est constitué par des cercles en fil de fer, distants l'un de l'autre inégalement, suivant qu'on examine le cylindre à l'entrée, au milieu de la course ou vers la sortie. Au début, les tours de fil de fer sont très-rapprochés, de manière à ne laisser passer que les balles à travers leurs interstices; plus loin, l'écartement augmente légèrement, de façon à livrer passage simultanément aux grains menus mélangés encore d'une petite quantité de balles; ensuite vient un compartiment où l'on recueille des petits grains seuls, bons à employer; puis un compartiment pour les grains moyens. Quant au meilleur grain, de forte dimension, il traverse tout le tamis pour tomber dans la trémie *a'*. Des cloisons en planches, placées verticalement sous le cylindre-tamiseur permettent de recueillir à part chacune des catégories produites : l'arbre à brosse B nettoye constamment la toile métallique du tamis.

A la partie supérieure de l'appareil se trouve, en outre, disposé un mécanisme pour séparer l'orge des pois, des petites pierres et autres corps étrangers plus volumineux que le grain, avant que celui-ci ne pénètre au trieur. Voici comment s'effectue cette séparation préalable.

L'orge, amenée au trieur par la trémie à tiroir *c*, tombe d'abord dans un court cylindre en tôle *d* et de là dans un tamis *e* en fil de fer, de forme conique, incliné et ouvert vers l'intérieur du trieur. Toute l'orge passe par ce tamis *e*, à la sortie duquel elle est reprise et transportée par la vis du cylindre trieur. Mais les matières étrangères, ayant des dimensions supérieures à celles des mailles du tamis, ne peuvent le traverser avec l'orge ; elles sont conséquemment retenues et tombent au dehors par la trémie a.

Le trieur Schwalbe est construit tout en fer : les dimensions varient suivant l'importance de l'établissement auquel il est destiné : on le rencontre dans la plupart des malteries allemandes où l'on est d'accord pour trouver son fonctionnement à l'abri de tout reproche.

Les cribles-trieurs de Pernollet et de Harter sont aussi des plus recommandables.

Le crible-trieur Pernollet opère la séparation des différents éléments de l'orge à l'aide d'un cylindre en zinc perforé; les trous de la tôle remplacent ici les mailles de la toile métallique figurant dans

Fig. 13.

l'appareil de Schwalbe. Ces perforations sont de 4 types, différents par leur forme et leurs dimensions et correspondant à 4 compartiments successifs, établis sous le cylindre-trieur dans une auge en forme de cuve plate.

Les trous du premier segment cylindrique sont destinés de telle façon qu'ils laissent passer la poussière, les menus grains, les graines oblongues des graminées, tous éléments recueillis simultanément dans le premier compartiment ; les ouvertures du second segment sont circulaires et donnent passage aux semences des mauvaises herbes de toute espèce ; dans les deux dernières sections du cylindre la séparation des grains d'orge, privés des autres

matières étrangères, s'opère de telle façon que les grains les plus gros et de la meilleure qualité tombent seuls au 4ᵉ compartiment, et les grains médiocres au précédent.

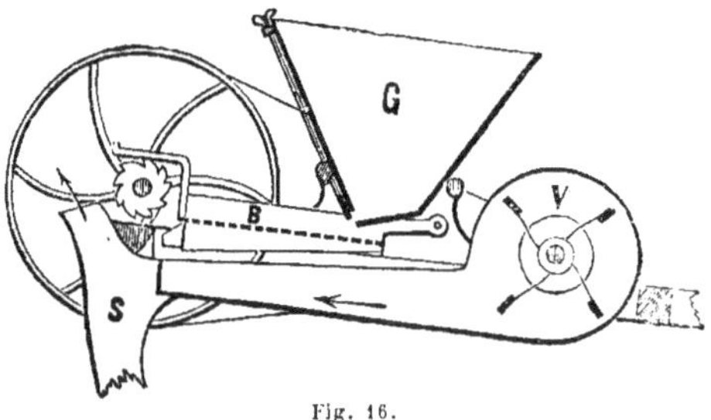

Fig. 16.

Une trémie avec tiroir sert à introduire l'orge brute dans le cylindre et à en régler le débit ; le cylindre est mis en mouvement à l'aide d'une manivelle. On construit des cribles Pernollet à

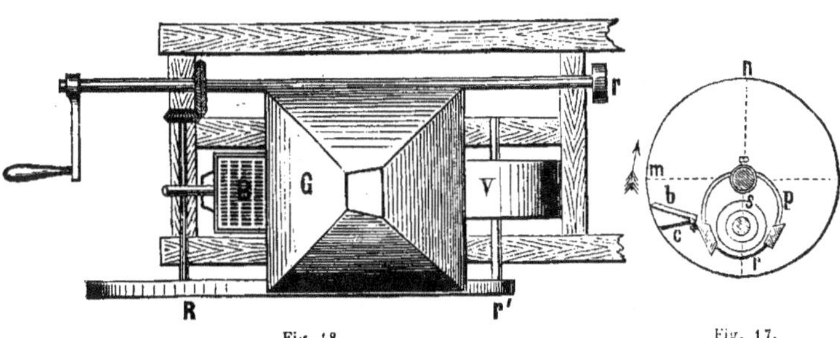

Fig. 18.

Fig. 17.

manteau cylindrique fixe ou à manteau mobile suivant la qualité des céréales à trier.

Le trieur à alvéoles du même constructeur est plus complet que le crible-trieur esquisé ci-dessus.

Le trieur de Harter offre de la ressemblance avec le trieur à alvéoles : il est représenté, en vue générale et en détail, dans les fig. 15, 16, 17 et 18.

Dans le cylindre Harter, le triage des diverses graines et de la poussière s'effectue par l'effet d'un ventilateur et de la disposition spéciale d'une vis d'Archimède opérant, à l'intérieur du cylindre-enveloppe, de façon à entraîner au dehors les graines menues des semences étrangères, extraites de l'orge lors de leur passage au contact des alvéoles pratiquées à la surface du cylindre-trieur et qui constituent la particularité du système.

Voici en peu de mots en quoi consiste le trieur Harter et comment il fonctionne. Le cylindre tournant n'est pas percé d'ouvertures sur toute sa longueur. Il offre deux sections distinctes : l'une en tôle pleine, s'étendant sur les 9/10 de la longueur; l'autre à l'entrée, constituée par une tôle galvanisée formant un tamis à ouvertures oblongues et courant sur 0^{m}31. La partie pleine est garnie, à sa paroi interne, de tôle de zinc façonnée en nombreuses alvéoles qui, en raison de la variation qu'offre successivement leur forme et leur dimension, recueillent au passage les semences des mauvaises herbes, de différents calibres. Le tamis placé à l'entrée sert à l'évacuation des faux grains, des mauvaises semences atteignant des dimensions un peu considérables, etc.

L'effet des tôles à alvéoles et le mode d'expulsion des petites graines se comprendra par l'inspection de la figure 17, représentant une coupe verticale du cylindre faite normalement à l'axe. La paroi principale du cylindre, garnie d'alvéoles, est marquée de la lettre n. Pendant que le trieur, mû par une manivelle ou par un mécanisme, tourne dans le sens de la petite flèche, les menues semences de mauvaises herbes, à forme sphérique (senevé, millet, pavot, gerzeau, etc.) sont soulevées, dans les alvéoles où elles se sont logées, jusqu'à la hauteur d'un angle de 60° environ, tandis que les grains de l'orge (ou d'autres céréales) ne peuvent atteindre à ce point, en raison des dimensions et de la forme particulière de ces grains. Les menues graines sphériques sont ensuite entraînées dans la rigole r par l'action des palettes b, dont on varie à volonté l'inclinaison, suivant la nature des semences qu'il s'agit de classer.

L'effet de ces palettes de rabattement est complété par l'action des
anses en fil de fer *c*, disposées de manière à racler les plus grosses
semences des alvéoles. Les semences, une fois tombées dans la

rigole *r*, entrent dans le champ d'action d'une vis d'Archimède *s*,
qui les transporte au dehors du cylindre-trieur.

Le ventilateur de l'appareil Harter parachève l'opération du
triage en débarrassant les grains d'orge de la poussière adhérente

à leur enveloppe extérieure. Or, cette poussière, ainsi que nous avons eu déjà l'occasion de le faire remarquer, est composée d'une infinité d'organismes microscopiques qui, transportés au sein des liquides avec les grains maltés, y développent des fermentations nuisibles à la qualité de la bière et provoquent son altération. Il y a donc tout avantage à isoler des grains cette poussière pernicieuse, avant que de les soumettre au maltage.

Le mécanisme du ventilateur V est identique à celui des machines usitées pour le battage des grains. L'orge introduite dans la trémie G, passe au tamis ou tiroir mobile R et de là, après avoir été nettoyée sous l'action du ventilateur, elle traverse le boyau S qui souvent renferme un mécanisme pareil à celui décrit plus haut, servant à enlever les pierrailles, les pois, etc.

Le ventilateur est mis en mouvement par le moyen des poulies R et r', le cylindre-trieur par la poulie r ou à l'aide d'une manivelle. Plus il y a de corps différents à classer, plus le mouvement de rotation doit être lent. L'axe du cylindre n'est pas horizontal, il présente une inclinaison que l'on fait varier en raison de la vitesse qu'on veut imprimer à la marche des grains.

Nous donnons enfin, dans les fig. 19 et 20, les vues générales de deux trieurs anglais, l'un à cylindre tamiseur, l'autre, possé-

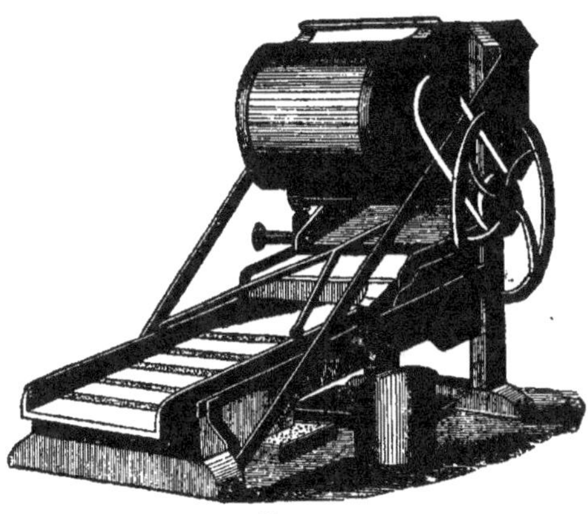

Fig. 20.

dant un tamis incliné à mouvement de blutoir. Le premier de ces appareils est construit entièrement en fer, l'autre en bois : tous deux sont aisément transportables et munis de ventilateurs.

Ces trieurs, d'ailleurs bien conditionnés, et fonctionnant très-convenablement, ne pourraient suffire au travail d'une malterie un peu importante.

Dans beaucoup de circonstances un courant d'air, même énergique, est insuffisant pour débarrasser l'orge des poussières et autres matières qui y adhèrent. Ces poussières, qui se composent de substances et d'organismes microscopiques les plus divers et toujours contraires à une bonne fermentation, accompagnent dès lors l'orge dans toutes les opérations et transformations qu'elle subit et, en fin de compte, apportent un préjudice notable tant à la marche de la fermentation qu'à la qualité du produit.

En vue de remédier à cet inconvénient, M. Siemens a proposé de laver l'orge avant de la trier et de la soumettre au mouillage : des expériences spéciales et nettement concluantes lui ont fait reconnaître l'efficacité et même, dans beaucoup de cas, l'impérieuse nécessité de cette pratique. M. Siemens s'exprime de ces termes : « Si on lave soigneusement un échantillon d'orge, recueilli à la sortie du trieur, on verra quelle quantité de poussière et de saletés peut encore être enlevée des grains, si propres en apparence. Ces impuretés, qui nuisent tant à la qualité et à la finesse de la bière, ne sont pas éliminées, comme on pourrait le croire, par le renouvellement réitéré de l'eau de mouillage : on ne parvient à ce résultat qu'au moyen d'une opération spéciale, produisant un frottement mécanique des grains, suivie d'une agitation des grains dans l'eau, en vue d'en dégager la poussière adhérente. Dans notre brasserie d'essai, nous employons à cet effet un simple laveur à train de sucrerie, qui nettoye complétement l'orge après un mouillage préalable pendant 24 heures. »

Les sages conseils de M. Siemens ne sauraient être assez médités : il est à remarquer que nombre de brasseurs, même des plus soigneux, et qui apportent une propreté excessive dans les diverses opérations du travail des moûts, ne se préoccupent que médiocrement d'éliminer de l'orge, avant le maltage, ces matières étrangères, dont l'influence est si prépondérante et si néfaste. L'œil ne peut servir de guide ici à l'industriel, car les particules microscopiques adhèrent à l'orge la mieux nettoyée, et y adhèrent même plus fortement après le mouillage. Les végétations microscopiques, les moisissures de toute espèce qui se développent lors de la transformation en malt, sont la conséquence de ce fait.

Ces considérations ont conduit à perfectionner incessamment les machines destinées au nettoyage des grains. Nous citerons, à ce point de vue, la machine de Kuhn (représentée fig. 21) dans laquelle le grain est violemment projeté contre une paroi métallique, sous l'action d'un puissant ventilateur-exhausteur.

Toutes les particules de poussière, de terre, de pierrailles sont séparées du grain avec force : les graines étrangères, les faux grains, les grains d'orge trop légers sont aspirés par le courant de l'exhausteur à l'extérieur de l'appareil. Le constructeur Kuhn, à Haale-sur-Saale livre des trieurs de trois types, travaillant respectivement 1000, 1500 et 2000 kilogr. par heure et réclamant comme force motrice 1 1/2, 2 et 2 1/2 chevaux-vapeur. Le prix de ces nettoyeurs est de 375, 450 et 525 marks.

Fig. 21.

2. — TRANSPORT DE L'ORGE.

Avant d'être mis en cuve, le malt et l'orge ont à parcourir différents trajets : ces transports s'effectuent à dos d'homme dans les petits établissements. Il est souvent aisé d'amener des économies sensibles dans ces frais de manipulations, par l'établissement d'installations mécaniques qui nécessitent, il est vrai, une dépense première plus ou moins élevée mais bientôt et largement compensée par la facilité, la régularité du service et la suppression de la main-d'œuvre.

Pour les transports verticaux, d'un étage à l'autre, aussi bien pour monter l'orge que pour la descendre, on a généralement recours à des monte-charge, dont la construction est bien connue : on choisit habituellement, pour vaquer à cette besogne, le moment de la journée où la machine motrice est le moins chargée. Pour des différences de hauteur moins prononcées, pour atteindre, par exemple, du plancher à la trémie d'un trieur, on se sert, de préférence, de chaînes à godets : cet engin est surtout utilisé dans le cas où le chargement doit se faire d'une manière continue et ne réclame qu'une faible quantité de force motrice.

Pour les transports horizontaux, d'un point à un autre sis tous deux à un même étage, on emploie fréquemment des vis d'Archimède ou hélice tournant lentement dans des auges en métal : on utilise au même objet des courroies ou toiles sans fin, portées sur des galets horizontaux. L'un ou l'autre de ces mécanismes, combinés avec des élévateurs à godets ou autres, permettent dans beaucoup d'établissements de supprimer complétement tout transport non mécanique, tout en assurant parfaitement le service exigé.

3. — CONSERVATION DE L'ORGE.

Le brasseur doit principalement veiller à conserver intacte la faculté germinative de l'orge et à préserver de toute altération les éléments de cette matière première.

Pour atteindre ce double but il faut, autant que possible, soustraire le grain à l'action de l'air et de l'humidité. Les grains d'orge sont éminemment hygroscopiques : 100 kilog. d'orge absorbent, dans une atmosphère humide, à une température de 18-21° c. jusqu'à 8,2 kilog. d'eau. Une telle proportion d'eau est très-préjudiciable à la germination ; les grains humides se couvrent de moisissures et gagnent une odeur désagréable qui persiste, par après, dans l'orge et ses produits. L'air atmosphérique paraît également nuire à la force vitale : on a observé maintes fois que l'orge conservée en dehors de l'action de l'air germe plus aisément et mieux que l'orge qui a été exposée à l'air. Conservée en grenier, l'orge, au bout de 6 ans, a perdu entièrement la faculté de germer, les grains dont la germination n'est plus possible pourrissent aisément.

En général, le malteur ne dispose pas de moyen pour soustraire l'orge au contact de l'air : dans ce cas, il doit redoubler de soins pour tenir ses grains à l'abri de l'humidité, qu'elle provienne de vapeurs condensées ou de toute autre cause, ainsi qu'à l'abri des poussières de toute nature.

On conseille de revêtir les parois des greniers de planches à la hauteur des tas d'orge, par motif de propreté. Des ouvertures pour la ventilation sont indispensables : on les fait à volets qu'on ouvre lorsque l'air extérieur est bien sec. Les greniers s'étendent d'ordinaire au-dessus de l'étage où sont établis les bacs mouilleurs : on décharge l'orge dans ces vaisseaux au moyen de tuyaux ou de boyaux flexibles. L'emplacement nécessaire en grenier se calculera en raison de la provision *maxima* et de la hauteur des tas, élément variant d'après la nature même de l'orge emmagasinée, son degré de siccité, etc. Ainsi, l'orge fraîchement récoltée, qui est sujette à s'echauffer et à s'altérer, ne doit pas être mise en tas trop élevés et doit être remuée à la pelle de temps à autre. A mesure que le grain perd de son humidité, on peut se permettre d'augmenter la hauteur des tas. Pour une hauteur de $0^m,67$ un hectolitre exige une superficie de $0^m,58$ à $0^m,78$; pour une hauteur de 1 mètre, une superficie de $0^m,39$ à $0^m,52$.

CHAPITRE III.

LES MATIÉRES SUCRÉES.

---

1. — LE SUCRE DE FÉCULE OU GLUCOSE.

Nous avons vu précédemment (page 8) que lorsqu'on soumet à la coction la fécule mélangée à l'acide sulfurique, cette matière se transforme peu à peu en glucose. La réaction étant achevée, on peut, par une opération subséquente, éliminer complétement l'acide qui a produit la transformation de la fécule et l'on obtient ainsi la glucose plus ou moins pure, à l'état solide ou liquide : le sirop de glucose et le sucre de glucose renferment toujours des quantités variables de dextrine, et, à dose moindre, de l'acide sulfurique et de la chaux. Ces deux derniers principes ne doivent pas être tolérés dans les glucoses que l'on destine à la brasserie, vu leur action nuisible dans les opérations de la fabrication des bières.

L'eau est un élément des glucoses qui se rencontre dans ces produits en proportions très-variables, proportions dont on fait état pour établir la valeur marchande des glucoses.

Nous nous sommes suffisamment étendu sur les propriétés du

sucre glucose lorsque nous avons traité (page 119) de la fécule des pommes de terre; l'essentiel est de n'en point trop ajouter aux moûts des céréales. En effet, une addition exagérée de glucose a pour effet de modifier le caractère de la bière, de manière à lui enlever son moëlleux et à produire graduellement une boisson sans corps, se rapprochant de plus en plus des liquides vineux; il est inutile de rappeler que pendant la fermentation les glucoses ne peuvent servir à la génération de nouvelle levûre.

2. — LE SUCRE DE CANNE.

Le sucre de canne ou, pour employer le langage ordinaire, le sucre, s'emploie en brasserie sous diverses formes et à différents degrés de pureté. Son usage tend à prendre de jour en jour plus d'extension dans les pays où le commerce livre le sucre à bon marché et tout spécialement en Angleterre où les droits d'accise sur cette substance alimentaire ont été abolis dans ces dernières années. Dans ce pays il existe, il est vrai, une taxe sur les sucres destinés à la brasserie, mais cette taxe, qui procure au Trésor un revenu considérable, vu le grand développement du commerce des bières au Royaume-Uni, n'est pas suffisamment élevée pour amener l'industrie à renoncer à l'emploi des sucres et sirops.

La brasserie anglaise utilise de préférence les sucres non raffinés, fort colorés et d'un prix peu élevé : elle a aussi recours aux sirops de raffinerie et aux issues de fabrication appelées mélasses. L'emploi de ces liquides sucrés se conçoit aisément en Angleterre où la raffinerie s'alimente principalement de sucres coloniaux, doués d'un arôme agréable. Les sirops et mélasses provenant de la fabrication et même du raffinage des sucres de betterave ne jouissent pas de la même faveur : ce qui s'explique, d'une part, par la saveur âcre et désagréable que ces liquides conservent toujours plus ou moins et dont les sucres bruts de betterave eux-mêmes sont loin d'être exempts; et, d'autre part, par la forte proportion de matières salines qui se rencontre dans beaucoup de ces liquides. Les consommateurs même ceux dont le palais n'est pas des plus délicats, reconnaissent facilement les bières fabriquées à l'aide d'une addition de sucres ou de mélasses de betteraves.

De même que la glucose, le sucre et les sirops sucrés, introduits à dose élevée dans les moûts, donnent une bière forte, alcoolique et sans corps, vu le manque de matières albumineuses; la production de la levûre se trouve également tarie par l'addition du sucre aux moûts. Plus cette addition aura été considérable et plus aussi la nature de la fermentation et du produit sera différente de celle que procure l'emploi exclusif des céréales à la production de la bière.

On a dit souvent que la bière sucrée est d'une conservation difficile. A l'encontre de cette assertion, nous citerons des expériences entreprises à l'aide de moûts, dont la teneur en sucre atteignait la moitié de la valeur totale de l'extrait, et qui se sont parfaitement conservés, après avoir subi même la fermentation basse. L'observation suivante nous paraît une explication plausible de l'altération aisée de certaines bières à sirop. Les sucres et sirops sucrés contiennent toujours une quantité plus ou moins sensible de combinaisons salines. Ces éléments minéraux, en se dissolvant dans le moût, augmentent sa densité dans une plus forte proportion que ne le fait le sucre lui-même, d'où il résulte qu'un tel moût paraît plus riche en extrait qu'il ne l'est réellement. En suivant, dans ce cas, les indications de l'aréomètre, on arrive, en définitive, à produire une bière trop pauvre en extrait, et partant d'une conservation malaisée.

Si donc on fait usage de sirops sucrés, il faut avoir soin de faire subir aux indications aréométriques une correction qui permette d'obvier à ce résultat fâcheux : ce coëfficient de correction variera quelque peu suivant la composition du produit sucré mis en œuvre. On peut admettre, en moyenne, que les sirops renferment environ 4 parties de sels pour 100 parties de sucre; des sirops sensiblement plus impurs devraient être repoussés. A l'aréomètre Balling, dont la graduation donne des centièmes de sucre, ces 4 parties de matières salines (voir le chap. de l'aréométrie, page 15) pèseront autant que 6 parties de sucre, d'où une première déduction, dont il faut tenir compte. En outre, on semble aujourd'hui d'accord pour reconnaître que la vingtième partie du sucre environ sert, au cours du travail, à la production d'acide lactique : de ce second chef, il y a donc une nouvelle réduction à faire subir à l'indication aréométrique. En pratique, une teneur en sucre de 10 °/₀ B est considérée comme équivalant à 9 pour cent de substance utilisable ou d'extrait dissous.

3. — LE MIEL.

Le miel est, comme on sait, un liquide très-suave, produit par les abeilles à l'aide des sucs recueillis sur les fleurs de diverses plantes aromatiques. Ce sirop sucré sert, dans certains pays, à préparer une boisson fermentée, d'une saveur agréable, connue sous le nom d'hydromel. Le miel sert aussi à édulcorer quelques variétés de bières, dont la fabrication se trouve limitée à certaines localités. N'était son prix relativement élevé, le miel pourrait remplacer avantageusement les autres sirops auxquels il est supérieur sous tous les rapports. La Cambre en conseillait l'emploi et il a pu constater que tous les brasseurs qui en avaient fait usage, sur ses conseils, en avaient éprouvé une réelle satisfaction. En Belgique, les brasseries situées dans les rares régions où l'apiculture est en honneur pourraient seules se procurer économiquement ce précieux liquide qui donne à la bière une saveur particulière très-douce et agréable, lui communique la faculté de mousser et de se conserver parfaitement.

Il y a plusieurs qualités de miel : le miel vierge, recueilli sans pression par écoulement naturel des rayons, ne sert que pour la consommation, vu son prix élevé ; le miel utilisé en brasserie est celui qu'on obtient ensuite, en soumettant les gâteaux à la pression.

Ce dernier renferme toujours plus ou moins de matières étrangères, sans influence sur la qualité de la bière. Pour conserver le miel destiné à la brasserie, qui s'altère rapidement, il faut le placer dans des vases imperméables à l'air, bien clos et au frais. Une fois aigri, le miel ne peut plus être employé qu'à la fabrication du vinaigre.

Le miel naturel, non altéré, marque 36 à 38 degrés à l'aréomètre Baumé, ou 67 à 71 °/₀ Balling. Cent kilogrammes de miel pur équivalent à 75-80 kil. de sucre, ou encore à 150-160 kil. d'orge.

CHAPITRE IV.

LE HOUBLON.

———

1. — NATURE ET COMPOSITION.

Le houblon (*humulus lupulus*) est une plante grimpante de la
famille des urticées : on utilise dans la brasserie les cônes de cette
plante portant les fleurs femelles, récoltés à l'époque de la maturité
mais généralement sans semences.

Dans les houblonnières, on ne cultive que les plantes femelles et
l'on ne souffre pas la présence de plantes mâles dans le voisinage
des houblonnières afin d'empêcher la fructification des fleurs mâles,
laquelle atténuerait sensiblement la valeur industrielle du houblon.
La floraison du houblon a lieu en juillet et août : les cônes des fleurs
femelles du houblon cultivé atteignent une longueur de 2 à 3 centimètres; chaque cône renferme de 40 à 100 fleurs simples protégées
par les folioles.

La partie utile du houblon est la substance jaune, pulvérulente,
résineuse, amère et très-aromatique qui se trouve à la base des fleurs
rassemblées en cônes. Cette substance, à laquelle on a donné le

nom de *lupuline,* contient trois éléments principaux, dont nous allons examiner les propriétés caractéristiques : ce sont l'*huile essentielle* de houblon, la *résine* et le *tannin* du houblon.

a) L'*huile essentielle* se trouve dans le houblon combinée à la résine et forme avec celle-ci une matière gluante ; cette huile est peu soluble dans l'eau et lui communique son odeur aromatique et sa saveur amère Elle entre pour 0.7 dans la composition centésimale du houblon : en contact avec l'air, elle absorbe de l'oxygène et perd peu à peu ses propriétés originaires.

On a cru, jusque dans ces derniers temps, que l'arôme de la bière était dû à l'huile de houblon. Partant de cette idée, on a pendant longtemps préparé des essences de houblon (dissolutions alcooliques de l'huile essentielle) que l'on incorporait directement dans les bières toutes fabriquées en vue d'augmenter leur arôme. Mais les bières ainsi préparées gagnaient constamment une saveur et surtout une odeur tout-à-fait étrangères, dues à la présence de l'acide valérianique dans le liquide. Cet acide, qui possède une odeur très-prononcée et désagréable, est le produit de la décomposition de l'huile essentielle de houblon, décomposition qui s'effectue aisément.

La partie la plus importante du houblon est la résine, qui primitivement se trouve mélangée à l'huile essentielle et qui retient toujours une partie de celle-ci, même à la suite d'une ébulition prolongée. On a attribué à tort la solubilité de la résine dans le moût à la présence de l'huile essentielle dans la résine : il est constaté aujourd'hui que la résine se dissout dans les liquides sucrés en l'absence de toute huile essentielle.

L'effet le plus important de cette huile essentielle consiste plutôt dans la propriété qu'elle possède d'empêcher l'altération de la résine même du houblon. Cette résine, en effet, subit, au contact de l'air une transformation qui la rend insoluble dans les liquides, transformation qui ne se manifeste pas tant qu'il reste de l'huile essentielle en présence. On constate même que la résine conserve encore sa solubilité lorsqu'elle provient de vieux houblon dont l'huile essentielle se trouve à peu près intégralement transformée en acide valérianique.

Un houblon dont l'huile essentielle s'est volatilisée ou modifiée peu à peu devient maigre et sec au toucher. Lorsqu'on aromatise la bière en pratiquant une addition de houblon dans le tonneau, il y a *dissolution simultanée des trois principes* du houblon et c'est par là que l'arôme se produit.

L'huile essentielle est une substance d'une composition très-variable, formée du mélange de plusieurs huiles nettement caractérisées par leurs différents points d'ébullition ou de volatilisation. La composition de cette huile présente des variations sensibles dans une même espèce de houblon. Les écarts sont beaucoup plus considérables encore pour des houblons de provenances diverses. Ainsi, le houblon le plus aromatique qui se rencontre dans le commerce est incontestablement celui de Kent en Angleterre, dont n'approchent pas les meilleurs houblons allemands, aussi on s'en sert presqu'exclusivement pour l'aromatisation en tonneau. Le houblon américain, par contre, rappelle l'odeur de l'huile de thérébentine et ne peut, par suite de cela, être utilisé au même objet. Le houblon employé en tonneau ne perd presque pas de sa valeur en brasserie, sa contenance en résine n'étant pas sensiblement diminuée à la suite de cette manipulation.

b) La résine du houblon. On n'est pas encore d'accord sur celui des éléments du houblon qui cause son goût amer : les spécialistes les plus autorisés ne se croient pas fondés à affirmer que ce soit la résine elle-même, ou bien une substance particulière « l'amer du houblon » contenue dans l'extrait de houblon parallèlement à la résine. M. Rautert pense que ces deux principes sont identiques et que la résine constitue à la fois et l'élément le plus important et le principe amer du houblon. Voici comment cet auteur s'exprime à cet égard.

« La résine du houblon est très-peu soluble dans l'eau, surtout dans l'eau pure et en l'absence d'huile essentielle. En présence de cette huile, une eau renfermant en solution des sels, du tannin, des gommes et du sucre, dissout au contraire cette résine en quantité considérable. C'est là ce qui, dans les recherches antérieures, avait fait croire à l'existence d'une substance spéciale, amère, soluble dans l'eau et à laquelle on avait donné le nom de lupuline. Une substance de cette nature *n'existe pas*; le principe amer du houblon est plutôt de nature résineuse et très-peu soluble dans l'eau pure; il forme les 12 à 18 centièmes du poids du houblon.

C'est à la résine du houblon qu'il faut attribuer presque tous les effets résultant de l'emploi du houblon dans la fabrication des bières.

Cette résine est d'un brun-jaunâtre et très-analogue à la poix; comme elle est un peu soluble dans la salive, elle possède une saveur amère persistante. On n'est pas parvenu jusqu'ici à extraire du houblon une résine dépourvue d'amertume, ce qui est en opposition avec les résultats des recherches antérieures. Exposée à l'air en couche mince, cette résine éprouve une décomposition lente et elle devient dès lors insoluble dans beaucoup de menstrues où elle était ordinairement soluble. Cette transformation est accélérée par l'action de la lumière.

M. Mulder exprime une opinion contraire : « les éléments du houblon que l'on peut trouver et doser dans la bière sont seulement la résine et le principe amer. A cet effet, on dissout, par l'alcool concentré, le résidu sec de l'évaporation de la bière : l'extrait alcoolique renferme les deux principes, on en sépare la résine à l'aide de l'éther, après quoi on peut dissoudre dans l'eau le principe amer. »

M. Lermer, à la suite de recherches récentes, a retiré du houblon une substance cristallisée, à réaction acide, à laquelle il a donné la dénomination d'acide amer du houblon. Cette substance est sans saveur, insoluble dans l'eau : ses cristaux blancs s'altèrent promptement à l'air. La saveur amère reparait immédiatement lorsqu'on dissout cette substance dans l'alcool et qu'on étend d'eau la solution. L'auteur n'indique pas si cette substance est soluble dans le moût de bière. Le fait suivant, en connexion avec les recherches de M. Lermer, milite en faveur de l'opinion de M. Rautert : les bières fortement houblonnées et qui ont subi une fermentation complète laissent déposer de la résine de houblon, à la suite de la disparition du sucre, et *perdent en même temps leur goût amer.*

L'acide carbonique, qui se développe au cours de la fermentation, contribue aussi à rendre la résine insoluble. Il en résulte que la séparation de la résine dans les cuves à fermentation est plus considérable au commencement qu'elle ne devrait l'être par le seul fait de la disparition de la glucose.

Le houblon possède, assure-t-on, des propriétés narcotiques qui paraissent inhérentes à la matière résineuse et qui semblent expliquer certains effets de la bière houblonnée : cette considération doit faire restreindre l'application de cette matière à des limites indiquées par les exigences des consommateurs.

Ainsi que nous l'avons dit, la résine se dépose par suite de la fermentation de la bière : il en résulte que les bières jeunes renferment toujours une plus forte proportion de résine que les bières de garde. Les propriétés diurétiques des bières jeunes trouvent dans ce fait leur explication rationnelle.

c) Le tannin. Les tannins ou acides tanniques constituent un groupe de corps caractérisés par la propriété qu'ils possèdent de se combiner aux substances albumineuses, à la colle, la peau et autres substances analogues, en donnant naissance à des combinaisons insolubles. Les tannins, solubles dans l'eau, présentent une saveur âcre et astringente. Exposés à l'air, les tannins se couvrent de moisissures et se transforment en d'autres acides. On distingue les tannins d'après les végétaux dont on les extrait et dont ils sont un élément caractéristique.

Le tannin du houblon n'est pas identique avec celui des noix de galles, comme on le supposait jadis : il s'en distingue principalement par la couleur du précipité qu'il forme avec les sels de fer. Il a plutôt une analogie marquée avec le tannin du bois jaune (fustique) par lequel on peut le remplacer dans la pratique. Le tannin du bois jaune, à son tour, est susceptible de remplacer avantageusement le tannin de Kino ou de catechu, auquel on a recours comme remède dans certains maladies de la bière.

Les éléments constitutifs du houblon étant maintenant suffisamment caractérisés, nous reprendrons l'étude de l'emploi pratique de cette substance elle-même.

2. — ANALYSES.

Les proportions respectives des éléments du houblon sont, comme nous l'avons dit, très-variables : c'est ce qu'accusent les analyses de ce produit, dont les données présentent de grandes divergences suivant la provenance des échantillons.

Les chiffres suivants, trouvés par M. Rautert pour un type de houblon d'Ellingen, méritent la plus grande créance :

Eau	14.50
Huile essentielle	0.50
Résine	15.90
Tannin	3.02
Gomme	11.10
Substances extractives	6.40
Sels solubles	0.25
Cellulose et substances insolubles . . .	48.33
Total . . .	100.00

Le même auteur trouva la proportion d'eau dans d'autres variétés de houblon égale à 12,8 et 13,2 p. c. La proportion totale de substances solubles dans l'eau et l'alcool atteignit dans les houblons de

Spalt nº 1	26.6 p. c.
— nº 2	27.7
— nº 3	22.9
Wernfeld (cacheté)	35.6
Ellingen (cacheté)	36.7
Kent (qualité extra)	22.7
— très-fin	22.7
— fin	23.3

Kent fort . . . . 25.3 p.c.
Sassen fin 18 0
— fort 22.9

Autre analyse du houblon de Saaz par M. Daubrawa.

Cellulose 58.9
Eau 7.8
Amer 5.3
Résine . . . . . 15.1   Matières solubles
Tannin . . . . 7.8   dans l'eau, l'al-
Cire . . . . . 0.5   cool ou l'éther.
Gomme, etc. . . . 4.6
Total . . 100.0

Analyses de M. Wimmer.

	Folioles.	Poussière jaune.
Huile essentielle	»	0.12
Substance amère extractive. .	4.68	3.01
Résine	2.00	2.01
Tannin	1.61	0.65
Gomme.	5.83	1.26
Cellulose	63.95	8.99
Substances solubles dans l'eau.	12.12	+ 4.92 = 17.04
Total . .	90.19	20.96

Cent parties de ce houblon renfermaient 20 parties de poussière et 80 de folioles.

Analyse de la poussière jaune :

	Payen, Chavallier et Pelletan.	Par Yves.
Huile essentielle . . .	2.0	»
Amer de houblon . . .	10.3	9.2
Résine.	50.0	30.0
Tannin.	5.0	4.2
Cire		10.0
Cellulose (lignine) . .	32.7	38.3
Substances extractives .		8.3
	100.0	100.0

Les éléments du houblon sont très-inégalement répartis dans les cônes. La poudre jaune (lupuline), qui se trouve au fond des folioles et qui s'en dégage facilement, renferme principalement de l'huile essentielle avec beaucoup de résine, tandis que les folioles ou écailles des cônes sont riches en tannin et contiennent des sels, de la résine, mais point d'huile essentielle. La poussière jaune est un amas microscopique de petits globules vésiculaires, à surface lisse; à mesure que l'huile essentielle, combinée à la résine, se volatilise, ces vésicules cessent d'être complètement remplies, leur surface se ride et apparait d'autant moins lisse que le houblon est plus vieux. En même temps, la nuance de la poussière vire de plus en plus du jaune au brun.

Il en résulte que l'examen à la loupe de la poudre jaune peut servir à faire juger de l'âge d'un houblon.

3. — EFFET PROPRE DES DIVERS ÉLÉMENTS DU HOUBLON.

Nous ferons remarquer tout d'abord que le rôle que joue l'huile essentielle est ordinairement apprécié d'une façon erronnée par les brasseurs. C'est ce qui nous engage surtout à insister sur l'effet propre de chacun des constituants du houblon.

a) *La résine* détermine la vraie valeur de cette substance, parce que c'est elle qui produit le goût amer et que, dissoute dans le moût à la faveur de la glucose, elle s'en précipite sous l'action de la fermentation : elle se dépose alors en enduit à la surface des cellules de la levûre et ralentit par conséquent la fermentation.

b) En certaines circonstances la résine se décompose au contact de l'air et perd la faculté de pouvoir se dissoudre dans les moûts.

c) Cependant, aussi longtemps qu'il reste une quotité d'huile essentielle qui est plus facilement altérable, cette huile se modifie la première en absorbant de l'oxygène et sert dès lors à garantir la résine : c'est là son rôle propre, en-dehors duquel son importance au point de vue du brassage est relativement minime. Il est vrai que la combinaison de la résine et de l'huile du houblon, que l'on pourrait appeler le baume de houblon, se dissout promptement dans le moût et que, par suite, le houblon riche en huile abandonne facilement son extrait; mais cet avantage est partiellement contrebalancé par l'inconvénient de voir la résine, dans cette combinaison spéciale, perdue pour les opérations subséquentes puisqu'elle se sépare du moût pendant le refroidissement en devenant insoluble, tandis que la résine dissoute par la glucose est celle qui présente une importance réelle pour la brasserie. On a donc intérêt à chasser l'huile essentielle aussi complètement que possible pendant l'opération de la cuisson, afin de combiner la totalité de la résine à la glucose; néanmoins, une certaine quantité, d'ailleurs peu notable d'huile essentielle est retenue énergiquement par la résine et c'est cette quantité qui, en fin de compte, entre dans la composition de la bière.

Les choses se passent tout différemment lorsqu'on fait emploi du houblon en cave, c'est-à-dire en l'ajoutant à la bière entièrement fabriquée, dans les tonneaux mêmes. Dans ce cas, c'est l'huile essentielle qui devient l'élément principal et il faut comme nous l'avons dit, choisir pour cet objet le houblon doué du plus fin arôme.

On peut définir en ces termes, d'une manière générale, le rôle du houblon dans les opérations de la brasserie.

1° Il contribue à la clarification du moût pendant la cuite.

2° Il communique à la bière un goût agréablement amer et aromatique.

3° Il contribue à assurer la conservation de la bière.

4. — DES DIFFÉRENTES VARIÉTÉS DE HOUBLON.

Le grand développement qu'a pris de nos jours l'industrie des bières a entraîné comme conséquence une production plus large de houblon dans les contrées où se localise surtout cette industrie. Et, pendant que s'étendait la superficie consacrée à la culture de cette plante, on apportait graduellement une entente mieux raisonnée dans sa production : il n'est personne aujourd'hui, dans les pays adonnés à la culture et au commerce du houblon, qui n'apprécie,

13

en effet, le rôle considérable que jouent dans la production de cette plante, la nature du terrain, la climature, les amendements et engrais, les soins culturaux, etc. Les régions justement renommées pour la qualité de leurs houblons sont aussi celles où se trouvent réunies, dans la plus large mesure, ces diverses conditions économiques.

On distingue spécialement deux variétés de houblons : les houblons verts et les houblons rouges.

Le houblon à cônes verts est pauvre en poussière jaune ; il renferme beaucoup de tannin et peu d'huile essentielle, son odeur est par suite, peu agréable. On range dans cette catégorie les houblons de Poméranie et d'Amérique. Néanmoins, il n'est pas de houblonnière qui ne renferme des plants à cônes verts.

Le houblon rouge porte des cônes rougeâtres à l'époque de la maturité. On connaît deux variétés de cette espèce : le houblon rouge à graines, riche en tannin et en matière extractive, qui communique à la bière une amertume désagréable ; et le houblon rouge sans graine, où la poussière jaune abonde et dont le goût et l'arôme sont exquis. On distingue enfin dans la variété sans graines les houblons *fins*, à folioles tenues, et les houblons *forts* dont les folioles, les tiges et les nervures sont grossières.

On attribue au houblon rouge fort, tel que celui de Spalt, par exemple, la propriété d'opérer la clarification de la bière plus rapidement que toute autre variété de houblon : on lui reproche, par contre, de donner une bière moins fine, plus grossière. Le houblon fin, dont l'action clarifiante est moins prompte, a, dit-on, des effets plus durables et communique à la bière un goût délicat, très-distingué. Nous ferons observer que pour obtenir cette diversité de résultats il faut, en tous cas, que la bière soit *fortement* houblonnée.

Lorsqu'on fait infuser dans l'alcool le houblon ou sa poussière, on dissout non seulement la totalité de l'huile essentielle, mais encore la majeure partie de la matière résineuse et du tannin. On a souvent tenté de substituer au houblon naturel l'extrait alcoolique qui renferme ces divers principes actifs : mais jamais le succès n'a couronné l'emploi de ces teintures de houblon qui ont pour résultat de modifier trop radicalement le goût des bières et, par suite, de heurter les habitudes du consommateur, ce que doit éviter avec le plus grand soin le producteur de bière. En outre, cet extrait alcoolique, qui s'altère rapidement, exige, somme toute, une plus grande quantité de houblon pour atteindre à des résultats équivalents, circonstance qui contrebalance défavorablement la commodité qu'offre l'extrait de houblon dans son emploi.

Pas plus que les teintures, les *essences de houblon* ne sont parvenues à remplacer dans leur usage industriel les cônes naturels de la plante. Cela provient de ce que l'on ne peut parvenir à régler l'emploi de ces essences de façon à ne pas modifier désagréablement le goût des bières : on ne les rend, en effet, ni plus fine d'arôme, ni plus délicates en y incorporant, après coup, l'arôme fin du meilleur houblon (de celui de Saaz, par exemple, obtenu par distillation), alors que les bières ont été préparées à l'aide de houblons communs. Car une bonne bière doit retenir en dissolution une quantité d'huile essentielle strictement égale à celle qui, dans le travail, reste unie à la résine : tout excès devient préjudiciable au goût et déprécie le produit auprès du consommateur. Or, la quantité nécessaire et suffisante de cette huile est transmise à chaque métier par le houblon qu'on y a fait bouillir. Telle est la raison de l'insuccès continuel des essences de houblon.

La manière d'apprécier la qualité d'un houblon est souvent erronnée, certaines personnes rejetant, par exemple, *a priori* et sans examen les houblons vieux. C'est pourquoi, en vue de fixer les idées à cet égard, nous allons examiner succinctement l'influence que peut avoir, au point de vue de l'efficacité de leur emploi, la différence de composition que présentent respectivemnt le jeune et le vieux houblon.

5. — ALTÉRATION.

Nous avons vu précédemment que l'huile de houblon, en absorbant de l'oxygène, se transforme lentement en acide valérianique, principe caractérisé par l'odeur repoussante du fromage pourri. Un houblon vieilli au point de renfermer de l'acide valérianique doit être systématiquement proscrit de la brasserie, car il communiquerait à la bière cette odeur détestable. Hâtons-nous de faire remarquer que cette transformation fâcheuse du houblon n'est pas une conséquence inévitable de son grand âge : cette transformation ne se produit pas lorsque l'on a pris, au début, les précautions qui assurent la conservation du houblon à l'état sain, et qui consistent spécialement à tenir pendant quelque temps le houblon, emballé soigneusement, dans un local chaud. De cette façon, l'huile essentielle en excès, c'est-à-dire, celle qui n'est pas combinée à la résine, se volatilise et conséquemment fait disparaître du houblon le principe de l'altération signalée plus haut. Dans ce cas, le houblon, quoique vieux, reste d'un excellent emploi.

Une autre transformation, que l'on croyait jadis inévitable, celle du tannin des cônes en acide gallique, sans action sur les matières albumineuses, ne se produit en réalité pas, comme l'a nettement démontré M. Wagner. Le tannin du houblon se retrouve dans le vieux houblon avec toute sa vertu propre.

Enfin, il n'est nullement prouvé, ainsi qu'on le croit souvent, que l'emploi du vieux houblon donne une levure de qualité inférieure.

Il résulte de tout ceci que le seul caractère qui doive faire rejeter un houblon vieux, c'est uniquement l'odeur de l'acide valérianique. Infecté de ce principe, le houblon vieux doit être absolument condamné : dans tous les autres cas, malgré les rides de ses globules, on peut y avoir recours sans avoir à craindre aucun désagrément.

6. — CARACTÈRES AUXQUELS ON RECONNAIT LE HOUBLON DE BONNE QUALITÉ.

Ces caractères sont principalement les suivants :

1. Le houblon ne doit pas contenir de graines. En effet, les éléments utiles du houblon ne se trouvent en qualité suffisante que dans la poussière jaune et les écailles de la fleur femelle qui n'a pas subi la fécondation : ce fait est reconnu sans conteste. Au moment de la fructification, la proportion favorable des divers éléments se modifie : la quantité de poudre jaune diminue et la résine devient moins abondante dans les écailles. D'autre part, il se produit dans les graines une substance extractive qui communique à la bière une saveur désagréable.

2. Les cônes doivent être tout-à-fait clôs au sommet, presque quadrangulaires, et présenter une tige fine. Leur longueur ne doit pas dépasser 25 millimètres et se rapprocher plutôt de 18 millimètres.

3. La poussière du houblon doit être abondante et de couleur jaune-verdâtre. Un échantillon de la marchandise, comprimé dans la main, doit se maintenir compact, en un seul fragment pour ainsi dire : s'il satisfait à cette condition, c'est que la poudre s'y rencontre à suffisance et qu'elle détermine l'adhérence des cônes entr'eux.

4. La couleur du houblon est variable. Le houblon vert est de qualité médiocre. Les cônes des variétés choisies acquièrent une teinte rougeâtre, tout en restant jaunes-verdâtres dans la profondeur. On accorde généralement la préférence aux houblons de nuance claire, parce qu'on trouve là un indice qu'ils n'ont pas éprouvé d'altération pendant leur dessication.

Parfois le houblon mis en sacs prend une couleur plus foncée en même temps que ses matières extractives subissent une modification : mais il n'est pas démontré que cette transformation ait une influence nuisible sur la qualité de la bière.

Le houblon doit parfois sa couleur claire à une maturation imparfaite : il renferme alors une quantité peu considérable de poussière jaune. C'est une erreur de croire qu'un houblon récolté dans ces conditions puisse achever sa maturation en greniers.

Une autre erreur est celle en vertu de laquelle on range dans une classe inférieure des houblons qui ont acquis sur les perches une couleur jaune-brunâtre, brillante, signe d'une maturité complète. Ces houblons sont de qualité excellente ; et si parfois ils ne donnent pas, en brasserie, tous les résultats que l'on serait en droit d'attendre de leur emploi, cela tient uniquement au défaut de soins des ouvriers chargés de la récolte des cônes qui laissent la poussière jaune, très-abondante et parfaitement élaborée, se détacher des écailles auxquelles elle adhère très-peu. La maturation, poussée au plus haut point dans ces cônes, ne leur a occasionné aucune déperdition en huile essentielle : à l'intérieur, les cônes sont chargés de poussière riche et active, présentant une belle couleur jaune-verdâtre. Pour juger de la qualité d'un houblon, il est indispensable d'ouvrir les cônes pour apprécier la nature, la couleur et la quantité de poussière qui s'y trouve renfermée.

La coloration foncée du houblon peut aussi provenir de son séjour en greniers : un houblon, récolté par un temps humide et desséché d'une manière insuffisante ou peu soignée, acquiert au grenier une couleur brune, un éclat terne et se couvre parfois de moisissures. Le houblon bruni sur perches est, au contraire, parfaitement sain et de couleur brillante.

Le houblon qui doit à une altération sa nuance brune n'est pas d'un bon emploi en brasserie : il donne une clarification difficile, il produit une fermentation trop hâtée et communique finalement un mauvais goût à la bière.

Des tâches brunes, que l'on remarque çà et là sur les écailles, sont l'indice d'une dessication mal effectuée.

Lorsque les tâches sont rouges, elles proviennent du fait d'une climature humide et froide.

Des tàches noires sont dûes à des insectes. Parfois, les houblonnières sont, au moment de la floraison, le rendez-vous de nombreuses mouches d'une variété particulière, qui y viennent butiner : on remarque alors que les cônes présentent une maturité précoce, nuisible à la qualité du houblon. Un examen, même superficiel, du houblon, permet de distinguer aisément ces indices divers d'avarie, toujours préjudiciables à la valeur industrielle du produit.

Le procédé suivant, simple et d'une application facile, est recommandé par M. Haberlandt lorsqu'on veut apprécier la qualité du houblon et la proportion de ses éléments :

On choisit avec soin un échantillon moyen de cent cônes, que l'on prend aux différents points du lot à essayer : on note le poids de cet échantillon, qui généralement oscille entre 10 et 20 grammes. On épluche ensuite le produit par portion de 10 à 15 cônes, au-dessus d'un tamis qui compte 25 à 30 fils par centimètre carré. On emploie pour cette opération de petites pincettes, et l'on agit de manière à faire tomber les folioles une à une sur le tamis : si l'on prenait les cônes directement avec les doigts, il y aurait par adhérence une perte de poussière jaune très-appréciable. On recueille à part, dans une capsule, la tige médiane et les fragments inertes de semences, préalablement débarassés des quantités de poussière qui pourraient s'y rencontrer. On mélange les folioles au-dessus du tamis pendant 5 à 10 minutes à l'aide d'un pinceau à poils mous, de façon à détacher entièrement la poussière que l'on recueille, sous le tamis, sur un papier glacé noir. On pèse ensemble les quantités de poussière provenant de ces deux origines : on pèse d'autre part, les tiges, les folioles, les semences, etc.

Le tableau suivant, emprunté à l'auteur cité, indique le résultat des diverses expériences pratiquées d'après cette méthode.

PROVENANCE.	COMPOSITION CENTÉSIMALE.			
	POUDRE JAUNE.	FOLIOLES.	TIGES.	SEMENCES.
Saaz (ville)	15.70	75.70	8.50	0.10
— (environs)	12.40	69.79	17.57	0.27
— (»)	10.17	75.06	14.20	0.57
Auscha rouge . . .	9.13	77.53	13.06	0.275
— vert	10.09	76.08	13.10	0.73
Steiermark	8.33	78.36	12.86	0.45
Neuflld	9.75	74.37	10.88	5.00
Schwetzingen . . .	10.33	76.10	13.24	0.33
Posen	11.70	69.90	10.60	7.80
—	11.52	73.12	15.13	0.23
Alsace.	7.92	75.05	17.01	0.02
—	8.45	74.35	16.95	0.25

On voit, par le tableau de M. Haberlandt, que la quotité de la poussière jaune a varié de 8.33 à 15.70 p. c. soit du simple au double ; celle des foliolos, de 69.9 à 78.36 p. c. ; celle des tiges, etc. de 8.50 à 17.54 p. c. ; celle des semences de 0.02 à 5.00 p. c.

Dans le tableau suivant, MM. Payen et Chevallier ont groupé les proportions respectives de poussière jaune, de folioles et de matières étrangères trouvées par l'analyse d'échantillons de houblons de diverses provenances.

	Poussière jaune.	Folioles.	Mat. étrangères.
Houblon de Poperingue (Belgique).	18.00	70.0	12.0
— d'Amérique, vieux. . .	16.90	68.8	14.3
— de Bourges	16.00	23.5	0.5
— de l'Étang de Crécy . .	12.00	86.2	1.8
— de Bussignies	11.50	81.5	7.0
— des Vosges	11.00	86.0	3.0
— d'Angleterre, vieux . .	10.00	87.0	3.0
— de Lunéville.	10.00	88.3	1.5
— de Liége (Belgique). . .	9.00	81.0	10.0
— d'Alost (Belgique). . .	8.00	79.0	16.0
— de Spalt (Allemagne). .	8.00	88.0	3.0
— de Toul (Meurthe) . .	8.00	91.5	1.5

Ce tableau montre à quel point peut varier la qualité des houblons qu'on trouve dans le commerce et de quel intérêt il est pour le brasseur de s'assurer de cette qualité avant de faire des achats importants en cette matière, qui est toujours d'un prix élevé. Nous ferons observer ici que la valeur réelle du houblon n'est pas toujours proportionnelle à la quotité de secrétion jaune qu'il renferme, car l'expérience a démontré que, pour certaines espèces de bière, le houblon d'Alost par exemple, est bien préférable à ceux de Poperinghe et d'Amérique, quoi qu'il contienne beaucoup moins de poussière jaune que ces derniers.

L'examen de la composition du houblon, effectué comme il vient d'être dit, ne suffit pas, à lui seul, pour apprécier la qualité du produit : il faut naturellement tenir compte aussi des autres caractères que nous avons passés en revue précédemment.

7. — CONSERVATION DU HOUBLON.

Pour que le houblon se conserve sain et sans déperdition de ses principes actifs, il faut le dessécher rapidement dès que la récolte est terminée, et l'emballer avec soin. Quand le temps le permet, on se borne souvent à opérer la dessication des cônes en les étendant au soleil sur des aires unies, des toiles, ou sur des treillages en fils métalliques. Ce dernier mode est plus rapide : les cadres en bois qui supportent les treillages sont placés les uns sur les autres, de manière à laisser libre une hauteur de 30 à 40 centimètres pour la circulation de l'air.

On comprend que, par une saison pluvieuse, ces manipulations à air libre deviennent impossibles. On y supplée avantageusement en opérant la dessication des cônes sur des greniers bien aërés, où l'on étend les cônes en nappes, que l'on retourne à la fourche ou au rateau. On évite par là les effets fâcheux que peuvent avoir les temps humides sur la qualité du houblon et de la bière qui en provient, effets que nous avons rapportés précédemment. Ce mode de dessication exige de vastes emplacements.

Enfin, on opère avantageusement la dessication du houblon en faisant usage de séchoirs à air chaud, analogues aux tourailles des malteries : on veille, dans ce cas, à ne jamais dépasser une température de 34 à 36°, de peur d'occasionner, sous l'influence combinée du courant d'air et de la température, une trop grande déperdition d'huile essentielle. Ces tourailles ont été longtemps en défaveur et sont loin d'être universellement adoptées : leur emploi demande des précautions exceptionnelles, dont l'oubli peut amener des pertes sensibles dans la qualité du produit. Pour peu, en effet, que l'on dépasse la température indiquée, ou même en prolongeant simplement la dessication à cette température pendant un temps trop long, les folioles de la fleur se détachent du cône et la poudre jaune s'éparpille à la moindre manipulation.

La Cambre conseille avec raison, dans le cas où l'on fait usage de séchoirs à air chaud, de laisser séjourner le houblon, après sa dessication, dans des greniers ouverts, pendant plusieurs jours consécutifs : de cette façon, les folioles reprennent assez d'humidité pour qu'elles ne se détachent et ne se brisent point quand on les met en balles. On estime généralement que 4 parties de houblon frais fournissent 1 partie de houblon sec.

8. — SOUFRAGE DU HOUBLON.

Pour soustraire les principes actifs du houblon à l'influence de l'air, on a souvent recours à l'action antiseptique du soufre. La pratique du soufrage des houblons s'est surtout répandue dans ces dernières années, depuis que Liebig a établi par des expériences péremptoires l'efficacité et la parfaite innocuité de cette opération, et depuis que l'acide sulfureux a été employé avec succès à la conservation d'autres produits alimentaires, tels que la viande, les légumes, le vin, etc.

Pour soufrer le houblon, on étale les cônes sur des tamis métalliques reposant sur des cadres garnis de latteaux. Ces cadres sont disposés à l'étage supérieur d'une construction analogue à une touraille; à l'étage inférieur on produit, habituellement par la combustion de soufre, un développement de gaz sulfureux qui, en s'élevant dans la touraille, traverse les couches successives de houblon, se substitue à l'air dans les pores des cônes et se fixe sur eux en les revêtant, pour ainsi dire, d'un enduit qui assure l'inaltérabilité des principes actifs du houblon. La dose de soufre à brûler est de un à deux kilogr. par cent kilogr. de houblon.

Le houblon soufré acquiert une teinte jaune-claire : on le reconnait à ce que la couleur des écailles et des pédoncules est identique, tandis que, dans le houblon vierge, la nuance des écailles est généralement moins foncée que celle des pédoncules. Mais l'analyse chimique seule permet de trancher nettement ce point.

Le soufrage du houblon ne se pratique guère que sur les produits destinés à l'exportation. Parfois néanmoins, des industriels peu honnêtes ont recours à cette manipulation pour restituer à des houblons vieux l'apparence des houblons jeunes : cette pratique constitue une fraude qui peut éventuellement donner lieu à une répression pénale. Nous avons vu précédemment que le houblon, subissant en magasin une altération continue, se brunit : le traitement au gaz sulfureux lui rend, avec sa couleur jaune primitive, l'aspect des houblons jeunes et actifs. Il n'y a guère que l'examen à la loupe qui permette de distinguer sûrement le vieux houblon, rajeuni par un soufrage postérieur, du houblon sain qui a subi ce même traitement immédiatement après la récolte : le soufrage pratiqué sur des houblons vieux est, en effet, sans action sur la couleur brune acquise à la longue par les globules de la poudre jaune. Cette opération laisse aussi subsister les rides, indice de la vétusté du produit.

Ces deux caractères, aisés à constater, permettent à l'industriel de se garer contre la fraude résultant du soufrage.

9. — EMBALLAGE DU HOUBLON.

L'emballage est une opération dont dépend en grande partie la bonne conservation du houblon ; et c'est au plus ou moins de soin apporté à cette manipulation que l'on doit attribuer les différences si sensibles que présentent, au point de vue de leur qualité, les houblons vieux d'Angleterre et d'Amérique, d'une part, et ceux récoltés sur le continent, d'autre part. Si les premiers conservent pendant plusieurs années leurs principes actifs, ils le doivent principalement à ce que leur emballage se pratique dans des toiles d'excellente qualité, imperméables à l'air, et dont le tissu serré peut même se trouver pendant un certain temps en contact avec l'humidité sans que cela entraîne l'avarie du produit qu'elles contiennent. En Amérique, le tassement du houblon s'opère d'abord à la main et se parachève sous l'action énergique des presses hydrauliques : on loge ainsi de grandes quantités de houblon dans un petit espace et le tassement considérable des cônes assure leur parfaite conservation. Sur le continent européen, on a le tort d'apporter beaucoup moins d'attention à l'emmagasinage du houblon : les sacs ont généralement un tissu lâche, une maille très-large qui livre accès à l'humidité et à l'air et qui sert parfois de tamis à la poudre du houblon, laquelle se répand au dehors lors du chargement ou du déchargement des balles.

Les houblons exotiques, logés en balles sous pression hydraulique, conservent pendant deux ou trois ans leur énergie première, leur odeur, leur qualité d'huile essentielle : broyés entre les doigts, l'intérieur de leurs cônes qui possède encore sa nature collante, produit une adhérence que l'on ne rencontre presque jamais dans nos houblons indigènes vieux de quinze mois seulement, lesquels n'exhalent plus qu'une faible odeur et ont perdu la majeure partie de leur huile essentielle et de leur vertu.

Il est nécessaire aussi d'apporter une grande attention aux locaux où l'on place sa provision de houblon. Ces pièces doivent être parfaitement asséchées, à l'abri de la lumière et de toute cause d'échauffement : on y entasse les balles pour en extraire de temps à autre la quantité strictement nécessaire aux besoins du moment. Règle générale, le houblon ne doit sortir de la balle qu'au moment de son emploi, à moins que l'humidité n'y ait déterminé une avarie, auquel cas on lui fait subir une nouvelle dessication en greniers, puis on le réintègre en sacs.

10. — CLASSIFICATION ET PROVENANCE.

Habich, passant en revue les houblons des diverses pays, les apprécie en ces termes :

1. BOHÊME. *Saaz* et environs : qualité la plus fine. — *Auscha* : moins-fine, mais très-bonne. Les houblons verts de Bohême ne valent rien.

2. BAVIÈRE. *Spalt* et environs : qualité excellente, lourde — *Altdorf* et environs, *Hallertan :* 1re qualité de *Wallezach et Au* ; les autres moins bons, *Hinding, Heideck, Bamberg* et environs, etc.

3. PRUSSE. *Neutomysl* près Posen : houblon excellent, lourd, moins fin que celui de Saaz. — Quelques autres localités des environs : houblon de l'intérieur moins bon que celui de la ville. — *Gardelegen* : houblon de l'*Altmark*, très-bon. — Ensuite *Kustrin* : houblon de l'*Oderbruk, Pölitz*, en Poméranie. — *Trèves,* et environs. — *Hannovre* : plants de Saaz, bonne culture.

4. BADE. Très-bons houblons à *Schwetzingen*, Bruchsal, etc.

5. WURTEMBERG. id. à *Rattenburg, Gmünd, Altshausen, Fettnang, Heilbronn,* etc.

6. BRUNSWICK, HESSE-NASSAU. Très-bons houblons.

7. AUTRICHE Dans les provinces autres que la Bohême, le houblon est de qualité médiocre et léger.

8. ANGLETERRE. Produit beaucoup : doit néanmoins importer pour niveler sa consommation. Variétés très-différentes : celles de

Tornham, très-fines; celles de *Collegate*, de qualité inférieure.

9. Belgique. *Brabant, Alost*, bon houblon.

10. Alsace-Lorraine. Qualité bonne, mais légère.

D'après La Cambre, les houblons anglais les plus estimés sont ceux des provinces de Kent et de Sussex, dont les meilleures variétés, de nuance jaune-pâle légèrement verdâtre, sont particulièrement réservées pour la fabrication de l'ale; les houblons d'Amérique de même nuance sont aussi fort bons et très-estimés en Angletere et en Hannovre, mais ils sont peu connus sur le reste du continent. En France, on donne généralement la préférence à ceux de Poperinghe (Flandre belge) et d'Allemagne, quoique ceux de l'Alsace et des Vosges plus particulièrement soient d'une bonne qualité. En Belgique et en Hollande, on n'emploie guère que les houblons du pays, et parmi ces derniers on donne la préférence tantôt à ceux d'Alost, tantôt à ceux de Poperinghe, selon les variétés de la bière qu'on veut brasser; les houblons de la vallée de la Meuse sont généralement peu estimés.

Pour la finesse du goût, la délicatesse et la force du parfum, cet auteur place en première ligne les houblons anglais et américains de premier crû; viennent ensuite les premiers crûs de Bohême et de Bavière qui ne manquent pas de finesse, mais qui sont moins forts que les précédents.

« Les houblons employés en France, dit à son tour M. Rohart, peuvent être classés dans l'ordre suivant : 1° *Houblons de Bavière;* 2° de *Bohême;* 3° du *Palatinat;* 4° de l'*Alsace;* 5° des *Vosges;* 6° d'*Amérique*; 7° de *Flandre.*

Les houblons de Bavière se rangent comme suit, d'après leur mérite : les houblons de *Spalt* (ville), *Spalt* (environs), tels que ceux de *Weingarten, Mosbach, Stern*; viennent ensuite ceux de *Hersbrück, Altdorff, Neustadt*, etc.

Parmi les houblons de Bohême, les *Saaz* (ville) et les *Saaz* (environ) doivent être les plus honorablement cités. Pourtant, à prix égal, nous donnerons aux premiers la préférence sur les derniers.

Les houblons du Palatinat, qu'il faut mentionner après les précédents, sont habituellement connus et vendus sous la dénomination de houblons de *Schwetzingen*.

Les houblons d'Alsace les plus estimés sont les *Haguenau*, les *Bischwiller*, les *Wissembourg*, les *Oberhoffen ;* les autres ne sont que de qualité secondaire.

De tous les houblons des Vosges et de la Lorraine, ceux que la brasserie française emploie en plus grande quantité, il faut citer en première ligne ceux de *Gerbeviller ;* ceux de *Ramberviller*, de *Lunéville* et de *Toul* viennent ensuite ; ce dernier provient de plants de Gerbeviller.

Quant aux houblons d'Amérique, ils forment une variété tout à fait distincte et sont extrêmement riches en principes extractifs, à tel point même qu'il est impossible de les employer purs. »

CHAPITRE V.

MATIÈRES DIVERSES.

---

1. — MATIÈRES RÉSINEUSES.

Dans certains pays, on fait usage de poix ou de résines, voire même de copaux de bois résineux, pour aromatiser la bière : ces substances s'y dissolvent partiellement et abandonnent à la bière des huiles aromatiques, en lui communiquant une saveur forte, remplie d'amertume. En Bavière, on n'a recours à la poix et aux résines que pour enduire l'intérieur des futailles.

2. — MATIÈRES AROMATIQUES ET AMÈRES.

En France et en Angleterre, certains brasseurs emploient, d'après La Cambre, les semences de coriandre pour procurer, concurremment avec le houblon, un bouquet particulier à quelque variétés de bières. Cette semence possède une odeur fortement aromatique et des propriétés toniques, fortifiantes et astringentes.

Les graines de paradisis et le poivre de Cayenne sont aussi employées, à petites doses, pour communiquer à la bière une saveur aromatique, un peu brûlante : il en est de même des fleurs de sureau, de la racine du *Calamus aromaticus,* de la graine du cumin des prés et de quelques autres végétaux sécrétant des huiles essentielles susceptibles de contribuer au bouquet des bières. Généralement, ces mêmes végétaux renferment aussi un principe amer qui agit comme antiseptique et contribue à la bonne conservation des moûts dans lesquels on les a fait infuser.

En Angleterre, le *porter* et le *ginger beer,* deux variétés de bières très-estimées, doivent, en grande partie, leur valeur à l'emploi de végétaux de la classe des aromatiques-amers. Dans la fabrication du porter, le principe amer est le *Cocculus indicus ,*fruit doué de propriétés narcotiques et toxiques, et dont l'emploi est même l'objet d'une prohibition légale.

Ce fruit des tropiques a l'apparence d'une noisette, dont l'amande est très-huileuse et fade, parfois d'un gout nauséabond. Son emploi rend, dit-on, la bière de bonne garde mais il la rend aussi très-enivrante.

La racine de gingembre est le principe aromatique du *ginger beer,* et de quelques autres variétés de bières anglaises qui se conservent très-bien.

Il serait vivement à désirer de voir bannir des cuves du brasseur ces ingrédients dangereux et, en général, toutes les substances douées de propriétés si contraires à la santé.

3. — MATIÈRES COLORANTES.

Des classes nombreuses de consommateurs, se basant sur l'opinion, entièrement erronée, que la valeur d'une bière est en raison directe de l'intensité de sa coloration, réclament du brasseur une bière fortement colorée. Pour satisfaire à ce caprice il est d'usage de faire dissoudre dans les moûts des matières colorantes qui ne communiquent d'ailleurs à la bière, ni bouquet, ni corps, ni aucune qualité effective.

La matière colorante la plus usitée est le *malt bruni*, qui s'obtient en soumettant le malt à la torréfaction, comme cela se pratique pour la fève du café, jusqu'à ce que le grain ait acquis une coloration presque noire. Le produit contient de l'assamar et ne renferme plus que des traces de dextrine.

Quand on ajoute à du malt ordinaire, de nuance pâle, une forte proportion de malt bruni et qu'on ne fait bouillir que pendant un temps restreint, la bière prend le goût de réglisse.

On désigne, en brasserie, sous le nom de *couleur* (couleur de cuve, de bière, de vin, etc.), le produit qu'on obtient en caramélisant fortement du sucre fondu, jusqu'à ce qu'il soit devenu noir. Ce sucre brûlé, dissout dans l'eau, donne un sirop contenant d'autant moins de caramel que l'action de la chaleur a été plus prolongée. Il existe des fabriques livrant au commerce des quantités considérables de cette couleur, sous forme d'un sirop concentré dont l'usage est assez répandu.

Dans beaucoup de localités où le consommateur demande des bières légères mais fortement colorées, les brasseurs se servent de chicorée, infusion qui se pratique à la chaudière, en entrainant à coup sûr moins de frais que l'emploi du *brutolicolor* de M. Laurent, ingrédient qui se vend, à Paris, à raison de 34 fr. les 100 kilogr.

4. — MATIÈRES MINÉRALES.

La chaux, en raison de son prix peu élevé et de la propriété qu'elle possède de neutraliser les acides, de détruire ou de décomposer la plupart des substances organiques et conséquemment d'annihiler l'action délétère des matières putrides ou altérées, est une substance d'un secours précieux pour les nombreux lavages que réclame le roulement d'une brasserie : mais là aussi devrait se borner son rôle dans l'industrie qui nous occupe. Malheureusement, il n'en est pas ainsi : nombre de brasseurs en France, en Belgique, en Allemagne font usage de la chaux pour la préparation des bières brunes : nous avons vu précédemment que la glucose, soumise à l'action de la chaux caustique, se transforme en acide glucosique et autres produits de couleur brun foncé. C'est là la réaction que les brasseurs visent à obtenir par l'addition de la chaux à leurs métiers : mais avant d'engendrer ces principes colorés, la chaux se combine d'abord aux acides contenus dans les moûts et de la sorte prennent naissance au sein de la bière des sels calciques préjudiciables à l'hygiène. Comme le dit fort bien La Cambre, l'emploi de la chaux pour la coloration des bières est d'autant plus coupable et absurde que nous possédons, pour réaliser le même but, d'autres moyens inoffensifs et économiques. Généralement, le brasseur qui a recours à l'usage de la chaux a pour but de diminuer les proportions de grains, tout en obtenant une coloration intense qui fait conclure indûment à l'existence de fortes proportions de grains dans la bière.

La *potasse*, les cristaux de *soude*, le natron ou carbonate de soude naturel, en général les alcalis, sont aussi parfois ajoutés pour amener la coloration du moût : la bière qui provient de ce travail n'est pas aussi rude, ni aussi indigeste que celle colorée à la chaux, mais elle acquiert des propriétés laxatives et sa fabrication repose encore, somme toute, sur la fraude signalée plus haut.

La potasse a été autrefois recommandée pour faciliter le travail de la cuve-matière quand sa saccharification marche mal : les raisons que certains auteurs apportent pour justifier cette pratique reposent sur un fondement entièrement erroné. Aussi la potasse comme la soude à l'état de caustique devraient-elles être proscrites de la brasserie. Quant aux carbonates de potasse ou de soude, on conseille de n'y avoir recours que pour neutraliser partiellement l'acidité des bières aigres : encore faut-il user de discrétion dans l'emploi de ces produits.

Le *sel de cuisine*, d'après La Cambre, s'emploie en Angleterre et en Allemagne pour la préparation de quelques bières d'exportation, à la conservation desquelles il contribuerait, sans leur donner un goût spécial. Ce sel légèrement laxatif ne peut pas nuire à la qualité des bières en général, cependant il les rend moins légères et raffraîchissantes ; aussi ne l'emploie-t-on jamais pour les bières délicates. On l'ajoute à dose limitée, de crainte de communiquer au moût un goût salé : en raison de cette dose, l'emploi du sel est sans influence sur les procédés de brassage. Tout au plus a-t-il pour effet de ralentir quelque peu la fermentation vineuse, ce qui parfois améliore la qualité du moût.

Quelques auteurs conseillent enfin l'usage du *tartre* (tartrate acide de potasse), sel qui, d'après eux, aurait pour effet d'amener la clarification de la bière. Il n'y a aucune raison pour admettre cette action et nous recommandons de ne pas faire emploi de ce sel, pas plus que de tous les autres.

5. — MATIÈRES ANIMALES.

Les matières animales que l'on ajoute aux moûts ont généralement pour effet de clarifier ces liquides au moyen de la gélatine qu'elles leur abandonnent. Parfois aussi elles contribuent à leur donner un aspect et une saveur particulières.

Les matières animales employées dans la brasserie sont de deux sortes : il y a d'abord des substances gélatineuses que l'on fait bouillir avec le moût, telles que les pieds de veaux, la colle forte, les peaux, fraîches ou desséchées, de certains poissons, etc. Pendant cette cuisson, la gélatine se dissout dans le moût. Mais bientôt, sous l'action astringente du houblon, il s'en précipite une partie, ce qui peut amener une certaine clarification, un léger collage du liquide. Mais si, par l'addition de ces substances gélatineuses, on se proposait en même temps de modifier le goût des bières, on ferait beaucoup mieux de s'en abstenir, car le moyen n'est nullement efficace et ces matières animales, très-putrescibles de leur nature, ne peuvent que nuire à la conservation de la bière.

L'autre espèce de matière gélatineuse est la *colle de poisson* ou ichthyocolle, substance retirée de la vessie natatoire de quelques poissons et dont on fait un large emploi pour le collage des vins en cercles. La colle de poisson n'est ajoutée à la bière qu'après toutes les opérations de la fabrication, en vue d'opérer une dernière clarification du moût dûment fermenté. Une colle de poisson de qualité se présente à l'état fibreux, élastique, sans odeur ni couleur sensible ; bien desséchée, elle se conserve indéfiniment à l'air : elle s'altère, par contre, rapidement, quand elle est humide.

On a essayé, sans succès, de remplacer, dans la clarification des bières, la colle de poisson par diverses matières albumineuses. Il est à noter, ainsi que nous l'avons déjà fait observer (page 32) qu'une bonne bière, rationnellement et soigneusement préparée, ne réclame jamais l'emploi d'agent clarifiant.

LIVRE III.

PRATIQUE DE LA FABRICATION

DU

MALT ET DE LA BIÈRE.

PREMIÈRE PARTIE.

LE MALT.

Le malt est l'âme de la brasserie. C'est un axiôme que le brasseur ne doit jamais perdre de vue.

S'il est vrai qu'un brasseur intelligent peut fabriquer de la bière avec toute espèce de malt, qu'on n'oublie pas la quantité de liquides pour lesquels le nom de bière est un véritable pseudonyme : généralement la cause de la médiocrité de ces boissons se trouve dans la qualité inférieure du malt employé.

L'importance de la malterie a été reconnue depuis longtemps par les praticiens éclairés. En Angleterre, on admet universellement que la fabrication rationnelle de la bière se résume, en dernière analyse, dans l'art de préparer le malt !

Voici un fait historique emprunté à un autre pays et qui n'est pas de nature à infirmer l'opinion précédente.

Vers 1840, la fabrication de la bière prit un développement inusité dans plusieurs centres de l'Allemagne méridionale. A Munich, à Nuremberg et dans d'autres villes la production, stimulée par une exportation considérable, acquit rapidement une importance extraordinaire. Durant ce mouvement ascensionnel le maltage, exécuté trop rapidement, laissa à désirer.

Les conséquences de ce fait furent graves et immédiates. La qualité de la bière diminua et, avec elle, la réputation de la fabrication allemande.

Les brasseurs Viennois profitèrent de la méprise de leurs confrères. Connaissant la cause du mal, ils s'appliquèrent avant tout à produire un malt de qualité supérieure. Dès ce moment, la prépondérance de la bière de Vienne s'établit graduellement et, à l'heure actuelle, elle jouit d'une réputation universelle et justement méritée.

En somme, les qualités distinctives de la bière dépendent, en première ligne, du malt employé à sa fabrication. *Pas de bière fine et délicate sans un soin minutieux apporté à la malterie.*

Avant de passer à la description des opérations successives qui donnent comme produit final le malt, il nous paraît utile de résumer succinctement les transformations physiologiques que ces opérations ont pour but de réaliser dans l'orge ou les céréales.

Ainsi que nous l'avons exposé dans les livres précédents, lorsque des grains de constitution saine rencontrent certaines conditions favorables (contact avec l'oxygène de l'air, quotité d'eau et de chaleur maintenue dans des limites déterminées), la vie végétative s'y réveille, la plumule se développe graduellement. Les éléments constituant le germe lui-même sont les premiers susceptibles de dissolution : ensuite, à la faveur de la diastase, la fécule, les matières protéiques de l'amande deviennent solubles. Jusqu'ici, ces transformations sont les mêmes et dans la germination artificielle des graines, telle qu'on la provoque en vue de l'utiliser manufacturièrement et dans la végétation naturelle de l'embryon des plantes.

Mais à ce point s'arrête, dans l'industrie, la vie végétative du grain : dès que le germe a atteint un certain développement et avant qu'il n'ait absorbé, pour sa nutrition, l'entièreté des matières solubles, on éteint sa vie en supprimant une des conditions essentielles de la germination et en poussant la température au-delà de la limite à laquelle la végétation n'est plus possible : le produit ainsi obtenu s'appelle *le malt*.

La préparation du malt comprend trois opérations distinctes :

1° Le mouillage ou la trempe.

2° La germination du grain mouillé.

3° La dessication du grain germé, soit à air libre, soit artificiellement à l'aide de la chaleur, aux tourailles.

1. — LE MOUILLAGE OU LA TREMPE.

La première opération du maltage proprement dit est le mouillage ou la trempe. Cette opération a pour but de ramollir les grains, de leur fournir l'humidité nécessaire pour la *germination :* elle permet aussi d'enlever aux grains certaines matières susceptibles de communiquer au malt, et partant à la bière un goût désagréable.

Le mouillage se pratique dans de grands bacs ou réservoirs en pierre, en tôle ou en bois.

Le bois, généralement adopté, se recommande par sa légèreté, par son prix modéré et sa facilité à prendre la forme voulue. Le bois offre néanmoins des inconvénients sérieux : il s'imprègne aisément de l'humidité et des substances solubles du malt, celles-ci par des décompositions ultérieures peuvent communiquer à la masse entière un goût et une odeur désagréables et compromettre le succès de l'opération.

Il est donc urgent de veiller aux nettoyages fréquents et soignés, au besoin par l'eau de chaux ou le lait de chaux dilué. On a proposé différents enduits et ciments pour recouvrir le bois. Nous n'en recommanderons aucun. Les bacs en fer ou en pierres bien cimentées à l'intérieur paraissent offrir tous les avantages préconisés et ne présentent pas l'ennui et les dangers de réparations à exécuter en temps inopportuns.

L'emplacement naturel du bac est au-dessous du grenier, à une certaine hauteur au-dessus du germoir, pour que l'orge mouillée puisse s'écouler facilement dans ce dernier local.

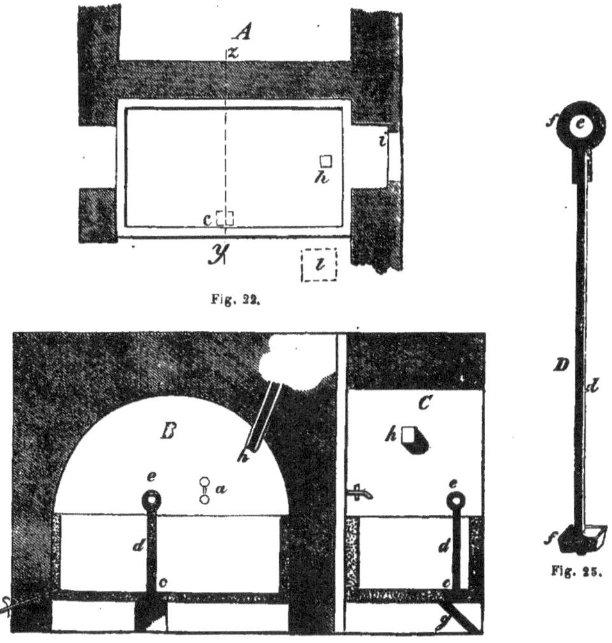

Fig. 22.

Fig. 23-24.

Fig. 25.

Les figures 22-25 représentent un bac à mouillage convenablement construit.

A est le plan, B l'élévation, C la coupe suivant la ligne z, y.

Le bac est placé dans l'embrasure d'une muraille; en vue de le garantir de brusques changements de température, la fenêtre C′ est double.

a Robinet d'un conduit d'eau.

b Écoulement de l'eau, reçue dans un tamis pour éviter l'entraînement des grains.

c Ouverture au fond du bac, de 15 cent. de large, se ferme par le tampon *dc′* que la fig. 25 représente sur une plus grande échelle.

La tige de ce tampon est en bois dur, le manche *e* est en fer; le bouchon *f* est en bois garni de fer et ferme exactement l'ouverture *c*, également garnie de fer. Pour enlever le tampon de l'ouverture ainsi fermée, on passe par l'anneau un bâton ou une perche dont on se sert comme levier. L'orge s'écoule alors par *c* sur le plan incliné *g* dans le germoir.

h Tuyau de remplissage communiquant avec le grenier.

Un utile accessoire de la disposition décrite ci-dessus est représenté dans les figures 26 et 27; il consiste dans une sorte de trémie établie au grenier et servant à mesurer la quantité d'orge destinée à chaque mouillage.

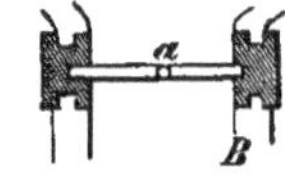
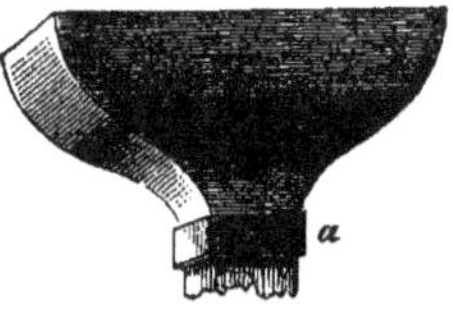

Fig. 26-27.

Le récipient A contient le volume demandé, correspondant à la capacité du bac : ce récipient est fermé par le tiroir ou plateau mobile *a* (voir fig. B), qu'on ouvre pour descendre l'orge par *h* dans le bac de mouillage.

Voici quelques types d'appareils usités pour le mouillage et dans lesquels on vise à répartir l'eau sur les grains d'une manière complète et uniforme.

Le vaisseau représenté fig. 28 est construit en fer, de forme cylindrique, à fond conique, ce qui permet un mouillage très-régulier. En outre, la vidange se fait complète et rapide, presque sans main-d'œuvre. L'ouverture de vidange est fermée par une soupape, commandée par un mécanisme dont le jeu se comprend aisément à l'inspection de la figure.

Ce mécanisme est fixé sur une traverse. Au-dessous se trouve un tuyau horizontal, à deux branches, mobile autour de l'axe vertical disposé au centre de la cuve; ce tuyau-arroseur est percé de trous dans toute sa longueur.

L'eau arrivant par ce tuyau le fait tourner autour de l'axe et se trouve ainsi projetée uniformément sur l'orge déposée dans le bac.

La partie inférieure du fond conique est percée de trous et fait

Fig. 28.

tamis : celui-ci communique avec le tuyau à soupape pour l'écoulement de l'eau de mouillage, comme on le voit dans la figure. Un second tuyau, communiquant avec celui-ci et partant de la partie supérieure du bac, sert de trop-plein.

La figure 29 (page 165) représente un bac rectangulaire également en fer, qu'on rencontre souvent dans les brasseries importantes pour le mouillage de l'orge. Ainsi que le montre la figure, il a deux pommes d'arrosoir.

Le mouillage. — On emplit d'abord le bac d'eau jusqu'à une hauteur déterminée par la quantité d'orge à mouiller. Celle-ci est ensuite ajoutée de la manière ci-dessus décrite. Pendant ce temps là, on râble fortement et l'on égalise la surface avec des râteaux,

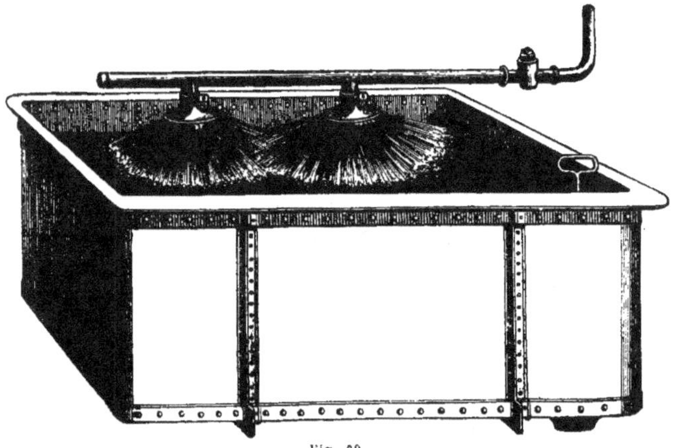

Fig. 29.

afin de faire surnager les menus grains trop légers. L'eau doit recouvrir la couche d'orge de 1 à 1/2 décim. de hauteur.

Après avoir remué en tout sens et égalisé la masse, les grains vides ou autres corps étrangers, plus légers que l'eau, surnagent et sont enlevés à l'aide d'écumoires. La perte en poids de la masse d'orge ainsi traitée est fréquemment de 0,5 pour cent.

L'eau dissout une partie des éléments solubles de l'orge. Cette dissolution augmente en raison de la durée du contact. Les substances extractibles de l'enveloppe, qu'on désigne plus spécialement en pratique par : *Substances extractives*, entrent d'abord en solution. Or, ces substances s'altèrent rapidement au contact de l'air et forment un dépôt brunâtre. Celui-ci, recueilli à part et desséché, absorbe rapidement l'humidité ambiante et se couvre en peu de temps d'une foule de végétations microscopiques.

Cette altération rapide des substances extractives peut être observée à la cuve même. Pour peu que la première eau de mouillage reste stagnante, elle se couvre de moisissures et de végétations microscopiques présentant une surface brillante et colorée parfaitement visible à l'œil nu.

Il est important d'enlever la pellicule ainsi formée pour l'empêcher d'adhérer à la surface des grains et de communiquer au malt une odeur nuisible.

Pour obvier sérieusement à ces inconvénients ou plutôt pour les prévenir, il est important de renouveler sans retard l'eau de mouillage, dès qu'elle se couvre d'écumes provenant de l'albumine et de la dextrine qu'elle extrait du malt.

Les trempes ultérieures attaquent successivement toutes les parties du grain et dissolvent en proportions croissantes les sels minéraux et les autres éléments essentiels du malt. Autrefois, on admettait la nécessité d'enlever les sels minéraux afin d'enrayer le développement de germes et de radicelles fortes provoquant une perte exagérée en substances utiles. Mais il faut remarquer que l'extraction des sels minéraux, poussée au-delà d'une sage mesure, fait obstacle au *développement normal de la levûre.* En effet, on sait aujourd'hui par des expériences précises que la levûre, ainsi que toute plante ou végétation, requiert impérieusement la présence de substances minérales solubles et assimilables (voir Livre I, Chap. II).

Il en résulte que, si le moût se trouve trop épuisé en matières minérales, la levûre meurt véritablement d'inanition : de plus, il se développe sur les débris accumulés de la levûre première une levûre d'une nouvelle espèce, de qualité très-inférieure, se déposant difficilement. On obtient ainsi une bière désagréable au goût et dont le travail présente des obstacles insurmontables au brasseur qui tient à donner à ses produits une qualité aujourd'hui très-recherchée des consommateurs : la limpidité. L'expérience journalière confirme la théorie.

Souvent, pour ne pas dire toujours, les mauvaises clarifications se rencontrent, dans des usines d'ailleurs très-soignées, à la suite de trempes exagérées.

On produit facilement l'imbibition suffisante du grain sans pertes fâcheuses en substances minérales en laissant séjourner l'orge mouillée dans une faible quantité d'eau. Dans ces conditions, l'orge absorbe simplement l'eau adhérente, sans entrainement de matières organiques ou minérales. Il faudra toutefois veiller à ce que l'imbibition soit suffisante.

La température de l'eau de mouillage doit être maintenue suffisamment basse pour que l'acide lactique ne puisse prendre naissance dans les grains. On sait, en effet, que les substances protéiques, insolubles dans l'eau, sont promptement extraites sous l'influence de l'acide lactique dont la présence est toujours funeste à la marche du travail.

La durée du mouillage ne doit pas être prolongée au delà de la limite utile, car les cellules amylifères absorberaient trop d'eau, éclateraient et perdraient en fécule. Dans ces circonstances l'orge est devenue impropre à la germination. En résumé, pour la pratique, on observera les règles suivantes :

1° La température de l'eau de mouillage ne doit pas dépasser 13°c.

2° On écoule la première trempe après 6-8 heures, l'eau est renouvelée tant qu'on juge qu'il reste des matières utiles à enlever, c'est-à-dire aussi longtemps que la trempe passe encore trouble. Entre deux mouillages consécutifs on se borne à entretenir une humidité suffisante, en évitant l'excès d'eau.

3° Le mouillage est interrompu dès que le degré convenable d'hydratation est atteint. Plusieurs caractères des grains servent à reconnaître ce degré.

a. Le grain frotté sur une planche doit laisser un trait blanc comme la craie.

b. Le grain prend le pli de l'ongle sans casser.

c. Pressé entre le pouce et l'index, le grain s'ouvre au bout qui doit fournir la radicelle, les bouts du grain ont perdu leur rigidité, ne font plus sentir leurs piquants et se laissent facilement plier.

d. Coupé transversalement, le grain présente un contenu uniformément humide sans apparence de viscosité.

En tout cas, mieux vaut mouiller trop peu que trop fort; la première faute se répare aisément au germoir, la seconde est sans remède. Un grain dont la fécule s'échappe sous forme d'un suc laiteux est perdu pour la germination. Dans un grain trempé à point le tiers ou la moitié de l'amande paraît encore sèche et blanche.

La durée nécessaire pour le mouillage dépend de différentes circonstances, dont voici les principales :

a. La variété de l'orge. L'Escourgeon (orge à six rangs) demande moins de temps que l'orge ordinaire à deux rangs.

b. La composition chimique de l'orge. Les grains riches en fécule demandent moins de temps que ceux renfermant plus de substances albumineuses. (Ces derniers proviennent de terrains plus riches en humus.) De là, l'avantage de ne travailler que des orges de même qualité.

c. L'âge de l'orge. L'orge récemment battue se mouille plus rapidement que l'orge longtemps conservée. On doit donc autant que possible veiller à ne pas mouiller ensemble des orges d'âge et de provenances quelconques.

d. La pureté de l'eau. Moins l'eau est dure, plus vite elle est absorbée par les grains. On a reconnu cependant que la dureté de l'eau, qui rend le mouillage lent, ne nuit pas à la germination.

e. La température de l'eau et du local. Plus elle est élevée, moins doit durer le mouillage.

En Angleterre, l'impôt sur la bière est prélevé sur le volume de l'orge mouillée. On sait que les exigences fiscales ont toujours pour effet (sinon pour but) d'exercer une grande influence sur les pratiques industrielles. C'est là ce qui a donné naissance à la pratique usitée dans ce pays relativement au mouillage et que nous décrirons sommairement.

L'orge mouillée est transportée du bac de trempe dans un vaisseau cubique, appelée *couch,* construit en bois. Elle y est soigneusement aplanie et, dès lors, il n'est plus permis d'y toucher durant 24 heures, de mai à septembre, et durant 26 heures, de septembre à mai. Après ce temps, l'agent du fisc établit le volume imposable.

Pendant ce repos forcé, l'humidité adhérente à la surface des grains est absorbée, de sorte qu'ils ne mouillent plus la main au toucher. En Angleterre, on n'attribue à ce procédé aucune influence, mauvaise ou bonne, sur le maltage et, dans plusieurs localités allemandes, on l'a imité avec un plein succès.

Il n'est pas douteux que cette manière de faire le mouillage ne fasse obstacle à ce qu'il se prolonge au delà du terme convenable, puisqu'on n'applique ce mouillage supplémentaire qu'à l'orge qui n'a pas encore atteint le terme voulu. Seulement, le fond du bac supplémentaire doit posséder un tuyau d'écoulement toujours ouvert, puisque sans cela l'eau s'assemblerait au fond, où l'orge serait plus hydratée qu'en haut.

En Bohême, on suit un procédé de mouillage différent. On laisse l'orge pendant 24 heures submergée dans le bac; alors on l'enlève et on la met sur le germoir en un tas conique de 1 1/2 mètre environ de hauteur.

Le bac de mouillage, vidé et bien nettoyé, reçoit une seconde charge, qui va de même au germoir après 24 heures. C'est alors que la première charge (après un séjour de 22 à 23 heures) est remise dans le bac et submergée une seconde fois; elle acquiert ensuite le terme voulu en 6-8 heures. On continue les opérations ainsi alternativement avec deux charges.

On peut regarder 36-40 heures comme une faible durée et 80-85 heures comme une durée *maxima* de mouillage. L'orge mouillée à point a absorbé 35-50 °/₀ d'eau. Les plus mauvais grains absorbent toujours la plus forte proportion. Le volume, en même temps, augmente d'environ un cinquième.

On évalue de 1 1/2 à 2 °/₀ la perte en substances sèches que subit l'orge. Les variétés à épiderme fort perdent plus que celles à épiderme fin. C'est ainsi que l'eau avec l'escourgeon se colore plus qu'avec l'orge ordinaire. Pour observer l'influence que l'eau exerce pendant le mouillage, M. Mulder a fait l'expérience suivante :

Un échantillon d'orge fut mis dans l'eau pendant une demi heure ; l'eau écoulée, on renouvela le mouillage et on laissa cette seconde eau en contact avec l'orge pendant 20 heures.

Cette eau, évaporée, laissa un résidu de 0,57 pour cent du poids de l'orge, très-hygroscopique, de couleur brun foncé, et partiellement soluble dans l'eau. A l'incinération, ce résidu donna 14 °/° de cendres, ce qui prouve la forte proportion de sels enlevés à l'orge par le mouillage.

2. — LA GERMINATION.

Nous avons décrit (Liv. I, Chap. IV) les phénomènes de la germination : nous nous contenterons donc de rappeler certains points qu'il importe de ne pas perdre de vue.

1° La quantité de substances albumineuses, rendues solubles, doit être aussi forte que possible, parce qu'elles sont le point de départ de la réaction glucosique. *La force* (expression consacrée) du malt, est subordonnée à la quantité de substance albumineuse soluble — de diastase — qu'il contient.

2° La perte inévitable en matière utile doit être maintenue dans les plus étroites limites possibles.

Pour atteindre le premier but, l'attention doit se fixer sur le développement du germe foliacé ou de la plumule. Ce n'est qu'autant que le noyau farineux du grain est en contact avec la plumule pendant son développement qu'a lieu la transformation du gluten en substance soluble ou diastase. La plumule traverse (voir p. 71) le grain d'orge dans toute sa longueur avant de paraître à l'extrémité opposée et il s'en suit qu'il faut favoriser la naissance de la plumule jusqu'au moment où elle va sortir du grain. On sait que pour le froment la germination ne procède pas de la même façon : la plumule perce l'enveloppe à la même place que la radicelle et le noyau farineux ne vient en contact avec le germe que sur une faible partie de son étendue ; il en résulte que le malt de froment est bien moins efficace que celui de l'orge.

Le second point, la perte en substance utile se trouve surtout en rapport avec le développement de la radicelle, il s'agit donc d'empêcher cette dernière de devenir trop grande. Les différentes opérations du maltage se font en conséquence.

Avant de transporter l'orge mouillée dans le germoir, beaucoup de malteurs, très-soigneux, la nettoyent d'abord de l'enduit visqueux qui la recouvre principalement en été. Ils remplacent l'eau de trempe par un courant d'eau froide, sous lequel on nettoye les grains au moyen du balai : cette seconde eau est ensuite rapidement égouttée.

Le germoir. — Voici les règles essentielles à suivre pour la construction du germoir. Le germoir doit être parfaitement dallé avec des pierres qui n'absorbent pas l'humidité et qui ne peuvent, par suite, en soutirer à l'orge.

La pierre de Solenhofen et Kilheim en Bavière jouit pour cet emploi d'une réputation justement méritée. Cette pierre bien desséchée ne retient pas plus de 1 %, d'eau et après cette absorption elle est devenue complètement indifférente au contact de substances humides. D'autres pierres naturelles ou artificielles remplissent convenablement les conditions posées. On ne peut employer les carreaux en grès ou en briques ordinaires, vu la porosité de ces matériaux. Cependant la brique de toute première qualité et dont la cuite a été surfaite *ad hoc* a pu être employée avec succès.

Le dallage doit reposer sur une couche uniforme de gravier pour que la conductibilité de la chaleur soit partout la même et que la germination s'opère uniformément. Afin de faciliter un nettoyage prompt et efficace, le germoir est établi en pente douce vers un des côtés où règne un canal destiné à éconduire les eaux de lavage.

Une fermeture hydraulique empêche l'accès de l'air durant la germination. Une température peu variable est la condition *sine qua non* d'une bonne germination. On établira donc de préférence le germoir en souterrain, à deux mètres au moins en dessous de la surface du sol.

Le phénomène de la germination est accompagné d'un dégagement d'acide carbonique (voir p. 41) qui, non seulement nuit à l'hygiène des locaux en gênant la respiration des ouvriers malteurs, mais qui entrave, en outre, la germination ; il est donc nécessaire de pourvoir à une bonne ventilation. En hiver, l'air extérieur est trop froid : on doit faire en sorte que l'air arrivant au germoir ait une température de 12 à 15° c.

Toute construction en bois doit être évitée dans le germoir, les colonnes et les voûtes même doivent être en bonne pierre. Tous les joints des pierres de dallage, de même que ceux des murailles jusqu'à 1/2 mètre environ de hauteur doivent être parfaitement étanchés au ciment, bien frottés et polis. Les murailles et les voûtes doivent être également bien soignées, les interstices promptement et solidement bouchés ; le mortier doit être exclu, il se détache et tombe trop facilement. On donne ordinairement 3^m,5 à 4 mètres de hauteur au germoir. Un local plus bas est plus difficile à entretenir régulièrement dans les conditions prescrites de température et de ventilation.

La plus exquise propreté ne doit cesser de régner dans le local et tout ce qui peut contribuer à l'établir ou à la maintenir doit être scrupuleusement exécuté.

Sous aucun prétexte, le moindre grain, n'importe quel corps ou quelle matière, ne doit être toléré dans cet endroit. Si l'on remarque la moindre odeur suspecte, un examen minutieux fera aussitôt connaître et disparaître les causes du mal ; les nettoyages énergiques et fréquents seront plus que jamais en situation.

Travail du germoir. — Ce travail diffère suivant le but à atteindre. Si l'on maintient une température relativement élevée pendant la germination, la radicelle ne tarde pas à se produire, tandis qu'à une température inférieure c'est surtout la plumule qui acquiert du développement.

D'après ce que nous avons dit précédemment, ce dernier travail est bien supérieur. En Angleterre, en Ecosse et dans les meilleures brasseries Allemandes, Belges et Néerlandaises, on est unanime à reconnaître la supériorité de la *germination lente* ou *à basse température*. Au sortir du bac mouilleur, l'orge est mise en tas de 20, 30 ou 40 centimètres de haut pour lui faire absorber l'humidité adhérente à la surface des grains. Durant cette opération, il s'évapore une telle quantité d'eau que le refroidissement ainsi produit neutralise l'échauffement qui devait se manifester et que l'on ne constate d'abord aucun changement appréciable de température.

Après un temps variable suivant la forme et les dimensions du tas, on remarque un accroissement de température, conséquence de l'action chimique qui devient plus active à l'intérieur des grains, la fécule se transforme, la production d'acide carbonique devient plus intense. On s'accorde à considérer comme un bon signe une élévation de température d'environ cinq degrés. Une température plus élevée deviendrait bientôt trop considérable pour la marche normale du travail : cela accélèrerait trop la croissance du germe et surtout de la radicelle. Dès lors, une surveillance active devient nécessaire : pour favoriser le développement de la plumule, il faut produire en temps opportun un abaissement de température.

A certaines phases du travail, la main plongée dans le tas se couvre d'humidité (le tas transpire), on perçoit une odeur de fruits, les points blancs, jaunâtres ou verdâtres, de la radicelle apparaissent : il est temps de retourner le tas, de le placer en couche moins profonde mais toujours uniforme.

L'escourgeon produit rarement plus de trois, l'orge ordinaire plus de cinq ou six radicelles.

Les tas plats ou couches minces présentent une grande surface d'évaporation relativement à leur volume, ce qui produit l'abaissement de la température, mais les grains extérieurs sont exposés à perdre une quantité exagérée d'humidité, à se dessécher; ce qui nécessite un travail délicat et une surveillance assidue.

La pratique seule peut donner l'habileté nécessaire pour un travail parfait et les règles sont impuissantes à faire exécuter des manipulations. Aussi nous bornons-nous uniquement à en faire connaître les points intéressants.

On commence par enlever tout autour du tas une couche de 7-8^{cm} de profondeur, que l'on rejette, à la pelle, au sommet du tas. Ensuite on fait un *pelletage en double*; on enlève à la pelle la partie supérieure *ab* (fig. 30) qui sert à former l'assiette d'une nouvelle couche, en sorte que *ab* se trouve en dessous (voir fig. 31) au nouveau tas qu'on aménage.

<table>
<tr><td>Fig. 30.</td><td>Fig. 31.</td></tr>
</table>

Ensuite on enlève la partie inférieure *cd* (fig. 30), pour en former la partie supérieure dans le nouveau tas (fig. 31).

La partie inférieure retient plus énergiquement l'acide carbonique : en pelletant, on fait retomber de plus haut les grains de cette zône, afin de chasser plus efficacement le gaz emprisonné dans l'intérieur du tas. On observera, en outre, les points suivants :

1° Les grains qui roulent en bas des tas sur les lignes de passage sont exposés à être écrasés sous le pied, à s'altérer, se putréfier parfois et conséquemment à causer par leur mélange avec les grains sains des désagréments sérieux; les plus grandes précautions sont de rigueur à ce sujet.

2° Le tas ne doit toucher à aucune paroi verticale, de crainte de produire une inégalité de température.

3° Le tas doit être moins élevé vers le milieu qu'aux côtés, la température des bords étant toujours moins élevée qu'à l'intérieur des tas.

4° Si par hasard le tas se dessèche outre mesure, il faut l'humecter à l'aide d'arrosoirs.

Ici se présente un point souvent très-délicat : combien de fois faut-il retourner les tas ? La réponse est assez simple : aussi souvent que la température dans la couche vient à s'élever au point de rendre nécessaire le refroidissement des tas. Encore la température devra être tenue d'autant plus basse que la qualité de l'orge est moindre; car, dans ce cas, la conservation des matières nutritives est d'une nécessité encore plus urgente.

Autre question : quelle est la température *maxima* admissible pour l'intérieur du tas ?

Les Anglais ne dépassent guère 17° c. et le maltage dure 14 jours. Dans certaines régions, en Écosse, par exemple, on n'admet que 13° c. et l'opération se prolonge pendant 20 jours environ. Ailleurs, on a recours presqu'exclusivement à une température plus élevée, en abrégeant la période de temps nécessaire à la germination.

Dans tous les cas, du moment où apparaissent les points blancs des radicelles perçant l'enveloppe, on réduit la hauteur des tas, graduellement, jusqu'à 10 cent.

Le procédé est tout différent, lorsqu'on a recours à la première des deux méthodes que nous avons distinguées antérieurement, c'est-à-dire, à la germination rapide à température élevée. Dans ce cas, on rétrécit les couches aussitôt que les radicelles ont acquis environ 1/3 de la longueur du grain, en donnant aux tas une hauteur de 20 à 30 centimètres, hauteur que l'on augmente d'autant plus que la température est plus basse. On laisse en repos les tas jusqu'à ce qu'ils marquent 21-22° c. En ce moment, si on y plonge la main on les trouve humides et comme pénétrés de rosée.

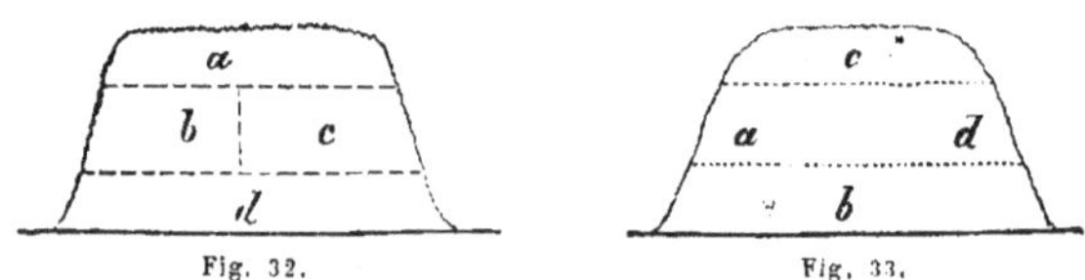

Fig. 32.   Fig. 33.

On procède alors au *pelletage triple :* la première pelletée *a* (fig. 32) est mise à part pour former plus tard le milieu d'un tas nouveau.

La seconde est partagée en deux, *b* et *c*, pour former la base et le sommet du nouveau tas. La dernière *d* forme avec *a* le milieu du tas (fig. 33).

Une autre manière de procéder est représentée par les fig. 34 et 35.

On enlève d'abord la couche supérieure *c*, la plus froide ; la partie suivante *d* forme la base du nouveau tas, qu'on recouvre immédiatement de *c*. La couche *a* est mise de côté. La partie inférieure *b* est ajoutée aux couches *d*, *c*. Enfin, le nouveau tas est terminé par la superposition de la couche *a* (fig. 34 et 35). A chaque

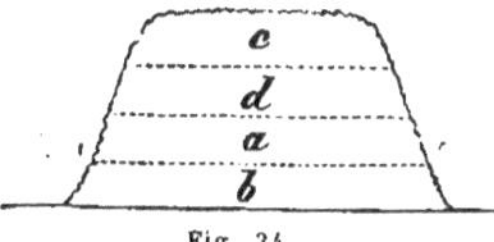

Fig. 34.

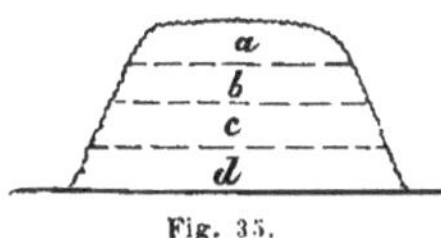

Fig. 35.

retournement, on réduit la hauteur, qui était d'abord de 25-30^{cm} pour arriver après 3 ou 4 opérations à 10^{cm} de hauteur. On voit que cette façon de travailler favorise d'abord une température plus élevée et, par suite, une germination rapide, et des interruptions répétées de cette germination par l'abaissement de température produite successivement à chaque retournement outre la perte graduelle de chaleur provenant de la diminution de la hauteur des tas.

Cette méthode, uniquement en usage, croyons-nous, à cause des avantages apparents d'un travail plus rapide, est en somme, moins simple et moins rationnelle que celle que nous avons décrite en premier lieu. Le refroidissement rapide de l'orge est un non-sens théorique, rendu nécessaire par une faute antérieure : *l'échauffement au delà d'une limite normale.*

Les *changements à l'intérieur* des grains par suite du maltage se manifestent d'une manière très-prononcée à l'odorat. L'augmentation de température développe l'odeur de *pommes blettes.*

Si les radicelles prennent une extension démesurée on perçoit très-nettement une odeur analogue à celle des *cornichons.*

Les grains altérés, ayant perdu la faculté de germer donnent

l'odeur de *moisi*. Ainsi, le praticien exercé reconnaît promptement et sans le secours d'aucun instrument la marche normale de
la germination.

La substance grasse contenue dans l'orge paraît fournir les
dérivés odorants dont nous avons parlé.

Le développement de la plumule, qui fournit la mesure du degré
de transformation du malt, est accompagné d'un changement de
couleur du noyau farineux.

Originairement, l'orge possède une teinte jaunâtre dûe aux
matières albumineuses insolubles. Le noyau farineux perd graduellement cette nuance, au fur et à mesure de la transformation
de ces substances, devenues solubles, et il finit par gagner une
teinte blanchâtre. Le virement au blanc se manifeste au bout d'où
émerge l'embryon, il est connexe au développement du germe
foliacé.

Quand faut il interrompre la germination?

La plupart des malteurs répondent par la comparaison de la
longueur de la radicelle avec les dimensions du grain. La radicelle
doit avoir 1 1/4 ou 1 1/2 fois la longueur du grain.

Nous avons déjà attiré l'attention du lecteur sur ce point important que le trop grand développement de la radicelle constitue
une déperdition irrationnelle de matières utiles. D'un autre côté, le
germe foliacé ou plumule doit être suffisamment développé pour
que la germination se fasse dans de bonnes conditions. La transformation de la graisse d'orge en graisse de malt est proportionnelle
à la croissance de la plumule et fournit cet arôme spécial qui contribue à la *finesse de la bière*.

Mais ici il y a un écueil redoutable à éviter, ce qui précède
s'applique au germe *sous l'enveloppe* en tant qu'il ne dépasse pas
le noyau farineux. Au moment où il voit le jour, tout est changé;
le contenu du grain devient laiteux et l'on ne peut sans danger
laisser la germination dépasser ce terme.

Il résulte de ce qui précède que le malteur doit veiller à ce que la radicelle ne se développe pas trop, résultat qu'on obtient par des pelletages répétés. En effet, ces opérations abaissent la température et diminuent l'humidité indispensable aux tendres fibres de la racine.

Quelques brasseurs interrompent le maltage lorsque la radicelle commence à se flétrir, en tous cas, c'est là un signe qu'il manque de l'humidité aussi pour la plumule et que bientôt il y aura arrêt total de la végétation.

Il n'est nullement difficile d'observer le développement du germe foliacé : on voit, dès le premier jour après l'apparition de la radicelle, un faible gonflement à la surface du grain, là où se trouve le germe. Dans la fermentation lente, qui devrait toujours être pratiquée de préférence, le germe atteint le milieu du grain vers le huitième jour. A ce terme, le grain s'écrase sous les doigts et fournirait déjà un malt de bonne qualité. A partir de ce point la plumule s'accroît plus lentement, par suite de la quantité insuffisante d'eau en présence. C'est la partie du grain non encore attaquée qui cède alors au germe foliacé une partie de l'eau absorbée pendant le mouillage.

On conçoit que le gluten non rendu soluble se dessèche et redevient coriace. Le grain ainsi desséché deviendrait dur, difficile à écraser, impropre à la fabrication de la bière.

Si l'on n'interrompt pas la croissance de la plumule, et qu'on lui permette de s'approcher de l'extrémité opposée du grain et d'acquérir les 4/5 de la longueur du grain, on atteint le point *maximum* de la formation de substances albumineuses solubles : il faut nécessairement, dans ce cas, empêcher la croissance ultérieure et l'apparition du germe foliacé à l'extérieur, sous peine de perdre tout le noyau farineux.

Une habitude absolument mauvaise, irrationnelle, et malheureusement assez fréquente, c'est la préparation du *malt doux*. Pour l'obtenir, on place le malt, quand la radicelle a acquis la longueur du grain, en un tas que l'on abandonne au repos jusqu'à ce que la masse ait atteint 25°. Quand la radicelle mesure 1 1/4 fois la longueur du grain, on étend le tas pour le refroidir, on tache de détruire autant que possible les germes par des pelletages fréquents et énergiques. Ensuite, on dispose de nouveau un tas élevé, qu'on laisse s'échauffer jusqu'à ce que les grains écrasés abandonnent le noyau sous forme d'un jus visqueux et sucré. Le malt est ensuite desséché et touraillé.

Cette fabrication date du temps où l'on croyait que la formation du sucre dans le grain était le but exclusif du maltage.

Ce sucre n'est autre chose que la dextrine : sous l'influence de la salive, elle se transforme en glucose et produit le goût sucré. Mais, pendant la formation de la dextrine, la radicelle se développe démesurément en consommant une quantité proportionnelle de noyau farineux. Il en résulte que du même poids d'orge on obtient moins de malt doux que de malt ordinaire. Cependant il y a des cas où l'on suit avec beaucoup d'avantage un procédé analogue, permettant un grand développement de radicelles. C'est ce qui arrive notamment quand on est obligé de travailler de l'orge très-riche en gluten, reconnaissable à son aspect vitreux. Cette orge présente de graves inconvénients que les brasseurs n'ignorent pas ; les radicelles absorbent l'excès de gluten (la proportion de gluten est très-variable, 18 à 40 °/₀ de la substance sèche). Dans ce cas, il peut y avoir avantage à laisser s'échauffer le malt suffisamment en grands tas et à ne l'étendre que lorsque les germes commencent à se friser et à former, par leur enchevêtrement une sorte de gazon : on ne divise pas ce gazon, on se borne à le retourner par monceaux une ou deux fois par jour.

Quand le germe foliacé s'est avancé jusque près du bout du grain, on déchire ce malt *feutré*. Cette espèce de malt ne fournit que des bières peu colorées, les éléments constituant les matières albumineuses brunes étant en majeure partie éliminés. Ainsi, par exemple, les bières blanches de Louvain s'accommodent parfaitement de ce procédé.

Les *irrégularités* qui s'observent parfois à la germination d'un tas, proviennent du manque d'humidité, élément indispensable aux métamorphoses qui s'opèrent dans les grains. De là l'urgence de s'assurer, avant tout pelletage, de l'état d'humidité du tas, afin d'y remédier au besoin par des arrosages. Si le malt reste trop sec, la plumule n'avance que très-lentement et les radicelles se flétrissent avant le terme convenable.

Maltage du froment. — On donne une certaine proportion de froment malté à diverses espèces de bières pour leur communiquer un goût particulier que le froment naturel est impuissant à donner à ces liquides.

Suivant toutes probabilités, ce sont encore ici les transformations des substances grasses qui décident des résultats à obtenir.

Le maltage du froment est encore plus délicat que celui de l'orge, par suite de la nature particulière de la pellicule du froment beaucoup plus fine que celle du malt ordinaire. Le mouillage arrive aisément au point convenable. On aura soin de renouveler l'eau de mouillage à plusieurs reprises et d'interrompre l'opération après 24 à 30 heures.

Il est bon de remarquer que cette opération ne donne généralement de résultats avantageux que durant la saison froide.

Sur le germoir, on dispose le froment en tas plus élevés que pour l'orge, tas qu'on laisse en repos jusqu'à ce que la radicelle apparaisse. Pour reconnaître ce point, on examine les grains pris au milieu du tas. On retourne avec précaution, afin de ne pas déchirer la fine enveloppe du froment, et on met la couche à 10 centim. pour former le *gazon*. Enfin, celui-ci est déchiré avec précaution, d'abord à l'air libre et ensuite sur les tourailles. Ce malt feutré a souvent des radicelles dont la longueur est double de celle du grain ; le germe ne doit pas, en bon travail, atteindre au-delà de la moitié de la longueur du grain.

Germoirs mécaniques.

On s'explique aisément le désir universel de remplacer la main d'œuvre du germoir par le travail de la machine. On se délivre ainsi de la dépendance du bon ou du mauvais vouloir, du plus ou moins d'habilité et d'intelligence de l'ouvrier : toute la responsabilité du travail de malterie repose sur le malteur ou contremaître dirigeant le travail mécanique. Ces considérations ont conduit à la construction de germoirs mécaniques ou mobiles. Celui de M. Vallery est le plus ancien et le plus simple. Voici la description qu'en donne La Cambre, qui a fait de nombreuses expériences avec

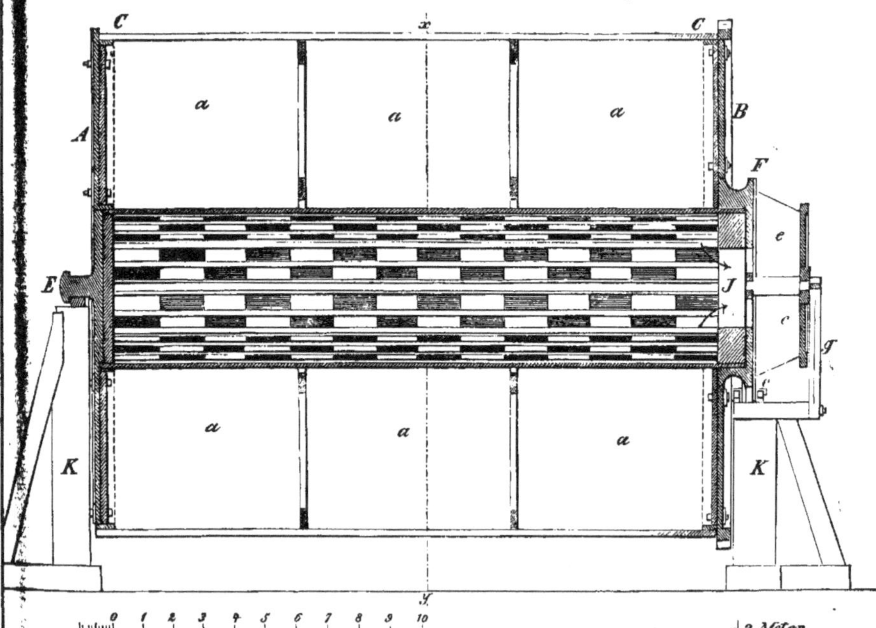

Fig. 36.

cet appareil. Il le trouve bien préférable aux autres méthodes surtout pour le froment dont la germination est si difficile à conduire par les procédés ordinaires. Le germoir Vallery est représenté dans les fig. 36-37-38, dont la première est une coupe suivant l'axe

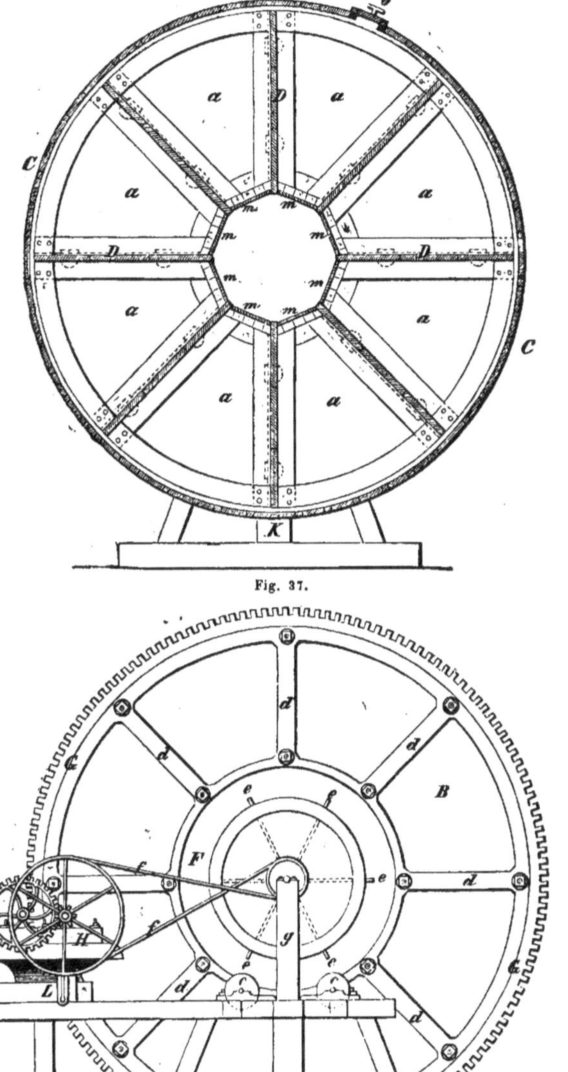

Fig. 37.

Fig. 38.

de l'appareil, la seconde une vue de face et la troisième une coupe suivant la ligne *xy*.

b Bouches placées sur chaque case, servant à charger et à décharger l'appareil. Elles se ferment et s'ouvrent à volonté au moyen de glissières à coulisses. Une seule est représentée au sommet de la fig. 37, mais il doit y en avoir deux au moins sur chaque case *a*.

D, D Cloisons intérieures divisant la capacité du cylindre en huit cases ou sections *a*, *a*.

m, m Parois de la capacité intérieure octogonale formant un prisme concentrique au grand cylindre. Les parois de ce prisme sont aussi à jours, recouvertes de toiles métalliques.

c, c Galets sur lesquels tourne le grand plateau *f* de l'appareil.

E Tourillon sur lequel tourne et repose un côté de l'appareil.

C, C Toile métallique formant l'enveloppe extérieure de la partie cylindrique de l'appareil.

F Grand plateau en fonte fixé à l'enveloppe extérieure B, muni de bras en fonte *d*; il porte un engrenage G à sa circonférence.

Il est percé d'un grand orifice par où s'opère la ventilation.

K Support de l'appareil de germination.

GG Engrenage cylindrique qui règne antour du plateau A; il sert à donner à l'appareil un mouvement très-lent de rotation.

HH Engrenages qui servent à transmettre le mouvement à l'appareil de germination.

L Manivelle fixe sur une poulie servant à transmettre le mouvement à l'appareil de germination, et à un ventillateur O,O.

ff Courroie transmettant le mouvement au ventilateur.

g Support du ventilateur.

e, e Ailettes du ventilateur servant à faire passer l'air au travers du grain, en pénétrant par l'enveloppe extérieure et sortant par l'octogone intérieur qui est en communication avec lui au moyen de l'orifice I.

Ce ventilateur peut également servir à dessécher le malt, mais il est plus convenable de se borner à le faner, ce qui s'obtient en quelques heures.

Pour opérer la germination dans cet appareil mobile, on introduit dans chaque compartiment ou case une quantité égale d'orge, préalablement mouillée. Puis, au moyen d'une manivelle mûe à main d'homme, on lui fait faire, de temps en temps, quelques tours sur son axe, ce qui retourne le grain sur lui-même sans violentes secousses et par conséquent sans froisser le germe ni les racines.

Pour bien conduire l'opération avec ces appareils, il suffit de tourner la manivelle pendant quelques minutes ; cependant, si l'on remarque une élévation trop grande de température dans la masse du grain, ce qui arrive en été, il est bon, vers le troisième ou le quatrième jour, d'humecter un peu le grain avec un arrosoir pour rafraîchir et faciliter la germination, qui languit faute d'humidité, ainsi que nous l'avons vu plus haut.

Avec cet appareil, comme le grain est en plein air et qu'on lui fait subir un pelletage plus parfait qui le met mieux en contact avec l'air, il se dessèche un peu plus promptement que par l'ancienne méthode.

On doit en conséquence le mouiller un peu plus que par les anciens procédés de germination ou bien il faut l'arroser légèrement et avoir soin immédiatement de faire faire à l'appareil deux ou trois tours pour humecter uniformément tous les grains ; ce qui, avec le germoir mobile, s'opère parfaitement et avec une grande facilité.

Au moyen de ces appareils, on peut, sans inconvénient, mouiller plus fortement que par l'ancienne méthode par le motif que les grains, étant plus aérés, pourrissent moins facilement et ne sont pas exposés à être écrasés.

En opérant d'après ce système, on peut économiser les trois quarts de la main d'œuvre et obtenir en même temps une germination bien plus parfaite que par les anciens procédés.

L'économie de main d'œuvre est aisée à apprécier. On conçoit, en effet, que lorsqu'un appareil de ce genre est bien chargé, c'est-à-dire lorsqu'il contient une égale quantité de grain dans chaque case, il est en équilibre sur son axe de rotation et que, dans cet état de choses, il suffit du plus léger effort pour faire tourner le système : un enfant de dix ans actionne aisément un appareil de 100 hectolitres.

Il est facile de comprendre aussi que, par ce procédé, le grain tournant sur lui-même bien doucement et se trouvant aéré par ce mouvement de rotation lente, se trouve dans d'excellentes conditions pour éprouver une germination parfaite.

L'expérience journalière a pleinement confirmé les calculs de la théorie.

En se servant de ces appareils dans la saison chaude, La Cambre obtenait une bonne germination avec des orges que l'on ne pouvait plus faire germer convenablement, à cette époque de l'année, par les procédés ordinaires.

Pour bien opérer la germination au moyen des germoirs mobiles, on ne doit remplir qu'à moitié, ou aux trois cinquièmes, chacune des cases à germination, afin que l'orge, augmentant de volume pendant l'opération, trouve l'espace nécessaire pour permettre aux grains de rouler librement sur eux-mêmes à chaque tour du germoir.

Pour reconnaître le moment de mettre l'appareil en mouvement, il suffit de plonger un thermomètre au centre du tas de grains que renferme une case, et de veiller à ce que la température indiquée ne dépasse pas 22° C. En outre, on aura soin de ne pas abaisser la température en dessous de 14-15°.

La durée de l'opération au moyen de cet appareil varie naturellement selon le degré de germination qu'on veut obtenir, mais pour faire germer de l'orge au degré le plus convenable pour la fabrication des bières brunes, il faut cinq à sept jours selon la température extérieure.

Si l'appareil est placé dans une cave ou autre lieu tempéré, il faut six jours pour obtenir du malt bien germé; en sorte que, pour faire une opération par jour, il faut posséder six appareils. Le germoir mécanique, dans les dimensions habituelles, donne 60 hectolitres de malt par opération.

Un avantage sérieux de cette espèce de germoir réside encore dans cette circonstance que le ferment lactique, dont on constate souvent la présence à la suite de l'écrasement de grains, est ici complétement évité.

Germoir et touraille Gecmen. — Un autre appareil pour la germination, de création récente, est dû à Jos. Gecmen. Il est destiné à la grande fabrication et a fait ses preuves dans plusieurs malteries.

Cet appareil présente plusieurs avantages. Il exige peu de place et, par suite, permet de restreindre les dimensions des bâtiments; il réduit la main d'œuvre à quelques manipulations à la portée de tout ouvrier.

Une seule personne (malteur) suffit pour conduire la germination et pour le touraillement.

Le modèle que nous allons décrire, représenté dans son entier par la fig. 39, comprend, outre les parties relatives au mouillage et à la germination, la touraille, de sorte qu'il reçoit l'orge et la rend à l'état de malt sec tout préparé.

Les travaux se trouvent ainsi simplifiés avantageusement. Le travail des ouvriers sur la plate-forme des tourailles est supprimé. En outre, il y a économie de combustible, le touraillement se fait plus rapidement et plus régulièrement.

Le touraillement et la dessication ne devraient pas, à la rigueur, être traités ici, puisque nous en faisons plus loin l'objet d'un chapitre spécial, mais, en vue de ne pas scinder la description de l'appareil et de la méthode de J. Gecmen et de décrire ce système avec les développements qu'il comporte, le lecteur nous pardonnera d'empiéter sur le chapitre suivant.

Le mécanisme de ce germoir est commandé par des manivelles dont le mouvement produit toutes les manœuvres nécessaires à la production d'un malt de bonne qualité.

Le modèle le plus simple, sans application de vapeur, faisant

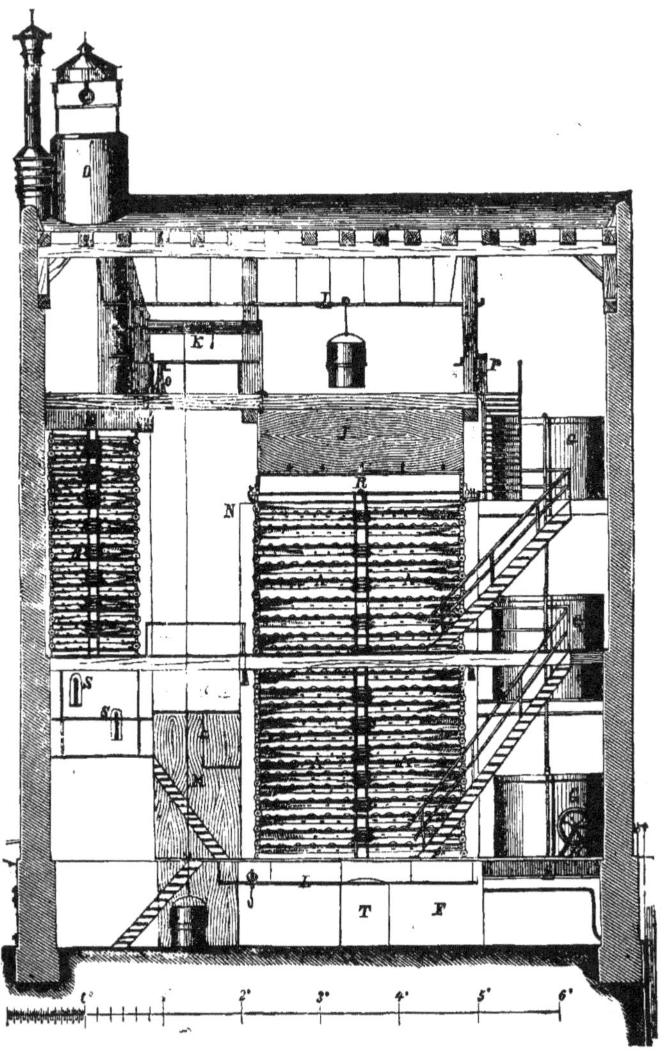

Fig. 39.

36 quintaux métriques par 24 heures, est desservi par 5 hommes,
y compris les pompes à eau, l'élévation du blé, etc.

Un travail de 80 quintaux métriques demande 8 hommes. Pour une exploitation plus considérable l'utilisation d'une machine à vapeur parait préférable.

A,A. Germoir.

B,B. Touraille.

C. Cheminée.

D. Tuyau d'évent.

E. Chauffage de la touraille.

F. Magasin pour le malt frais.

G,G,G. Trois bacs mouilleurs en tôle.

H. Pompe à eau.

K. Monte-charge à manivelle.

L. Grand seau, mobile par poulie sur rail, servant au transport de l'orge dans le sens horizontal.

J et Q. Distributeurs. Le premier sert à distribuer sur les rigoles du germoir l'orge mouillée apportée par le seau; le second sert au même usage pour le malt destiné à la touraille.

M. Vaisseau en bois pour le malt sec qui va, de là, à la machine à séparer les radicelles.

N. Local et séchoir pour les menus grains.

O. Manivelle pour le mécanisme de la touraille.

P. Manivelle pour le mécanisme du germoir.

S. Thermomètre. L'admission de l'air chaud ou froid est réglée d'après la température observée.

T. Porte d'entrée.

La partie essentielle est le compartiment A, A ; il se compose d'une capacité close dans laquelle se trouvent 26 étages de rigoles en tôle galvanisée affectant sensiblement le profil ci-dessous :

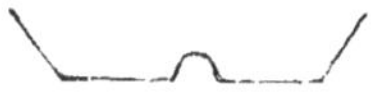

Chaque étage comprend 21 rigoles de 7 centim. de profondeur et de 20 centim. de largeur au bord supérieur, séparées par une espace vide de 5 centim. Les étages sont distants de 26 centim.

environ. Il y a donc, pour une hauteur totale de 7 mètres, 546 rigoles de germination. L'appareil a une capacité de 91 mètres cubes.

Les 21 rigoles de chaque étage sont reliées entr'elles de manière qu'un seul coup de manivelle les retourne simultanément, pour déverser leur contenu dans l'étage immédiatement inférieur. Un second coup de manivelle les remet dans la position initiale.

L'orge est mouillée dans le bac supérieur, puis descendue dans le second, d'où elle passe dans le troisième, où elle arrive au point voulu. On la fait ensuite monter et, par le distributeur J, elle parvient dans les rigoles du premier étage du germoir proprement dit.

Par la germination, la température s'élève et, pour la diminuer, il faut retourner les grains, ce qui se fait, comme nous l'avons dit, en descendant l'orge contenue dans une série de rigoles, à l'étage immédiatement inférieur.

L'opération étant bien conduite, l'orge sort de l'étage inférieur à l'état de malt.

Le temps entre l'arrivée de l'orge et la sortie du malt est variable selon la marche de la germination et de la température.

Supposons qu'on retourne régulièrement les rigoles de six en six heures, soit quatre fois par jour : la transformation de l'orge mouillée en malt vert s'opère en six jours et demi. La marche régulière et le fonctionnement de l'appareil est des plus simple. Admettons que toutes les rigoles soient remplies : le retournement commence par l'étage inférieur fournissant le malt, et l'on continue, en montant vers l'étage supérieur, à retourner successivement chaque série de rigoles. Pour observer la marche de la germination, il existe, à chaque étage, des ouvertures fermées par des guichets. On fait usage d'un germoir de cette construction à Simmering près Vienne. Avec 270 mèt. carrés de surface de germination, on transforme en malt 12 quintaux d'orge par vingt-quatre heures.

Germoir pneumatique.

Le nouveau procédé de maltage de M. Galland, adopté dans la brasserie de Maxéville près Nancy, a eu beaucoup de succès et paraît permettre le maltage en toute saison. Le principe de ce procédé consiste à faire passer de l'air humide, d'une température constante, à travers l'orge germante avec une vitesse telle que tout l'acide carbonique se développant dans le malt soit continuellement entraîné et expulsé. On peut donner au tas une hauteur de 30 à 50 centim. sans danger de provoquer une température trop élevée, ce qui réduit notablement l'espace nécessaire.

Le germoir se compose de compartiments voûtés, en maçonnerie cimentée. Si le maltage dure par exemple 10 jours, à la température de 12° C., on partage le local en 12 compartiments dont l'un peut constamment être vide; ces compartiments sont disposés symétriquement des deux côtés de la ligne moyenne dans la direction de laquelle règne un canal central à air. Celui-ci communique avec les canaux latéraux pratiqués aux deux côtés des compartiments.

Le plancher de ces derniers est en tôle perforée et il y a des communications avec le canal central qui amène l'air frais, ainsi qu'avec les canaux latéraux qui enlèvent l'air vicié. Des clapets sont disposés de manière à pouvoir faire circuler l'air à travers les couches de malt, soit de bas en haut, soit en sens inverse. L'air vicié est envoyé par un ventilateur dans une cheminée commune.

L'air frais avant d'arriver dans le germoir est refroidi, puis saturé d'humidité pour empêcher la dessiccation du malt et purifié du gaz acide carbonique qu'il contient. A cette fin, il y a deux chambres remplies de coke ou d'autres matières offrant une grande superficie, à chaque extrémité d'un système de compartiments du germoir. Un courant d'eau est déversé en forme de pluie sur ce coke, après avoir été refroidi à 10-12° c. si la température naturelle était plus élevée. L'air pénètre par en bas dans ces chambres, où il se sature d'humidité. Au sommet, il existe un ventilateur qui envoie de l'air dans les compartiments du germoir. L'inventeur affirme qu'il emploie 2 1/2 mètres cubes d'air par mètre carré de superficie de malt. Les 19/20 de l'air sont repris pour être employés de nouveau, on n'ajoute que 1/20 d'air frais. Pour 60 quintaux métriques d'orge le germoir demande une force de 10 à 12 chevaux-vapeur.

Les avantages attribués par M. Galland à ce système sont : réduction de l'étendue du germoir à 1/3 ; des frais de main-d'œuvre à 50 %; régularité pleine et entière du maltage pendant toute l'année ; disparition de malt gâté, écrasé, etc.

3. — DESSICCATION DU MALT.

Nous avons dit qu'à un certain moment la germination devait être interrompue, pour empêcher la plumule de prendre un développement exagéré. Cette interruption est effectuée par l'enlèvement de l'humidité nécessaire à la végétation. En même temps, le malt desséché peut être conservé, ce qui est de la plus haute importance puisque le malt frais s'altère rapidement et doit être employé à mesure qu'il est produit. En outre, le malt frais s'écrase entre les cylindres et il est difficile, sinon impossible, de le diviser convenablement et par suite de l'épuiser aussi complétement que lorsqu'il a été desséché préalablement. Enfin, le goût des bières est tout différent selon qu'elles sont préparées avec du malt vert ou avec du malt desséché à température convenable.

Tantôt la dessication s'opère sur des tourailles ou séchoirs à air chaud, tantôt sur des greniers à l'air libre ou *au vent*. Nous examinerons d'abord cette dernière méthode qui est la plus simple.

Dessiccation à l'air libre. — Pour opérer la dessiccation du malt à l'air libre, on se contente souvent de l'étendre en couches très-minces sur le plancher de vastes greniers bien aérés et de le remuer au moyen de râteaux en bois. Ce procédé est très-défectueux, d'abord à cause de la superficie immense qu'il rend nécessaire; ensuite, si bien aérés que soient les greniers, une partie du malt sur le plancher n'est pas suffisamment exposée ou courant d'air, il contracte un mauvais goût qui le rend de qualité inférieure. En outre, en remuant les tas avec des râteaux et en traversant les greniers pour exécuter le travail, les grains encore humides sont facilement écrasés ce qui produit les désagréments dont nous avons déjà parlé. C'est l'enfance de l'art.

Un perfectionnement notable consiste à étendre le malt sur six ou huit étages de treillages à châssis fixes ou mobiles, disposés en colonne verticale au moyen de montants en bois, de manière à donner accès à tous les points pour charger, décharger et renouveler les surfaces avec facilité. Par cette disposition, il faut une étendue moins considérable de greniers, les courants d'air se trouvent multipliés et la dessiccation marche plus rapidement.

C'est donc un perfectionnement sensible, important même. Cependant ce n'est pas encore un procédé expéditif et manufacturier. La main-d'œuvre est considérable encore et un temps sec est indispensable pour le succès de l'opération.

Cette dernière condition rend le procédé en quelque sorte puéril, pour l'industriel qui travaille régulièrement et sans arrêt. Le bon temps n'est un peu constant qu'en été, c'est-à-dire à l'époque la moins favorable à la bonne fabrication.

On pourrait, il est vrai, confectionner cette espèce de malt en la faisant sécher à l'air chaud et préparer la provision dans la saison la plus favorable à la germination. Mais l'expérience a démontré que le malt séché à air chaud n'a pas le même arôme que celui desséché à air libre, à la température ordinaire. Il paraît certain que certaines bières ne s'accomodent nullement du malt desséché sur les tourailles.

Dans ce cas, il nous paraît logique d'achever les dessiccations, commencées à air libre, en élevant insensiblement la température sans dépasser 45 à 50°.

Pour peu que le temps soit humide, il ne reste d'ailleurs pas d'autre ressource pour imiter le malt préparé à plein vent. Qu'on n'oublie pas, du reste, que le malt trop longtemps exposé aux vents humides contracte une odeur de moisi, hautement nuisible à la qualité de la bière.

Le travail du malt sur le grenier consiste à le pelleter une demi-douzaine de fois en divisant autant que possible les grains qui se trouvaient en contact. Ces pelletages seront répétés en raison de l'humidité de l'air ambiant.

Il est clair qu'un assèchement à l'air et à la température ordinaire prépare efficacement à la dessiccation proprement dite sur la touraille. Si cette dernière est de construction simple, à un étage, il y a économie évidente en combustible et on évite la production de malt vitreux.

Lorsque la touraille est de construction perfectionnée, mécanique ou à deux étages, on peut tourailler le malt sans desséchement préalable à l'air, ce qui constitue une économie de main-d'œuvre : mais il va sans dire que le malt se touraille mieux et plus vite s'il a déjà éprouvé une évaporation préalable.

Le desséchement à l'air est surtout important pour la conservation du malt. Il se contracte, en effet, davantage à la haute température de la touraille, il devient plus dense.

Or, plus la densité du malt est considérable, moins il se trouve attaqué par l'humidité durant son séjour dans les greniers.

Dessiccation à l'air chaud. — Avant d'opérer la dessiccation à l'air chaud, il convient (comme on l'a vu précédemment) de laisser séjourner l'orge germée pendant 20 à 30 heures dans un endroit bien aéré, de lui faire subir trois ou quatre pelletages, avant de la porter sur les tourailles dont la température doit être d'autant moins élevée d'abord que l'orge est plus humide.

Au sortir du germoir, le malt renferme encore de 34-38 °/₀ d'eau ; si, dans cet état, il était porté brusquement au-dessus de 60° c., sa fécule formerait empois d'abord et sa dessiccation, très-pénible, fournirait un corps dur et vitreux, c'est-à-dire d'un aspect corné. La macération d'un tel grain est difficile et peu praticable. C'est uniquement pour éviter ces circonstances fâcheuses qu'il est avantageux de faire éprouver à l'orge germée un commencement de dessiccation à froid avant son arrivée sur le plateau de la touraille. Cette opération s'appelle *flétrissage* ou *fanage*. Bien souvent un séjour de 20 à 24 h. ne préserve pas suffisamment des dangers redoutés.

A plusieurs points de vue, la qualité de la bière dépend du degré de dessiccation du malt.

Si l'on prend du malt vert, c'est-à-dire avant toute espèce de dessiccation, et qu'on le traite par l'eau chaude à 60-70° c. pour en séparer les principes solubles développés par la germination et le trempage, on obtient un liquide blanchâtre, fort trouble et plus ou moins visqueux, qui se refuse à toute espèce de clarification par filtration.

En remplaçant le malt vert par le malt séché au vent, les résultats sont sensiblement les mêmes. Mais le malt touraillé traité identiquement de la même manière que le malt vert, donne, après une macération de courte durée, une infusion très-fluide, se filtrant parfaitement, d'une couleur jaune plus ou moins foncée selon que la dessiccation a eu lieu à une température plus ou moins élevée.

Cette expérience, si simple, montre la grande influence de la température de dessiccation sur les propriétés du malt.

Quant à la coloration, l'influence devient encore plus manifeste pendant l'ébullition que pendant la macération. Toutes choses égales d'ailleurs, les infusions qui proviennent d'un malt séché au vent se colorent très-lentement comparativement à celles qui résultent d'un malt desséché à une température élevée.

Dans tous les cas, le but principal de la *dessiccation à air chaud* ou du touraillement, c'est l'élimination de l'eau pour arriver à une bonne conservation du malt. Cependant, les modifications dans la constitution chimique influent sur le produit. La plus importante de ces modifications est celle que subit la substance grasse du malt vert. C'est à cette cause qu'il faut rapporter l'arôme particulier du malt touraillé et le *ton* de la bière qui en provient. Les substances albumineuses *brunies* méritent également une mention particulière.

Le malt bien desséché à basse température peut être porté à 100° sans qu'il y ait formation de ces matières : il est employé dans la fabrication des bières pâles et blondes. Pour obtenir le malt brun servant à la préparation de la bière de couleur foncée (sans recourir à l'emploi de la *couleur* ou malt-couleur) il faut soumettre à une température chaude le *malt encore humide,* soit en portant directement la température à 57°-60° dès le commencement du touraillement, soit en humectant le malt pâle : avant l'achèvement complet du travail de touraillement, on arrose le malt et on porte rapidement à une température élevée.

Une autre modification est celle que subit la fécule. Dans le malt très-humide, elle est partiellement transformée en dextrine à une température de 50°-55°. Plus l'élimination de l'humidité est opérée lentement, plus l'enveloppe se rétrécit fortement autour du noyau farineux après que le germe, très-gonflé, est mort et fané; de cette manière, l'humidité pénètre plus difficilement à l'intérieur et la conservation du malt est plus facile.

Au contraire, le malt desséché trop rapidement reste relativement volumineux et reprend aisément de l'humidité.

Le touraillement rapide exige beaucoup de précautions, le rayonnement actif de la chaleur sur le noyau farineux encore humide pouvant produire la conversion de la farine de malt en empois (voir plus haut).

En général, le malt vitreux se forme surtout lorsque le malt déjà sec et très-chaud est remis en contact avec la vapeur d'eau. La touraille étant chargée d'une forte couche de malt vert pendant un certain temps, la partie inférieure se dessèche complétement et gagne une température très-élevée, tandis que la partie supérieure conserve encore l'humidité provenant des grains inférieurs; dans ces conditions, si l'on procède au retournement, les parties humides sont couvertes par les parties sèches et le phénomène de la *vitrification* se produit.

Pour obtenir le *malt brun* on procède d'après l'une des deux méthodes suivantes :

a. On porte le malt tout vert du germoir à la touraille et l'on amène rapidement la température à 50-55°, degré que l'on maintient pendant 3-4 heures, en recouvrant le malt pour empêcher l'évaporation. Par ce traitement, on assure une ample formation de substances albumineuses et de dextrine.

b. Le malt est transporté, tout humide, sur la touraille en couche de 25-30 centimètres ; on chauffe fortement, de sorte que le malt dégage des vapeurs d'eau. La chaleur est ici employée à la vaporisation de l'eau, le malt n'est pas brûlé. Lorsque les vapeurs deviennent moins intenses, on retourne le malt et on diminue le feu. On retourne souvent, en surveillant le feu. Lorsque l'odeur de malt commence à se faire sentir, on chauffe moins fortement et on achève le dessèchement à une faible chaleur. Il n'est pas facile, dans ce procédé, d'empêcher la formation du malt vitreux.

Ces deux méthodes pêchent par le même point : elles donnent un malt dont l'enveloppe ne se rétrécit plus par la dessiccation et qui se conserve difficilement.

Pour obtenir un produit qui se conserve bien, il faut une touraille mécanique ou à deux étages, à moins de faire la dessiccation à l'air froid au grenier.

Les matières albumineuses brunes sont fort hygroscopiques, ce qui amène la détérioration du malt. Il en résulte que le malt peu coloré est le seul dont la conservation en magasin n'offre pas d'inconvénients.

CONSTRUCTION DES TOURAILLES.

Il nous reste à décrire les différents modes usités dans la construction des tourailles ou séchoirs de malt à température élevée.

Les différents systèmes de tourailles reposent sur l'application des mêmes principes, à savoir : produire la chaleur, dans un foyer inséré dans la construction même des séchoirs, pour réchauffer un volume suffisant d'air ; — produire le contact multiplié de cet air sec et chaud avec le malt vert et enlever l'humidité chassée du malt.

Ces principes, communs à tous les séchoirs et pour toutes les substances, n'éprouvent que peu de modifications dans leur application à la production du malt.

On a surtout à éviter l'influence de la chaleur rayonnante sur le malt encore humide, influence dont il faut se garer puisqu'elle occasionne la formation d'empois et de malt vitreux.

Les parties essentielles et principales d'une touraille à malt sont par conséquent :

1. Un *foyer* avec système tubulaire ;

2. Des *carneaux* introduisant l'air froid ;

3. Des *supports métalliques* à jours pour le malt (tôles perforées, tissus métalliques, etc.) ;

4. Une *cheminée* ou tuyau d'évent pour l'évacuation de l'air humide : on augmente son effet au moyen d'un ventilateur.

Le système tubulaire en communication avec le foyer se trouve entre le foyer et la cheminée ; il sert à refroidir autant que possible les produits de la combustion et à absorber leur calorique qui se trouve ainsi utilisé. L'air froid, entrant dans le séchoir, rencontre ce système tubulaire, le traverse, s'y échauffe et transmet la chaleur au malt à sécher. Malgré cette similitude générale, il existe une infinité de constructions variant dans les détails.

Nous expliquerons d'abord, par la description des fig. 40, 41 et 42, l'application générale des principes ci-dessus.

La fig. 40 représente une coupe verticale d'après la ligne AB du plan (fig. 42).

La fig. 41 offre une coupe verticale d'après la ligne EF.

La fig. 43 donne le plan de la touraille. (Les lettres se rapportent aux trois figures).

a est la muraille de la tour.

b le foyer dont l'ouverture se prolonge au dehors.

c,c; dd système tubulaire formé des deux chambres en tôle cc. avec leurs communications tubulaires d,d.

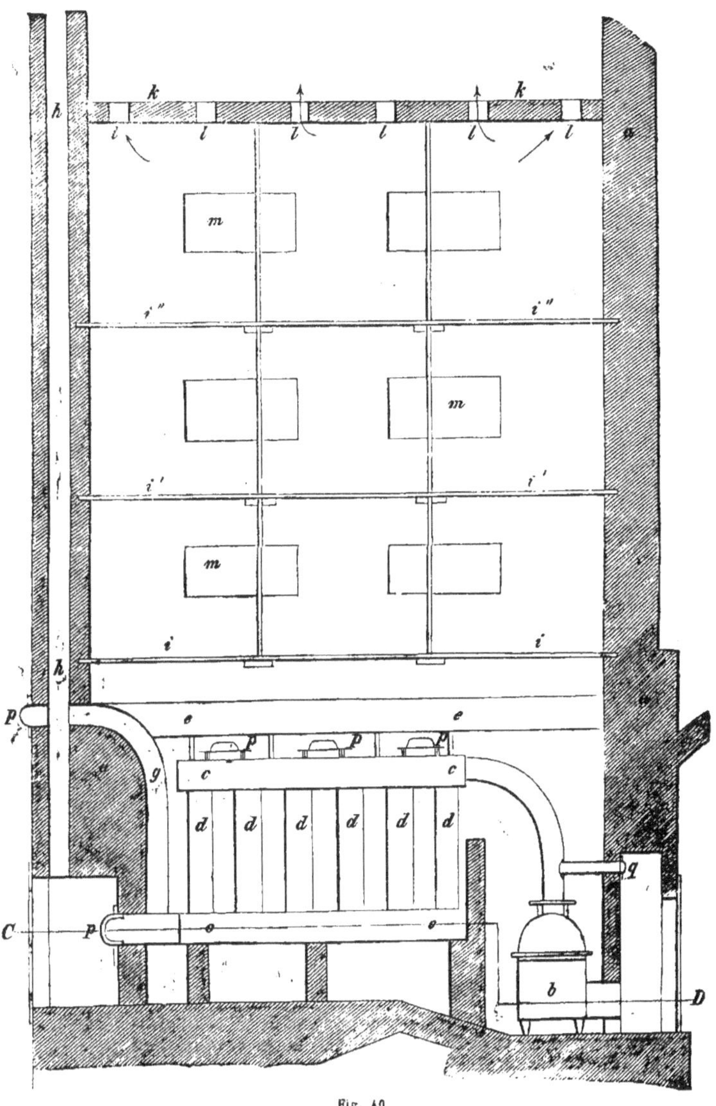

Fig. 40.

e est un toit en tôle qui empêche les radicelles du malt de tomber

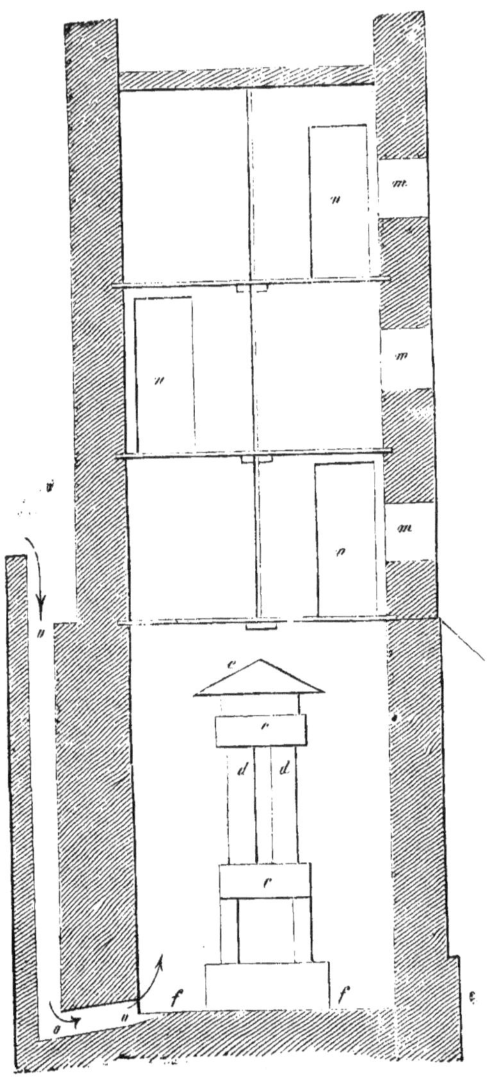

Fig. 41.

sur les surfaces chaudes de l'appareil de chauffage. Elles sont dirigées vers les enfoncements *ff*, d'où on peut les retirer.

g canal conduisant à la cheminée *h*. Il est en communication avec la partie inférieure du système tubulaire.

i, *i* — *i'*, *i'* — *i''*, *i'''* plateaux des trois étages de la touraille, formés par des tôles perforées. Ces plateaux sont suspendus au moyen de tringles en fer et sont munis de portes horizontales pour descendre le malt d'un étage à l'autre.

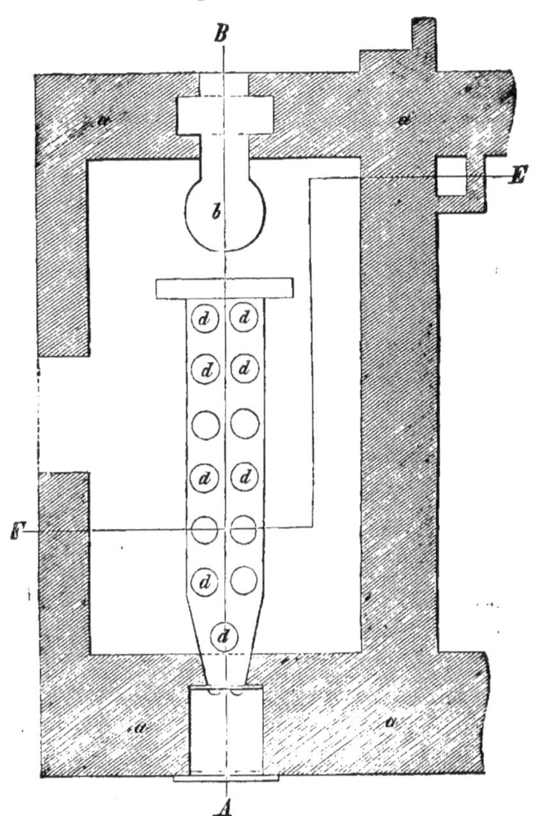

Fig. 42.

k est le plafond de la touraille, avec les ventilateurs *l*, *l* aboutissant à un tuyau d'évent commun.

m, *m* fenêtres.

n, *n* portes.

o chenal pour l'arrivée de l'air frais.

p, p ouvertures de nettoyage.

q tuyau de communication du système de chauffage avec l'air extérieur servant à un refroidissement efficace au besoin.

Le foyer ou calorifère *b* est en fonte et de la construction la plus simple, le chauffage étant principalement produit par le système tubulaire : il est essentiel que tous les joints et interstices du système soient parfaitement bouchés. Les joints doivent être disposés de manière que les produits de condensation ne puissent en aucun cas pénétrer dans l'intérieur de la touraille.

Il est urgent que le tuyau à fumée *g* ait son point de départ dans le compartiment inférieur : s'il était établi au compartiment supérieur, toute la partie inférieure du système serait absolument sans effet.

Les parois de la touraille doivent être suffisamment épaisses pour empêcher une déperdition trop considérable de la chaleur. A l'intérieur, la surface doit être très-unie, lisse et polie.

Les plateaux destinés à recevoir le malt sont d'autant mieux appropriés à leur destination qu'ils contiennent plus d'ouvertures pour le passage de l'air.

Les plateaux en fonte, semblables aux grilles américaines, conviennent parfaitement. L'espace vide que ces plateaux offrent au passage de l'air est plus considérable que dans les tissus métalliques; comparativement à tous ceux en usage jusqu'à présent, ils sont donc à la fois plus durables et plus favorables à l'accomplissement du travail auquel ils sont destinés.

Touraille anglaise. — Cette touraille est assez employée, et malgré ses imperfections, elle jouit d'une excellente réputation. Elle sèche le malt par l'air chauffé dans des tuyaux circulants au-dessous des plateaux. La fig. 43 présente le plan, la fig. 44 l'élévation de cette touraille. Une coupe horizontale dans le plan du plateau est donnée par fig. 45 et une coupe verticale dans le même plan (fig. 46).

18

Au milieu du fond s'élève, sur une muraille de 120^{cm}, le fourneau ou calorifère en fonte avec la coupole b et la grille a, à 23^{cm} en contrebas du niveau inférieur.

Les produits de la combustion sont emmenés par deux tuyaux également distribués.

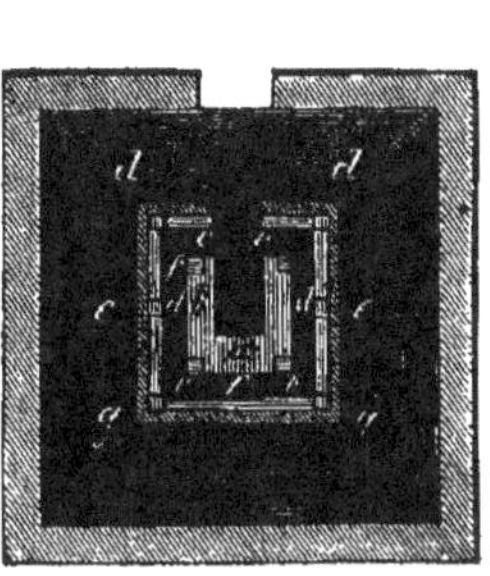

Fig. 43.

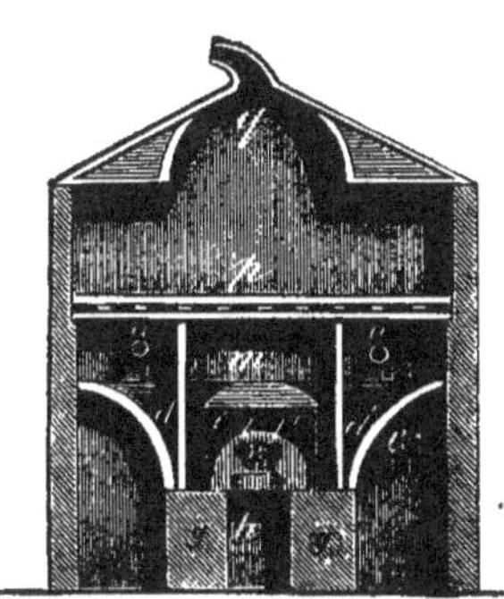

Fig. 44.

$c\,c\,c\,c$ quatre piliers en pierre de 23^{cm} portant le couvercle m.
$d\,d\,d\,d$ piliers semblables pour le support des plateaux ;

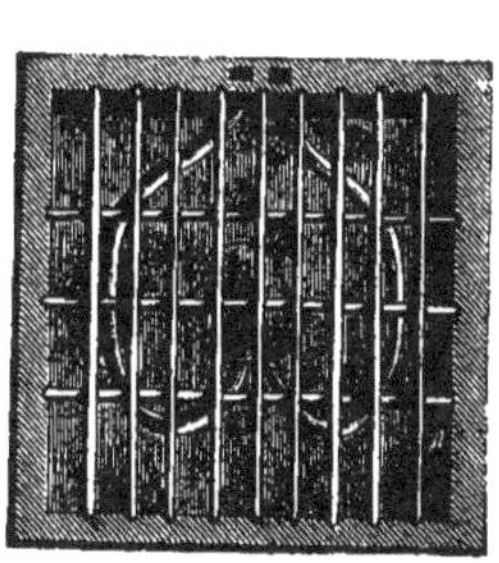

Fig. 45.

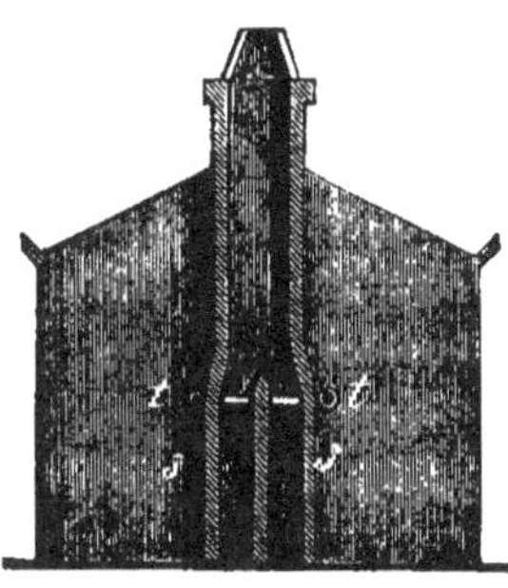

Fig. 46.

e une des voûtes des quatre côtés de la touraille reposant sur les murailles $g\,g$.

h cendrier.

k porte.

$l\,l$ tuyaux de communication du calorifère avec les conduits de chauffe $r\,r$. Ces derniers s'étendent à environ un mètre de distance du plateau et des murailles et reposent par des supports en fer sur des voûtes latérales. Ce sont les tuyaux *u u*, dans la fig. 44, qui aux points *ss*, fig. 46, aboutissent à la cheminée dans laquelle se trouvent des registres pour régler le tirage.

Le couvercle en coupole (fig. 44) empêche la chaleur de porter directement sur le plateau *p* et l'oblige à se porter de côté dans les conduits : en même temps le couvercle reçoit des radicelles qui se détachent du malt pendant la dessiccation.

nn sont les supports principaux pour les tringles *o, o* qui portent les plateaux en tôle perforée *p*.

q Tuyau d'évent pour l'abduction des vapeurs d'eau.

Une amélioration notable de cette touraille serait facile à introduire en donnant aux canaux *uu* une direction opposée à celle qui leur est donnée actuellement. Dans la construction actuelle, les gaz débouchant dans la cheminée dans une direction continuellement ascendante, traversent le conduit avec une vitesse trop grande et les clefs sont impuissantes à régulariser le courant. En outre, les conduits sont trop rapprochés des plateaux qui absorbent la chaleur rayonnante en trop grande quantité, l'entrée de l'air frais est mal aménagée.

La forme est également défectueuse. La géométrie enseigne que pour une même surface, le cercle a le plus petit périmètre de toutes les figures imaginables. Les tuyaux cylindriques ont, pour un même volume, la surface la plus petite. Cette forme doit donc être rejetée *à priori*, dans toute construction qui a pour objet la transmission de la chaleur.

En l'espèce, la forme pentagonale est bien préférable : une arête dirigée vers le plateau empêcherait les radicelles de séjourner sur le conduit chaud et de se torréfier en développant des corps odorants nuisibles.

Pour trouver le meilleur profil de conduits de chauffe, d'une forme utile et approuvée par la pratique, on procède de la manière suivante (voir fig. 47).

On partage la ligne *ab* en 5 parties, on construit le triangle équilatéral *abc*. Des points *de*, milieux des lignes *ac*, *bc* on mène les lignes *df*, *eg* vers les points *f* et *g*. On forme ainsi le pentagone *fdceg* dont la hauteur *ch* sera de 40 centimètres environ (?).

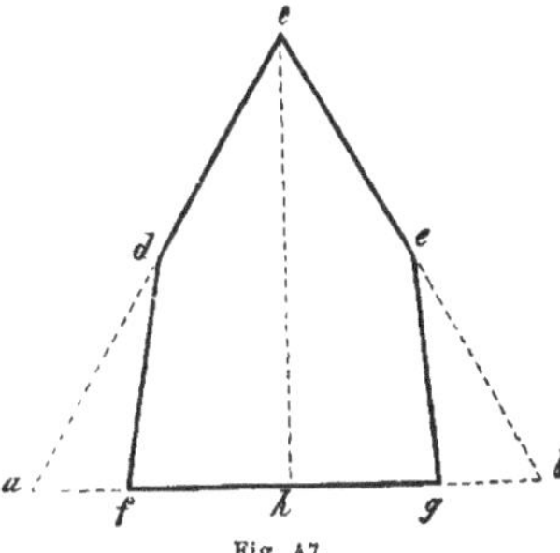

Fig. 47.

Si la touraille est à section carrée, on pose le conduit comme l'indique la fig. 48.

Et si elle est à section rectangulaire, on lui donne la position de la fig. 49.

En tout cas, le conduit communique en *a* avec le calorifère, en *b* avec la cheminée.

Touraille perfectionnée à chauffage direct ou à fumée. — Les fig. 50 (51) 52 représentent les coupes verticale et horizontale d'une touraille à fumée, en usage dans les petites brasseries.

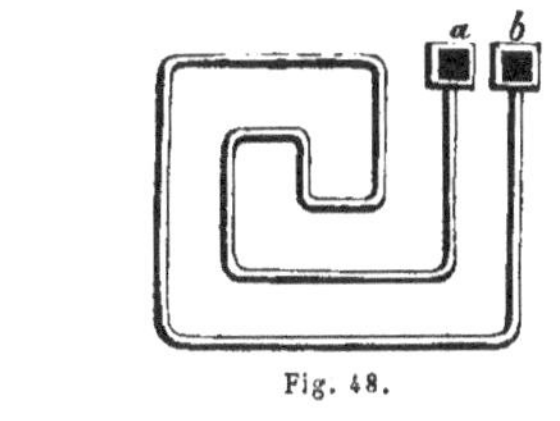

Fig. 48.

Fig. 49.

a calorifère en fonte.

b conduit des gaz de combustion. Les ouvertures *cc* augmentent de diamètre en raison de leur éloignement du fourneau.

dd manteau en briques isolant complétement le fourneau de la capacité *cc*. Deux ouvertures dans la muraille *b*, immédiatement au-dessus du sol, donnent accès à l'air extérieur qui s'échauffe dans l'espace entre le fourneau et le manteau pour s'échapper par le haut dans la capacité de chauffe.

f ouverture pour le chauffage par le coke.

h tiroir régulateur.

Cette touraille est à un seul étage.

Touraille Kaden et Wittid (construite par Schwalbe et fils, à Chemnitz). — Cette construction réunit certains avantages tant par l'arrangement général que par le calorifère spécial adopté.

Celui-ci est entièrement séparé du reste de la touraille, le danger

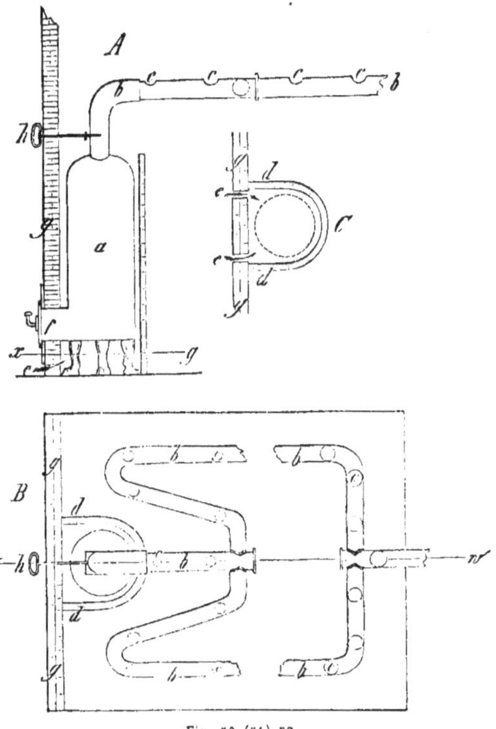

Fig. 50 (51) 52.

d'incendie est complétement écarté. Le foyer est formé par un canal en briques réfractaires, surmonté d'un cylindre en fer. Les produits de la combustion remontent dans le cylindre, passent dans un système tubulaire qu'ils traversent en sens divers, pour être finalement aspirés par la cheminée d'appel. Le foyer peut servir pour toute espèce de combustible.

L'arrangement du système tubulaire est tel, qu'un surchauffement de n'importe quelle partie est rendu impossible. Il est acces-

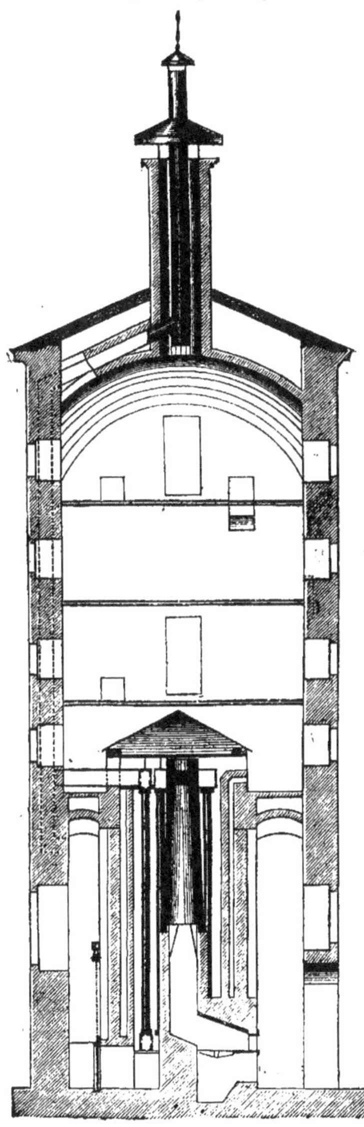

Fig. 53.

sible dans tous ses détails, de sorte que le nettoyage le plus parfait s'obtient facilement.

Le calorifère est disposé dans une chambre de chauffe en briques où l'air pénètre par dix jours, convenablement disposés, traverse le système tubulaire et arrive, à une température de 125° environ, dans la touraille proprement dite.

Un second courant d'air, à la température ambiante, peut être admis à volonté, de manière à produire la température désirée de 90 à 100°.

Ainsi la régularisation de la température est indépendante de celle du feu. Le service du foyer est toujours uniforme et pour obtenir, par exemple, une élévation de température, il n'est pas besoin de renforcer le chauffage, les régulateurs pour les courants d'air chaud et d'air froid suffisant généralement à produire les températures exigées.

Les plateaux en fil de fer présentent plus de 30 %

d'espace libre correspondant au volume des carnaux pour l'air.

La touraille est à trois étages surmontés d'une cheminée d'évent pour aspirer l'air chargé de vapeur d'eau. La cheminée est munie d'un régulateur et traversée par un tuyau en fer, qui n'est autre chose que le prolongement de la cheminée d'appel du foyer. Par ce moyen, le tirage dans la touraille est énergiquement activé.

Cet arrangement, représenté en coupe verticale par la fig.53, utilise parfaitement le combustible : le malt frais se dessèche très-rapidement, en trois ou quatre heures il est amené à un tel degré de siccité que la température plus élevée n'est plus à redouter. Il suffit de continuer le touraillement pendant 4 ou

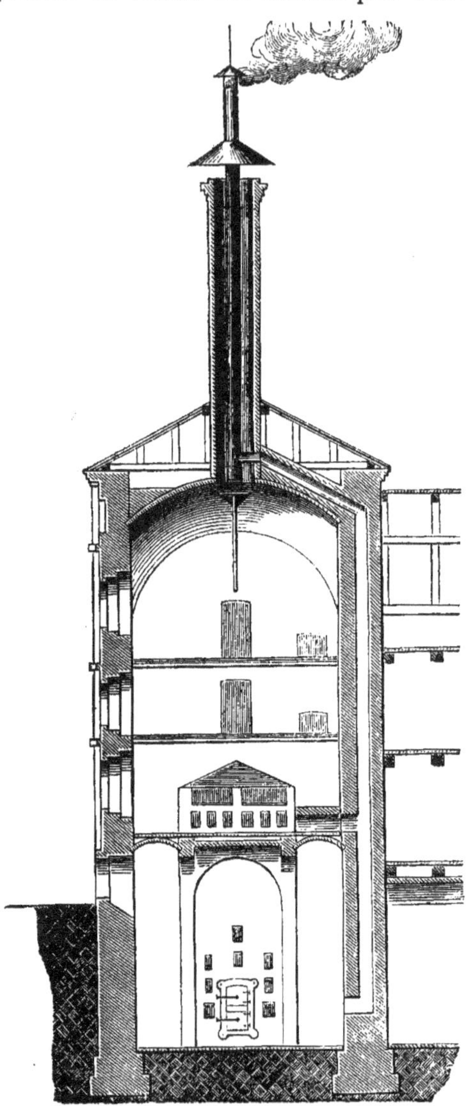

Fig. 54.

5 heures encore, pour obtenir un malt de qualité supérieure sans

coloration foncée. A chaque opération, on recueille 25-30 kilog. de malt touraillé par mètre carré de section de la touraille. Les appareils à deux étages fournissent un malt de bonne qualité, mais à trois étages l'effet désiré est plus complet et plus assuré et la formation du malt vitreux n'est pas à redouter.

La fig. 54 montre encore une touraille semblable. Elle est à deux étages et fonctionne comme la précédente, par un système à courants chauds et froids. La seule inspection de la figure suffira à faire comprendre son fonctionnement.

Tourailles mécaniques ou continues. — Les avantages à réaliser par le touraillement *continu* sont les suivants :

1° Économie d'espace et de capital. Ces tourailles prennent à peine un tiers de l'espace nécessaire à celles des systèmes antérieurs ;

2° Économie du combustible par son utilisation plus complète et plus rationnelle ;

3° Économie de main-d'œuvre, d'autant plus précieuse que le travail des anciennes tourailles est désagréable et compromet la santé du personnel de service ;

4° Économie de temps, le mécanisme enlevant de lui-même les radicelles et favorisant par là la dessiccation ;

5° Amélioration de la qualité du produit.

C'est à M. A. Tonnar (d'Eupen) que revient le mérite d'avoir frayé le chemin à l'emploi de tourailles mécaniques. La « *machine à sécher et à nettoyer le malt* » qu'il construisit en 1861 servit de point de départ à toutes les constructions ultérieures. La touraille Tonnar est chauffée par un calorifère ordinaire ; le malt passe de haut en bas par un système de disques fixés à un arbre vertical et tournant dans des capacités en tôle perforée et en forme d'entonnoir aplati. Le malt retombe successivement sur toutes les claies et retourne à la partie supérieure pour reprendre le même chemin, à des températures croissantes, jusqu'à ce qu'il soit desséché à point. A peine le système Tonnar était-il installé dans certaines malteries que d'autres appareils, simplifiés et perfectionnés, partant du même

principe -- mouvements opposés du malt et de l'air chauffé, —
apparurent et trouvèrent un accueil empressé. Nous avons déjà cité
plus haut (voir page 186) l'appareil de Gecmen, nous citerons
encore :

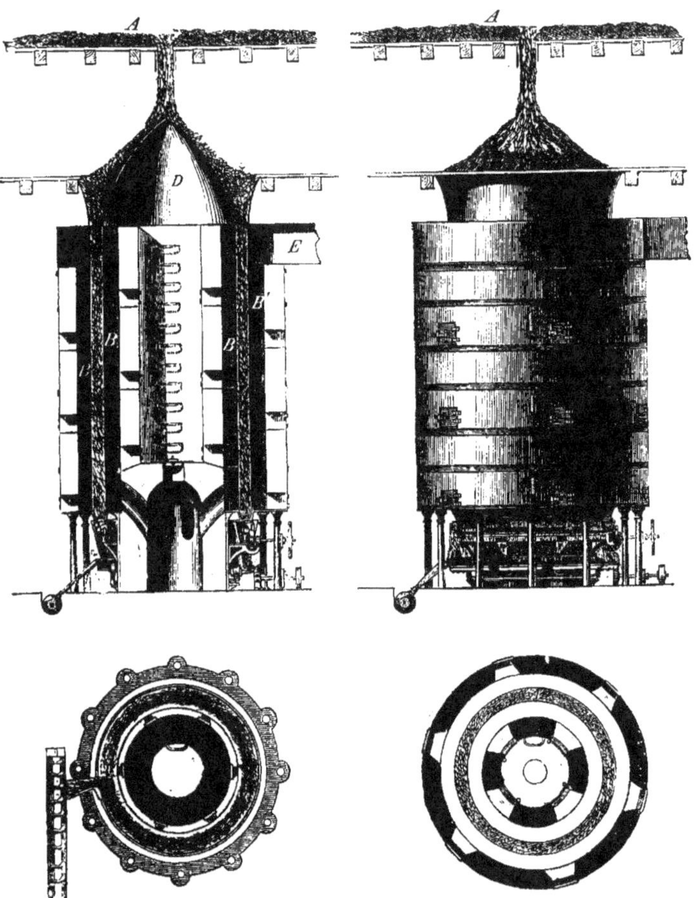

Fig. 55, 56, 57, 58.

La touraille Tischbein. — Cette touraille est la plus simple des
tourailles mécaniques ou plutôt continues, car elle opère le mouvement du malt en sens inverse du courant d'air sans mécanisme

moteur, en utilisant le poids du malt. Le courant d'air chaud est fourni par un ventilateur et remonte à travers le malt descendant dans une capacité annulaire close, de plus en plus chaude vers la base, de manière que le malt arrive graduellement à une température d'environ 100° après avoir été lentement et suffisamment séché pour supporter impunément cette température élevée. Les fig. 55, 56, 57, 58 représentent cette touraille; fig. 55 coupe verticale; fig. 56 vue latérale; fig. 57 et 58 deux coupes horizontales à différentes hauteurs.

Le malt se trouve en A à l'état frais; il tombe sur le cône D d'où il se répartit dans l'espace annulaire, en toile métallique, traversé par l'air chauffé. Cette colonne de malt se trouve emprisonnée dans les deux capacités annulaires B et B'. L'air chauffé par le calorifère entre dans la partie inférieure de B, mais ne pouvant monter en ligne verticale, il traverse le malt pour arriver en B'. Il traverse successivement le malt à différentes hauteurs réglées par des cloisons transversales. Finalement, il arrive, refroidi et humide, au haut de l'appareil dans l'espace E, d'où il est aspiré et refoulé à l'extérieur.

La colonne descendante du malt rencontre ainsi de l'air plus chaud et moins humide au fur et à mesure qu'elle approche du terme de son parcours, qu'elle atteint avec une vitesse exactement déterminée par un régulateur. Ce régulateur consiste en un disque métallique, formant la base de la capacité et renfermant le malt. Le mouvement de rotation à imprimer au disque varie avec la proportion de malt qu'on veut obtenir.

Le courant d'air enlève les radicelles et les dépose dans les capacités B et B'.

De là, elles sont enlevées par de petites portes qui servent en même temps à la prise d'échantillons de malt à différentes hauteurs de colonne permettant ainsi de contrôler la marche de la dessiccation.

Touraille mécanique à calorifère, système Overbeek. — Les tourailles à deux étages constituent un progrès incontestable :

néanmoins bien des imperfections encore semblent des conditions inhérentes au système.

Ainsi, par exemple, l'emploi de deux périodes de dessiccation ne dispense pas de la nécessité de chauffer, avec des précautions telles qu'une touraille préparatoire ou un séchoir à air libre semble de rigueur.

Ces considérations ont amené M. Overbeek à construire une touraille à trois étages, avec un mécanisme spécial pour la simplification des travaux.

La fig. 59 donne une coupe verticale de la construction.

Chaque plateau se compose de trois toiles métalliques sans fin disposées sur deux rouleaux en plan incliné. Le malt est ainsi transporté lentement d'une toile à l'autre et retombe d'un étage au suivant. Le tissu métallique est tout particulièrement résistant aux causes de détérioration auxquelles il se trouve exposé et muni de rebords latéraux afin d'empêcher le malt de s'échapper sur les côtés.

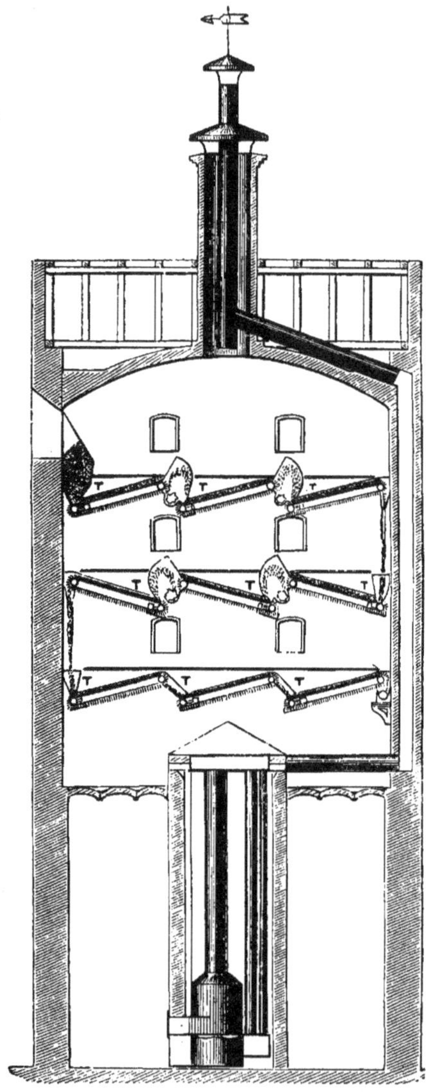

Fig. 59.

Entre les toiles des deux étages supérieurs se trouve un mécanisme projetant le malt à une hauteur de 90 centimètres et le retournant avant qu'il ne retombe sur la toile suivante.

Ce travail est très-satisfaisant; les grains entrelacés par leurs radicelles sont complétement dégagés. Les couches de malt présentent jusqu'à la dernière division une hauteur uniforme, correspondant à la quantité à fournir.

Les rebords des toiles présentent un joint tel que l'air chaud, fourni par un calorifère de construction peu différente de celle décrite plus haut, est forcé de traverser la couche de malt.

La durée de trajet du malt, dans le travail ordinaire, est de :

2 1/2 heures pour l'étage supérieur,

3 1/4 heures pour le second étage,

4 heures pour le troisième.

Grâce à ces différences dans la durée des trajets, les couches sont sensiblement de même hauteur sur les trois étages, le volume des grains diminuant avec le degré de siccité à peu près dans la même proportion.

Le touraillement dure dix heures environ. On peut du reste modifier au besoin la vitesse de la marche des toiles en modifiant les poulies de transmission. La force d'un homme suffit pour le travail mécanique de la touraille.

Un appareil de ce genre possédant 66 mètres carrés de surface de dessiccation fournit environ 5,000 kilog. de malt sec de première qualité par 24 heures. Le travail est parfaitement régulier, sans malt vitreux et indépendant de la volonté du personnel.

Touraille mécanique de Kaden et Wittig. Application du chauffage à vapeur. — Cette touraille fournie par la firme « Germania » à Chemnitz, se compose extérieurement d'un cylindre en tôle d'environ 6 mètres de hauteur, recouvert d'un manteau de bois pour empêcher la déperdition de la chaleur. Dans l'axe de ce cylindre est établi un arbre vertical auquel on communique un mouvement de rotation (12-15 tours à l'heure). Treize plateaux en tôle, distants de 35 centimètres, sont fixés dans le cylindre ; sur chacun de ces plateaux tourne avec l'arbre du milieu un agitateur composé de 5 palettes à couteaux ou pelles qui remuent le malt et le transportent d'un plateau à l'autre.

L'air servant à la dessiccation est chauffé par la vapeur traversant un système tubulaire de 200-300 tuyaux par lesquels passe simultanément l'air frais fourni par le ventilateur.

Le cylindre dessiccateur est surmonté d'une trémie qui reçoit le malt vert et le distribue sur le premier plateau par l'intermédiaire de deux cylindres à pointe, règlant le débit uniformément. Un conduit latéral est joint à la trémie qui se termine par le ventilateur. Le malt, sur le premier plateau, est conduit par les palettes vers une ouverture du milieu pour tomber sur le second plateau, où existe une disposition extraînant le malt vers le bord : il retombe ensuite sur le troisième plateau, qu'il traverse au milieu : en un mot, l'arrangement des couteaux imprime au malt un mouvement alternatif vers le milieu et vers les bords du plateau, tandis que l'air chaud remonte en sens opposé.

Le dernier plateau déverse le malt sec dans une large rigole annulaire, où la dessiccation s'achève par un séjour convenable, à la température jugée utile.

La température, au sommet, est de 38-40° c., augmentant vers la base jusqu'à 75-85° ou même davantage.

Des thermomètres et de petites fenêtres, convenablement disposés, servent à régler la marche du travail. Le débit est de 67-70 hectolitres par 10 heures.

Touraille Geomen. — Voir la description et le plan de cette touraille-germoir (page 186).

Règles générales pour le travail du touraillement.

Nous avons déjà dit précédemment que le malt ne doit être exposé à une température élevée qu'avec précaution et nous avons fait connaître l'avantage d'une dessiccation préalable à l'air libre ;

mais nous ajouterons que ce mode offre, en outre, l'avantage d'une économie de combustible. Le procédé, pour être parfait au point de vue des résultats à obtenir, a le défaut grave d'exiger trop d'espace et de main-d'œuvre. La couche de malt présentée à l'action de l'air doit y être peu épaisse et retournée fréquemment avec des soins minutieux, en vue d'empêcher la végétation des grains. Quoique le procédé du séchage à air libre soit généralement abandonné aujourd'hui, nous avons cru devoir donner à sa description les développements qu'elle comporte parce qu'il arrive parfois qu'un industriel donnant, à une certaine période, plus d'extension à ses affaires, la touraille se trouve être insuffisante au travail qui lui incombe. Ce dernier cas est à peu près le seul qui oblige à posséder un local spécialement affecté au séchage du malt avant son passage aux tourailles.

La manière spéciale dont s'exécute le travail sur les tourailles non continues, à plusieurs étages, est d'une importance décisive quant à l'aspect et aux caractères distinctifs de la bière. La mise en marche d'une touraille à deux étages (travail intermittent), se fait en chargeant d'abord de malt vert la plate-forme inférieure. Du moment que la dessiccation est suffisamment avancée, c'est-à-dire lorsque le grain est à moitié desséché, on charge la plate-forme supérieure. Le malt de la première étant parfaitement sec est descendu et remplacé par celui de la seconde. Puis on charge à nouveau la plate-forme supérieure de malt vert, et ainsi de suite. L'épaisseur de la couche de malt ne doit pas dépasser 10-15 centim., épaisseur qui diminue encore graduellement avec la déperdition d'humidité; les couches doivent être très-uniformément répandues.

La *température* à l'étage supérieur ne doit pas dépasser, pendant un certain temps, 30-38°, et ne monter que lentement. Plus on vise à donner au malt une couleur claire ou pâle, plus il faut éliminer d'eau à basse température. Le malt humide, exposé à la température de 50°-60°, gagne non-seulement une coloration intense, mais encore un goût désagréable et le noyau farineux devient *vitreux* ou *corné*. Les deux périodes de touraillement : élimination des cinq sixièmes environ de l'eau — et torréfaction ou touraillement proprement dit, doivent être tenues soigneusement séparées. C'est là une prescription d'importance capitale, servant de règle au travail rationnel du malt en touraille. C'est dans la deuxième période seulement que le reste de l'eau est expulsé et l'arôme du malt produit. La première partie de l'eau se vaporise promptement à 35-40° ; le restant est énergiquement retenu par le malt et exige une température plus élevée, 65-75°. Une fois le malt bien sec, la température peut s'élever sans nuire à la qualité.

Pour maintenir le malt à une basse température, on ferme plus ou moins le tiroir entre le foyer et la cheminée et l'on ouvre les courants qui amènent l'air extérieur sans le faire passer par l'appareil de chauffe.

Quand la touraille est chargée de malt vert, il se développe, comme nous l'avons dit, beaucoup de vapeur d'eau qui doit pouvoir s'échapper promptement : sans quoi le malt ne se dessècherait pas et s'échaufferait outre mesure : on obtiendrait du malt brun, de goût empyreumatique, d'aspect vitreux ou corné.

Il faut que l'air traverse le malt avec une certaine énergie, chassant l'humidité à une température relativement basse. Quand la dessiccation est plus avancée, on ferme le registre de la cheminée d'évent ou on arrête l'aspirateur; une évacuation inopportune d'air sec équivaut en effet à une dépense inutile de combustible.

La *conduite des admissions d'air* chaud ou d'air froid et de l'abduction des vapeurs d'eau demande beaucoup de soins et de conscience pour sécher assez vite et pour économiser autant que possible le combustible. Il y a ici beaucoup d'incurie ou d'inadvertance à signaler chez nombre de brasseurs-malteurs : nous constatons, par contre, que, dans les malteries proprement dites, ce point fait habituellement l'objet de la sollicitude intelligente de l'industriel.

Malgré l'avis contraire de certains auteurs, nous préconisons les pelletages répétés sur la touraille qui, de l'avis général, procurent un malt peu coloré mais de bonne qualité et riche.

Dans la brasserie de Pilsen on prépare un malt peu coloré et d'excellente qualité en le retournant deux fois par heure à basse température.

En général, on peut dire qu'au commencement on doit pelleter au moins une fois l'heure; plus tard, toutes les deux heures. Les tourailles continues sont, à ce point de vue, d'une incontestable supériorité et fournissent un malt de meilleure qualité.

La *durée du touraillement,* pour une espèce déterminée de malt, est assez différente selon le système adopté. Dans les tourailles anglaises ordinaires, le séjour du malt est de 10-12 heures à chacun des deux étages, soit de 20 à 24 heures en tout : on charge donc l'étage supérieur, toutes les 10-12 heures, de malt vert et l'on décharge le malt sec dans les mêmes périodes. Dans les tourailles à calorifères à deux étages, fort répandues en Allemagne et en Autriche, la durée du touraillement n'est que de 16 heures, quelque fois même de 12 heures, ce qui correspond à 3 ou 4 charges par 24 heures.

Avant de décharger le malt, on élève ordinairement la température à 70-75° c. pour le torréfier : quelques brasseurs la portent même à 85° et plus. A Pilsen, on ne dépasse jamais 50° c. Pour observer et régler les températures on dispose plusieurs thermomètres aux différents étages. D'autres fois, on se sert de thermomètres à maximum et à minimum. Nous préférons les *thermomètres-régulateurs* qui donnent un signal au moment où la température qu'on désire est atteinte[1].

Un travail continu est naturellement plus avantageux au point de vue de l'économie de combustible. L'étendue de la surface d'éva·poration est très-variable suivant la construction et la méthode de

---

(1) Le numéro 470 (6 janv. 1878) du journal " Le Brasseur " contient une description accompagnée de devis d'un système fort pratique et recommandable, à sonnette électrique, pour le contrôle des thermomètres et manomètres d'une brasserie.

travail. Pour une quantité donnée de malt vert elle peut être d'autant plus faible que les chargements sont plus fréquents et les couches plus faibles.

La *quantité de combustible nécessaire* pour sécher le malt diffère selon la proportion d'eau contenue dans le malt vert et la construction adoptée pour la touraille. La proportion d'eau du malt vert varie (25-40 %) selon le temps écoulé entre le séjour au germoir et l'arrivée au plateau de la touraille. Ainsi, pour avoir des données comparables dans les calculs de rendement des tourailles, il ne suffit pas de rapporter le poids de combustible au poids du malt vert : il faut aussi connaître le degré d'humidité expulsé.

On calcule théoriquement le poids de charbon nécessaire pour sécher 100 kil. de malt vert à 40 % d'eau en prenant pour base la quantité de calories (unités de chaleur) nécessaires à la vaporisation de la quantité d'eau. Des auteurs ont cité le chiffre de $5^k,37$ de houille, de moyenne qualité, soit $8^k,95$ pour 100 kil. de malt sec. La comparaison des résultats théoriques avec la quantité de charbon employée dans un cas donné fournit des indications sur le degré de perfection du travail; mais, pour avoir des résultats absolument comparables, il faudrait, en outre, posséder des données positives sur la valeur comparative des charbons employés.

On emploie comme combustible aux tourailles, suivant les pays, le bois vert ou sec, le lignite, sorte de bois fossile imprégné plus ou moins de bitume, le charbon de bois, la tourbe, la houille, le coke. C'est la raison d'économie qui fait accorder la préférence à l'une ou l'autre de ces substances, dont l'usage est, somme toute, assez indifférent.

Le coke devrait être préféré, en raison de sa puissance calorifique élevée; mais il n'est pas donné à tout malteur de pouvoir se le procurer économiquement, aux usines à gaz d'éclairage, par exemple. Un avantage secondaire du coke, c'est d'être exempt, par le fait même de son mode de fabrication, des matières goudronneuses, fuligineuses, empyreumatiques, renfermées spécialement dans les houilles grasses.

On comprend que, dans les tourailles anciennes surtout, les houilles à forte fumée soient d'un emploi désagréable, les produits de la combustion pouvant communiquer au malt un goût de brûlé, d'empyreume, qui répugne à certains consommateurs. Ce n'est pas que ce léger enduit donné au malt puisse nuire, en aucune façon, à sa valeur intrinsèque et encore moins à sa faculté de conservation : on sait, en effet, que les viandes, les jambons et autres substances alimentaires acquièrent la propriété de se garder intactes pendant longtemps en s'imprégnant de légères traces de créosote, matière antiseptique disséminée dans la fumée des combustibles.

Certaines bières, d'ailleurs peu répandues, possèdent un léger arome dû à l'emploi de malt touraillé au bois vert : c'est surtout en Alsace, en Lorraine et dans quelques régions boisées d'Allemagne que l'on a encore recours à ce combustible.

Les houilles maigres se rapprochent par leur composition du coke et sont, comme telles, à conseiller pour le chauffage des tourailles. Nous avons été très-étonné de rencontrer, dans un ouvrage traitant de la fabrication des bières, l'avis de n'user des houilles maigres qu'avec une grande circonspection pour le dessèchement du malt, dans la crainte d'imprégner ce produit des matières arsénicales ou sulfureuses qui se rencontrent dans les combustibles maigres.

C'est là une appréhension purement théorique.

Nous ne sachions pas que l'histoire de la malterie offre, dans ses annales, d'exemple d'empoisonnement par l'usage de malt arsénié ou sulfuré. Les charbons de France, de Belgique, de la Rûhr, d'Angleterre, sont souvent pyriteux et peuvent, à l'occasion, dégager, par la combustion, des gaz sulfureux : mais la petite quantité de ces vapeurs soufrées qui pourrait éventuellement se fixer dans le malt agirait comme antiseptique, à l'instar de la créosote, et conséquemment ne nuirait en rien à la valeur du malt. Quant aux combustibles arsénicaux, ils constituent une rareté dans nos bassins houillers, dont ils sont, pour ainsi dire, absents.

L'essentiel, dans l'emploi du combustible aux tourailles, c'est de bien régler le tirage de la cheminée, d'aménager et d'entretenir le foyer et les carnaux de chauffe avec tout le soin possible, de façon à opérer utilement la combustion complète du charbon et à réaliser ainsi le chauffage le plus économique.

4. — QUALITÉS DU MALT SEC.

Pour être parfaitement édifié sur la valeur du malt qu'il emploie, le brasseur doit être son propre malteur. Il peut, dès lors, choisir la meilleure orge, diriger les opérations de la manière la plus rationnelle et la plus efficace *au point de vue spécial à sa fabrication propre.*

Malgré lui, le brasseur se voit souvent obligé d'acheter partie ou totalité du malt : or, il n'est guère possible de reconnaître avec certitude les qualités du malt. Les caractères extérieurs du malt ne fournissent à l'égard de sa valeur que des indications approximatives. Nous les passerons néanmoins en revue, en indiquant la créance qu'il convient d'attacher à chacun de ces indices.

Le malt vert doit toujours être d'une couleur claire. Même pour la bière de couleur foncée, il n'est pas avantageux de faire usage de malt coloré. On conseille, au contraire, de fabriquer cette variété de bière à l'aide de malt clair, sauf à produire, par après, la coloration voulue par une addition de malt-couleur.

Les radicelles et la plumule permettent de reconnaître la couleur réelle du malt, souvent masquée habilement par les vendeurs ; en outre, le noyau farineux doit être blanc. Les grains de malt de bonne qualité s'écrasent facilement sous la dent et se réduisent en farine sous la pression de l'ongle. Il existe souvent une proportion assez notable de malt *vitreux,* de grains durs, qu'il importe de rechercher et d'évaluer.

La saveur du malt doit être douce, agréable, d'un arome spécial et caractéristique, bien connue des praticiens.

Le malt doit surnager dans l'eau ordinaire : les grains bien pleins et rondelets, plongés dans l'eau, doivent revenir à la surface. Il est indispensable de s'assurer du degré de siccité du malt : car non-seulement on paierait inutilement de l'eau, mais on aurait, en outre, une matière première sujette à de promptes altérations.

Le malt humide n'est pas cassant : il s'aplatit au lieu de s'écraser. Pour être complétement renseigné en ce point, il faut dessécher à 110° et déterminer la perte résultante. (Voir chapitre des dosages.)

La proportion d'eau dans le malt sec, fraîchement préparé, est de 2 à 4 %. Pour peu que sa conservation laisse à désirer, cette proportion monte rapidement à 6-8 % et au delà.

Nous reviendrons plus loin sur les méthodes usitées pour ce dosage. Dans le commerce les transactions en malt sont souvent basées sur la proportion d'extrait qu'il fournit : ce mode de transaction constitue un progrès et un usage entièrement rationnel. La proportion d'extrait est assez variable selon la qualité de l'orge employée, le mode de travail et le degré d'humidité; bien que cette proportion soit un élément qu'il importe avant tout de considérer, soit qu'on achète ou qu'on fabrique son malt, nous verrons plus loin qu'elle ne constitue pas exclusivement le *criterium* de la valeur du malt.

Le malt du commerce contient :

Extrait sec . . .	55 à 66 %	en moyenne .	62 %
Matières insolubles.	25 à 37 (drèches)	"	31
Eau	5 à 13	"	7

Le malt, entièrement privé d'eau, contient donc, en chiffres ronds, deux tiers d'extrait et un tiers de drèches.

On juge plus ou moins du malt d'après sa coloration : cet indice est fort sujet à caution. Suivant Combrune, il y a corrélation entre les nuances suivantes et les températures figurant en regard :

Malt touraillé à 51º.0 . . . . .   blanc.

        54.0. . . . . . .   jaune clair.

        56.7. . . . . . .   ambré.

        59.0. . . . . . .   ambré foncé.

        61.7. . . . . . .   brun clair.

        66.7. . . . .   brun.

        69 4. . . . . . .   brun foncé.

        72.2. . . . . . .   brun foncé tacheté de noir.

        75.0. . . . . . .   brun noir.

        77.0 . . . . . .   brun café foncé.

        80.0. . . . . . .   noir.

Nous ferons observer, relativement à cette échelle de coloration, que tout dépend ici du degré de dessiccation auquel le malt se trouve avant d'être porté sur la touraille et de la rapidité de la dessiccation.

Il est probable que les températures indiquées par Combrune[1] concernent seulement le malt porté encore humide sur la touraille ; le malt préalablement desséché à l'air exigeant une température encore plus élevée.

Nous avons examiné jusqu'ici la nature, le mode de préparation et les propriétés caractéristiques du malt : il nous reste à esquisser, au point de vue physique et chimique, la modification subie par le grain lors de sa transformation en malt.

Une dissertation scientifique approfondie sur ce point important sortirait du cadre de ce traité, dont l'objet est avant tout de mettre à la portée des praticiens les notions élémentaires de la science. Aussi, notre étude se bornera à consigner ici les résultats numériques des expériences entreprises en vue d'apprécier :

a. Les changements *physiques,* en poids et en volume, subis par l'orge au maltage ;

b. Les changements *chimiques,* c'est-à-dire, les modifications survenues dans la composition du grain, telles que nous les montre la comparaison des éléments de l'orge et du malt.

---

(1) SCHÙBARTH, *Techn. chemie.* 1851, t. III, p. 528.

a) CHANGEMENTS EN POIDS ET EN VOLUME SUBIS PAR L'ORGE PENDANT LE MALTAGE.

On estime que cent parties en poids d'orge, à la teneur de douze p. c. d'eau, fournissent en moyenne :

150   à 155 parties en poids d'orge mouillée (ayant absorbé 50 à 55 p. c. d'eau).
  1 1/4 à   2   »   »   de menus grains.
124   à 130   »   »   de malt vert, à la dose de. . 40 à 45 »   »
 89   »   »   de malt fané, ou séché à l'air.   12 »   »
 78   »   »   de malt touraillé, frais sans
                                  radicelles. . . . .   4 »   »
 82   à 84   »   »   de malt de garde . . . . 8 à 10 »   »
 74   »   »   de malt absolument sec.

Les pertes en poids se répartissent comme suit dans les diverses phases du travail :

        Ecumage, menus grains, etc. . . . . . . 1 1/2 °/₀
        Dissolution de substances par le mouillage . 1 1/2 »
        Pertes à la germination 8   »
        Nettoyage du malt sec 3   »

Soit 14 °/₀ de la substance sèche. L'orge contenant 12 °/₀ d'eau et le malt frais 4 °/₀ d'eau, 100 kil. orge fournissent 78 kil. de malt frais et 74 kil. de malt absolument sec.

Comme résultat pratique, on a obtenu, en moyenne de trois ans, dans quatre brasseries de Bohême 77,7 °/₀ (minimum) et 79,93 au maximum et, en moyenne générale, 77,83 °/₀ de malt nettoyé.

D'autres maltages ont fourni, en employant de l'orge légère, 75-76 °/₀ de malt frais préparé à 70°-75° c.

Avec de l'orge de toute première qualité et triée, le maximum était de 82 °/₀.

Il résulte de ce qui précède que le maltage cause une perte en substances extractibles. Si l'orge fournit 60 °/₀, le malt sec 65 °/₀ d'extrait, on obtiendra de 78 p. de malt provenant de 100 p. d'orge 50,7 parties d'extrait représentant une perte réelle de 60—50,7 = 9,3 kil. d'extrait par 100 kil. d'orge soumise au maltage.

En ce qui concerne les changements de volume pendant le maltage, on peut admettre les proportions suivantes :

100 p. en volume, soit 100 litres d'orge, fournissent :

130-140 litres d'orge mouillée à point.

1 1/2 lit. de menus grains.

200 lit. de malt vert.

100 lit. malt sec et nettoyé.

Ces nombres, cependant, n'ont pas une valeur absolue. Balling trouva que 8 hectol. d'orge fournirent 9 hectol. de malt sec. Nous avons trouvé 10 hectol. de malt, correspondant à 9 hectol. d'orge. Ceci tend à démontrer que la manière de conduire le maltage et le touraillement est d'une importance capitale.

Le poids du malt bien touraillé varie suivant la qualité de l'orge. L'orge de 60 kil. par hectol. fournit un malt pesant 45 kil. environ. Tandis que l'orge de 70 kil. à l'hectolitre fournira un malt de 54-56 kil. l'hectolitre. Cependant le poids de l'hectolitre de malt ne peut servir seul à déterminer la valeur de la marchandise. Si la germination a été insuffisante et le touraillement incomplet, le poids de l'hectolitre peut être considérable.

Le poids du malt ne doit être pris en considération que pour du malt dont on connaît la provenance.

Une longue expérience a établi que le malt conservé pendant un certain temps donne des résultats plus satisfaisants que le malt récent : la saccharification est plus rapide et l'extrait plus abondant.

Une transformation peu connue des substances albumineuses paraît en être la cause.

Si la température a été trop élevée à la touraille, les matières albuminoïdes se transforment également; elles fournissent alors une substance très-hygroscopique qui s'altère promptement au contact de l'air humide et communique à la bière, ainsi que nous l'avons dit précédemment, un goût désagréable.

De l'ensemble de ces faits on déduira les règles générales suivantes :

1. Le malt destiné à une conservation prolongée doit être touraillé faiblement, c'est-à-dire ne posséder qu'une faible couleur.

2. Le malt se conserve d'autant mieux qu'il contient moins de substances albumineuses ; il en résulte que le malt provenant d'orge à gros grains se conserve mieux que celui préparé avec les grains de moindres dimensions obtenus par le triage de l'orge.

b) COMPARAISON DES ÉLÉMENTS DU MALT ET DE L'ORGE.

Nous avons indiqué déjà les transformations que subissent les principaux éléments de l'orge dans les différentes phases du travail dont elle est l'objet.

Il nous reste à résumer les résultats de travaux entrepris dans le but d'apporter quelque lumière dans l'explication de ces phénomènes sur lesquels repose la fabrication de la bière.

M. Lermer fournit le tableau suivant, comme résultat de ses recherches :

	100 P. D'ORGE SÈCHE CONTIENNENT.	88,81 P. DE MALT SEC CONTIENNENT.	DIFFÉRENCE.
Fécule	63.43	48.86	— 14.57
Subst. protéiques	16.25	15.99	— 0.26
Dextrine.	6.63	6.86	+ 0.23
Sucre.	—	2.03	+ 2.03
Huile grasse.	3.08	2.50	— 0.58
Cellulose.	7.10	7.31	+ 0.21
Autres substances	1.11	3.16	+ 2.05
Cendres	2.40	2.10	— 0.30
	100.00	88.81	

Il y a donc une perte considérable de matière organique, surtout en fécule, qui ne se retrouve qu'en partie sous forme de sucre. Les substances minérales diminuent également, tandis que le poids des substances protéiques, dextrine, cellulose, etc., reste invariable.

Voici les proportions des substances minérales pour 100 p. d'orge normale, d'orge mouillée, d'eau de mouillage et de malt.

	100 PARTIES D'ORGE CONTIENNENT :	98.96 PARTIES D'ORGE MOUILLÉE CONTIENNENT :	1.04 PARTIE RÉSIDU DE L'EAU DE MOUILLAGE.	88.81 PARTIES MALT SEC CONTIENNENT :
Potasse.	0.55289	0.37545	0.17744	0.37433
Soude	0.02578	0.01741	0.00837	0.01731
Chlorure de Magnesium.	0.04646	0.00546	0.04100	0.00542
Magnésie	0.15884	0.14515	0.01369	0.13993
Chaux	0.09000	0.08319	0.00681	0.08029
Alumine	0.00973	0.00959	0.00014	0.00917
Acide phosphorique . .	0.79297	0.75500	0.03797	0.73575
Silice	0.70760	0.69868	0.00892	0.69861
Acide sulfurique . . .	0.01411	0.00008	0.01403	0.69861
Acide carbonique. . .			0.03136	
	2.43	2.12136	0.34000	2.09000

Le malt contient donc moins de cendres que l'orge dont il provient, parce que l'eau de mouillage a enlevé une partie des substances minérales. C'est surtout la potasse, ensuite la soude et l'acide phosphorique, qui sont entraînés par l'eau [1].

---

[1] La cendre d'eau de mouillage contient, selon Lermer :

Potasse	52.11
Soude	2.46
Chlorure de sodium	12.04
Magnésie.	4.02
Chaux.	2.00
Alumine	0.04
Sesquioxyde de fer	0.08
Oxyde de cuivre, Manganèse	Trace.
Acide phosphorique	11.15
Acide salicylique	2.62
Acide sulfurique	4.12
Acide carbonique	9.21
	99.85

On voit que ce mélange contient beaucoup d'acide carbonique, de potasse et

Voici les nombres fournis par M. Stein.

	ORGE.	MALT SÉCHÉ A L'AIR.	MALT MOUILLÉ.	GERMES.
Subst. protéiques solubles . . .	1.258	2.131	1.985	15.875
” ” insolubles . .	10.938	9.801	9.771	14.738
Cellulose	19.864	19.676	18.817	35.686
Dextrine	6.500	7.559	8.232	—
Matière grasse	3.556	2.922	3.379	—
Subst. extractives	0.896	4.000	4.654	—
Fécule	54.282	51.553	50.876	—
Cendres	2.421	2.291	2.291	9.245

L'auteur n'a trouvé du sucre ni dans l'orge ni dans le malt.

On connaît ce fait, important pour la pratique, que la germination rend solubles une partie des substances protéiques et albumineuses insolubles. Voici, à cet égard, les résultats des recherches de M. Lermer.

	100 P. ORGE.	85.3 P. MALT SEC SANS GERMES.	88.8 P. MALT AVEC LES GERMES.
Gluten	0.28	0.29	0.30
Subst. protéiques coagulables .	0.28	0.38	0.40
” ” non coagulables.	1.55	1.67	1.85
” ” insolubles. . .	7.59	5.31	5.53
	9.70	7.65	8.08

Le malt sec contient donc moins de substances albumineuses, la proportion de la partie insoluble a diminué, celle de la partie soluble, tant coagulable qu'incoagulable, a augmenté.

---

d'acide phosphorique, ce qui donne une grande vraisemblance à cette assertion, que l'orge trop fortement mouillée fournit des moûts qui ne nourrissent pas suffisamment la levûre pendant la fermentation.

En général, on peut dire que la proportion des éléments solubles dans l'alcool et dans l'eau augmente par le maltage : elle est plus forte dans le malt vert que dans l'orge, et supérieure encore dans le malt sec.

Voici, à cet égard, les chiffres synthétisant les nombreuses expériences de M. Oudemans.

	ORGE.		MALT D'ORGE				
			SÉCHÉ A L'AIR.		TOURAILLÉ.		FORTEMENT TOURAILLÉ.
Produits de la torré-faction	0	0	0	0	7	8	14	0
Dextrine	5	6	8	0	6	6	10	2
Fécule	67	0	58	1	58	6	47	6
Sucre	0	0	0	5	0	7	0	9
Substances cellulaires.	9	6	14	4	10	8	11	5
Subst. albumineuses .	12	1	13	6	10	4	10	5
Matières grasses. . .	2	6	2	2	2	4	2	6
Cendres	3	1	3	2	2	7	2	7
	100	0	100	0	100	0	100	0

En faisant la somme des parties constituantes non azotées, on obtient les résultats suivants :

	ORGE.		MALT D'ORGE.				
			DESSÉCHÉ A L'AIR.		TOURAILLÉ.		FORTEMENT TOURAILLÉ.
Produits de la torré-faction.	0	0	0	0	7	8	14	0
Dextrine.	5	6	8	0	6	6	10	2
Amidon	67	0	58	1	58	6	47	6
Sucre.	0	0	0	5	0	7	0	9
Matières cellulaires .	9	6	14	4	10	8	11	5
	82	2	81	0	84	5	84	2

L'examen de ces nombres nous apprend :

1° Que, dans la germination de l'orge, ou bien il se produit une quantité très-peu considérable de sucre, ou bien une très-petite quantité seulement du sucre qui s'est formé reste dans le malt : c'est là une particularité digne de remarque ;

2° Que la quantité de dextrine déjà préexistante dans le grain crû a augmenté presque de moitié par le fait de la germination, suivi d'un fort touraillement ;

3° Que la quantité d'amidon contenue dans la semence a diminué, mais que la quantité de dextrine et de sucre n'a pas augmenté dans la même proportion ;

4° Que la quantité des matières cellulaires a augmenté dans une large proportion, au détriment des substances précédemment considérées ;

5° La matière grasse a diminué : dans le cas de fort touraillement, elle reste au même taux, vu qu'il se produit de nouveaux produits similaires ;

6° Les substances albumineuses, par contre, ont augmenté par le séchage à l'air, et diminué après le touraillement.

Nous citons textuellement les chiffres du tableau d'Oudemans, nous bornons à remarquer certaines anomalies que le lecteur percevra aisément dans les dernières colonnes : il est à présumer que la discordance de résultats, d'une colonne à l'autre, provient, non du fait de la variété du touraillement mais de ce que les deux malts, avant que d'être soumis à la dessiccation artificielle, présentaient probablement une légère différence de composition.

Néanmoins, on peut encore tirer de cette étude divers enseignements qu'il est utile de mettre en lumière.

Ainsi, le malt desséché artificiellement, mais touraillé légèrement, renferme déjà des produits qui n'existaient pas dans l'orge crue ou maltée au vent, produits dont l'influence sera sensible sur la nature des moûts.

D'autre part, en comparant le malt touraillé fort au malt séché à l'air, nous pouvous conclure que le touraillement parachève l'œuvre de la germination, à savoir la transformation de l'amidon en dextrine, puis en sucre, mais non plus en substances cellulaires.

Autre remarque importante : en comparant le malt séché à l'air, au malt touraillé à forte chaleur, on observe une décomposition notable des substances albumineuses. En rapprochant cette considération de celle relative aux substances non azotées, on conclura aisément, ce que la pratique manufacturière vient d'ailleurs confirmer, que avec du malt fortement touraillé on ne pourra jamais préparer une bière d'une fermentation très-vive et, par suite, très-riche en alcool.

Les considérations ci-dessus s'appliquent exclusivement à l'orge, céréale la plus habituellement soumise au maltage.

Dans certains pays, on a pratiqué ou du moins essayé de préparer des bières à l'aide d'autres céréales maltées. Aussi, croyons-nous être utile à nos lecteurs en transcrivant ci-dessous divers tableaux de la composition chimique de grains crus ou maltés autres que l'orge.

Dans ces analyses, les résultats sont tous rapportés à 100 de substance sèche : la dessiccation des grains germés a eu lieu à air libre, sans touraillement.

I. *Froment.*

ÉLÉMENTS.	CRU.	MALTÉ.
Dextrine	5.5	7.6
Amidon	69.0	61.5
Sucre	»	2.0
Matières cellulaires	7.4	9.8
Substances albumineuses	13.9	14.5
Matière grasse	2.2	2.4
Cendres	2.0	2.2
	100	100

II. *Seigle.*

ÉLÉMENTS.	CRU.	MALTÉ.
Dextrine	6.2	15.3
Amidon	68.0	50.9
Sucre	»	1.3
Matières cellulaires	9.4	14.4
Substances albumineuses	12.5	14.1
Matière grasse	1.7	1.8
Cendres	2.2	2.2
	100	100

III. *Avoine.*

ÉLÉMENTS.	CRUE.	MALTÉE.
Dextrine	6.8	8.1
Amidon	54.1	42.6
Sucre	»	0.5
Matières cellulaires	16.7	25.5
Substances albumineuses	14.0	15.1
Matière grasse.	6.2	4.7
Cendres	3.2	3.5
	100	100

En totalisant dans ces tableaux, les matières cellulaires, l'amidon, la dextrine et le sucre, nous obtenons :

	ORGE.		FROMENT.		SEIGLE.		AVOINE.	
	CRUE.	MALTÉE.	CRU.	MALTÉ.	CRU.	MALTÉ.	CRUE.	MALTÉE.
Dextrine	5 6	8.0	5.5	7.6	6.2	15.3	5.8	8.1
Amidon.	67.0	58.1	69.0	61.5	68.0	50.9	54.1	42.6
Sucre	»	0.5	»	2.0	»	1.3	»	0.5
Matières cellulaires . .	9.6	14.4	7.4	9.8	9.4	14.4	16.7	25.5
	82.2	81.0	81.0	80.9	68.0	81.9	76.6	76.7

En ce qui concerne le froment, le tableau I nous montre que :

1° Il s'est produit, dans la germination, 2 pour cent de sucre, par conséquent une quantité plus grande que dans l'orge;

2° La dextrine dans le malt de froment s'est élevée de près de la moitié par rapport à celle contenue dans le grain non germé ;

3° La quantité de l'amidon a diminué de 1/9 par la germination;

4° La quantité des matières cellulaires a augmenté de 1/3 par la germination.

Le tableau II, relatif au seigle, nous montre que :

1° Dans la germination, il s'est produit 1.3 pour cent de sucre ;

2° La proportion de dextrine s'est élevée de 1 à 2.5 ;

3° Dans la transformation du grain et malt, la quantité d'amidon a diminué de 1/4 ;

4° La quantité des matières cellulaires s'est, au contraire, élevée de 9.4 à 14.4, soit dans le rapport de 2 à 3.

Enfin le tableau III, relatif à l'avoine, indique :

1° Un demi pour cent de sucre en plus au maltage ;

2° La proportion de dextrine augmentée dans le rapport de 2 à 3 ;

3° La quantité d'amidon réduite, au contraire d'1/8 ;

4° La quantité des matières cellulaires augmentée dans la même proportion que la dextrine, soit de 1 à 3.

Les divers tableaux que nous venons de parcourir ont trait aux modifications chimiques éprouvées par les céréales dans leur transformation en malt.

Quant aux quantités respectives d'extraits aqueux fournies par ces diverses substances, elles se rangent dans l'ordre suivant :

	Extrait aqueux pour 100 parties d'
Orge crue.	7.0
Malt d'orge desséché à l'air	11.0
Id. touraillé.	17.0
Id. fortement touraillé	21.0

5. — CONSERVATION ET NETTOYAGE DU MALT.

La conservation du malt et son séjour sur les greniers demandent d'autant plus de soins que les grains ont éprouvé dans les opérations de maltage un gonflement plus considérable.

Les transformations à l'intérieur des grains ont été enrayées par l'élimination de l'eau : la conservation du malt se réduit à les préserver de l'humidité dont le retour donnerait lieu à des transformations ultérieures, à de véritables altérations.

Le moyen le plus sûr de soustraire le malt aux influences de l'air, toujours plus ou moins chargé d'humidité, consiste à l'enfermer dans des réservoirs en bois fermant hermétiquement. Des tiroirs servent à enlever les quantités nécessaires.

Généralement, pour plus de simplicité, le malt est simplement déposé dans des magasins ou greniers, situés de façon que les vapeurs de la brasserie ne puissent y pénétrer. Lorsqu'on trouve le malt humide, on se contente de faire un pelletage par un temps sec. En tout cas, il vaut mieux ne pas le remuer que de le faire par un temps humide.

Si le malt est bien sec et débarrassé de radicelles (fort hygroscopiques), le tas de malt présente un obstacle naturel au passage de l'air. Dans ce cas, il est préférable de ne pas pelleter à moins de motifs sérieux : les grains devenus humides à la surface pourront sécher dans des conditions atmosphériques favorables, tandis qu'un pelletage les ramènerait à l'intérieur.

La conservation du malt exige avant tout l'éloignement des radicelles. Celles-ci absorbent aisément 20 °/₀ de leur poids d'eau qu'elles retiennent énergiquement ; elles constituent dès lors une cause grave d'altération du malt. La décomposition commence par les radicelles et se propage rapidement dans toute la masse. A ce point de vue, il est avantageux de produire au malt dont les racines sont le plus courtes possible : ce qui exige du soin, du coup d'œil et une certaine habileté dans les choix des orges qu'on achète.

Muller admet que les radicelles enlèvent à l'orge 4 1/2 pour cent de son poids : c'est, en effet, au détriment de la substance interne du grain que se fait partiellement, à l'origine, l'alimentation de l'embryon et des radicelles. Il faut donc viser, dans l'opération du maltage, à opérer la transformation nécessaire de l'orge, tout en limitant le plus possible la végétation qui, en amenant cette transformation, enlève inutilement une partie des matières extractives. En effet, les radicelles, introduites dans la cuve à extrait avec le grain, s'y comportent comme des corps inertes, parfois même nuisibles, et n'enrichissent aucunement l'extrait.

Le tableau suivant de la composition chimique de deux types de radicelles, dû à Scheven, montre, en effet, que ces produits ne renferment aucune substance susceptible d'emploi pour la brasserie et qui trouvent, au contraire, un débouché rationnel en agriculture.

Des radicelles, desséchées à 100°, renfermaient :

Fibre ligneuse	18.3	23.6
Substances non azotées.	48.8	39.6
Substances azotées	25.5	28.6
Cendres	7.3	8.0

De l'avis de divers chimistes, Muller notamment, on peut admettre comme terme moyen que, par l'abandon des radicelles, il se produit, pour la préparation de la bière, une perte de 3/4 à 1 pour cent des matières albumineuses qui étaient contenues dans l'orge. Mais cette perte minime est largement compensée, ainsi que nous l'avons dit précédemment, par l'avantage de ne pas manipuler une substance en quelque sorte inerte et souvent d'un effet fâcheux sur le moût. Cet avantage augmente encore dans les pays où l'impôt est prélevé sur la capacité des vaisseaux : dans ce cas, il y a nécessité impérieuse de n'introduire à la cuve que des substances riches et d'en écarter strictement les non-valeurs.

Lorsque le malt est suffisamment sec, on ne doit pas tarder, si l'on veut détacher les racines, à le broyer légèrement, soit en le piétinant sur un plancher immédiatement à la sortie des tourailles, comme le font la plupart des brasseurs ou, ce qui est préférable, en le passant directement dans les machines qui servent en même temps à détacher et à séparer les radicelles.

Le moindre retard apporté à cette opération permet aux racines d'absorber de l'humidité, de reprendre leur souplesse et de se détacher difficilement du grain qui leur a donné naissance.

Voici comment s'opère généralement la séparation des radicelles :

Le malt encore chaud est étendu sur le plancher, en couches de trois à quatre pouces d'épaisseur ; un ou plusieurs ouvriers chaussés de souliers spéciaux, de sabots à larges semelles en cuir doux ou en feutre, frottent légèrement le malt en le piétinant méthodiquement, de manière qu'aucune des parties n'échappe à la friction qui en détache les racines avec la plus grande facilité tant que le malt est dans des conditions de siccité et de température requises.

L'omission de cette manipulation peu coûteuse est assez fréquente et n'entraîne pas nécessairement des conséquences fâcheuses.

Ainsi, par exemple, avec un malt achevé et de bonne qualité, utilisé immédiatement, les radicelles n'exercent aucune influence perceptible sur la marche ultérieure des opérations.

Dans tout autre cas, ce travail présente une importance réelle, trop souvent méconnue. Alors même qu'un petit nombre de grains ont été affectés de moisissures ou de taches quelconques, ce travail doit être fait avec le plus grand soin, afin d'éloigner autant que possible les matières altérées pendant la germination, si nuisibles à la conservation de la bière.

Suivant les cas, le malt sera desséché et frictionné plus énergiquement ou même passé au tarare à brosses, semblable à celui qu'on emploie dans les moulins pour nettoyer les blés mouchetés ou souillés de matières étrangères.

Ces tarares ou diables-volants, munis de brosses et de ventilateurs, font un travail réellement satisfaisant, enrayant les funestes conséquences engendrées par la présence des corps étrangers et cela, avec tant d'efficacité, que l'industriel a tout à gagner en prescrivant l'usage du tarare pour tout le malt, au fur et à mesure de sa production.

Nous ne donnons pas le plan de ces machines, connues de tous ; elles existent dans les brasseries, distilleries, meuneries et même chez les marchands de grains et les cultivateurs soigneux. En général, les constructions les plus simples sont les meilleures quand elles se manœuvrent bien.

Celui dont l'usage est le plus répandu est le tarare simple, qui se meut à la main au moyen d'une manivelle : il se compose d'une caisse en bois munie d'une trémie d'alimentation, surmontant une toile métallique légèrement inclinée et renfermant au centre un ventilateur composé de quatre ailettes en bois.

La toile métallique n'a qu'une faible inclinaison : suspendue à quatre crochets, elle éprouve un mouvement d'oscillation qui fait avancer méthodiquement le grain. Au fur et à mesure qu'il descend de la trémie, il s'écoule de l'autre côté en passant par le canal de

Fig. 60.

décharge du ventilateur chargé de le débarrasser des matières étrangères qu'il renferme.

Quand on a délivré le malt de ses racines, en le passant à la claie ou mieux au tarare, il convient parfaitement au brassage et se conserve, au besoin, beaucoup mieux que le malt ordinaire.

Quoique la quantité de radicelles ainsi enlevées soit considérable, leur rejet n'occasionne aucune perte, malgré l'opinion contraire d'un grand nombre de praticiens. Elles ne renferment, comme nous l'avons dit, ni amidon, ni sucre, ni dextrine; leur infusion d'une odeur nauséabonde et d'un goût amer, ne produit point d'alcool et s'altère rapidement. Il y a donc plutôt lieu de se préoccuper des machines perfectionnées destinées à les enlever ou, en général, à débarrasser le malt de tout ce qui peut lui être nuisible ou inutile.

La fig. 60 (page 235) représente un appareil *dégermeur* usuel. A, cylindre en tissu métallique, de 4 mèt. de long, sur 1 mèt. de diamètre, posé obliquement. A la partie supérieure, jusqu'aux trois quarts de la

longueur, le tissu se compose de fils de fer posés longitudinale-
ment, espacés de manière que les grains ne puissent le traverser.
Sa partie inférieure k, au contraire, se compose d'un fil contourné
en spirale où le malt passe aisément.

La poulie a commande le cylindre. Le malt est chargé par la
trémie c, munie d'un battant d réglant l'écoulement du malt dans
le cylindre. Les radicelles se détachent par le frottement contre le
tamis et tombent sur les planches f, e, tandis que le malt, privé
de radicelles, est reçu dans le réservoir h.

Les pierres et autres corps étrangers trop volumineux pour traverser le tissu k, sont déversés dans i.

Le ventilateur B, fournissant un courant d'air énergique dans la

Fig. 62.

direction de la flèche, produit le nettoyage définitif du malt. Le
volant b fait mille tours par minute. La paroi c sert à garantir de
la poussière le tourillon du tamiseur; les radicelles sont enlevées
par la porte G.

Une construction nouvelle est représentée fig. 61 (page 236); elle sort des ateliers Noback et Fritze, à Prague, et diffère peu de la précédente.

Une autre variante est donnée dans la fig. 62 (page 237).

La séparation des radicelles s'effectue déjà dans la partie *b* en

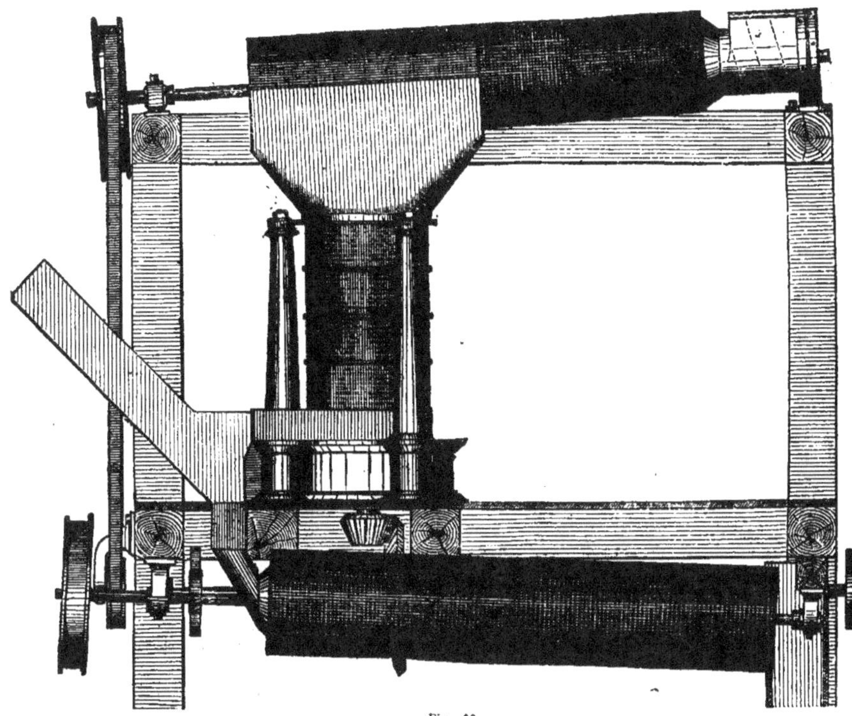

Fig. 63.

dessous de *a*; malt et radicelles passent par le canal *c* dans le cylindre trieur *d* qui livre passage aux dernières et retient le malt pour le déverser en *e*.

M. Schwalbe construit le trieur représenté fig. 63.

Le malt arrive dans le cylindre supérieur, qui en sépare d'abord les corps étrangers les plus grossiers ; de là, il passe dans le cylindre vertical où se trouvent 4 plateaux à rainures, qui par leur rotation rapide projettent le malt contre 4 cônes à rainures, ce qui produit la séparation des radicelles. En contrebas du cylindre vertical se

trouve un ventilateur qui les entraîne par la cheminée latérale ; les grains arrivent dans le dernier cylindre incliné, où ils sont dépouillés complétement des impuretés auxquelles ils se trouvaient mélangées. Cette machine est fort en renom.

Les fig. 64 et 65 représentent une autre machine de Schwalbe, aussi convenable pour le travail à vapeur que pour le travail manuel. Elle convient aux établissements de moindre importance, exige peu de place et est d'un prix peu élevé. Le malt passe sur les tamis disposés dans la trémie. Les tamis, animés d'une grande vitesse de rotation, laissent passer le malt et retiennent les pierres et autres corps étrangers, qu'on enlève par des portes latérales.

Au-dessous de la trémie se trouve une capacité cylindrique peu élevée, dans laquelle tourne un troisième

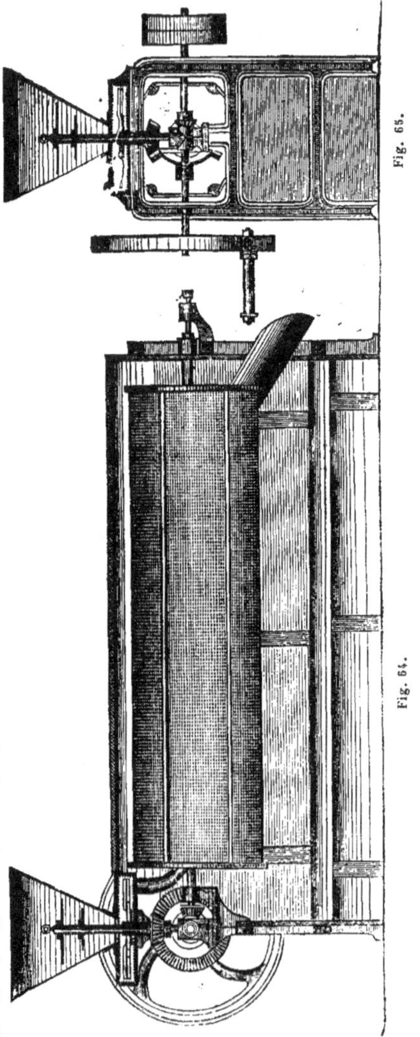

tamis à ailettes, où se fait la séparation des radicelles d'avec le malt.

Dans le cas où la machine est mue à bras d'homme, elle fait le nettoyage de 250 à 300 kil. de malt par heure.

6. — CALCUL DES DIMENSIONS D'UNE MALTERIE.

En vue de faire apprécier pratiquement les conditions et les proportions dans lesquelles il convient d'établir la malterie, annexe nécessaire de la brasserie, nous prendrons pour exemple un travail comportant une production de malt sec se chiffrant par un million de kilogrammes, soit 22,000 hectolitres, ou, pour plus de simplicité, pareil volume d'orge crûe. Nous supposerons la période du maltage limitée à 240 jours, de septembre à fin avril.

Pour déterminer, en premier lieu, les dimensions du vaisseau de mouillage, nous diviserons en 30 lots la quantité totale et nous augmenterons d'un quart environ le volume ainsi obtenu, pour tenir lieu du gonflement résultant de l'opération.

$$\frac{22{,}000 \text{ hect.}}{30}\left(1 + \frac{1}{4}\right) = 916 \text{ hectolitres.}$$

Cette capacité est, en outre, augmentée de façon à pouvoir loger l'eau ajoutée : on donne, à cet effet, un supplément de 75 centim. à la hauteur du bac mouilleur.

Pour déterminer ensuite la superficie des greniers, on notera que la germination augmente le volume de l'orge dans le rapport de onze à treize : les 91.6 mètres cubes d'orge deviennent donc 108,25 mètres cubes, après leur hydratation.

Les couches du malt, dans leur plus grande épaisseur, mesurent 7 centimètres, d'où, pour l'aire des greniers, 1546 mètres carrés de superficie; ajoutant 1/9 pour les sentiers, on aura 1718 mètres carrés, soit 2,35 mètres carrés par hectolitre d'orge.

Les dimensions de l'aire de la touraille varient beaucoup selon le procédé suivi et l'arrangement du travail. En tout cas, un quart de la surface du germoir est une proportion large, suffisant à toute exigence : soit, dans notre exemple, environ 430 m. c. Lorsque le malt est bien séché préalablement à l'air, on peut se contenter de un sixième. Tels sont les calculs de M. Habich. Voici l'estimation de M. Thaussing :

Une brasserie faisant 30 mille hectolitres de bière par an à 55 % d'extrait, absorbe 23 kil. de malt par hectolitre de bière, soit 690,000 kil. de malt provenant de 885,000 kil. ou 13,800 hectol. d'orge.

La période de maltage étant de 270 jours (1er sept. à fin mai) et la germination de 10 jours, on travaille successivement 27 lots de 511 hectolitres d'orge.

Si l'on fait le mouillage en deux fois, il faut 255,5 hectol. soit 25,55 mètres cubes ou plutôt 35 mètres cubes en y comprenant l'eau de mouillage et l'augmentation du volume de l'orge. Trois bacs mouilleurs auront donc une capacité minima de 12 mètres cubes ou 120 hectolitres.

Le germoir qui doit contenir 681 hectolitres d'orge germée, disposée en couches de 8 centimètres de haut, doit présenter au moins 2,5 mètres carrés par hectolitres d'orge, soit 1328 mètres carrés, y compris les sentiers ou passages pour le personnel.

En général, on trouvera préférable de subdiviser le travail des 511 hectolitres et de disposer le germoir en trois parties correspondantes ou trois bacs mouilleurs.

Par cette disposition, la régularité des opérations, la facilité du contrôle s'établit et se maintient d'une manière simple et rationnelle.

Tandis que le tas le plus ancien est à 8 centim. de profondeur et demande 2,5 mètres carrés par hectolitre, le suivant sera à 20 centimètres et n'exige que 0,95 mètres carrés pour le même volume, et le dernier, au sortir du bac de mouillage, étant à 40 centimètres environ, ne demande que 0,35 mètres carrés par hectolitre d'orge.

Sans entrer dans de plus amples détails, on conçoit les avantages de ce travail ; seulement, il ne faut diminuer en rien le soin et l'exactitude minutieuse que nous avons déjà recommandés à plusieurs reprises.

Il résulte encore de cette disposition du travail du germoir qu'au besoin, on pourra subvenir aux exigences nouvelles résultant d'une fabrication plus active.

Les dimensions de 2 mètres carrés et même 1,75 mètres carrés par hectolitre permettront la continuation d'un travail qui ne peut être interrompu ni diminué en intensité sans pertes souvent considérables.

On rencontre, en pratique, les dimensions suivantes [1]:

1,75   à 2,6 mètres carrés de germoir par hectolitre d'orge.
0,0642 à 0,0967 »   »   »   et par campagne de maltage.
0,129 à 0,192 »   »   »   100 kil. malt »   »
0,0298 à 0,442 »   »   »   hect. de bière »   »

Dimensions de la touraille. — En travail régulier, les 1022 hectolitres de malt, provenant des 511 hectolitres d'orge, doivent être desséchés en 10 jours.

Les plateaux, chargés et déchargés toutes les huit heures, contiennent donc $\frac{1022}{10+3} = 34$ hectolitres. En couche de 10 centimètres il faudra, par conséquent, 34 mètres carrés de surface, soit 68 mètres carrés pour les deux plateaux ensemble. Les dimensions de chaque plate-forme seront donc :

1 mètres carrés par 26,3 à 39 mètres carrès de surface de germoir.
1,33 »   » 100 kil. de malt sec et par jour.
0,00492   »   »   »   » campagne.
0,0665   » hectolitres d'orge dans le tas de maltage.
0,00246   »   »   »   »   » et par campagne.
0,00113   »   »   de bière et par an.

Il convient d'adopter des dimensions un peu plus fortes, afin d'être prêt à toute éventualité, sans augmenter la hauteur des couches.

---

[1] Ces données sont extraites du récent ouvrage de M. Thaussing, p. 322.

PLAN ET DISPOSITION D'UNE GRANDE MALTERIE.

Les figures 66, 67 et 68 représentent, en plan général et en deux coupes verticales, une malterie récemment construite par M. Einenkel, de Chemnitz pour une production de 60,000 quintaux métriques de malt sec.

a Halle des générateurs : 2 chaudières de 16 chevaux-vapeur chacune.

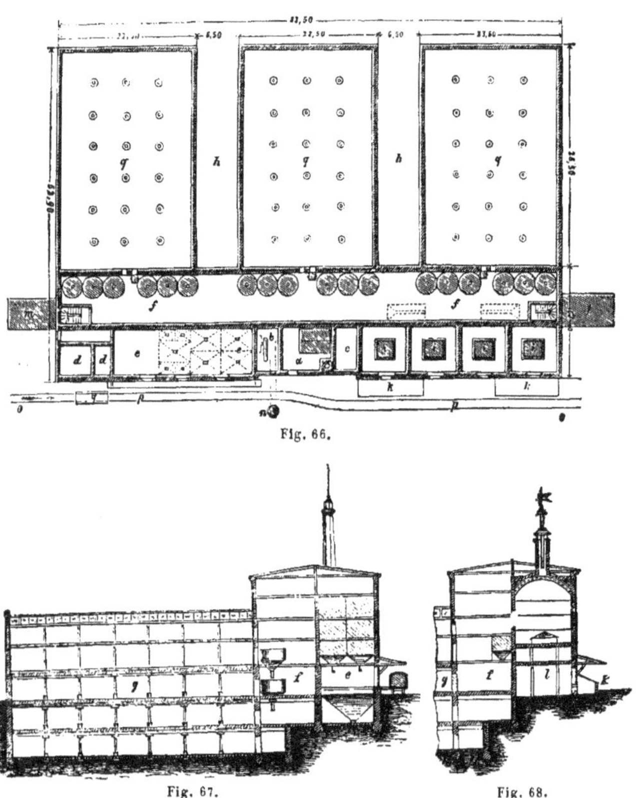

Fig. 66.

Fig. 67.   Fig. 68.

b Machine motrice.

c d d Bureaux et annexes sises au-dessus des caves, magasins aux huiles, etc. A l'étage, logements pour le personnel, magasins pour les ustensiles.

e. Salle dallée pour les chargements et déchargements d'orge, communiquant avec les bureaux. Au-dessous, 4 silos pour emmagasiner l'orge, jaugeant ensemble 2,000 quintaux métriques. Au-dessus, (4e étage) local où fonctionnent 4 trieuses et nettoyeuses, puisant l'orge aux silos par l'intermédiaire d'élévateurs : ce local est surmonté d'un grenier (5e étage), réserve en cas d'insuffisance des autres locaux, d'une capacité de 300 quintaux métriques.

Au 2d étage se trouve un réservoir général pour l'orge de rebut, de 400 quintaux, et quatre réservoirs pour les autres déchets de nettoyage. Ces réservoirs se terminent en forme d'entonnoir communiquant avec des conduits destinés à les décharger sur l'aire de la halle *c.*

f Corridor existant à tous les étages, pour le service des communications entre les diverses parties de l'établissement. Au quatrième étage du corridor se trouve un transporteur général horizontal, qui traverse toute l'étendue et qui distribue l'orge (arrivant par un élévateur) dans les bacs mouilleurs répartis comme suit aux divers étages : douze (de la contenance de 62 quintaux métriques) au rez-de-chaussée; deux (de 40 quintaux) et six (de 62 quintaux) dans les étages supérieurs; soit 20 bacs, d'une contenance totale de 1,196 quintaux métriques.

Tous ces bacs en tôle, avec fond en forme d'entonnoir, sont disposés deux à deux au-dessus de l'emplacement du tas mouillé dans le germoir. Au-dessus, se trouve l'orge destinée au mouillage, 2,300 quintaux sont toujours prêts à être déversés. Le germoir s'étend au-dessous du corridor *f* et des trois ailes *g, g.* Le premier a 244 mètres carrés et chacun des neuf autres a une surface de 700 mètres carrés.

Les tourailles, au nombre de quatre, avec une section de 56,25 mètres carrés chacune ou 225 mètres carrés de surface de chauffe totale, sont placées dans l'aile droite du bâtiment principal en *i, i, i, i*. Ces tourailles sont à 3 étages. Devant les calorifères *l* se trouvent les hangars *k* avec la provision de charbon.

Au deuxième étage du corridor *f* se trouvent deux tarares et deux nettoyeuses, avec communication par élévateurs.

Les radicelles, de même que tous les déchets, sont reçus dans l'entresol à côté des tourailles, d'où on les fait parvenir à la salle *e* par des trémies avec couloirs.

Un grenier au-dessus de *e* reçoit le malt nettoyé, délivré par un transporteur. Ce grenier peut contenir 500 quintaux métriques de malt ; de là, le malt est écoulé dans 4 réservoirs de 3000 quintaux de capacité, situés dans les 2°, 3° et 4° étages au-dessus de la salle *e* et se terminant en entonnoir pour le déchargement.

Cette disposition permet d'avoir toujours disponibles et prêts au départ 5,500 quintaux d'orge et 3,500 quintaux de malt.

Si l'on voulait faire grande provision d'orge on se servirait des 6 greniers de réserve possédant une surface de 4,500 mètres carrés : 12,500 quintaux métriques de blés peuvent y être logés. Ces greniers sont en communication, par transporteurs et élévateurs, avec les trieuses et nettoyeuses et avec la salle *e*.

n puits. O, *o* cour générale. P chemin de fer, Q bascule.

7. — DES SUCCÉDANÉS DU MALT.

L'étude des succédanés du malt est une de celles qui passionnent à de certains moments les brasseurs, spécialement dans les périodes où, par suite d'une récolte minime en quantité ou médiocre en qualité, par suite du défaut d'arrivages à l'occasion d'une guerre, etc., le cours des orges vient à s'élever dans des proportions anormales. Nous ajouterons que cette étude est la préoccupation constante des brasseurs intelligents, de ceux qui, en tous temps, ont l'œil ouvert pour adopter, sans retard quoiqu'avec prudence, les améliorations que le progrès scientifique leur conseille comme pouvant apporter une économie sensible dans le prix de revient de leurs produits ou dans la qualité de ces liquides alimentaires, autre circonstance de nature à aider puissamment à leur diffusion.

L'importance de cette étude nous a déterminé à dire ici quelques mots des substances féculentes ou sucrées utilisées dans la brasserie au même titre que le malt et en remplacement de cette matière première. Nous avons eu déjà l'occasion de signaler la plupart de ces matières premières dans le livre II de cet ouvrage, consacré particulièrement à leur étude et à leur description. Nous y reviendrons encore, lorsque nous traiterons des diverses méthodes de fabrication et des divers types de bière; néanmoins, nous considèrerions comme une lacune de ne pas attirer, dès maintenant, l'attention de nos lecteurs sur ces substances, d'un emploi si rémunérateur, dans un chapitre traitant de la préparation du malt.

Le *sucre brut de canne* était autrefois utilisé en Angleterre, dans d'assez fortes proportions, à titre de succédané du malt; mais *les glucoses*, et, en première ligne les glucoses de maïs, tendent aujourd'hui à le remplacer dans la plupart des établissements.

La raison principale de cette substitution git dans la composition même de ces deux substances. Le sucre de canne, ainsi que nous l'avons exposé dans la partie purement théorique de ce traité, n'est pas directement fermentescible; il doit d'abord être converti en cette variété sucrée dite glucose, par l'action des cellules de la levûre, et il exige, par conséquent, pour accomplir une fermentation donnée, beaucoup plus de ferment que la glucose.

Les sucres bruts contiennent toujours des *matières albumineuses* et donnent lieu à de *mauvaises fermentations,* à cause de la grande quantité de ferments décomposants qu'ils contiennent. Il est donc préférable de ne pas employer cette sorte de sucre et de faire usage des sucres obtenus par des procédés basés sur la transformation et la précipitation de la matière amylacée.

Quant à la glucose ou sucre de raisin, elle est formée dans les plantes par l'action des corps albuminoïdes solubles. On la trouve non-seulement dans le raisin ordinaire, mais aussi dans le miel, presque exclusivement composé de glucose, et dans la plupart des fruits, où elle est souvent associée au sucre de canne. On la retire du miel en soumettant celui-ci à une très-forte pression pour en faire sortir les sucres intervertis et en faisant digérer le résidu dans de l'alcool. L'opération, répétée plusieurs fois, donne pour résultat de la glucose assez pure.

On produit la glucose sur une grande échelle en faisant réagir l'acide sulfurique sur l'amidon hydraté à chaud; celui-ci est converti en glucose.

On fabrique, en Angleterre, des *glucoses de riz* (saccharum) destinés à la brasserie. On emploie, pour ce but, un riz finement broyé, et on le délaie dans de l'eau contenant 1 pour 100 d'acide sulfurique. Cet amidon, ainsi délayé, est versé dans un digesteur relié à une chaudière à haute pression. Dès que le digesteur a été chargé, on y fait arriver la vapeur d'eau, et en très-peu de temps la pression se trouve être aussi élevée dans celui-ci que dans le bouilleur. Au bout de deux ou trois minutes, la pression s'élève de trois à cinq kilogr. par centimètre carré et cette circonstance explique la petite quantité d'acide sulfurique employé et le peu de temps qu'il faut (dix minutes à peu près) pour opérer la conversion de l'amidon en glucose. On essaie le liquide pour vérifier si la réaction a été complète et s'il n'y a plus d'amidon; l'on ne cesse l'opération que lorsque le liquide, traité par une petite quantité de carbonate de chaux, ne se colore plus par la teinture en bleu ou en rouge; on est alors certain qu'il ne reste plus de dextrine, ni de matière amylacée dans la liqueur et que tout l'amidon a été converti en glucose. Cette méthode offre encore l'avantage de laisser échapper à volonté la vapeur contenue dans le digesteur et de la débarraser de toutes les huiles hydrocarbonées de mauvaise odeur. L'opération terminée, on verse le sirop dans un vase où l'on procède à la saturation de l'acide sulfurique qu'il contient par le carbonate de chaux; il se forme un précipité insoluble qui est du sulfate de chaux. Il ne reste plus qu'à le décolorer plus ou moins avec du charbon animal et l'on obtient, suivant la quantité employée de cette matière décolorante, des sirops blancs, ambrés ou bruns.

On prépare aussi en Angleterre des glucoses au moyen du sucre de canne en le convertissant par l'action de l'acide sulfurique étendu en glucose dextrogyre et en glucose lévogyre.

Indépendamment des glucoses de riz, on fabrique ainsi en Angleterre des glucoses avec d'autres amidons, rarement toutefois avec la fécule de pommes de terre.

On vend aussi en Angleterre sous le nom de *maltose,* des glucoses préparés avec l'amidon par un traitement spécial.

Ainsi que nous le disions plus haut, l'emploi des *glucoses de maïs* prend en Angleterre une extension tous les jours plus considérable ; nous parlons surtout des glucoses fabriqués de l'amidon, préalablement extrait de cette céréale, et non pas des glucoses préparés directement avec cette céréale, et qui, non débarrassés des matières étrangères qu'elle renferme, ne constitue qu'un produit de qualité inférieure, d'un emploi difficile pour la fabrication d'une bière de qualité fine.

Il y a généralement économie à saccharifier au moyen du malt, en cuve-matière, une certaine proportion d'amidon étranger provenant soit directement des céréales, soit de préférence, par voie indirecte, comme c'est le cas pour l'amidine de maïs. Or, pour bien réussir dans cette opération, pour tirer de l'amidon externe additionné au malt le maximum de rendement, pour arriver à en constituer le moût renfermant les proportions habituelles de glucose et de dextrine que renferment les moûts de malt pur, deux conditions sont indispensables :

1° Il faut utiliser à cet effet un malt de première qualité, c'est-à-dire un malt à plumule développée à peu près dans toute la longueur de la graine, par germination lente et, autant que possible, à basse température ; à ce propos, nous signalerons la pratique vicieuse usitée dans nombre de brasseries, de ne pas pousser à fond la germination, sous prétexte qu'un trop long germe épuise le grain.

Evidemment, la surveillance du germoir doit avoir spécialement pour objet de ne pas laisser arriver la plante à un point de végétation qui légitime ces craintes : mais la pratique journalière de bien des brasseurs pêche par l'excès inverse, beaucoup plus préjudiciable, qui consiste à préparer et à utiliser des malts insuffisamment germés, à petite plumule, et conséquemment doués d'une puissance saccharifiante médiocre.

Donc, lorsqu'on a recours à un succédané du malt, l'emploi de cette nouvelle matière première sera toujours corrélatif à l'emploi de malt à forte plumule, puissant et bien germé.

L'incontestable supériorité des malts germés à longue plumule sur les malts qui ne présentent pas cette qualité est si bien établie d'ailleurs, en Angleterre, qu'elle donne lieu à d'énormes écarts de prix entre les diverses qualités de malt.

C'est ainsi que l'on a vu coter au marché de Londres la 1re qualité de malt 75 sh., soit 93 fr. 75 le quarter. — La 2e qualité 68 sh., soit 85 francs. — La 3e qualité 62 sh. soit 77 fr. 50.

Et cependant les brasseurs anglais ne peuvent, de par la législation actuelle, employer au brassage des céréales autres que le malt ou des amidons étrangers, la loi ne tolérant que l'emploi des glucoses. Mais les avantages inhérents à l'emploi de bon malt comme rendement, comme facilité de clarification et qualité définitive de la bière, sont tellement appréciés en Angleterre qu'on n'hésite pas à payer souvent 16 fr. de plus au quarter pour obtenir des malts de 1re qualité.

La deuxième condition pour tirer le parti le plus fructueux des amidons étrangers additionnés au malt, réside dans un mode de brassage convenablement approprié pour une bonne et complète saccharification de ces amidons.

A cet égard, avec d'excellent malt, tous les systèmes quelconques de brassage se prêtent à l'opération, mais le brassage à moût trouble, ainsi que nous le verrons plus loin, est celui qui, sans contredit, apporte avec lui les plus grandes facilités de travail.

Il est très-difficile au brasseur de se faire une idée juste sur la valeur commerciale comparée au malt des divers produits proposés par le commerce pour remplacer cette céréale, en consultant les évaluations diverses consignées dans les ouvrages traitant de la fabrication des bières.

C'est une question des plus complexe et des plus délicate que d'apprécier, comparativement au malt, la valeur des divers succédanés utilisables en brasserie.

Il faut, en effet, considérer la valeur respective des succédanés au point de vue de l'objectif principal du brasseur, le rendement alcoolique. Il faut aussi tenir compte des matières autres que celles directement alcoolisables qu'apporte avec soi le produit dans le moût soumis à la fermentation. Or, ces matières peuvent être, ou bien utiles pour le rendement en levûre, pour la bouche et le cachet de la bière; ou bien nuisibles, ou susceptibles de provoquer l'altération rapide des produits.

C'est ainsi que le bon malt, accusant par exemple 65 p. c. d'extrait, est loin de rendre en pratique les 32 litres d'alcool pur qu'il pourrait fournir si cet extrait se composait uniquement de glucose. Quoi qu'il en soit, la proportion d'extrait accusée par le malt et qui n'est pas de la glucose, n'en est pas moins un contingent utile de matières pour la fermentation et le cachet de la bière.

Par contre, au lieu de malt, si l'on envisage les mélasses, les sirops de canne, ce serait une erreur complète que de s'imaginer que la quantité d'extrait accusée par ces sirops soit directement profitable au brasseur, au même titre que l'extrait de malt.

En effet, si une certaine portion de cet extrait se convertit en alcool, une autre portion, composée des matières étrangères, au lieu d'apporter un contingent de substances utiles, et c'était le cas pour le malt, n'apportera, au contraire, dans le moût, qu'un contingent de matières nuisibles, qui, loin d'aider à la fabrication, ne feront que multiplier les causes d'altération du moût et de la bière.

On ne saurait trop insister à cet égard sur l'illusion que se font maints brasseurs dans l'évaluation comparative des divers succédanés du malt qu'ils emploient.

Voici, par exemple, pour varier la comparaison, de bon sirop de maïs à 40 degrés, et de la mélasse, vendue également à 40° Baumé. Délayés dans une certaine proportion d'eau, ces deux sirops pourront accuser le même degré d'extrait, mais comme valeur intrinsèque, un écart sensible peut séparer les deux produits.

En effet, si le bon sirop de maïs peut rendre jusqu'à 40 litres d'alcool absolu par 100 kil., la plupart des mélasses du commerce n'en rendent que 27 à 28 p. c. Et cependant au pèse-bière, au saccharimètre, les deux produits délayés dans le moût accuseront un chiffre d'extrait identique.

Donc, pour asseoir sur des bases sérieuses un travail d'appréciation comparée de la valeur des divers succédanés du malt avec la valeur de ce dernier, il faut tenir compte :

1° Du contingent de matières directement alcoolisables apporté par le succédané ;

2° Du contingent de matières non susceptibles de se transformer en alcool mais utilisables cependant dans le moût ;

3° Du contingent de matières étrangères et plutôt nuisibles qu'utiles que peut apporter avec lui tel ou tel succédané.

On trouve des écarts considérables entre les chiffres qui, d'après les expériences de praticiens, représentent l'équivalent en malt des divers succédanés employés en brasserie. Nous citerons comme assez dignes de créance les résultats suivants, constituant des moyennes : nous avouons néanmoins qu'il y aurait lieu, pour être fixé sur la valeur de quelques-unes de ces substances, de procéder, à la cuve, à des essais sur une échelle industrielle, expériences qui doivent servir de guide principal au praticien lorsqu'il apporte des modifications à sa méthode habituelle.

Nous avons déjà indiqué (Livre II, p. 37), d'après Balling, le rendement proportionnel en extrait de diverses espèces de céréales, qui peut s'évaluer, en moyenne, aux chiffres suivants :

Froment. . . . . 70 p. c. en poids.
Maïs 70   "
Seigle 65   "
Orge. 60   "
Avoine 42   "

D'après des chiffres puisés dans une publication récente, on pourrait évaluer, comme suit, le rendement en extrait du malt et de ses succédanés, aux cent kilogrammes :

	MALT.	SUCRE DE CANNE.	AMIDON.	FÉCULE DE POMME DE TERRE.	RIZ.	MAÏS.
Glucose	52.48	105	83.3	66.64	70.8	52.47
Dextrine	15.75	"	25.0	20.00	21.25	15.75
Extrait total	68.23	105	108.3	86.64	92.05	68.22

Dans l'évaluation du rendement en extrait, nous n'avons tenu compte à part ni des sels, ni de l'albumine, etc. ; ces substances sont comprises dans la quantité totale de l'extrait, ce qui n'amène qu'une erreur insignifiante.

Nous reviendrons sur la question des succédanés du malt lorsque nous aurons décrit les différentes méthodes de fabrication : nous pourrons alors faire apprécier en connaissance de cause les conditions de l'emploi de ces matières soit isolées, soit simultanément avec l'orge germée base fondamentale de tout moût de bière.

DEUXIÈME PARTIE.

LE BRASSAGE.

———

Dans la première partie du Livre III, spécialement consacré à la fabrication de la bière, nous avons envisagé, à divers points de vue, la production du malt, matière première du moût d'où doit sortir la bière. Dans cette seconde partie, nous envisagerons l'opération par laquelle on met en œuvre cette matière première à savoir, le *brassage* proprement dit, par lequel s'opère la macération des substances amylacées.

Vu l'importance des manipulations et de l'outillage servant à opérer le refroidissement du moût, avant que de le transformer en bière par la fermentation, nous consacrerons un chapitre particulier au refroidissement du moût.

———

CHAPITRE I.

A. — GÉNÉRALITÉS.

Avant d'aborder l'étude des diverses opérations de la macération de s grains, nous croyons utile d'insister tout l'abord sur certaines considérations générales dont l'importance n'est pas toujours appréciée des praticiens : les mécomptes qui s'ensuivent leur rappellent souvent, à leurs dépens, ces prescriptions salutaires, à l'observation desquelles tout industriel soigneux attache autant de prix qu'il en attache à l'observation stricte des méthodes rationnelles de travail :

nous voulons parler des soins généraux de propreté, qui doivent s'étendre tant à la tenue des locaux, des vaisseaux, des ustensiles de tout genre, des matières premières, qu'à la surveillance de l'atmosphère même.

La propreté dans la brasserie. — La fabrication d'une bière de qualité et de bonne garde exige avant tout la propreté la plus minutieuse, non-seulement dans la salle où l'on brasse, mais encore dans toutes les dépendances, comme aussi de la part du personnel, en un mot dans tout ce qui contribue, n'importe à quel degré, à la préparation d'un liquide digne d'être appelé le vin du Nord.

Dès que cette condition essentielle et primordiale échappe à l'attention et à la surveillance dont elle doit être l'objet et la préoccupation constante, des germes de toute espèce se développent, souvent avec une étonnante rapidité, communiquant à la bière l'acidité et le goût désagréable qui en sont les conséquences premières et immédiates.

S'il n'est pas facile de combattre des ennemis invisibles profitant de tout pour s'introduire dans la place, il est bien autrement difficile et onéreux de s'en débarrasser lorsqu'ils en ont pris possession.

Aussi, de tout temps, le brasseur intelligent a concentré tous ses efforts aux moyens défensifs. Le fer, le ciment, les enduits vernissés, l'émail ont en grande partie remplacé le bois, dont la structure trop spongieuse et la nature facilement attaquable offrent un champ favorable au développement des végétations microscopiques.

La chaux est jusqu'ici (avec l'acide salicylique), l'agent antiseptique le plus en usage dans les brasseries. Dès qu'un vaisseau est libre et doit rester un certain temps inactif, il est à conseiller de badigeonner légèrement ses parois d'un lait de chaux, qu'on enlève au moment de se servir à nouveau du vaisseau.

Un vase en bois (tonneau, cuve, etc.), resté au contact de l'air sans aucun enduit protecteur ni lait de chaux, est bientôt pénétré profondément de matières nuisibles et demande un traitement spécial. Il ne suffit plus, en effet, de nettoyer les surfaces, l'acidité et les germes dont le bois se trouve imprégné trouveraient l'occasion de se diffuser dans les liquides qu'on y verserait imprudemment.

On recommande l'alcali volatil (ammoniaque) pour les cas semblables : cependant une sécurité parfaite ne s'obtient que par une ébullition prolongée et un lavage subséquent au lait de chaux.

Quelques brasseurs ont recours, dans ce cas, à la pratique du soufrage. Une certaine quantité de soufre est brûlée à l'intérieur du tonneau vide. Faite avec soin, et suivie d'un lavage énergique, cette opération paraît donner d'excellents résultats.

La pratique la plus efficace, dans les cas d'altération profonde, consiste à enlever, à l'aide du rabot, la couche de bois imprégnée de miasmes : généralement un millimètre d'épaisseur, enlevé à la douve d'un vaisseau, est largement suffisant pour le remettre, en quelque sorte, à l'état vierge.

Influence de l'air. — Il est aujourd'hui hors de conteste que l'air sert de véhicule aux miasmes, *ferments* ou *spores*, agents actifs, qui, transportés dans un milieu propice, provoquent des fermentations et décompositions diverses. Le moût de bière présente un milieu extrêmement favorable au développement d'un grand nombre de transformations morbides, dont la conséquence immédiate au point de vue du brasseur, est une altération sensible de la qualité de la bière. Cette altération débute parfois aux bacs refroidisseurs, sous l'influence de vapeurs nuisibles émanant du brassage. Les gaz provenant de substances albumineuses en décomposition, venant en contact avec le moût dans des circonstances de température favorables à leur action pernicieuse, constituent un danger toujours imminent.

Il est donc indispensable de soumettre l'atmosphère de la brasserie à une surveillance continue, de façon à maintenir les divers liquides en travail dans de bonnes conditions hygiéniques. Il faut prévoir cela dans la disposition même des locaux et des ustensiles, lorsqu'on fait le plan d'une brasserie. Une ventilation énergique et constante est le complément logique, indispensable, des soins de propreté à établir dans toutes les dépendances de l'usine. Les cheminées d'évent sont insuffisantes, il faut des ventilateurs, non-seulement pour chasser l'air vicié et l'humidité du local, mais encore pour favoriser l'introduction de l'air extérieur.

Longtemps avant le nouveau procédé de M. Pasteur basé sur le

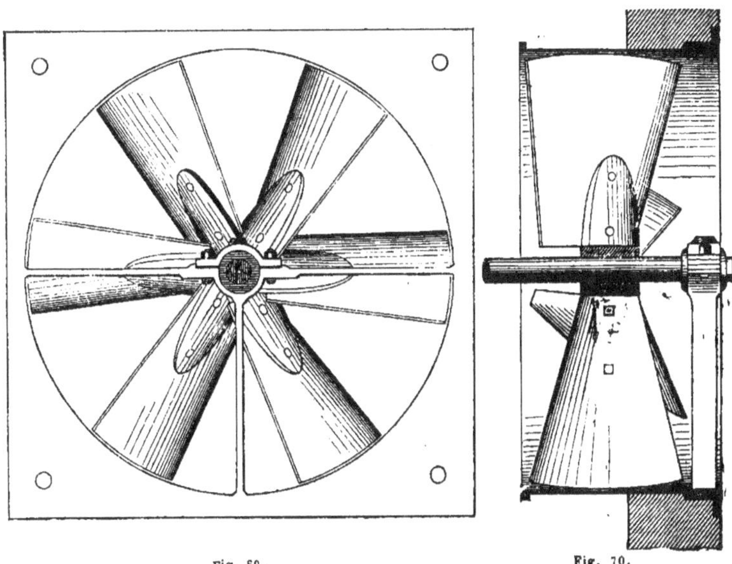

Fig. 69.   Fig. 70.

travail à l'air pur, M. Habich a préconisé ces idées et tous les industriels soigneux les suivaient par instinct, peut-être, plus que par conviction [1].

----

(1) Les *Études sur la bière* de M. Pasteur, parues en 1877, constituent une des plus remarquables productions dont s'inspireront utilement les brasseurs amis du progrès. L'auteur, dans une note insérée à la p. 326, signale comme formant l'idée essentielle de ses *études*, l'idée nouvelle qu'il a tenu à vulgariser pour le plus grand profit de l'industrie, cet aphorisme « l'air est impur, purifions-le ou supprimons-le. » Pour rendre hommage à la stricte vérité, nous devons reconnaître que si M. Pasteur est le premier qui ait mis en lumière, avec tout le développement qu'elle comporte, cette idée dont l'importance manufacturière n'échappe à personne, il n'est pas moins vrai, d'autre part, que dès 1869, Habich dans son

Divers appareils sont utilisés pour la ventilation des brasseries, spécialement en vue d'écarter les miasmes en les entraînant au dehors par un courant d'air plus ou moins puissant.

Les fig. 69, 70, montrent un aspirateur établi dans la muraille ou la fenêtre du local de brassage. Il se compose d'une case cylindrique dans laquelle tourne une roue à ailes, de construction telle que par la vitesse de rotation l'air vicié soit aspiré et refoulé à

Fig. 71.

l'extérieur. Cet appareil s'installe avec avantage dans les caves, tourailles, etc., partout où l'évacuation naturelle de l'air vicié laisse à désirer.

Un autre appareil de ventilation est représenté par la fig. 71.

École de la Brasserie (2me partie, p. 199) attirait déjà spécialement l'attention des industriels sur l'impérieuse nécessité de n'admettre que de l'air absolument pur dans les locaux d'empâtage, de cuisson, de refroidissement et, en général, là où le contact de l'air avec le moût a lieu de certaines températures.

B. — CLASSIFICATION DES OPÉRATIONS DU BRASSAGE.

Le but du *brassage* ou *macération* est :

a. — La transformation de l'amidon en glucose et en dextrine.

b. — La dissolution des matières albumineuses solubles. On comprend qu'une ébullition prolongée fait entrer en solution une plus grande quantité de matières albumineuses et procure une plus forte quantité d'extrait.

Aussi le même malt, la même matière première de brassage, fournit, suivant les cas, des quantités d'extrait bien différentes : soumis à la décoction, l'extrait sera plus riche en matières albumineuses, moins riche en sucre, dextrine et alcool, que s'il est obtenu sans ébullition ou décoction prolongée des matières de brassage.

Cette différence dans la composition des extraits ou moûts se retrouve naturellement dans les bières qui en proviennent.

Deux moûts de même concentration, dont l'un a été préparé sans coction de la matière, par le procédé dit *d'infusion* ou à *moût clair,* et l'autre par le procédé de *décoction* ou à *moût épais,* mis en fermentation, fournissent : le premier, une bière plus riche en alcool et plus pauvre en extrait, le second, une bière plus riche en matières albumineuses.

La couleur de la bière d'infusion est plus pâle, le goût plus vineux et moins visqueux ; la bière de décoction est plus colorée, plus consistante, elle donne en quelque sorte au palais une sensation plus pleine. Ainsi, les caractères distinctifs de la bière dépendent en première ligne de la méthode de macération ou de la préparation du moût.

Choix des matières à mettre en cuve. — On n'emploie pas toujours le malt seul à la macération, on l'additionne fréquemment de quantités notables de grains crus, amidon de maïs, farine de pommes de terre, etc.

Lorsqu'on fait emploi de sucre, cette substance n'est ajoutée qu'à une opération ultérieure et non pas au début de la macération.

Cette addition modifie profondément les qualités distinctives de la bière.

Nous avons vu que le maltage a pour effet principal de provoquer la solubilité d'une partie des matières albumineuses. Les grains crus, n'ayant pas éprouvé cette transformation, que l'ébullition est impuissante à produire, donneront naissance à une bière moins riche en albumine.

L'amidon, la glucose, le sucre de canne, etc. augmentent encore la richesse de l'extrait en matières fermentescibles.

Le goût du consommateur doit décider l'industriel à adopter le mélange le plus convenable pour donner la saveur spéciale réclamée de la bière.

En général, malgré les qualités appréciées en certains endroits de la bière à fécule ou à teneur alcoolique élevée, le consommateur préfère les bières plus albumineuses produites à l'aide d'une plus grande proportion de malt.

C. — APPRÊT DES MATIÈRES AVANT LA MACÉRATION.

Malgré les soins apportés au nettoyage des grains avant la germination, la pellicule du malt peut encore retenir certaines substances plus ou moins nuisibles au goût exquis des bières fines.

La supériorité des bières Viennoises est due, en partie, aux soins spéciaux dont le malt sec est l'objet en Autriche. Non-seulement, on sépare rigoureusement les radicelles, pointes, etc., par le moyen des dégermeuses à brosses, mais on soumet, en outre, le malt à l'action de tôles rugueuses qui enlèvent une partie de l'enveloppe (pellicule), comme on le fait pour le froment dans les moulins perfectionnés.

Toutes les matières destinées à la macération sont amenées d'abord à un état convenable de division ou de désagrégation.

a. **Le Malt.** — La germination, outre les effets chimiques, déjà mentionnés, exerce aussi une influence mécanique en désagrégeant les grains d'orge et en facilitant le travail de macération.

Il en résulte que, pour le malt proprement dit, la réduction en farine n'est pas rigoureusement indispensable, le contact intime de l'eau et la diffusion des principes solubles étant facile. On se contente, en effet, de faire passer le malt entre deux cylindres pour faire éclater les enveloppes et écraser le noyau sans réduire en poussière la pellicule. De cette manière, on obtient un moût très-clair ; l'élastine, restée insoluble, est retenue dans les enveloppes et facilite la formation du dépôt, faisant fonction de filtre que le moût traverse et dont il sort clair et limpide.

Vaut-il mieux employer des cylindres à parois lisses ou des cylindres cannelés ?

Les divergences d'opinion à cet égard proviennent, en partie, des procédés de maltage. Lorsque le germe foliacé est arrivé à un développement convenable, il faut peu d'effort pour écraser le malt ; mais à un moindre développement du germe correspond un malt plus dur, plus résistant à l'écrasement. Il en découle cette conséquence : la nécessité de pulvériser le malt qu'on emploie. Or, le malt, à un certain degré de division, soumis au travail d'infusion, ne fournit que difficilement un moût.clair ; le travail de macération devient tout autre et il faut y faire emploi de substances favorisant mécaniquement la filtration. En outre, l'amidon plus difficilement soluble de la partie non maltée du noyau féculent doit être soumis à une température plus élevée pour se transformer en dextrine.

Un brassage énergique sépare l'amidon resté à l'état naturel, qui vient former dépôt au-dessus du faux fond : on le soulève et on le fait bouillir à part pour le remettre dans la cuve à macération : on a soin de ne pas dépasser 75° dans cette dernière cuve, la saccharification s'en trouverait enrayée gravement.

En Angleterre, les cylindres à surface lisse et la méthode à infusion sont d'un usage général. En Bavière, où la croissance des germes est entravée, on emploie ordinairement les meules, le brassage à moût épais et la décoction.

L'écrasement du malt par les cylindres exige la dureté et la friabilité des grains, tandis que pour la moûture, il faut légèrement

humecter pour rendre l'enveloppe plus tenace. Nous savons,
en effet, que les pellicules doivent servir plus tard à la filtration du moût et contribuer ainsi à la limpidité de la bière ; il importe donc de les conserver autant que possible.

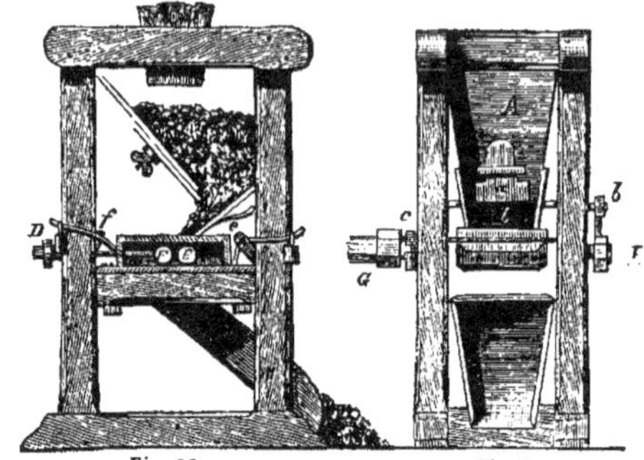

Fig. 72.   Fig. 73.

Des écraseurs à cylindres unis d'égales dimensions, animés de la même vitesse de rotation, sont les plus favorables à la conservation des enveloppes.

Les fig. 72, 73 et 74 représentent un écraseur ou égrugeur à cylindres égaux.

D Vis de pression qui règle l'écartement des cylindres.

G Axe moteur du cylindre F dont le mouvement est communiqué à l'autre par l'engrenage B.

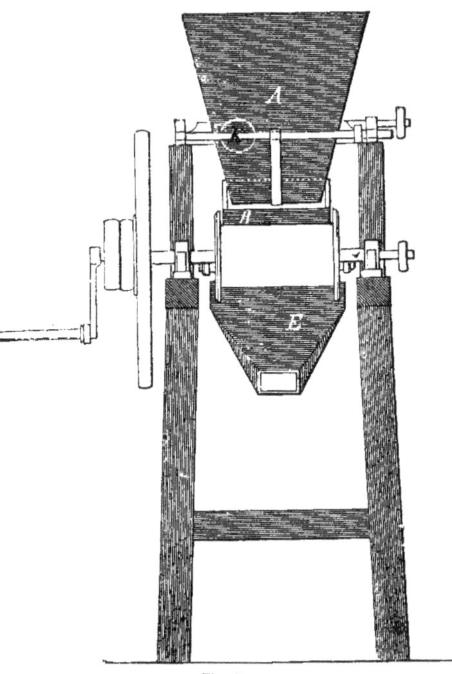

Fig. 74.

Le malt, grâce à un mouvement de va et vient dû au levier b, est régulièrement distribué entre les cylindres. Le débit est, en outre, réglé par le tiroir f dont les couteaux, pressés contre les cylindres par des contrepoids, nettoient les surfaces des cylindres.

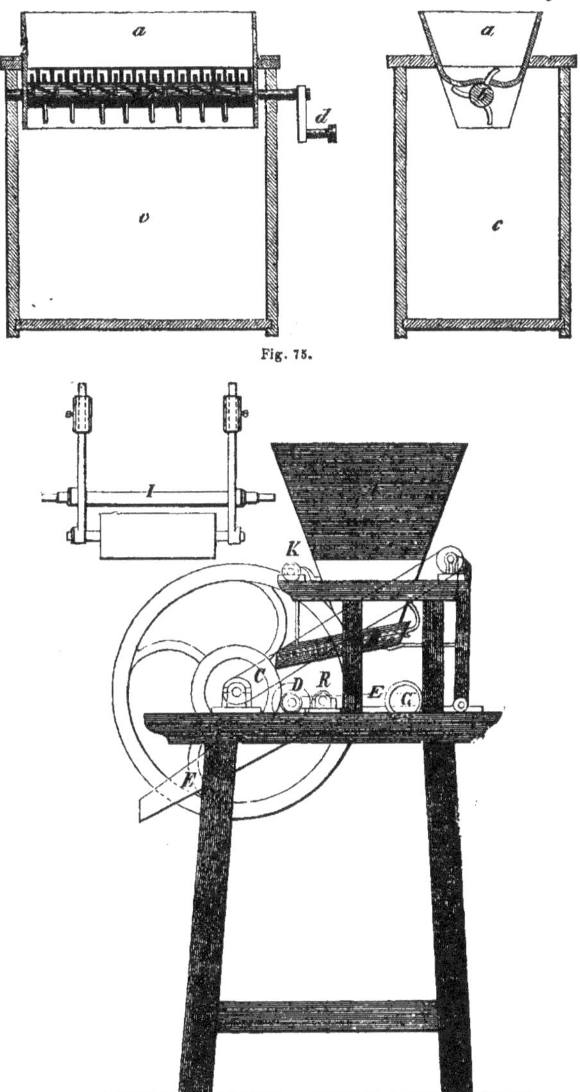

Fig. 75.

Fig. 76-77,

Il est nécessaire de faire passer le malt par un tamis, afin qu'il n'arrive aux cylindres aucun corps de nature à les mettre hors d'usage. Cette opération supplémentaire est évitée par l'emploi de la machine fig. 75.

Souvent aussi, un des deux cylindres est suspendu par un système de leviers, de manière à permettre un plus grand écartement des cylindres lorsqu'un corps trop dur y est engagé. C'est le cas pour le système fig. 76-77 où les deux bras de levier FF attachés à l'axe I, supportent d'un côté les coussinets HH du cylindre D, tandis que sur l'autre glissent les deux contrepoids mobiles GG. L'axe de ce système tourne dans le coussinet R.

Le malt est amené dans le trémie A, d'où il s'écoule par la rigole B dans un courant uniformément réglé par le secoueur K entre le grand cylindre C et le petit cylindre D et enfin dans le chenal E.

Si le corps dur est peu volumineux, le petit cylindre s'écarte et le laisse passer; si, au contraire, il présente un volume relativement considérable, il est projeté en dehors par l'action des leviers. Dans aucun cas les cylindres ne sont détériorés.

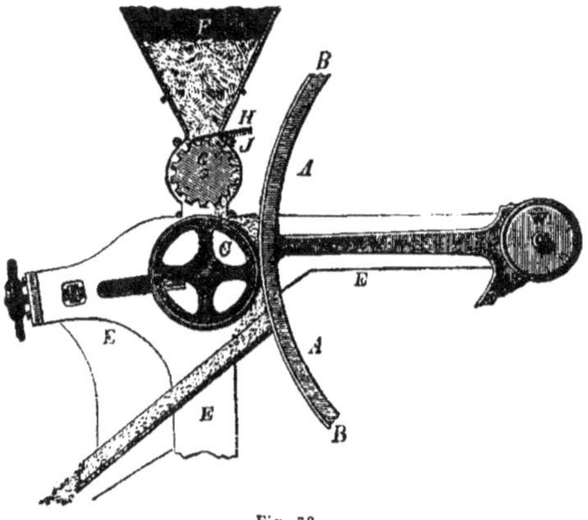

Fig. 78.

La machine (fig. 78) est fort répandue en Angleterre. Le grand cylindre A sert en même temps de volant. Le petit cylindre C est mû par le frottement des grains écrasés entre les surfaces. L'écartement entre les deux cylindres est réglé par le manivelle D, laquelle commande en même temps une vis de pression agissant sur un ressort qui permet le retrait du petit cylindre quand un corps dur se présente aux surfaces en rotation.

F est la trémie, au fond de laquelle se meut le cylindre alimenteur

cannelé G et dans lequel l'écoulement est réglé par un tiroir commandé par la roue à crémaillière JH. Le mouvement est transmis
au cylindre G par des engrenages en communication avec C'.

La fig. 79 montre un écraseur ou égrugeur à cylindres cannelés
mus en sens inverse par des roues dentées avec manivelle et volant.

La fig. 80 est un spécimen du même genre.

A est la trémie dans laquelle on verse le malt à écraser : *bb* est
l'auget composé de deux tamis superposés. Le tamis supérieur, plus

Fig. 79.

large, retient les corps étrangers un peu gros ; l'inférieur éloigne les
impuretés de peu de volume. De l'auget, le malt tombe entre les
cylindres cannelés *cc* et de là dans le compartiment *v*.

L'écartement *dd* des cylindres est réglé par les vis de pression
agissant sur le tourillon O. Cet appareil est souvent appelé le
moulin rhénan.

Enfin nous signalerons la machine écraseuse pour malt, combinée avec un mesureur automatique, système breveté Bolzano et Riedinger à Augsborne. Cette machine fort appréciée dans les brasseries Viennoises et Bavaroises est représentée dans la fig. 81.

L'écrasement se fait par des cylindres munis de contrepoids en

Fig. 80.

communication avec un compteur à cadran. Auparavant, l'usure des compteurs entraînait leur rupture, mais ici cet inconvénient est heureusement supprimé. Lorsque le compteur vient à se déranger ou à s'encrasser, l'appareil refuse complétement le travail, comme une montre ou une pendule.

Les appareils sont aussi munis, à la demande des acheteurs, d'un nouveau mécanisme indiquant les quantités, toujours identiques, de malt admises à chaque passage. Un cadran donne les renseignements nécessaires.

On place l'aiguille au chiffre indiquant le volume qu'on désire faire passer. Dès lors, l'appareil fonctionne jusqu'à ce que ce volume soit exactement passé, quel que soit le contenu de la trémie.

De cette manière, le travail atteint une précision et un fini dont l'utilité n'est pas à démontrer.

Fig. 81. — Écraseur de malt, système Bolzano et Riedinger.

Les mesureurs et compteurs seuls, sans moulin écraseur, sont aussi fort appréciés dans le commerce d'orge et sont indispensables à tout industriel qui désire se rendre un compte exact du rendement de la matière première.

Quand on fait la moûture du malt au moulin ordinaire, il doit être humecté d'environ 10-15 % de son poids d'eau : le fait que l'impôt est prélevé sur le malt en divers pays a amené les brasseries à restreindre cette proportion d'eau, le volume du malt augmentant naturellement en raison de la quantité d'eau qu'il absorbe.

Pour apprêter le malt à la moûture, on humecte le tas à plusieurs reprises, en le retournant chaque fois et lui donnant le temps d'absorber l'humidité. Il faut éviter de trop rapprocher les meules et de laisser séjourner des quantités trop considérables de grain, afin d'éviter un échauffement nuisible à la qualité du malt.

On constate un déchet de 2 % par la moûture.

Le malt devenu humide ne peut être conservé longtemps ; en été surtout il s'altère promptement : il perd alors l'arôme si précieux qui lui est propre, et contracte une odeur repoussante.

Le malt égrugé, n'ayant pas besoin d'être humecté, est moins exposé à ces altérations rapides. Au besoin, on peut le conserver plusieurs jours, en lieu frais. Plusieurs praticiens observent même que le malt égrugé qui a absorbé l'humidité ambiante se travaille mieux et se prête plus facilement à la macération. La graisse du malt oppose en effet une certaine résistance à la pénétration de l'humidité. Dès que la vapeur d'eau a émulsionné la masse, l'eau pénètre plus facilement dans l'intérieur de la matière.

Quoi qu'il en soit, l'expérience est dangereuse et doit être surveillée de près. Nous préférons, en tout cas, laisser le malt surnager pendant un certain temps sur l'eau de macération afin de faciliter le travail subséquent.

On soutient parfois que le malt égrugé doit être macéré à l'eau chaude : c'est une grave erreur, car il se forme alors des grumeaux qui ne se redissolvent plus.

b. **Emploi de grains crus avec le malt.** — Les grains crus employés avec le malt doivent, au préalable, avoir été réduits en poudre aussi fine que possible, car c'est par la division mécanique qu'on cherche à mettre le noyau farineux en état de subir l'action de la diastase. En même temps, se trouvent pulvérisées les enveloppes des grains : il y a donc lieu dans cette méthode de brassage d'additionner le moût de substances filtrantes ou clarifiantes.

Dans tous les cas, qu'on emploie le malt seul ou en mélange avec des grains crus, il faut le travailler sans délai et avec une vigilance qui ne se démente pas un instant. A cet état de division, ces substances deviennent, en effet, susceptibles de subir rapidement des altérations, des acidifications ou fermentations funestes, pour peu qu'on néglige les précautions dont nous avons signalé précédemment l'importance.

CHAPITRE II.

LES OPÉRATIONS DU BRASSAGE OU DE LA MACÉRATION.

1. — EMPATAGE.

La macération proprement dite commence par l'opération désignée sous le nom d'*empâtage,* consistant à imbiber et à mélanger intimement le malt égrugé avec une partie de l'eau de macération.

Les manipulations et les proportions d'eau ajoutées au malt diffèrent assez notablement suivant les *méthodes générales* employées pour la fabrication de la bière, méthodes que l'on peut rapporter à deux types principaux :

I. La *méthode par infusion*, dans laquelle on obtient l'augmentation nécessaire à la saccharification par l'addition graduelle d'eau chaude. — II. La *méthode par décoction* ou *à trempe épaisse*, dans laquelle on opère la saccharification par des ébullitions successives d'une partie de la trempe dans une chaudière spéciale.

En dehors de ces méthodes générales, se placent encore les

procédés d'empâtage *à trempe claire*, *à extraction lente* et *à la vapeur*. Nous passerons sommairement en revue chacune de ces méthodes, qui feront plus loin l'objet d'une description détaillée.

a. MÉTHODE PAR INFUSION.

Cette méthode est généralement en usage en Angleterre : elle présente quelques modifications de détails, suivant les localités, dans le travail d'empâtage.

D'aucuns chargent la cuve-matière de malt sec et font ensuite entrer l'eau chaude par le fond, de sorte que l'eau soulève le malt. On emploie 167 parties d'eau pour 100 parties de malt : on brasse et on introduit encore de l'eau. Dans ce mode, il n'y a pas, à proprement parler, d'empâtage.

D'autres introduisent d'abord toute l'eau de la première trempe dans la cuve en la portant à 81° c. Ils chargent alors promptement, en brassant énergiquement, sans désemparer, tout le malt : la température baisse au-dessous de 75°, ce qui permet d'éviter la formation d'empois et favorise la production de dextrine et de glucose.

Ce but n'étant pas toujours atteint avec le degré d'approximation nécessaire, le procédé est défectueux. Cette opération, appliquée à un malt dont le germe n'est pas très-bien développé, donnerait un résultat complétement négatif.

Les brasseurs de l'Allemagne septentrionale, qui n'ont pas encore accepté la méthode de décoction, font l'empâtage en mélangeant parfaitement 140 parties d'eau à 38° c. avec 100 parties de malt.

Ce travail a un grand nombre de partisans en Belgique et surtout en Hollande.

b. MÉTHODE PAR DÉCOCTION OU A TREMPE ÉPAISSE.

Dans cette méthode, l'empâtage se pratique en prenant 400 à 450 parties d'eau pour 100 de malt. Les températures sont assez variables : à Munich, par exemple, on fait l'empâtage à l'eau froide, le mélange séjourne 2 ou 3 heures dans la cuve-matière. En

Bohême, au contraire, on chauffe l'eau à 32°-40°, on introduit ensuite le malt ; après un brassage énergique pendant 5 minutes on ajoute de l'eau chaude et l'on procède à la décoction. On voit que la condition essentielle de l'empâtage — le mélange intime de l'eau et du malt — est médiocrement remplie : nous verrons plus tard comment cette erreur se trouve compensée.

C. LA TREMPE CLAIRE.

Ce procédé dont l'application est assez restreinte (Bamberg et ses environs) constitue un moyen terme entre les deux précédents : il mérite une attention spéciale, puisqu'il favorise une très-complète utilisation de l'amidon du malt, tout en évitant la prépondérance des substances albumineuses qui répugnent parfois au consommateur.

Pour comprendre aisément la méthode, rappelons que, dans la méthode par infusion, on produit la température élevée par l'emploi d'eau chaude, tandis que la décoction est faite par l'addition réitérée de trempe épaisse bouillante, composée de 1 p. de malt pour 1/2 p. d'eau.

Ici, au contraire, on continue immédiatement après l'empâtage une trempe appelée *claire* (quoiqu'elle soit en réalité fort trouble), ce qui transforme l'amidon en dextrine et partiellement en sucre (glucose).

Dans ce moût se retrouve également une partie du gluten, mise en suspension par l'empâtage ; aussi, l'amidon se trouve-t-il accompagné de substances albumineuses. Pendant la coction, il y a toujours formation de substances albumineuses brunes. Ce moût bouilli sert à relever la température dans la cuve-matière.

L'eau de macération à 80° c. arrive par le fond de la cuve, en soulevant le malt préalablement déposé : celui-ci se sature insensiblement des vapeurs d'eau que le liquide dégage ; bientôt le brassage se fait facilement, on soutire le moût, etc.

d. BRASSAGE A EXTRACTION LENTE.

Cette méthode se pratique surtout à Augsburg et à Nuremberg. L'empâtage est plus complet : on mêle 100 p. de malt avec 300-320 p. d'eau froide, soit en brassant au fur et à mesure de l'introduction de l'eau, soit en faisant arriver l'eau par un faux-fond perforé et en brassant plus tard. On laisse le tout en repos pendant 2-4 heures ; on commence à soutirer l'extrait froid, opération conduite lentement pour permettre le contact du malt avec les dernières parties d'eau froide durant 6-8 heures et amener par là la solution des substances albumineuses.

e. MÉTHODE A LA VAPEUR.

Tous les moyens d'empâtage usités dans les procédés que nous venons d'énumérer n'arrivent approximativement au but désiré qu'à force de temps et de main-d'œuvre. Les appareils perfectionnés à la vapeur obtiennent, eux, l'effet désiré d'une manière plus parfaite et plus sûre par l'augmentation graduelle et régulière de la température.

On introduit d'abord toute l'eau de macération dans la cuve, qu'on chauffe à la vapeur directe ou de retour. En même temps le malt arrive régulièrement et uniformément dans l'eau, mise en mouvement par un mécanisme.

On obtient ainsi un mélange homogène sans grumeaux, l'extraction est plus facile et plus complète, l'empâtage est superflu. Le malaxeur Steel peut même dispenser du macérateur proprement dit, que nous décrirons plus loin. Le constructeur écossais a rencontré victorieusement toutes les objections qu'on avait d'abord élevées contre l'emploi de cet appareil.

Une quantité de 4500 kil. de malt égrugé, mélangée avec l'eau chaude en 25 minutes, est livrée à la cuve-matière dans un état d'empâtage parfait. La fig. 82 montre une section verticale de l'appareil, fig. 83 une coupe selon xy, et fig. 84 une vue de face du bout du malaxeur relié à la cuve.

La partie principale est un cylindre en tôle; du côté où ce

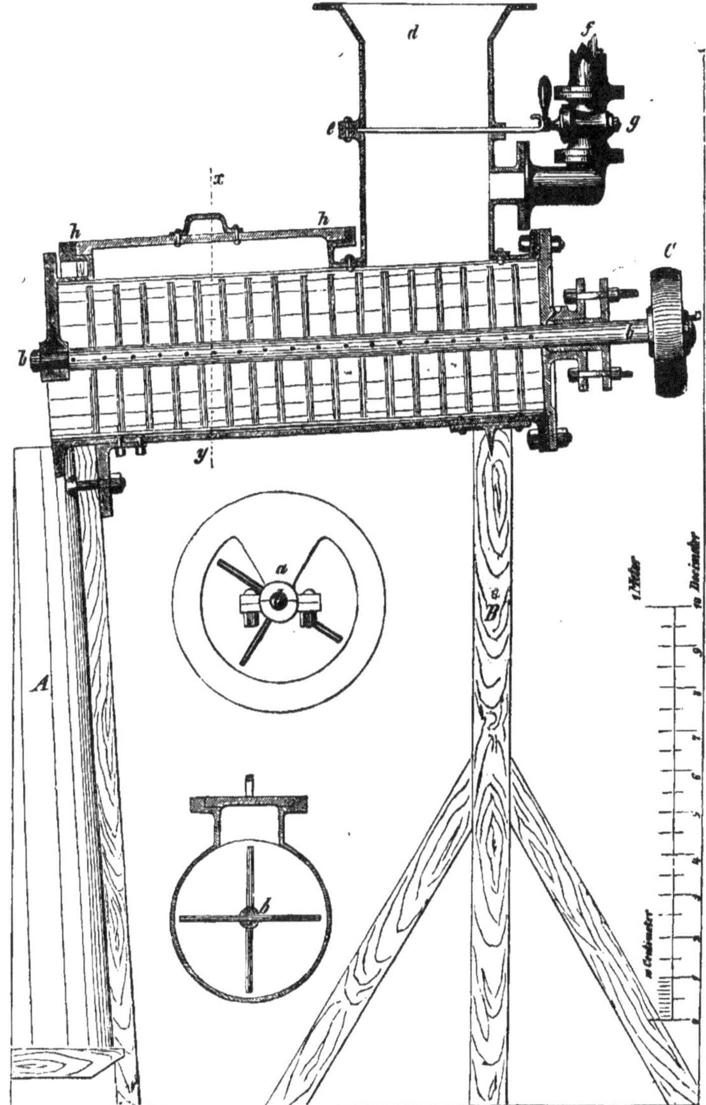

Fig. 82 — au centre : Fig. 83-84. — Malaxeur Steel.

cylindre porte sur la paroi de la cuve-matière, son axe *b* repose et tourne sur le support *a*. L'autre bout porte un couvercle en fonte avec une boîte-étoupe traversée par l'axe qui, à son extrémité, porte le rouleau C′ pour la transmission du mouvement. Vitesse : 500 tours par minute. L'axe porte des bras de fer disposés en croix, distancés de 7 à 8 centimètres et d'une épaisseur de 16 millim. Le malt est chargé par l'entonnoir *d*, la charge réglée par le tiroir *e*, le tuyau *f* avec le robinet de réglage *g* amène l'eau froide ou chaude.

Le couvercle autoclave *h h* avec le manche *i′* sert au nettoyage : on enlève les obstructious fortuites en introduisant l'eau de lavage. Le malaxeur repose sur le support B; on voit qu'il est incliné vers la cuve-matière.

2. — TEMPÉRATURE DE LA SACCHARIFICATION.

Nous avons déjà, dans un chapitre précédent, exposé les principes de la saccharification, c'est-à-dire de la transformation de l'amidon en glucose et en dextrine.

Quoique les conditions théoriques de température indispensables pour cette transformation soient connues, on se met difficilement d'accord sur le degré de chaleur à adopter dans la pratique. Balling pense qu'une température de 75° est celle qui produit la saccharification la plus rapide. Otto approuve la pratique de la plupart des brasseurs de ne pas dépasser 65 à 67°.

M. Habich a déterminé par des essais directs le temps qu'il faut pour que des macérations à différentes températures fassent disparaître la réaction iodique de l'amidon. D'après ses expériences, il faut :

à 65°	35 minutes.
à 69°	20 »
à 71°	30 »
à 75°	50 »

De l'avis de cet auteur, la température de 69° est la plus favorable et il est tout à fait superflu de la dépasser et surtout d'aller jusqu'à 75°. Cependant, en pratique, l'effet n'est pas identique : il n'est pas indifférent d'atteindre la température maxima par un moyen quelconque ; suivant qu'on approche lentement et insensiblement de la limite qu'on a en vue, ou qu'on y porte la masse plus rapidement, les résultats seront totalement différents.

La transformation de la fécule n'est pas la seule qui s'opère lors de la saccharification, toutes les matières de nature organique subissent l'influence de la température et du temps, et les modifications qu'elles éprouvent contribuent, à des degrés divers, encore mal déterminés, à dérouter les investigations jusqu'ici entreprises dans le but d'éclairer ce sujet important.

L'action de la diastase sur l'amidon diminue si l'on élève la température au-dessus d'une limite convenable. On indique 75° à 78° comme température destructive du pouvoir saccharifiant. Ce point ne peut être fixé rigoureusement, d'abord parce que le pouvoir saccharifiant ne cesse pas entièrement à un moment donné; ensuite, parce que la diastase n'est pas une combinaison chimique déterminée et invariablement composée. Au point de vue pratique, il suffit de noter qu'à 80° le pouvoir saccharifiant devient nul. En d'autres termes, on aura soin de ne pas chauffer à cette température avant que le terme de la saccharification ne soit atteint.

3. — APPAREILS EN USAGE.

1. Cuves-matières. — Les réservoirs dans lesquels se fait la macération sont des cuves en bois ou en fonte. Les établissements de peu d'importance s'accomodent mal de macérateurs en fonte parce que le refroidissement y est trop rapide, inconvénient moins sensible lorsqu'on travaille des masses considérables de matière. Les cuves en bois sont ordinairement munies d'une garniture en fer blanc pour maintenir la chaleur et la propreté. Les cuves-matières contiennent un aménagement en vue d'opérer la filtration du moût, soit que cette opération se pratique dans la cuve même, soit qu'elle ait lieu dans un bac spécial, le bac à filtration, qui alors est disposé en contrebas du précédent. Dans les établissements où le travail est moins pressé, on opère cette filtration par le double-fond ou le tamis de la cuve-matière.

Les plateaux perforés doivent être en métal : le cuivre est préférable au fer. Il s'entretient plus facilement dans l'état de propreté requis. Le bois pour cet usage doit être absolument proscrit. La toile métal-

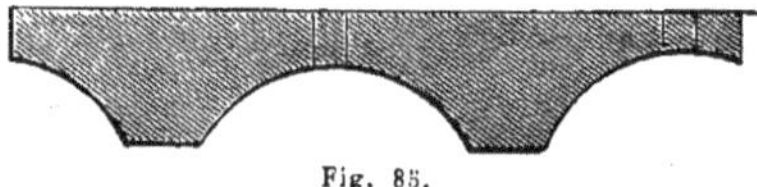

Fig. 85.

lique perforée formant double-fond au-dessus du fond de la cuve, contient environ 2000 trous par mètre carré, fig. 85.

Nous examinerons plus tard l'opération de l'ablution ou l'épuisement des drèches.

Pour maintenir constant le niveau du liquide au-dessus de la drèche qu'il s'agit d'épuiser, il suffit de donner à la surface filtrante le quart de la surface du fond de cuve.

On pose les plateaux perforés dans les bacs circulaires comme le montre la fig. 86.

Dans les bacs rectangulaires, les plateaux sont posés comme l'indique la fig. 87. Ils recouvrent le 1/4 ou le 1/6 de la surface du fond.

Fig. 86.

On trouve dans certaines brasseries l'habitude de placer de la paille entre les deux fonds.

Ce mode se justifie en ce qu'il rend la filtration plus énergique : mais cette pratique est dangereuse : le moût doit passer rapidement ; le séjour dans cet espace est nuisible. Si la distance entre les fonds est trop considérable, il faut veiller à ce que la température ne descende pas au-dessous de 30° c.

Les cuves-matières doivent avoir moins de 1,25 mètre de hauteur pour faciliter l'empâtage.

On admet que 100 kil. de malt ou de grains égrugés possèdent un volume de 75 litres et que 70 litres d'amidon pèsent 100 kil.

Calcul du volume de la cuve. Exemple. — Supposons 1000 kil. de malt à macérer avec quatre fois leur poids d'eau.

Les 1,000 kil. de malt exigent. . . . .   750 litres.
Les 4,000 kil. d'eau.   . . . . 4,000 »

         Soit ensemble. . . 4,750 »
Ajoutant un quart . . . . 1,187 »

                   5,937 litres

ou 59 hectolitres 37 litres.

Si l'on emploie de la fécule de pommes de terre pour remplacer une partie du malt, la proportion de drèche est diminuée, la filtration est plus difficile. On réduit alors le fond à un petit espace, au milieu de la cuve en *a* (fig. 88), en élevant le fond massif des deux côtés en *b*, *b*, en plan incliné vers le milieu. La drèche se dépose au-dessus de *a* en couche plus épaisse, facilitant la filtration ; les pièces *b* sont en bois dur et bien adaptées contre les parois de la cuve,

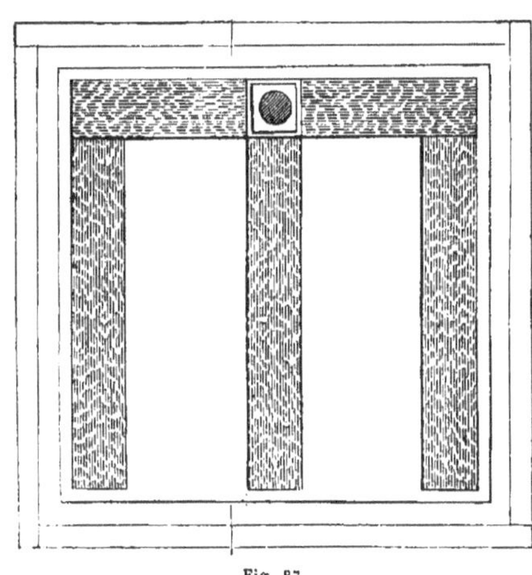

Fig. 87.

pour empêcher soigneusement toute trace de moût de s'infiltrer et de stationner en n'importe quel endroit. Grâce à l'inclinaison vers le robinet qu'on a soin de donner à toutes les cuves, on obtient une vidange complète.

Mentionnons aussi une disposition spéciale de *bonde* ou tampon

trop souvent en usage. L'arrangement consiste en un tuyau *a* dont
l'orifice inférieur se trouve au-dessous du double-fond perforé
(fig. 89) ; ce trou, servant à la vidange, est bouché par la bonde *c*. A
l'extrémité les parois sont percées de trous. L'orifice *b* étant bouché
et l'eau amenée dans le tuyau, celle-ci s'échappe par les trous
latéraux, pénètre dans l'espace entre les deux fonds et de là dans
la cuve de macération.

Cette disposition n'offre aucun avantage ; nous préférons un

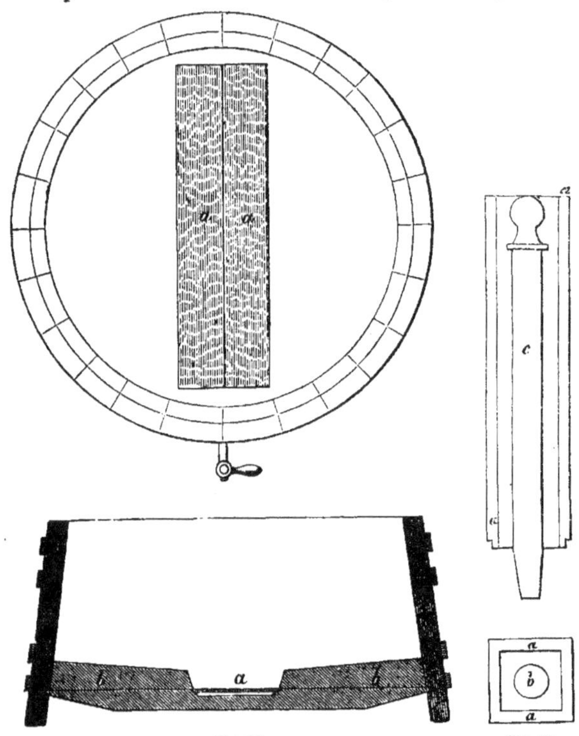

Fig. 88.   Fig. 89.

tuyau ordinaire à robinet débouchant entre les deux fonds de la
cuve.

Les fig. 90, 91, représentent une disposition facilitant la vidange.
Les deux plateaux *b*, *b* sont en laiton, réunis par des boulons, et

livrent passage à la tringle C avec manche, servant à régler le tiroir
bouchant le tuyau d'écoulement *a* dont le sommet fait corps avec
la cuve.

2. Mélangeurs mécaniques ou moulinets. — Le travail pénible
de l'empâtage à force de bras est généralement remplacé aujourd'hui

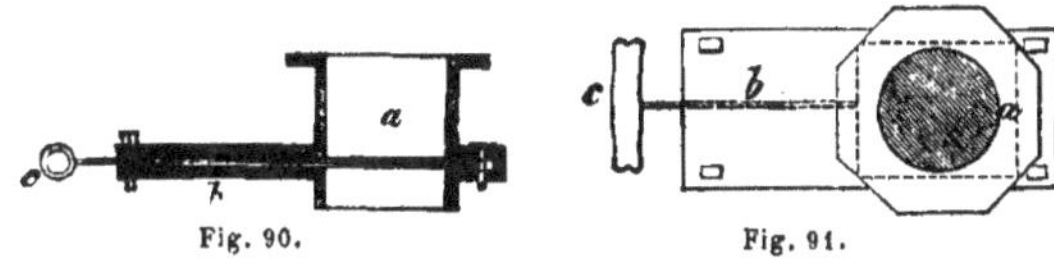

Fig. 90.   Fig. 91.

par le travail mécanique. Un moulinet à manivelle remplace toujours
avec avantage l'application directe de la main de l'homme aux
ustensiles antérieurement en usage : fourquets ou brassoirs.

L'appareil Steel (voir page 271) semble rendre quasi superflu
tout mécanisme de macération.

Des essais spéciaux ont démontré que la macération n'est pas
uniquement due à l'action chimique de la diastase dépendant de la
température et reconnaissable à la réaction iodique. L'amidon se
trouve dans le noyau farineux du malt disséminé parmi le gluten
retenu par la drèche. Il s'agit donc d'extraire mécaniquement ou de
lessiver aussi complètement que possible cet amidon, qui constitue la
principale valeur du malt, et de l'amener à flotter librement dans le
liquide pour lui faire subir l'influence des agents saccharifiants. Ce
résultat ne s'obtient facilement que par des mouvements mécaniques
et, pour ainsi dire, tourbillonnants de la masse.

En dépit de tous les efforts on n'arrive pas à ce résultat avec toute
la précision désirable. Si l'on prend de la drèche lavée, qu'on
l'humecte de teinture d'iode, on remarque, à la loupe, la coloration
violette des grains amidonnés retenus par la drèche. On conçoit,
dès lors, l'utilité de renouveler autant que possible le contact intime
de la drèche avec le liquide.

En admettant, du reste, que tout l'amidon se trouve converti en
glucose, il faut encore extraire le liquide sucré ainsi formé, c'est-à-
dire l'obliger à quitter les interstices de la drèche où il a pénétré.

A mesure que le travail de macération réalise les conditions

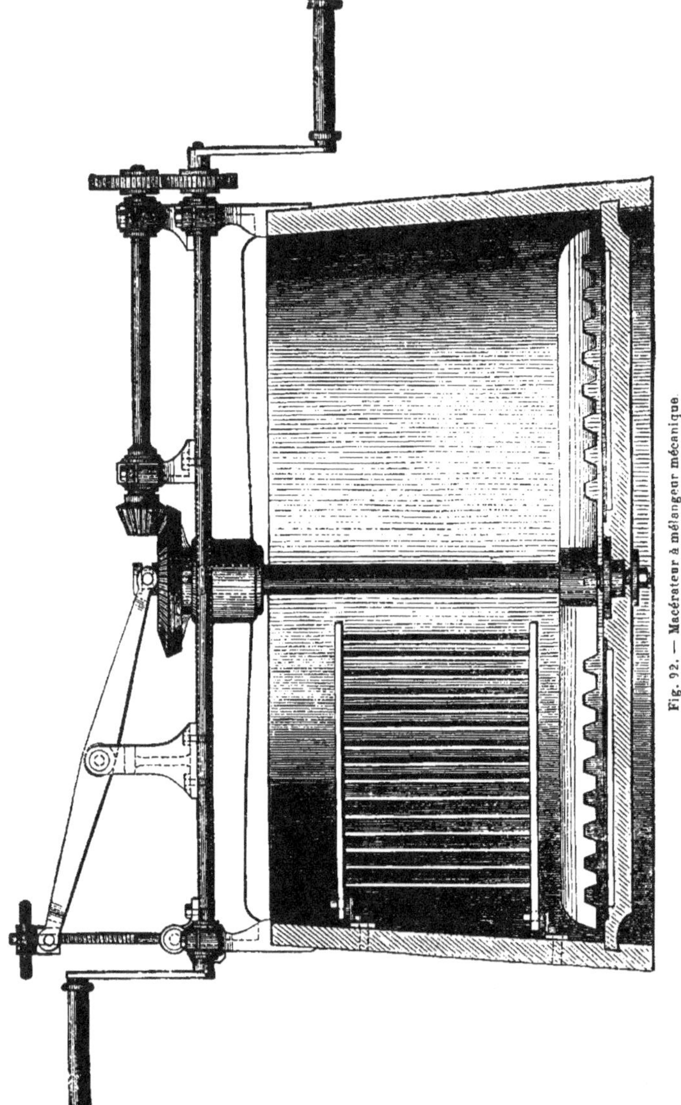

Fig. 92. — Macérateur à mélangeur mécanique.

posées, on en constate les effets économiques par une augmentation
de la proportion d'extrait.

Nous passons à la description de quelques macérateurs en usage.
Les macérateurs les plus simples se composent d'un arbre tournant
dans l'axe vertical de la cuve et muni de palettes horizontales en
bois.

En tournant uniformément, le mélange est peu efficace et les
parties solides s'accumulent au milieu de la cuve : ce sont là deux

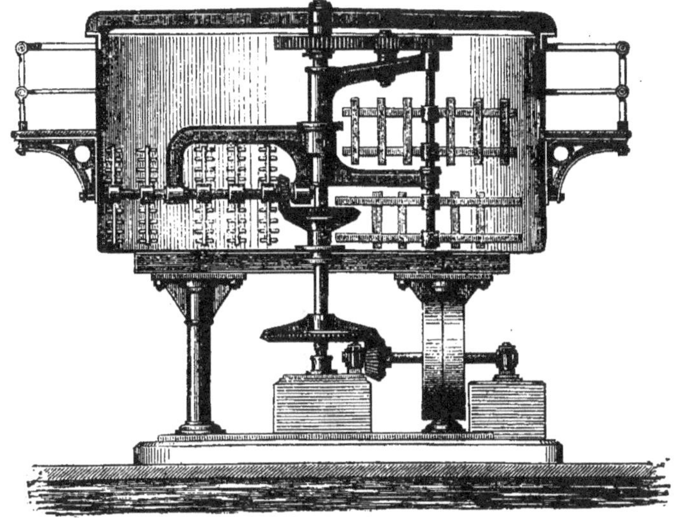

Fig. 93. — Macérateur Noback et Fritze.

inconvénients sérieux. Bien des constructions ont été proposées pour
les éviter, mais elles sont malheureusement assez compliquées et
n'ont de chances de succès que dans les grands établisssements.

La fig. 92 nous donne une des constructions perfectionnées les
plus simples.

L'axe vertical porte à sa partie inférieure des agitateurs qui
impriment un mouvement de rotation à la masse; celle-ci rencontre
sur son passage des rateaux, suspendus entre l'axe et la paroi, qui
la brisent et la divisent en tous sens. Les agitateurs et les rateaux

peuvent être démontés et enlevés aisément, ce qui permet la vidange

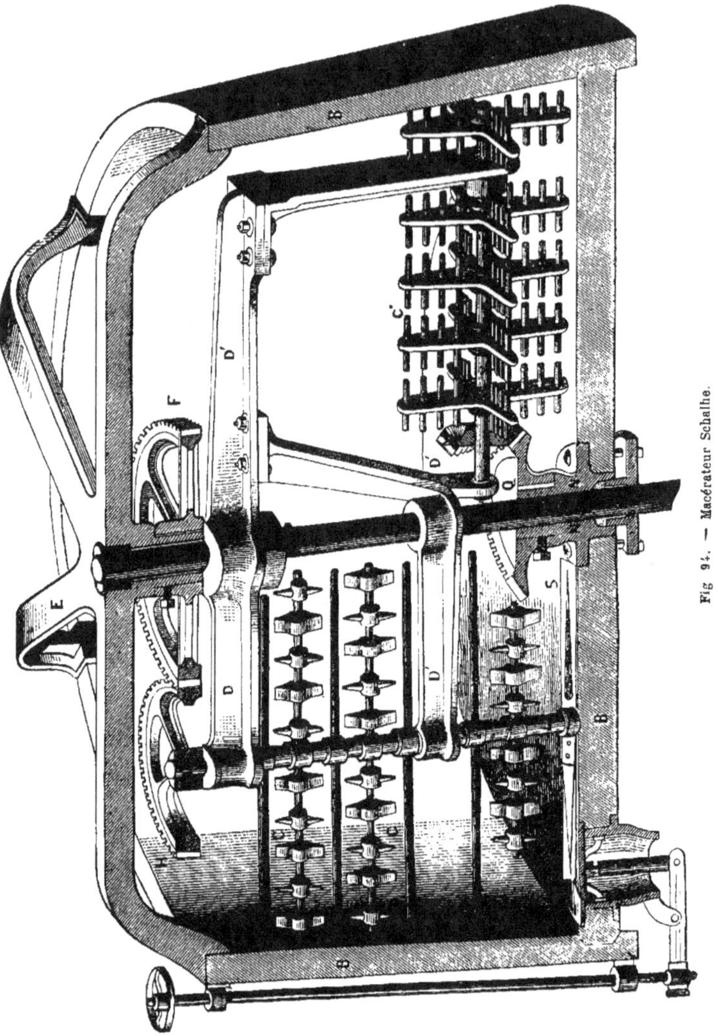

Fig 94. — Macérateur Schalhe.

aisée des drèches et le nettoyage de la cuve.

Les établissements importants se servent de préférence du

macérateur Noback et Fritze (fig. 93). On voit, à l'inspection de la figure, que l'agitateur produit d'un côté un mouvement rotatif vertical, de l'autre un mouvement horizontal.

L'appareil Schwalbe (fig. 94) offre une disposition analogue. L'arbre A traverse la boîte à étoupes N, N au fond de la cuve-

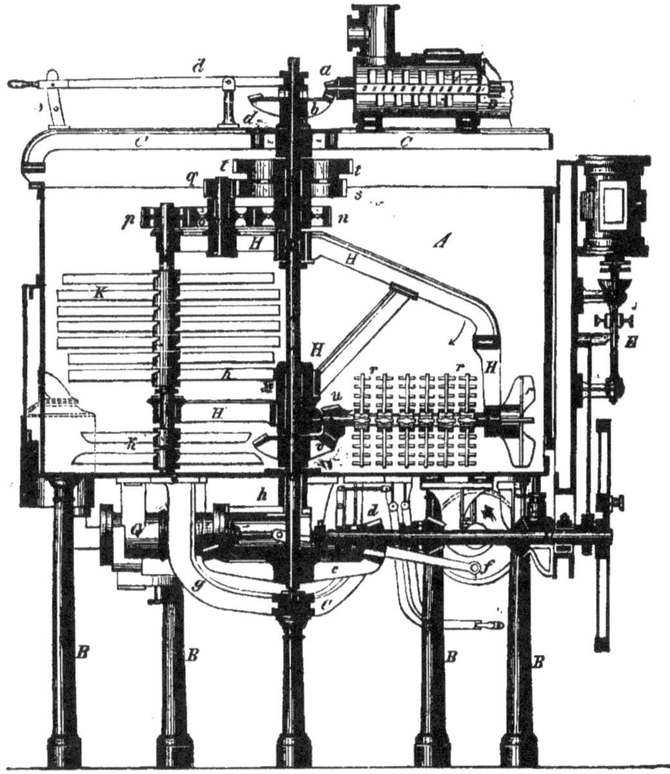

Fig. 95. — Macérateur Münnich et Cⁱᵉ. — Coupe.

matière. Sur cet arbre sont calés les supports DD' des agitateurs CC' qui tournent avec l'axe : celui-ci est mis en mouvement par deux roues coniques disposées au-dessous de la cuve. Le bout supérieur de l'arbre tourne dans le milieu du support E à six bras, fixés sur le bord supérieur. La roue fixe F met en mouvement le pignon H

calé sur l'arbre L. L'axe X, portant les agitateurs à rotation horizontale C′, suspendus au bras DD′, est mis en mouvement par la
roue conique M, qui, par le mouvement de l'arbre principal A,
tourne sur la roue conique Q fixée près du collet de A. Il en est de
même pour le pignon H qui tourne sur la roue fixe F.

Il résulte de cette disposition que le mouvement de rotation de A

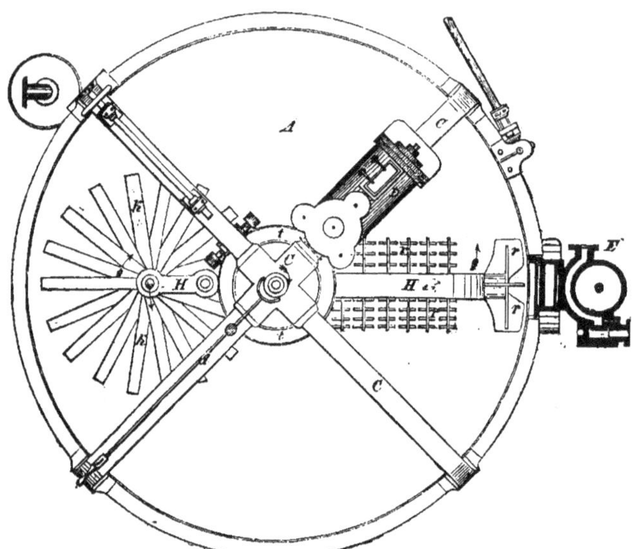

Fig. 96. — Macérateur Münnich et Cⁱᵉ. — Plan.

entraîne celui de l'arbre L, porteur d'agitateurs en sens inverses, en
même temps que la révolution de X avec le moulinet C′.

De plus, les deux palettes CC′, tournant près du fond de la cuve,
remettent en mouvement les parties qui tendent à se déposer. En
somme, la masse entière de la cuve se trouve efficacement remuée
en tout sens et le travail s'achève avec un grand degré de perfection.

Les fig. 95, 96 et 97 représentent le macérateur Munnich et Cⁱᵉ.
Ce macérateur est parfaitement indépendant de l'installation même
de la brasserie. Grâce à son moteur spécial, il peut être installé
partout et fonctionner à part. A cuve en fer reposant sur les colonnes
de fonte BB.

La croix C, surmontant la cuve porte le préparateur ou mélangeur D, mû par l'engrenage *ab*. E moteur à vapeur avec l'arbre principal F disposé horizontalement au-dessous de la cuve. Il met

Fig. 97. — Macérateur Männich et Cie. — Disposition d'ensemble.

en mouvement l'axe vertical *c* par l'engrenage *de*, en outre il fait fonctionner, par un engrenage spécial, la pompe *b*.

L'axe *c* repose sur un bâti *g* en fonte et à trois bras suspendus à
la cuve et reposant sur une colonne, il passe par le bourrage *h* dans
la cuve. Au-dessus, il tourne dans un collet *c* formé par le support
en croix *c'*. Il porte d'un côté l'axe horizontal avec les moulinets
agitateurs *r*, et, de l'autre côté, l'arbre vertical *l*; il porte enfin
le tourillon fixe *m*, autour duquel se meuvent les roues dentées

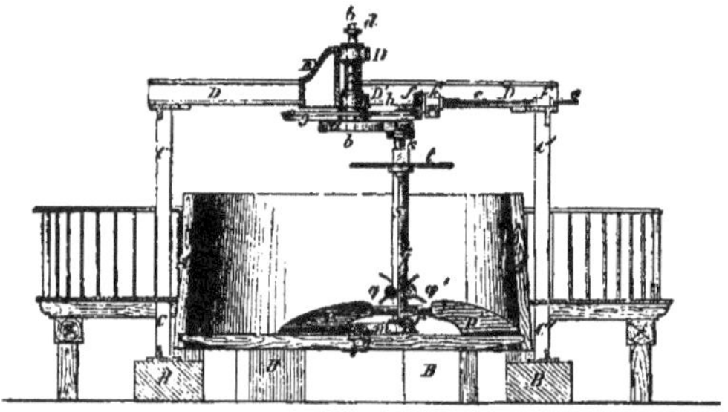

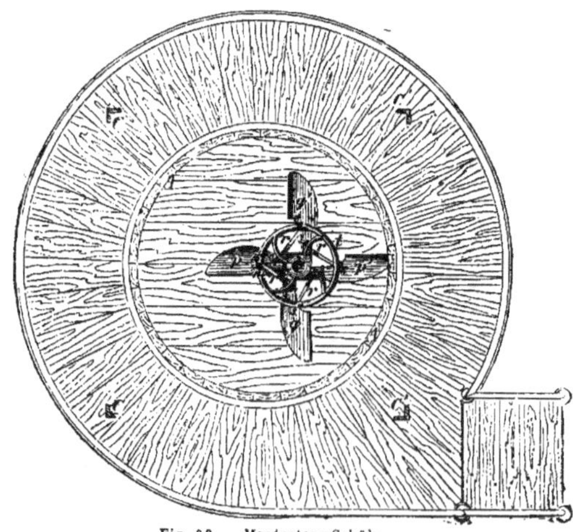

Fig. 98. — Macérateur Schülz.

conjointes *o* et *q*. La roue engrène, d'une part, avec le pignon *p*
callé sur l'arbre vertical *l* et, de l'autre, avec la roue *n* callée sur
l'arbre principal *c*. La roue *g* engrène avec *s* munie d'un disque à
frein de manière à pouvoir être fixement reliée à la cuve au moyen
du frein *t*.

On comprend que les rotations en sens divers doivent amener un travail efficace de toute la masse.

Comme nous verrons plus loin, on interrompt le travail pour laisser reposer le moût. Le dépôt des matières solides forme bientôt une masse compacte, présentant une grande résistance, au point de pouvoir amener la rupture de l'appareil.

Afin de prévenir cet accident, il existe un mécanisme permettant de le soulever et de le redescendre peu à peu dans le moût si l'on veut reprendre le travail.

Cet expédient ne s'applique pas aux grands macérateurs. Pour ceux-ci, on construit ordinairement l'arbre principal en deux pièces avec embrayage à friction qui se dégage lorsque le mécanisme rencontre une résistance donnée.

Dans ce cas, on rompt à la main la résistance exagérée des drèches.

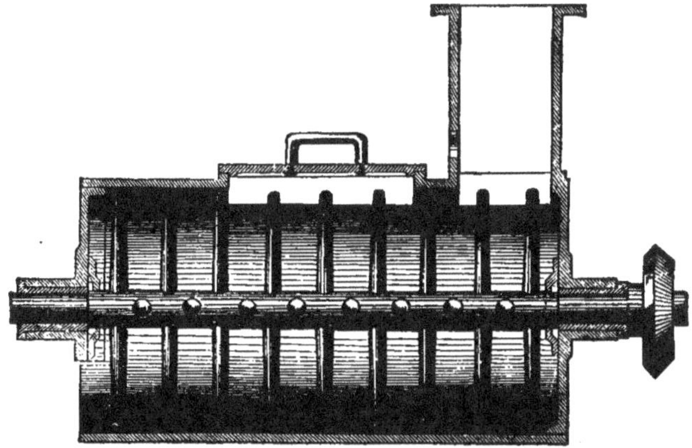

Fig. 99. — Mélangeur Riedinger.

Le macérateur Schulz frères à Mayence (page 284) semble réaliser la perfection du genre. La fig. 98 en donne les coupes verticale et horizontale.

A, A cuve matière reposant sur les pierres B, B. Les colonnes C, C portent les traverses D, D sur lesquelles sont montés les coussinets pour les engrenages et la transmission du mouvement.

La partie principale du mécanisme est la douille k traversée par l'arbre vertical $e\,t$, qui porte à l'extrémité inférieure la croix r, r avec les ailes $p\,p'$ — $q\,q'$. Du côté opposé, se trouve le bouton de la manivelle attaché à l'un des bras de la roue dentée g et tournant excentriquement avec celle-ci, tandis qu'un pignon l, engrènant avec la roue fixe a, a, imprime simultanément une rotation convenable au moulinet.

Le tourillon de l'axe qui traverse la douille s'appuie sur le bras m qui tourne autour du point n, milieu de la cuve. Les ailes $pp\,qq'$ ont donc un double mouvement : au moment de leur plus grande efficacité, elles ont une inclinaison de 35°, cette inclinaison peut diminuer graduellement jusqu'à zéro.

A cet effet, on tourne la manivelle t communiquant par s avec les manivelles r des quatre ailes. Si la macération est arrivée à terme, on tourne le rouet l pour élever la tringle s' qui donne par r, r une position horizontale aux ailes $p.p.q.q$. On les maintient dans cette position pendant le repos du moût et à la reprise du travail, jusqu'à ce que les premières résistances de la drèche soient vaincues. Alors on tourne lentement t et on abaisse les ailes qui, reprenant leurs fonctions normales, font un travail d'un grand degré de perfection.

Mélangeur Riedinger (fig. 100). Cet ingénieux appareil a pour but d'empêcher la déperdition de matière utile

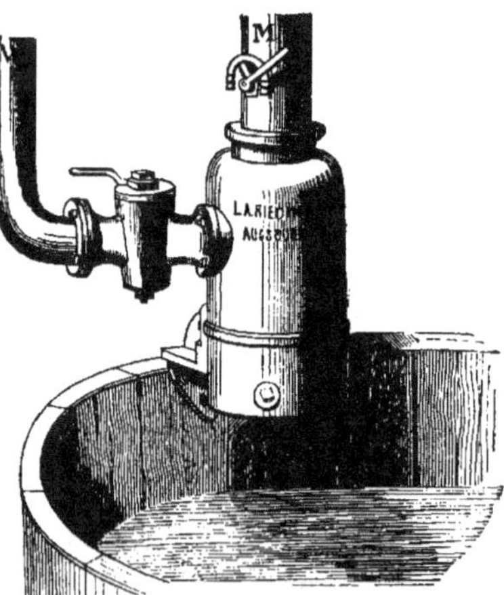

Fig. 100. — Mélangeur Riedinger.

sous forme de poussière de malt et de produire une plus complète utilisation de la farine de malt : c'est surtout lorsque celle-ci arrive directement du moulin à la cuve que ce mélangeur présente des avantages notables.

La farine descend par le conduit M et rencontre dans le mélangeur un jet d'eau latéral arrivant par le tuyau N.

L'eau est divisée en pluie fine, de sorte que chaque particule de malt se trouve humectée. Dans le conduit M se trouve un clapet régulateur pour le malt.

D'autres appareils (fig. 99-101), construits d'après les mêmes principes, remplissent le même but avec plus ou moins d'avantages. (Construction de Schwalbe et fils à Chemnitz.)

L'une de ces constructions, à effet automatique, admet l'eau

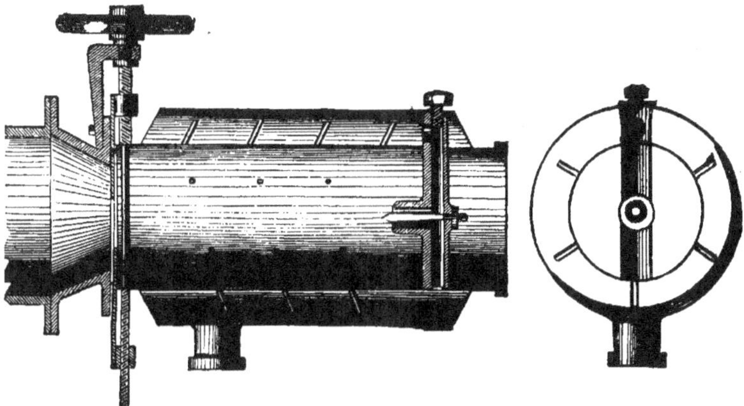

Fig. 101. — Mélangeur Schwalbe.

chaude dans la capacité circulaire (fig. 101) formée autour du conduit mélangeur; des tubes nombreux et étroits amènent l'eau dans le conduit où elle rencontre la farine de malt.

Ces appareils sont faciles à régler et à nettoyer pour recevoir le moût soutiré de la cuve matière ou du bac filtreur avant de l'envoyer à la chaudière. On se sert fréquemment d'un *bac intermédiaire* construit en pierres cimentées : dans la plupart des cas, ce bac n'a pas de raison d'être, mais du moment où l'on doit s'en servir, il faut veiller à ce que sa capacité soit suffisante pour recevoir la totalité du moût clair d'une macération.

5. **Appareils d'ablution.** — Pour extraire les substances retenues

par la drèche après le soutirage du moût principal, on exécute
plusieurs lavages à l'eau
chaude, ce qui produit
des moûts « secondaires »
de plus en plus dilués.
Cette opération s'appelle
*l'ablution ou le lavage des
drèches*. Son but et l'utilité qui en résulte se passent de commentaires.

On a essayé d'épuiser
la drèche au moyen d'un
simple déplacement des

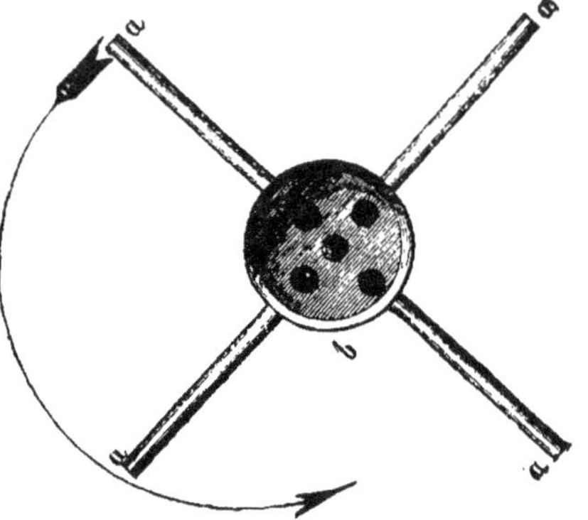

Fig. 102. — Croix écossaise.

matières utiles par l'eau. Or, la drèche, en se refroidissant,
devient visqueuse et le déplacement ne s'effectue pas.

On obtient un résultat plus favorable en introduisant l'eau de
lavage dans la cuve,
à la surface du moût.
Cependant la couche
d'eau ne descend pas
uniformément après
le départ complet du
moût. La densité du

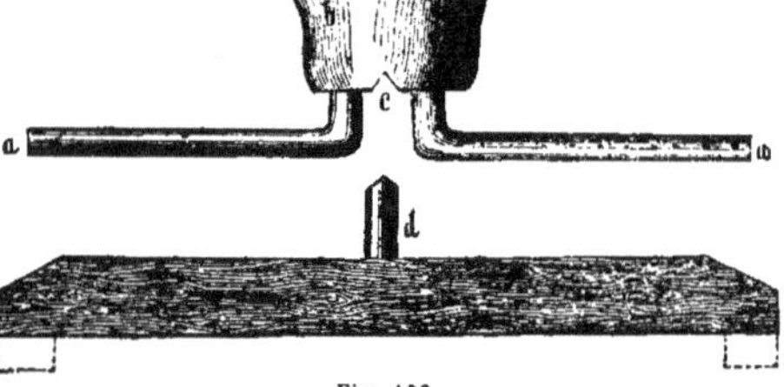

Fig. 103.

moût ainsi traité diminue graduellement, il y a donc simple lavage
des drèches par l'eau.

Les fig. 102, 103 montrent la *croix écossaise,* généralement
employée pour déposer une couche d'eau sur le moût.

a a Tuyaux en cuivre de 35-50 millim. de diamètre ; fermés aux
extrémités, ils se réunissent dans une capsule *b* portant au centre
une crapaudine plombée *c*.

Les quatre bras portent une série d'ouvertures. La croix tourne
dans un plan horizontal au-dessus de la cuve.

Pour la faire fonctionner on remplit la capsule *b* d'eau qui se répand dans les quatre tuyaux et produit le mouvement de la croix. On obtient ainsi un arrosage très-régulier et répondant au but à poursuivre.

D'autres dispositions plus ou moins heureuses ont été réalisées pour le cas où la croix écossaise ne peut être employée. L'eau amenée dans un disque en bois à faible rebord, s'écoule doucement et sans choc sur le moût. Ou bien, on dispose contre les parois intérieures de la cuve un tuyau circulaire, à une faible distance au-dessus du niveau de la masse.

L'eau s'écoule par des ouvertures convenablement pratiquées, sans produire aucun mouvement dans le moût.

4. Chaudières de cuisson. — La cuisson du moût s'opère dans des chaudières en fer et en cuivre. Ce dernier métal, malgré son prix plus élevé, est préférable. Si le fer est choisi pour la construction du matériel, il importe que le fond, tout au moins, soit en cuivre. L'expérience a démontré que les fonds en fer se conservent très-mal. Le cuivre est à la fois plus durable et meilleur conducteur de la chaleur ; mis hors service, il possède encore une valeur vénale élevée. La tôle ne doit pas avoir une épaisseur exagérée : le côté opposé au feu se surchauffe et se boursoufle.

Jadis la routine consacrait l'usage exclusif de chaudières ouvertes, peu profondes, de forme quadrangulaire. En Écosse, on ne se sert que de chaudières ouvertes ou plutôt plates. A Burton, elles sont également en faveur, une chaudière close ne permettant pas, assure-t-on, d'obtenir des pale-ale de belle couleur. En général, les cuves ouvertes ont cédé insensiblement la place aux chaudières de forme ovoïde, d'une profondeur relativement considérable et se fermant hermétiquement ; ces dernières sont d'un emploi général dans les brasseries de stout et de porter, à Londres, où les chaudières jaugent jusqu'à 1000 hectolitres. Les vapeurs provenant de l'ébullition sont amenées par une espèce de dôme ou chapiteau, soit au-dehors, soit de préférence dans un condensateur où elles fournissent de l'eau chaude. Les chaudières de 2 à 5 mètres de diamètre ont 11-15 millimètres d'épaisseur au fond.

Pour empêcher le moût de brûler, un agitateur, mû par un engrenage placé au-dessus du couvercle, fonctionne à l'intérieur, à une faible distance du fond de la chaudière.

L'intérieur du dôme est muni d'un tube en communication avec un réservoir d'eau pour laver et nettoyer la chaudière. Le dôme contient également une porte ou trou d'homme pour observer la

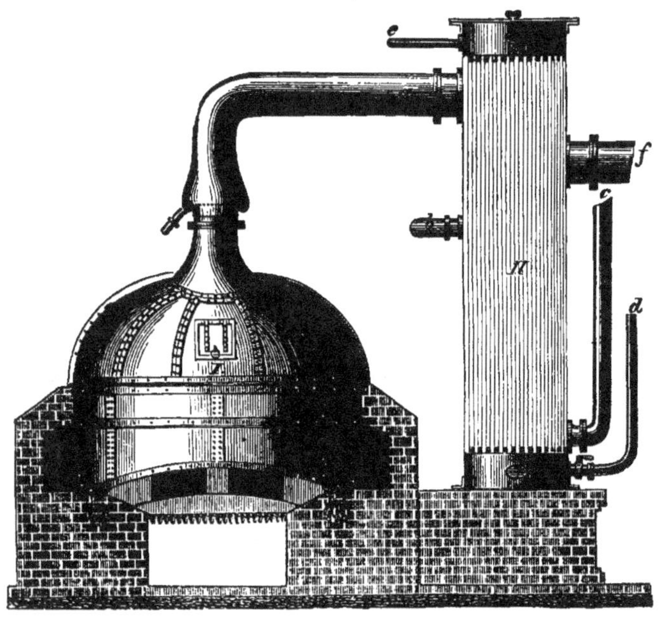

Fig. 104.

cuisson, des conduits d'eau froide et chaude et enfin le tuyau amenant le moût.

La vidange s'opère par un tuyau au fond, fermé par une soupape ou vanne facile à manœuvrer. Quant aux dimensions, on admet moyennement une capacité de 57/100 d'hectolitre par hectolitre de bière.

La fig. 104 représente une chaudière ainsi construite : les vapeurs d'eau, après avoir traversé le large conduit, entrent dans un cylindre garni de tubes verticaux.

L'eau de condensation, chauffée au contact des vapeurs, peut

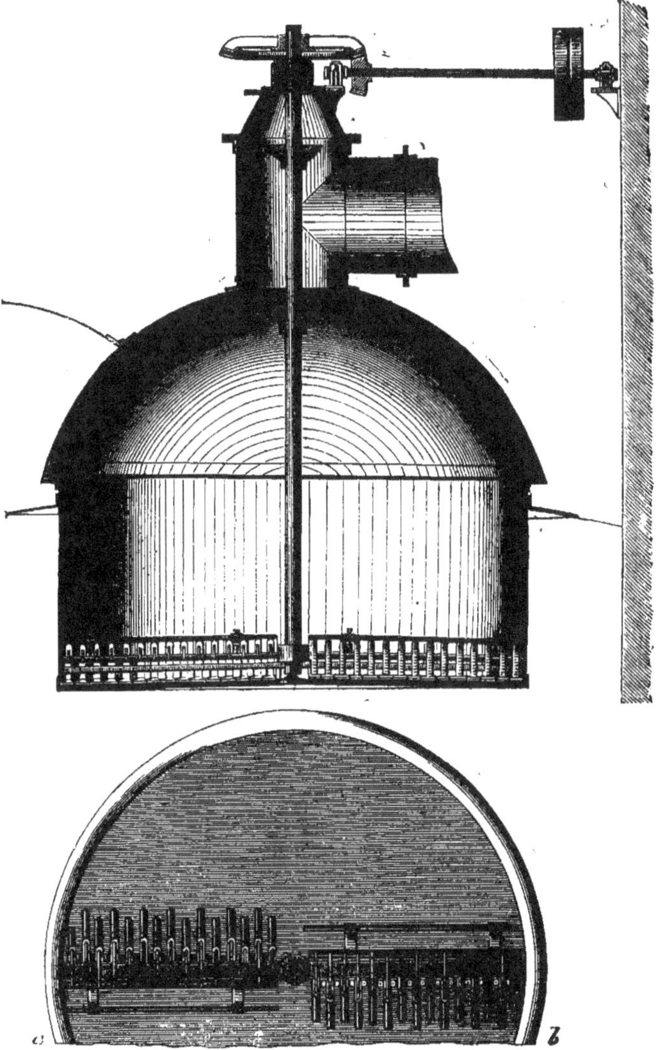

Fig. 105.

servir à la cuisson. Le condensateur est muni de tuyaux pour l'eau froide et pour la vapeur. On peut également y diriger des vapeurs de retour des machines, etc, ainsi que cela se pratique dans les fabriques de sucre, notamment.

Voici les dimensions du foyer d'une chaudière servant pour un métier de 100 hectolitres. Surface de la grille : 2,4 mètres carrés ; surface de chauffage direct du fond : 7,8 m. c. ; hauteur des carneaux 55 centim.; surface de chauffe totale : 15 m. carrés ; distance de la grille au point le plus bas de la chaudière : 48 millim. pour le charbon, 64 millim. pour le bois.

Avant la vidange, on diminue le feu, en vue d'assurer la conservation du métal de la chaudière.

Voici encore une chaudière destinée spécialement au brassage par la méthode de décoction (fig. 105).

L'agitateur pose uniquement sur la partie supérieure du couvercle et se compose d'un système de petits marteaux reposant sur le fond de la chaudière : il y a deux rangs de marteaux, alternant dans leur position, de sorte que tous les points éprouvent leur contact.

Cette disposition est plus efficace que les chaînes traînantes, fréquemment employées. On voit dans la figure la communication du dôme de la chaudière venant au condensateur et la manière dont l'agitateur est mis en mouvement.

5. Chaudière à cuire et chauffe moût. — Le *Dictionnaire des arts et manufactures* [1] de M. Laboulaye donne le dessin et la description d'une chaudière d'un type particulier, très-usitée en Angleterre et qui mérite de fixer l'attention. Voici le résumé de cette description.

Bien que chauffée à feu nu, elle permet une clôture hermétique, circonstance qui facilite, entr'autres, la décoction du houblon, réduit la déperdition d'huile essentielle et agit favorablement aussi sur la saccharification même. Elle est munie d'un agitateur méca-

---

[1] 4e Édition, 5e livraison, à la rubrique Bière.

nique, monté sur un arbre vertical soutenu par des entretoises et qui passe à frottement doux dans un manchon traversant le dôme de la chaudière. On relève à volonté tout le système à l'aide d'une chaîne et d'une manivelle.

Aux bras de l'agitateur sont adaptées des chaînes, dont la fonction est de râcler le fond de la chaudière et d'empêcher les matières de dépôt et le houblon de s'y attacher et de brûler : le mouvement de la manivelle permet de faire manœuvrer le système à diverses hauteurs dans la cuve, suivant le besoin.

Cette chaudière offre une particularité intéressante : la partie supérieure, ou calotte sphérique convexe, de l'appareil sert de fond à une bassine ouverte, destinée à faire l'effet d'un *chauffe moût*. Cette annexe est chaussée autour du dôme de la bassine, à l'instar d'une sorte de collerette ou de grande nochère annulaire. Il résulte de cette disposition superposée divers avantages. La chaleur dégagée par l'ébullition du moût dans la bassine inférieure se transmet, à travers la paroi métallique, à la masse liquide qui attend son emploi dans la cuve supérieure, d'où une économie appréciable de combustible. En outre, le liquide de la cuve externe, étant porté à une température relativement élevée, se trouve à l'abri d'altérations qui sont, comme on sait, d'autant plus à craindre que la température du moût s'abaisse en dessous de $+$ 50° ; enfin un dernier avantage de ce mode résulte d'un agencement particulier qui permet de réaliser très-complétement l'utilisation du houblon. Dans ce but, du dôme de la chaudière, où se rassemblent les vapeurs d'eau et l'essence du houblon qu'elles entraînent par volatilisation, partent des tubes qui vont plonger obliquement dans la cuve supérieure et servent ainsi de fermeture hydraulique, en même temps qu'ils conduisent au fond du moût la vapeur d'eau portant l'huile essentielle.

Ces diverses combinaisons méritent, comme nous le disions, de fixer l'attention des industriels : seulement le chauffage à feu nu est un mode que l'on ne peut recommander. Personne, en effet, ne conteste aujourd'hui les inconvénients de l'application immédiate de la chaleur lorsqu'il s'agit de matières facilement altérables. Que l'ébullition soit utile et même nécessaire aux moûts de bière, la chose n'est pas douteuse ; mais que l'on s'expose à *brûler* les matières qui se déposent sur le fond et les parois des chaudières ; que l'on *caramélise* une partie du gluten de ces moûts, c'est une faute.

C'est évidemment au chauffage à la vapeur qu'il convient d'avoir recours dans des cas semblables, à moins que des circonstances particulières ne viennent en interdire l'emploi.

Les chaudières de cuisson établies d'après ce type ont généralement une capacité de 20 à 26 mètres cubes. M. L. Gall, dans un ouvrage sur le chauffage, a élevé à l'encontre de leur emploi diverses objections plus ou moins fondées : il conclut à l'adoption de deux cuves à chauffage distinct. « Dans quel but fait-on cuire le moût ? Pour le concentrer et évaporer une portion de son eau. Or, pendant que le moût se concentre, en bas, par la cuisson, le moût de la cuve supérieure se trouve graduellement dilué en raison de la vapeur d'eau condensée pour élever sa température : ce que l'on gagne d'un côté se perd de l'autre et l'on est obligé d'évaporer à nouveau plus tard toute cette quantité d'eau qui est venue affaiblir le degré du moût d'attente. » Cette dilution est un inconvénient du système, mais la vogue pratique dont il jouit malgré cela tend à prouver que cet inconvénient est suffisamment compensé par les avantages signalés plus haut et la facilité que ce système procure pour faire succéder les cuissons les unes aux autres sans interruption.

6. **Chaudières à houblonner.** — Les chaudières à houblonner sont peu différentes des chaudières ordinaires à cuire ; souvent même les deux opérations sont exécutées en un seul et même réservoir.

La figure 106 montre une chaudière à houblonner de Prick à Vienne. Elle a 1,44 hectol. de capacité par hectol. de bière. Au-dessous de la chaudière se trouve le tamiseur à houblon, formé par une simple caisse en tôle de fer avec des plateaux perforés mobiles vers les parois et au fond.

Un tuyau en cuivre sert de communication entre le point le plus bas du tamiseur à la pompe à moût.

Nous décrirons ultérieurement les appareils de chauffage *par la*

Fig. 105.

vapeur : leur mode d'emploi et les avantages qu'ils présentent ne seraient pas bien saisis avant d'avoir exposé le principe et la mise en œuvre des différentes méthodes de macération, dans lesquels on en fait usage.

4. — LES DIFFÉRENTES MÉTHODES DE MACÉRATION.

Généralités. — Outre la manière de préparer le malt, la macération exerce une influence décisive sur le caractère de la bière. Le caractère ne se détermine pas d'une manière préalable et générale pour chaque industriel en particulier : c'est le goût et l'opinion établie des consommateurs qui décident en dernier ressort des qualités de sa fabrication. Il en résulte qu'il n'y a pas de bière absolument bonne. Telle qualité fort appréciée dans un endroit ne trouve pas d'amateurs dans un autre et l'art du brasseur consiste en première ligne à savoir produire, en tous temps et invariablement, la bière en faveur dans le cercle plus ou moins étendu de ses consommateurs, tout en restant dans les limites tracées par les conditions économiques où il se trouve opérer.

La plupart des bières ont une valeur uniquement *locale.* Pour certaines bières de grande réputation, telles que les bières de Vienne, de Munich, de Londres, etc., elles doivent leur position privilégiée à la supériorité réelle d'une fabrication conduite de manière à mériter l'approbation universelle. Ces boissons, grâce à l'étendue et la compétence du public appelé à les juger, échappent généralement aux reproches appliquables assez sévèrement à la plupart des fabrications de moindre importance.

Néanmoins, tout industriel désireux de produire une bière de bonne et saine qualité tout en augmentant sa production, étudiera avec soin l'influence de la méthode de macération sur les caractères distinctifs de certaines bières bien connues.

La pratique du métier doit être familière au brasseur afin de ne pouvoir en aucun cas être induit en erreur par son personnel sur les causes des mécomptes qui se produiraient. Autant et plus que dans toute autre industrie, l'œil intelligent et actif du maître doit faire marcher les hommes et les choses, mais, à notre sens, l'habileté pratique que donne l'habitude et les perfectionnements incessants que font découvrir les sciences dans cette industrie, fort arriérée, il n'y a pas encore bien longtemps, ont besoin, pour se compléter, l'un l'autre, de s'appuyer couramment sur la connaissance des rendements industriels. Le brasseur tiendra donc un registre de surveillance où seront notées avec tous les soins possibles, les données essentielles à la solution du problème, continuellement à l'étude chez tout industriel sérieux. Nous donnerons divers types de ce contrôle du travail industriel à la fin du Chap III de ce livre.

Nous passerons maintenant en revue les diverses méthodes de macération les plus répandues.

a. — PROCÉDÉ PAR INFUSION.

Ce procédé est en faveur chez les brasseurs écossais et anglais, il y a quelques variations dans les détails :

a. — L'eau chauffée dans la chaudière à 77-82°, est écoulée dans la cuve-matière dans la proportion de 167 litres par 100 kil. de malt. Le malt, chargé peu à peu, est brassé intimement avec l'eau. On ajoute par le fond 110 litres d'eau à 94°, on laisse reposer 1 1/2 h. à 3 heures.

Dans plusieurs grandes brasseries de Londres on prend l'eau, dans ces proportions, à 63° en été et à 75° en hiver. On brasse énergiquement pendant trente à quarante minutes et on ajoute de l'eau chaude (94°) de manière à ramener la température à 63°.

C'est ainsi qu'on fabrique le porter et le pale-ale à Londres.

b. — L'ale d'Ecosse est préparé de la manière suivante : pour 100 kil. de malt on emploie 200 litres d'eau à 82°. Le malt égrugé est rapidement chargé pour abaisser la température à 60° à la surface, à 68° vers le milieu de la masse et on abandonne en repos.

On conçoit difficilement qu'un procédé si peu rationnel ait pu rester si longtemps en faveur : la formation d'empois est très-visible à la surface des particules de malt.

En Allemagne, en France et en Belgique, on procède ça et là par une infusion à l'eau froide ou tiède pour le travail d'empâtage, on ramène ensuite la température, à l'aide d'une addition d'eau bouillante, à 70-75°.

c. — M. Mulder regarde comme « supérieure » une méthode assez répandue en Hollande. L'empâtage se fait avec de l'eau à 35° : après un travail soigné, on abandonne au repos ; on ajoute de l'eau chaude à différentes reprises, de manière qu'après six ou sept traitements à 75° le malt soit arrivé à la période d'épuisement convenable.

Chaque infusion partielle est déversée dans une chaudière à houblon, afin de prévenir l'acidité. De cette manière on peut attendre que toutes les infusions soient obtenues avant de procéder à la coction.

M. Mulder estime que ce procédé réalise les meilleures conditions d'épuisement du moût et de filtration.

Nous inclinons à croire que les mêmes avantages pourraient être obtenus par une méthode plus simple et plus économique.

En outre, les substances albumineuses solubles, extraites en majeure partie par les premières infusions, et transportées dans une chaudière à part au lieu de rester en contact avec les produits glucosiques du moût, contractent par un séjour prolongé ce goût de « drogue » ou de « médecine » repoussé par la majorité des consommateurs.

b. — PROCÉDÉ A TREMPE-CLAIRE.

La macération *à trempe-claire* se pratique en Allemagne, en Belgique et en Hollande, dans un grand nombre d'établissements plus ou moins importants.

L'augmentation de température (obtenue uniquement par l'eau chaude dans la méthode *par infusion*) est obtenue ici par le chauffage du moût. Cette trempe, dite claire, est ordinairement trouble, chargée d'amidon ; or, l'*amidon* devient *empois* par le chauffage dans la chaudière. On voit que les sous-modifications apportées au procédé dans divers établissements ont leur importance.

Voici le travail de Bamberg :

Le malt égrugé est chargé sec dans la cuve-matière en tas défoncé au milieu. L'eau introduite dans la chaudière est chauffée à l'ébullition et ramenée à 80° par addition d'eau froide. Cette eau, introduite par la bonde du double-fond, soulève le malt qui se sature parfaitement d'humidité par ce traitement.

Ensuite, on procède à un débattage énergique, prolongé pendant 20-30 minutes.

Le liquide trouble, d'aspect laiteux, est soutiré et porté rapidement à l'ébullition. Vers la fin, le liquide plus clair est reçu dans un bac intermédiaire.

La trempe « claire » dégage un arôme particulier durant la saccharification. Les écumes, plus tumultueuses, débordent facilement et exigent une surveillance incessante. Après une ébullition énergique, prolongée pendant 1 1/2 h., une partie de la trempe passe au double fond de la cuve matière pour y faire remonter le dépôt farineux : le reste est ramené vivement sur la drèche, bien débattu et abandonné au repos. Le contenu du bac intermédiaire va à la chaudière.

A Kulmbach, au contraire, on travaille avec la trempe clarifiée et réellement claire : le malt est chargé dans la cuve et mélangé d'eau à 50° c. Après un repos de 1 h., on fait arriver par le double fond de l'eau bouillante, de manière qu'après un travail énergique durant 1/2 h. la masse acquière une température de 54-56°. Le liquide déposé, soutiré et porté à l'ébullition dans la chaudière, repasse dans la cuve, où la température augmente et reste quelque temps à 70-72° c.

On brasse pendant 3/4 d'heure et on laisse reposer.

En Belgique, on ajoute généralement une forte proportion de grains crus : quand tout le malt est chargé dans la cuve-matière simultanément avec la farine de grains crus (et la balle de froment, fréquemment ajoutée pour faciliter la clarification) on ajoute l'eau tiède et on fait le débattage. De l'eau bouillante est ajoutée encore à plusieurs reprises, en petite quantité, tout en débattant énergiquement.

L'infusion claire passe à la chaudiere, d'où elle revient à la cuve-matière. On répète cette opération plusieurs fois. Le liquide ne découlant que difficilement du mélange épais, par suite de la présence des grains crus, on enfonce, dans certaines brasseries, des paniers en osier qui se remplissent de liquide. Plus tard, en raison de l'augmentation de température, l'infusion découle claire par le double-fond.

c. — PROCÉDÉ A DÉCOCTION OU A TREMPE ÉPAISSE.

Le procédé à décoction ou à trempe épaisse exige qu'une partie du mélange de malt concassé et d'eau soit séparé du liquide et que cette partie, ou trempe épaisse, soit portée à l'ébullition dans la chaudière et remise dans la cuve dont elle augmente la température.

Ce procédé, originaire de Bavière, s'exécute à Munich de la manière suivante :

On fait l'empâtage du malt égrugé avec de l'eau froide dans la cuve matière et on laisse séjourner, en remuant souvent, pendant 2-3 heures. Entretemps, on chauffe à l'ébullition le reste de l'eau nécessaire à la macération et on l'introduit, généralement en deux portions successives, dans la matière énergiquement remuée. La température atteint 35-37°. La première partie de la trempe épaisse passe à la chaudière, où elle est portée à l'ébullition. Quand les parties solides surnagent, on ajoute de la trempe épaisse bouillante dans la cuve jusqu'à ce que la température y soit de 51°; ensuite une seconde portion du mélange épais passe à la chaudière pour éprouver une cuisson prolongée pendant 3/4 h. à 1 h. La remise en cuve de cette trempe bouillante y fait monter la température à 60-62°.

Un repos d'une heure suffit précisément au nettoyage de la chaudière. Le liquide clair de la cuve y est alors chauffé à l'ébullition pour revenir à la cuve, où il doit posséder une température de 72°-75°.

Le malt vitreux va au fond par l'ébullition de la trempe épaisse et brûle facilement; il altère profondément le goût de la bière délicate; la trempe épaisse doit être remuée plus soigneusement que toute autre.

Le volume de chaque trempe partielle est très-variable dans les différentes brasseries; il dépend, entr'autres, de la capacité de la cuve matière, étant lié au degré de refroidissement qui s'y produit

Voici un exemple pratique pour un brassin de 1000 kil. de malt. Dans la cuve matière se trouvent 4700 kil. d'eau froide;

on fait bouillir dans la chaudière 2150 lit. d'eau, dont 1600 sont employés à la cuve pour produire l'élévation de la température.

Une première portion de trempe épaisse, soit 2550 lit., est envoyée à la chaudière pour cuire, puis reprise dans la cuve, où la température est relevée par-là à 47-50°. .

La seconde portion de trempe, portée à l'ébullition pendant une heure dans la chaudière, est de 2600 litres. En attendant, le bac intermédiaire est à moitié rempli de liquide clair.

Cette seconde portion de trempe, remise dans la cuve, y porte la température à 60-62°. Le liquide clair du bac intermédiaire est envoyé dans la chaudière en même temps que la trempe claire de la cuve. Le tout, soit 6000 litres, est soumis à l'ébullition pendant 1/4 d'heure. — Reporté dans la cuve, le liquide y possède une température de 72°-74°.

Un préjugé très en vogue est celui qui fait consister tout le secret de la brasserie dans la connaissance de certaines températures exactes, par exemple, celles usitées dans la célèbre brasserie de Schwehat, où l'on observe rigoureusement une température de 33 3/4° à l'empatage, 53 3/4°, 65° et 75° aux périodes successives de la macération. Il n'est pas besoin de dire que l'observation des températures n'est pas la seule condition à remplir pour faire de bonne bière. L'augmentation graduelle et régulière de la température pendant la macération, par exemple, est plus importante que le dernier degré de température définitivement atteint. Par la décoction, la transformation de l'amidon, avec un malt de bonne qualité, est déjà achevée après l'addition des deux trempes épaisses ; par conséquent une température trop élevée à la fin de la macération ne trouvant plus d'amidon, ne peut plus exercer une influence nuisible.

Les modifications, au contraire, que peuvent présenter les détails du travail de décoction sont d'une influence très-prononcée, dûe aux propriétés bien connues des substances albumineuses. Nous rappellerons à cet égard que ces substances, par la cuisson avec l'eau, sont transformées en matière brune, laquelle dès lors reste dissoute même à la température ordinaire. Or, il dépend surtout du volume de la trempe épaisse cuite et du temps que dure la cuisson d'obtenir ces transformations.

On recommande souvent comme règle essentielle pour le procédé de décoction de produire rapidement le chauffage de la première trempe épaisse dans la chaudière. Cette pratique est inadmissible. En effet, l'augmentation lente de la température dans la cuve est la raison principale de la répartition de la cuisson en plusieurs trempes, ce qui produit, en outre, l'extraction des matières utiles.

Chauffer rapidement, c'est provoquer la formation d'empois aux dépens de l'amidon. La teinture d'iode, mise en contact avec la drèche, montrera dans ce cas sous la loupe les points bleu-foncé indiquant la présence de l'empois.

Il ne s'agit pas seulement ici de la partie d'amidon difficile à dissoudre, qui n'a pas subi le contact du germe de l'appareil foliacé, mais encore d'une partie de l'amidon rendu soluble. En d'autres termes, le procédé que nous combattons a pour effet une diminution de la proportion d'extrait ou de rendement.

La règle est donc celle-ci :

Chauffer très-lentement la trempe épaisse à 62-65°. A ce moment, diminuer encore la chaleur de manière à n'atteindre 75° qu'au bout de 30-40 minutes ; ensuite on peut chauffer davantage.

Balling, qui ne connaissait pas encore les transformations si importantes des substances albumineuses pendant la cuisson, s'aperçut néanmoins de l'erreur commise dans les procédés ordinaires de décoction et recommanda la méthode améliorée suivante.

Chauffer 150 lit. d'eau dans la chaudière à 88°, les amener dans la cuve où, par l'addition d'eau froide, on établit une température de 62°. Charger 50 kil. de malt concassé, brasser, ramener le mélange à 57°,5. Si alors on transvase la moitié de ce mélange comme trempe épaisse dans la chaudière, qu'on porte à l'ébullition et qu'on la remette dans la cuve, on atteint aisément dans celle-ci la température de 75°.

Le gluten restant peu de temps exposé aux températures élevées, la bière est d'un goût agréable mais peu corsée.

Le procédé recommandé par Balling ne s'est répandu que fort lentement. Heiss, peu après, préconisa l'emploi de la chaudière pour le travail de la cuve matière : celle-ci est utilisée seulement pour la filtration. Il résulte de cette modification une sensible économie de combustible : on évite les pertes de calorique résultant du transport du moût et du refroidissement des parois. A la fin, le moût clarifié dans la chaudière possède une température beaucoup plus élevée.

La macération dans la chaudière est exécutée de la manière suivante : on chauffe l'eau à 50°, on charge le malt et on porte à 68°. Ensuite on ferme le foyer, on modère le feu, on laisse en repos pendant 1/2 h. pour chauffer de nouveau à 75°. Après un repos de trois quarts d'heure, on procède à la filtration.

En Bohème, le procédé de décoction est différent et mérite une description particulière. On met en œuvre 750 litres d'eau pour 100 kil. de malt, 1/4 de cette quantité sert pour l'ablution, 1/39 à diluer le premier métier et le reste à la macération. Les 4/5 de cette dernière quantité servent à l'empâtage et 1/5 à la production de la température désirée. Ainsi :

```
435 litres pour l'empâtage.
108    "      "   l'augmentation de température.
 19    "      "   la dilution du premier métier.
188    "      "   l'ablution.
─────
750
```

L'eau de macération est portée à l'ébullition dans la chaudière, amenée dans la cuve-matière et additionnée d'eau froide pour arriver à 33° en été et à 40° en hiver. (Il serait beaucoup plus rationnel de ne porter à l'ébullition qu'une quantité d'eau sensiblement moindre). Ensuite on fait bouillir dans la chaudière la seconde portion.

Le malt déversé dans la cuve est bien travaillé durant 5-6 minutes, additionné d'eau bouillante et de nouveau remué énergiquement. Environ le tiers du malt empâté est accumulé vers un côté de la cuve, d'où il retourne à la chaudière pour subir une ébullition prolongée pendant une 1/2 heure.

Le terme de l'opération est reconnu à la disparition des écumes (signe de la saccharification) et à la couleur plus foncée du liquide. La trempe retournée à la cuve, c'est alors qu'on fait complète et régulière macération. Les seconde et troisième trempes se font d'une manière analogue. Après la dernière, la masse est portée à 75° dans la cuve matière. Le restant de l'eau, 1/30°, est chauffé dans la chaudière.

Ensuite, on soutire dans le bac intermédiaire le liquide de la cuve jusqu'au moment où il découle clair. Le liquide trouble est joint à l'eau bouillante dans la chaudière. On fait bouillir pendant quelques minutes, on remet dans la cuve sans remuer le dépôt de drèches. Une portion du liquide clair est soutirée et versée dans la chaudière et le tout est abandonné au repos pour achever la saccharification.

Le brasseur expérimenté reconnaît aisément les défauts de la méthode et nous pouvons nous dispenser de les décrire.

Voici enfin quelques détails du procédé de décoction en usage à Vienne. On fait deux trempes épaisses et une trempe claire.

La quantité totale d'eau employée est environ double du volume de bière à produire. On en prend 5/8-2/3 pour la macération et 1/3-3/8 pour l'ablution. Les deux tiers de la première quantité sont dans la cuve, le restant est chauffé à l'ébullition dans la chaudière.

L'empâtage se fait toujours à l'eau froide dans laquelle on fait tomber le malt concassé; d'autres fois, on fait usage d'un macérateur préparatoire.

Pendant ce temps on prépare l'eau bouillante, dont une certaine proportion doit servir à porter le moût à 30-38° c.

Cette proportion est nécessairement variable avec la température préalable des matières empâtées.

Un tiers environ de la trempe est porté à l'ébullition avec précaution (voir plus haut).

On observe de temps en temps, par la lunette placée dans le couvercle de la chaudière, l'apparence que présente la trempe. Au commencement, l'aspect est laiteux; mais au fur et à mesure que la transformation de l'amidon en sucre et en dextrine s'achève, le liquide gagne peu à peu une certaine translucidité.

Le but de la cuisson est non-seulement d'élever la température de la totalité de la trempe, mais encore la saccharification de la partie d'amidon qui se trouve dans la trempe en cuisson : plus cette saccharification est complète, plus le rendement augmente : une cuisson trop rapide et trop énergique exerce donc un effet nuisible.

On peut surveiller la marche de la saccharification par des épreuves successives. La teinture d'iode et le saccharimètre renseignent à cet égard.

Les avis sont partagés quant à la durée de la cuisson : 1/4 à 3/4 d'heure, telles sont les limites de la pratique que la couleur à obtenir semble seule guider. La couleur est d'autant plus foncée que la cuisson est plus prolongée.

Pour empêcher les matières denses de brûler et de s'incruster au fond de la chaudière, il faut mettre en mouvement l'agitateur jusqu'au moment où le moût ait gagné un mouvement bien accentué sous l'action de la vapeur; à partir de là, l'agitation devient superflue.

On remet dans la cuve-matière une quantité telle que le mélange atteigne 50-53°. Généralement on n'emploie pas à cet usage la totalité du contenu de la chaudière ; il est préférable, du reste, qu'il reste une certaine quantité de liquide au fond. Naturellement, avant d'enlever le moût il faut modérer le feu. Après un brassage énergique peu prolongé, on remet de nouveau 1/3 de la trempe totale de la cuve-matière dans la chaudière et l'on fait la seconde cuisson (cuite de la seconde trempe épaisse ou *dick maische*), ordinairement un peu plus longue que la première. La trempe transvasée de rechef dans la cuve-matière porte le mélange à 60-65°.

La troisième trempe, qui est ensuite soumise à la cuisson, se compose de *moût clair*. Pour l'obtenir, on laisse reposer quelque temps le brassin, avant de soutirer dans la chaudière : le liquide qui passe alors est généralement assez limpide ; on fait néanmoins le plus souvent emploi de tamis ou de dispositions en vue de retenir les parties solides en suspension.

La quantité de trempe claire à faire bouillir dépend de la température du mélange après l'addition de la seconde cuite : on vise à atteindre 75° à la troisième mixture, et l'on prend des quantités de trempe à porter à 100° en conséquence. Souvent on fait bouillir la trempe claire plus longtemps que les trempes épaisses : mais il n'y a pas de règle à cet égard, c'est l'aspect, la consistance, la température observés dans le moût en ébullition qui doit ici guider le brasseur. En observant par la lunette du couvercle, on constate le dépôt de flocons insolubles, formés d'amidon, d'albumine coagulée et d'autres éléments du moût. Quand ces flocons se séparent nettement, la trempe se clarifie ; à ce moment on interrompt la cuisson.

Toute la trempe claire est ramenée bouillante dans la cuve matière pour y produire une température moyenne de 70°-75°, un peu plus en hiver, un peu moins en été.

Pour régler convenablement les températures, on a des thermomètres spéciaux, à tube très-long et bien protégé, dont la boule plonge très-bas dans le moût tandis que l'échelle au-dessus de la surface est à la hauteur de l'œil de l'observateur.

Le brassage terminé, la trempe arrive au bac à filtration ; à défaut de ce dernier, le brassage est simplement interrompu.

Pour former partout une couche uniforme de drèches sur le fond du bac, on les répand aussitôt également : s'il y a une machine à rompre les drèches, on la met en mouvement pendant l'écoulement du liquide. On amène l'eau chaude dans la cuve-matière dès que la trempe claire est écoulée. Le feu de la chaudière doit être modéré longtemps avant la vidange de la trempe claire. On y verse ensuite de l'eau jusqu'à la hauteur de 40-50 centimètres.

La méthode *à trois métiers* ou *cuissons* est, comme on voit, très-dispendieuse, elle exige beaucoup de temps.

Aussi a-t-on cherché à parvenir aux mêmes résultats à l'aide de deux cuissons seulement. Voici quelques variantes de la méthode à *deux métiers*.

Faire l'empâtage à l'eau froide et amener ensuite la température de 50° par l'eau chaude. Après une première cuisson de trempe épaisse, le mélange est porté à 65°. Enfin la seconde cuisson, d'un moût clair, amène la température à 75° C. Ou bien faire l'empâtage avec de l'eau à 50-60° et procéder ensuite par deux cuissons dont l'une à trempe épaisse et l'autre claire. Ou enfin, employer deux cuissons à trempe épaisse.

Tous ces procédés varient considérablement d'une contrée à l'autre, pour ne pas dire dans chaque usine. Mentionnons encore le *procédé à moût clair, recommandé par Habich*, méthode qui a trouvé de nombreuses appréciations. Ce procédé se tranche en quatre phases distinctes :

a. Après l'empâtage et le dépôt du moût, on soutire et on met à part une infusion froide qui contient les substances albuminoïdes en dissolution et qu'on ne réunit avec le moût principal qu'à la fin du travail pour compléter la saccharification.

b. Pour réaliser la transformation complète de l'amidon tant du malt que des grains non maltés, on procède à un lavage à fond des drèches, de façon à entraîner dans la cuve l'amidon qui, dans d'autres procédés, reste immobilisé dans ce résidu. On obtient par là une sorte de trempe ou de moût clair, prenant un aspect laiteux dû à la présence des globules d'amidon tenus en suspension.

c. On saccharifie dans la chaudière d'abord l'amidon malté à une température basse, puis on pousse à 100°, *à consistance d'empois*, l'amidon non malté.

d. Enfin, on saccharifie ce dernier par l'addition à basse température de l'*infusion froide diastatique* (a).

Voici, pour plus de clarté, un exemple d'un métier composé de

1000 k. de malt et 4500 litres d'eau, réglé d'après cette méthode.

On fait l'empâtage à froid avec 2000 litres d'eau et on produit la dissolution des substances solubles en laissant digérer à froid pendant plusieurs heures, en ayant soin d'agiter de temps en temps.

Ensuite on écoule la solution, soit 900 litres, aussi claire que possible, dans le bac intermédiaire et on la met provisoirement en réserve.

En attendant, on chauffe à 75° dans la chaudière 2600 litres d'eau et on en verse dans la cuve-matière une quantité telle que la température y atteigne 50°, pendant qu'on y opère un brassage énergique. Après cela, on soutire avec soin le moût « clair » (laiteux) qui doit contenir autant que possible la fécule et les autres éléments de la matière farineuse. Voilà pourquoi on agite fortement pendant l'écoulement du moût clair. Ce moût « clair » passe à la chaudière à peu près vide et chauffée lentement à 68-70° ; puis on étouffe le feu, la masse reste en repos pendant 1/2 heure, on chauffe à nouveau, on atteint l'ébullition et on ajoute de l'eau jusqu'à concurrence de 3,000 litres. Pendant ce temps on remet la solution froide (diastatique) dans la cuve matière, on brasse énergiquement et on dirige la trempe chaude de la chaudière dans la cuve, ce qui y relève la température à 70°. Après un repos d'une demi-heure, on soutire le moût qui doit découler parfaitement clair pour l'envoyer au refroidisseur.

Ce procédé qui, avec une légère modification, permet aussi l'emploi de grains non maltés, produit une saccharification plus complète et par suite une extraction plus rationnelle que tous les autres.

5. — EMPLOI DU CHAUFFAGE A VAPEUR.

Les appareils et procédés décrits jusqu'à présent supposent l'application de la chaleur directe du foyer ou à feu nu pour produire l'élévation de température nécessaire.

Il est inutile de faire ressortir les avantages de la vapeur dont les applications multiples se prêtent avec tant de facilité aux exigences de l'industrie.

En brasserie, la vapeur est appliquée de deux manières essentiellement différentes.

1° La vapeur est amenée directement par barbotage dans le liquide qu'elle échauffe, en même temps qu'elle se condense et augmente le volume du liquide en question.

2° La vapeur chauffe le liquide par l'intermédiaire d'une paroi métallique.

Dans ce cas, la vapeur fournit également le calorique; mais l'eau produite par la condensation ne se mélange aucunement avec le liquide chauffé.

La première méthode n'est usitée que rarement, parce qu'en général, la vapeur communique une odeur désagréable à la bière,

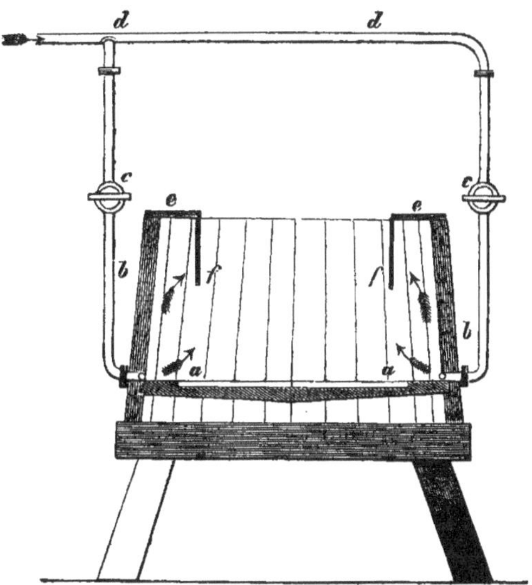

Fig. 110.

surtout dans le cas où l'on se sert des vapeurs indirectes ou de retour (échappement des machines). Il est donc préférable de ne pas faire barboter la vapeur des générateurs dans les cuve-matières ou chaudières de la brasserie.

Dans le second mode, la vapeur n'étant pas en contact avec le liquide ne peut lui communiquer aucune odeur nuisible. Par contre, il faut que la vapeur ait une certaine tension, par exemple deux atmosphères, parce que l'échauffement étant en proportion de la différence des températures, exigerait un temps trop considérable à une tension inférieure. Cela posé, nous décrirons quelques types.

La fig. 110 représente une cuve-matière à vapeur très-simple.

La cuve est de forme ovale avec un faux-fond a, a en cuivre perforé, recouvrant des cavités de 2 centim. de profondeur sur 26 décimètres de largeur dans le fond de la cuve. La vapeur directe arrive par le tuyau b, b muni de robinets c, c dirigeant la vapeur dans la trempe de deux côtés opposés. e e sont des planches semi-circulaires reliées aux paravents f, f, destinés à protéger les ouvriers contre les particules de moût chaud projetées par la vapeur.

Si l'on admet le barbotage, la vapeur se condense dans le moût et il faut diminuer l'eau employée à la macération. Par exemple pour une quantité de 1000 kil. de malt, au lieu de 5,120 litres d'eau on ajouterait seulement 3220 litr. pour la macération et 900 litres pour l'ablution, le reste étant fourni par la vapeur condensée.

La fig. 111 représente une cuve-matière avec serpentin de chauffe. A est l'élévation, B, le plan. a a sont des joints à boulet qui permettent de soulever le serpentin pour le nettoyage.

La vapeur entre par b sort en c, après avoir traversé un récipient pour l'eau condensée.

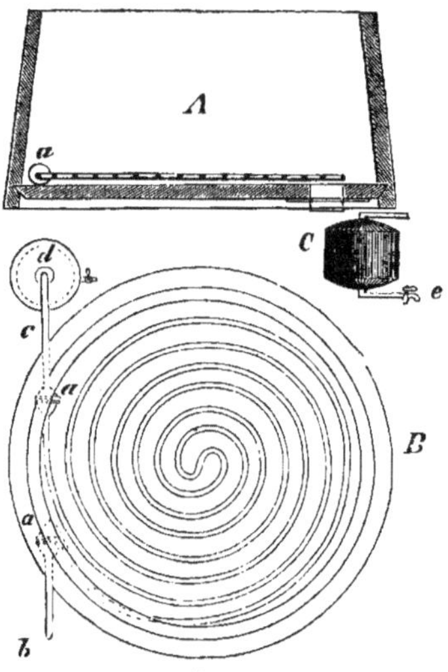

Fig. 111.

Un autre macérateur avec chauffage à vapeur est celui de Lacambre très-recommandable sous tous les rapports.

Ce macérateur est formé par un cylindre horizontal à paroi

double : deux plateaux *f* le ferment aux bouts opposés et sont traversés par un arbre portant les agitateurs.

La fig. 112 représente une coupe verticale de ce macérateur. A est la capacité principale environnée de la capacité B pour la vapeur.

Le moût s'écoule par C, l'eau de condensation par D.

L'axe de l'agitateur passe par deux boîtes-étoupes dans les deux fonds et par les poulies de transmission. Animé d'un mouvement de rotation de 26-28 tours par minute, il porte un certain nombre de

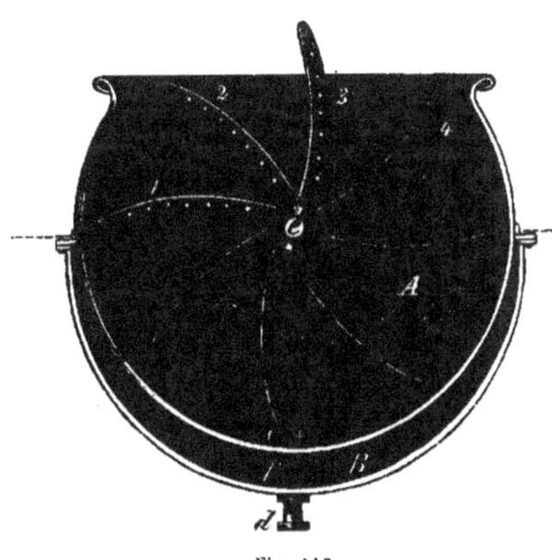

Fig. 112.

bras recourbés, placés en spirale et munis de baguettes en fer et représentant des râteaux destinés à remuer efficacement le contenu du macérateur. L'ouverture *f* permet l'introduction d'eau froide : il y a, en outre, un conduit d'écoulement. Cette disposition permet d'obtenir constamment la température voulue et de la maintenir à volonté, de sorte qu'un macérateur de ce genre suffirait, au besoin, à toutes les opérations de la brasserie.

Ordinairement, on chauffe d'abord l'eau de macération à la température voulue; on introduit ensuite la farine de malt sur l'agitateur en mouvement. Au bout de 10 minutes environ, l'empâtage est terminé. On produit alors lentement la température de saccharification qui s'achève ensuite pendant 1/2-1 heure.

On remet de nouveau l'agitateur en action et l'opération totale est terminée en 2-2 1/2 heures à telle température jugée convenable.

Le refroidissement s'opère très-simplement : le robinet de vapeur est fermé et le courant d'eau froide est introduit.

Voici quelques exemples de travail d'après diverses méthodes en usage.

a. — **Brasserie à trempe épaisse**. — Empâtage avec 5/6 de la charge totale ; chauffage à 70° ; repos 1/2 h. ; cuisson 1/2 h. ; refroidissement par l'eau froide (à 78°) addition du restant de la charge, brassage énergique, saccharification.

b. — **Cuisson de la trempe épaisse**, additionnée à la fin d'une certaine quantité d'infusion froide, mise à part au commencement du travail.

c. — **Brasserie par addition de grains non maltés**. — Empâtage avec quatre parties de farine non maltée et une partie de malt, chauffage à 70°, repos, cuisson, refroidissement, addition d'une partie de malt ; saccharification.

d. — **Méthode par infusion**. — Empâtage à froid, élévation de la température à 70°, digestion à cette température maintenue constante, jusqu'à ce que l'épreuve à l'iode montre la saccharification de tout l'amidon, puis écoulement dans le bac à filtration.

Dans les cas précédents l'emploi de la vapeur ne présente d'autres avantages que ceux résultant d'une précision en quelque sorte mathématique du travail et d'une grande simplicité. Quant à l'économie de combustible, elle est très-peu importante.

DOUBLE UTILISATION DE LA CHALEUR. — TRAVAIL CONTINU.

Balling a proposé d'utiliser les vapeurs résultant de l'ébullition et de la cuisson de la bière et de les diriger dans la cuve-matière. De cette manière l'économie de combustible est considérable.

L'appareil Gassaner, fig. 113, est une application de ce principe.

A est la chaudière (en cuivre) pour la cuisson du moût. Le couvercle est surmonté d'un chapiteau portant les soupapes de sûreté et la prise de vapeur. Au-dessus de la chaudière se trouve le cylindre B où se fait l'extrait du houblon.

Au commencement du travail, la chaudière A est remplie d'eau, les cuves C, D, E chargées de malt et d'eau froide (2/3 de la quantité totale à employer). Les vapeurs dégagées de A se rendent en C, où deux hommes font le débattage et soutirent de temps en temps une portion de la trempe pour la remettre dans la cuve, de façon à bien mélanger au restant du moût la partie entre le fond et le faux-fond.

Dès que la trempe acquiert la température de 75° les vapeurs sont dirigées en D où s'opère la seconde macération, tandis que les matières en C restent en digestion. La température en D étant à 75° les vapeurs sont lancées en B pour chauffer de l'eau. Après

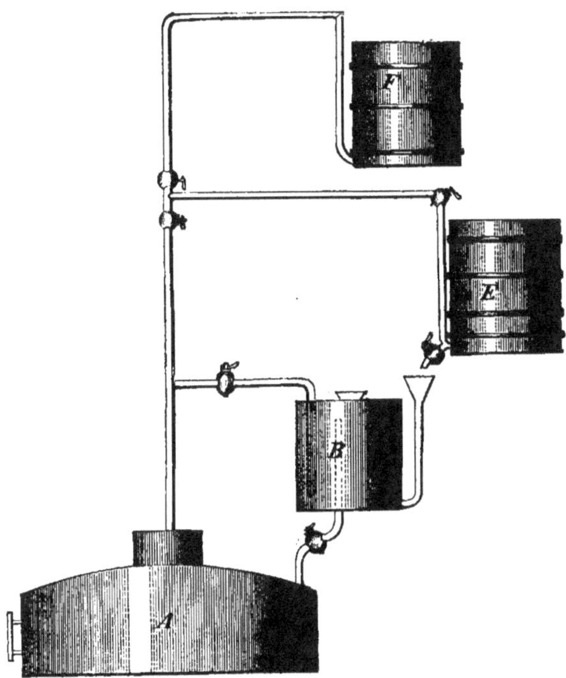

Fig. 113.

45 minutes la saccharification en C est terminée. La vapeur admise de nouveau en C jusqu'à 87° coagule l'albumine. L'eau chaude de B est évacuée en A et le moût clair provenant de C est reçu en B. A ce moût clair on ajoute la quantité de houblon nécessaire et on opère la cuisson. Le moût houblonné est écoulé en A, préalablement vidé. A partir de ce moment toutes les macérations s'exécutent avec les *vapeurs de moût clair*.

Entretemps, on dirige la vapeur en D pour chauffer à 87°, puis en E pour la troisième macération : le moût clair filtré est écoulé de D en B. Le moût clarifié et houblonné en A est mis en ébullition, ce qui exige une température de 105° par suite de la disposition prise pour le dégagement des vapeurs dans les trempes. A cette haute température, les substances albumineuses brunissent et se précipitent

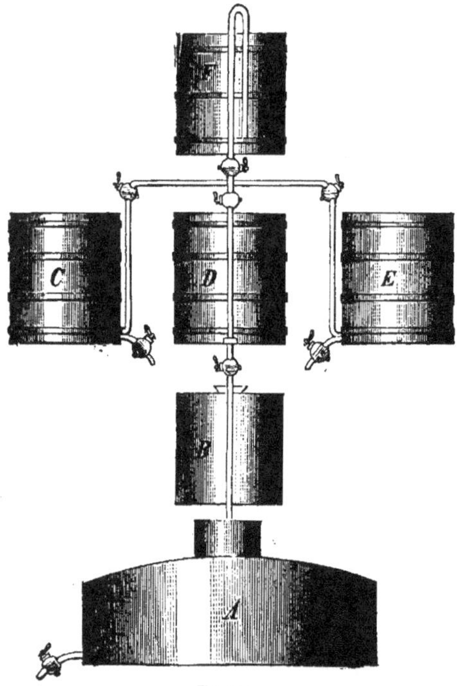

Fig. 114.

partiellement. L'indicateur de niveau permet d'observer les différentes phases du travail. Lorsque le moût est devenu clair et limpide (quoique de couleur plus foncée) il passe au refroidisseur, le second moût houblonné les remplace dans A, et ainsi de suite.

Les différentes capacités sont réduites à un minimum, le travail est continu et fournit un rendement considérable. L'économie de temps, de combustible et de travail est incontestable : cependant cette disposition rationnelle a rencontré jusqu'ici de l'opposition. Quoiqu'il en soit, la facilité avec laquelle elle se prête aux différents systèmes de fabrication lui assure la prédominance qu'elle ne peut tarder d'acquérir dans toutes les installations de brasseries.

On peut se servir directement de la vapeur en A pour monter le moût au bac refroidisseur. La chaudière A est alors disposée comme l'indique la fig. 115 et fait fonction de monte-jus. Le moût est forcé de passer en *c*, *d* du moment que les robinets de vapeur sont fermés.

En donnant au tuyau *e c* une longueur suffisante, il peut rester ouvert et servir de tube de sûreté.

Ce travail présente en outre un grand avantage sur tout autre : c'est de pouvoir utiliser les eaux faibles d'ablution pour les macéra-

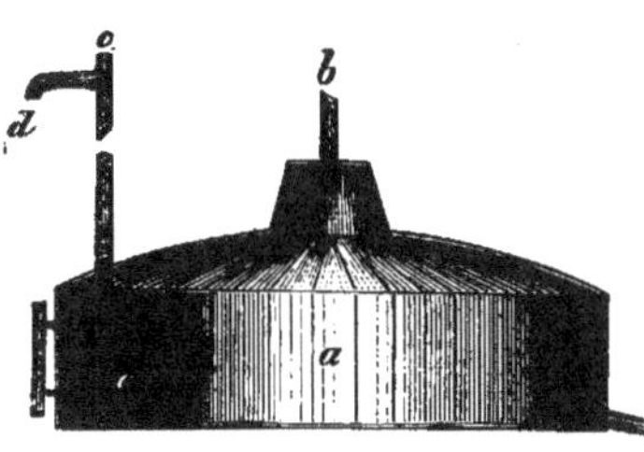

Fig. 115.

tions ultérieures. En effet l'ablution fournit des liquides étendus que, dans d'autres systèmes, il faut concentrer dans la chaudière. Pour obvier à cet inconvénient, on a fait l'ablution en deux périodes : la première portion est ajoutée au contenu de la chaudière. Une seconde portion reste sur les drèches pour servir lors d'une macération ultérieure. Ce procédé n'est pas sans danger : le liquide glucosique faible restant en contact avec les drèches est exposé à la fermentation lactique et peut occasionner des pertes considérables par son introduction dans les moûts subséquents.

Le travail continu ne comporte aucun séjour dangereux de matières fermentescibles dans le cercle normal des opérations.

Remarquons aussi que les moûts préparés avec les liquides dilués de l'ablution, au lieu d'eau pure, demandent un temps plus considérable pour la saccharification : la glucose retarde la transformation de l'amidon en sucre.

Il ne sera pas inutile de noter que le système continu porte nécessairement à une répartition judicieuse du travail, à une occupation bien réglée et ininterrompue des ouvriers. Ce double avantage n'échappera pas à l'attention de l'industriel.

6. — PRÉPARATION DES MOUTS AVEC DES BLÉS NON GERMÉS ET AUTRES SUCCÉDANÉS DU MALT.

Bières fromentacées et autres. — L'emploi des blés (crus) non germés se répand de plus en plus. La fabrication est moins onéreuse et les consommateurs semblent s'en accomoder. Le malt est un produit d'un prix très-élevé, de sorte que la substitution de tout ou partie de ce produit par un autre a été de tout temps l'objectif naturel du fabricant. Cette substitution est d'usage séculaire en certains pays, en Belgique notamment.

Nous avons dit précédemment combien il faut de soins intelligents pour atteindre à la fabrication d'un malt de bonne qualité et la perte relativement considérable de matière subie durant le cours des opérations du maltage.

Aussi, non-seulement les blés du pays mais encore le maïs, le riz, différentes espèces de sirops, jusqu'aux fécules de pommes de terre, tout a été successivement essayés, proposés, adoptés, abandonnés pour être de nouveau repris par les uns et rejetés par les autres.

Toutes ces substances ne constituent pas une falsification proprement dite. Il est parfaitement indifférent que l'amidon transformé en dextrine et en sucre provienne d'orge maltée, d'orge crue, ou de toute autre matière féculente. Qu'on ajoute de la glucose directement ou qu'on en produise dans la cuve, le manufacturier n'a rien à se reprocher au point de vue de l'équité. La question, la seule question, c'est d'obtenir un produit conforme aux exigences du consommateur et qui ne soit pas de nature à porter atteinte à la santé publique.

La proportion dans laquelle les blés non maltés peuvent remplacer le malt, dépend de plusieurs circonstances dont les principales sont :

L'habitude et le goût du consommateur : le malt donne à la bière un ton spécial recherché de ceux qui en font leur boisson de prédilection.

La formation régulière de la levûre est en connexion intime avec le rapport en azote des substances en fermentation. La diastase n'existant pas en proportion suffisante, la saccharification est difficile, incomplète. Il en résulte une diminution d'extrait, une fermentation trop rapide, des fermentations secondaires, acétiques, lactiques, etc., qui rendent la bière de difficile conservation et l'exposent à devenir impropre à la consommation.

En général, on peut admettre qu'il ne faut pas dépasser 20-25 % de la charge totale en blés non maltés.

Pour décrire la manière de se servir des succédanés de malt, nous les partagerons en deux classes et nous parlerons d'abord des *substances féculentes* et puis des *substances sucrées*. Les blés non maltés diffèrent essentiellement du malt par leur composition chimique et par leur constitution physique. Les grains de fécule s'y trouvent retenus et bien protégés par le tissu cellulaire et par les substances albumineuses insolubles, l'eau pénètre difficilement à l'intérieur et dissout par conséquent moins bien l'amidon. Quoi qu'il en soit, la saccharification est plus difficile, et ne s'opère qu'à une température supérieure : l'amidon du blé cru résiste plus longtemps à l'action de la diastase que celui des grains maltés.

Il est essentiel que ces *blés* soient finement moulus, réduits en poudre, et non pas égrugés simplement comme le malt. En outre, pour faciliter l'accès de l'eau aux dernières particules d'amidon et préparer en quelque sorte l'action dissolvante de la diastase, on soumettra la farine de blé à la cuisson ou à l'action de la vapeur à pression élevée avant de la mêler au malt.

Souvent on se contente d'additions partielles en farine aux différentes trempes, en prolongeant la cuisson. Les trempes ainsi préparées brûlent aisément et leur traitement exige des précautions plus minutieuses encore que pour les cas précédemment décrits.

Le brassage et la macération également sont plus pénibles, plus longs et plus énergiques.

Après l'écoulement facile des premières parties d'un moût clair, les drèches forment souvent une couche compacte et imperméable. Afin de faciliter la filtration on aura soin de ne pas trop diviser le malt et même d'ajouter des menues pailles, de la balle de froment, de l'avoine égrugée, du houblon épuisé, etc., préalablement lavés à l'eau bouillante.

Nous réservons un chapitre spécial à la fermentation et à la levûre : nous remarquerons cependant ici que la végétation des cellules de levûre se fait plus régulièrement dans le moût de malt seul qu'avec addition de blé, il y a donc lieu d'accorder plus d'attention à la formation et à la pureté de la levûre et de la renouveler souvent pour en prévenir la dégénérescence. Les substances remplaçant le malt fournissent, en général, une végétation et une multiplication remarquables de la levûre, mais celle-ci est beaucoup moins azotée et, par suite, moins constante.

Pour la brasserie viennoise, il n'y aurait d'après Thaussing[1] aucun avantage à remplacer une partie de malt par un succédané quelconque, l'addition même d'un blé quelconque serait nuisible. Il n'en est pas moins vrai que certaines bières, réputées excellentes, doivent leur cachet particulier à une addition rationnelle de blés divers.

L'orge non maltée doit être mouillée afin d'enlever les substances amères, colorantes, de la pellicule. Après 12 heures, l'orge mouillée s'écrase parfaitement dans les écrasoirs employés pour le malt vert. Quelques brasseurs touraillent l'orge mouillée et l'égrugent comme le malt sec. C'est de la peine, du temps et de l'argent perdus. D'autres emploient le malt vert. Le moût, avec ce dernier, est moin coloré, mais la filtration est plus difficile, la fermentation moins régulière et la levûre moins constante. .

L'orge de bonne qualité fournit environ 50 % d'extrait et 110-115 kil. remplacent en moyenne 100 kil. d'orge maltée.

La bière obtenue est d'une saveur pure et agréable et d'une couleur belle et claire.

---

(1) *Malzbereitung und Bierfabrication*. p. 394 et s.

Le maïs est de tous les blés le plus difficile à travailler et celui dont le rendement a été longtemps le moins satisfaisant. L'amidon s'y trouve dans un état physique tout particulier ; la cohésion est extraordinaire et les grains présentent une grande résistance à l'écrasement.

On donnera la préférence au maïs à gros grains, plus féculent, et on évitera tout échauffement pendant la désagrégation ou l'égrugement.

M. Haecker, qui a beaucoup travaillé le maïs, dans la brasserie d'Altenbourg, après avoir expérimenté les méthodes usitées pour l'emploi du maïs dans les pays mêmes où l'on produit cette céréale, recommande le procédé suivant :

On chauffe d'abord, dans un vase spécial, la trempe de maïs additionnée *d'un peu de malt* à la température de 70°-75° ; on parachève la dissolution, soit par addition d'eau bouillante, soit à l'aide de la vapeur. Enfin on pousse à la température voulue ; et on ajoute la trempe de maïs à celle de malt.

M. Thaussing préconise la méthode suivante :

Le maïs égrugé est mélangé intimement avec l'eau tiède, puis avec l'eau bouillante. Les 2/3 de la masse ainsi produite sont ajoutés à la première trempe épaisse, le tiers restant à la seconde trempe. Cette addition est suivie chaque fois d'une ébullition prolongée pendant 1/2 h. à 3/4 d'heure.

Le maïs empâté avec de l'eau tiède se trouve, dans un vaisseau clos, au-dessus de la chaudière où il est chauffé par la vapeur directe. On surveille l'agitateur qui doit être animé d'un mouvement rapide après l'addition de la trempe de maïs à celle de la chaudière.

La bière fabriquée dans ces conditions fermente et se clarifie parfaitement, elle présente un reflet doré et une saveur agréable.

Dans la fabrication en grand, on obtient du maïs sensiblement le même rendement en extrait que du malt d'orge soit 55-60 %.

Le riz se travaille plus aisément : on peut le diviser avec un écrasoir à malt ordinaire en rapprochant suffisamment les cylindres. On peut traiter le riz par la méthode indiquée pour le maïs, cependant on l'ajoute ordinairement à sec (ou dans un état peu humide) à la première et à la seconde trempe épaisse : seulement la saccharification se trouve un peu retardée. Il n'est pas nécessaire de prolonger la cuisson autant que pour le maïs.

Le moût se clarifie parfaitement : la bière fermente dans de bonnes conditions, elle est limpide, claire et mousse fortement. La saveur est vineuse et rappelle la bière de Bohême. Dans le cas où ces qualités sont appréciées favorablement par la consommation, l'emploi du riz est recommandable ; seulement la levûre doit être fréquemment renouvelée.

Le rendement en grand est de 65 à 68 p. c. d'extrait, soit 100 k. riz équivalant ou remplaçant 115 k. malt.

M. Siemens, en suite de ses expériences à Hohenheim, recommande la méthode suivante qui utilise *les pommes de terre.*

Pour éliminer le jus contenu dans la pulpe (qui a une odeur désagréable) on place celle-ci dans le bac à filtration de la brasserie, après avoir recouvert le double fond d'une toile.

Après l'écoulement du liquide, on arrose le résidu à plusieurs reprises avec de l'eau jusqu'à ce que la solution ne présente plus aucune odeur ni couleur foncée : on chauffe l'eau à 50° dans la chaudière : à ce moment on ajoute du malt faiblement touraillé et la pulpe de pomme de terre, en brassant avec soin et en chauffant si lentement que la température de la trempe n'arrive à 60° qu'après une heure environ.

La veille du jour où l'on fait la macération, on mêle la moitié du malt, touraillé comme à l'ordinaire, avec l'eau froide dans la cuve-matière et le jour même on soutire une solution froide.

On ajoute alors le malt partiellement extrait resté dans la cuve ; le mélange est chauffé pendant une heure à 60°-70°. On passe ensuite à l'ébullition jusqu'à ce que le liquide paraisse clair.

Ensuite on verse dans la chaudière la portion claire de la solution froide tandis qu'on met la portion trouble dans la cuve-matière.

On remplace à Hohenheim le tiers du malt par la pulpe de pomme de terre, en prenant 300-350 kil. de malt et 600-650 k. de pulpe de pomme de terre.

Si l'on travaille par la méthode de décoction, on peut traiter la pulpe ou la fécule fraîche de pomme de terre comme le riz, par l'addition de portions successives à la première et à la seconde trempe épaisse en chauffant modérément. La filtration se fait mieux avec la pulpe qu'avec la fécule. La bière fabriquée à Hohenheim se clarifie bien ; elle possède une couleur claire et un goût vineux ; M. Siemens assure qu'elle se conserve mieux que celle fabriquée avec du malt seul.

La *fécule sèche* ou farine de pomme de terre peut être employée comme la fécule fraîche, mais cette fabrication est moins avantageuse et l'extrait est plus difficile à obtenir. La filtration ne se fait pas bien, à moins d'ajouter les substances déjà recommandées antérieurement (pailles menues, etc.) pour le dégagement des drèches.

Ces bières fermentent énergiquement et la levûre dégénère promptement. La teneur en fécule des pommes de terre est extrêmement variable : la proportion d'extrait varie en conséquence de 12 à 18 °/₀. On peut admettre, que 100 k. de malt d'orge peuvent être remplacés par 458 à 300 k. de pommes de terre, ou par 78-90 k. de fécule sèche.

Voici, d'après M. Hanamann, la composition de moûts et de bières préparées avec addition de maïs, de riz, etc. en comparaison avec des produits préparés avec le malt seul. 40 °/₀ du malt ont été remplacés par d'autres matières ajoutées à l'état cuit aux différentes trempes épaisses.

I. *Moût de décoction.*

	Malt seul.	Malt et maïs.	Malt et riz.	Malt et fécule.
Sucre	4.96	4.08	4.84	4.87
Dextrine	6.05	6.83	6.35	6.60
Extrait déterminé directement.	12.29	12.27	12.30	12.32
Substances albumineuses.	0.82	0.78	0.68	0.42
Autres substances solubles	0.46	0.58	0.43	0.43
Polarisation (Soleil)	+ 1.30	+ 1.38	+ 1.32	+ 1.36

II. *Bière (après fermentation principale).*

Alcool	2.71	2.76	2.90	3.19
Sucre	1.05	1.12	0.98	0.35
Dextrine	4.54	4.31	4.42	4.74
Extrait	6.59	6.48	6.25	5.91
Matières albumineuses . . .	0.43	0.39	0.33	0.28
Autres substances solubles . .	0.57	0.66	0.52	0.54
Polarisation (degrés soleil) . .	+0.72	+ 0.68	+ 0.66	+ 0.69

La bière n° 4 avait éprouvée la fermentation la plus rapide. N° 2 la plus lente. Celle-ci avait donné la plus belle levûre. Les n° 3 et 4 avaient des levûres dégénérées.

La seconde classe des succédanés du malt est formée par les *substances sucrées.* Elles sont ajoutées simplement dans la chaudière à houblonner peu avant l'écoulement du moût. Les bières ainsi préparées fermentent aisément et rapidement, elles sont généralement claires et brillantes. Les bières légères (de table, etc.) s'accomodent fort bien de ce traitement

Voici d'après Gschwaendeler [1] la composition des produits obtenus avec du malt seul, et avec le malt (239 k.) et le sucre de fécule (50 k.) 100 p. d'extrait sec du moût contenaient :

	A. Malt seul.	B. Malt et glucose.
Sucre	41.02	42.6
Dextrine	50.94	49.9
Substances albumineuses.	6.31	5.4
Cendres	2.15	2.1

Les bières jeunes correspondantes renfermaient :

	A.		B.	
Extrait déterminé directement.	6.454		5.42	
Alcool.	2.87		3.28	
Sucre	1.43		1.41	
Dextrine	4.54	6.69	3.76	5.67
Substances albumineuses . .	0.51		0.40	
Cendres.	0.21		0.10	

(1) Thaussing, p. 399.

Après 4 mois de garde, ces bières présentaient la composition suivante :

	A.	B.
Extrait déterminé directement .	5.413	5.20
Alcool	3.30	5.20
Sucre	1.01	1.07
Dextrine	4.11	3.69
Substances albumineuses . .	0.48	0.337
Cendres.	0.23	0.20

Sucre, Dextrine, Substances albumineuses, Cendres : A = 5.83 ; B = 5.30

On voit par les chiffres de ces tableaux que la bière glucosique avait fermenté plus fortement, contenant plus d'alcool, moins d'extrait et moins de substances albumineuses.

La bière glucosique avait formé plus de levûre mais cette levûre contenait moins d'azote.

7. — LE REPOS.

Nous avons dit précédemment que, la macération achevée, la trempe reste *en repos* dans la cuve-matière. On reconnaît de la manière suivante l'efficacité du travail appliqué : en versant une goutte de moût clair dans un peu de teinture iodique ; si la couleur jaunâtre persiste sans aucun changement appréciable, tout l'amidon est transformé en dextrine, glucose, etc.

Si, même après un repos de 11 1/2 h., la trempe donne encore la réaction de l'amidon (en se colorant en bleu par l'iode) on doit en conclure que la macération n'a pas atteint le but proposé, ce qui arrive, par exemple, par une élévation trop forte de la température avant le terme de la saccharification, circonstance qui a diminué ou détruit l'action de la diastase. On peut réparer la faute commise en ajoutant à nouveau de la diastase, c'est-à-dire du malt contenant des substances albumineuses solubles qui auront pour effet la transformation en glucose de l'amidon encore présent.

On aura donc soin de ramener à la température de 75°, d'ajouter 1/6 du malt et d'agiter énergiquement pour laisser enfin la masse en repos et la cuve recouverte, jusqu'à ce que la réaction iodique indique la disparition de l'amidon.

L'expérience a démontré qu'un repos prolongé assure la transformation ultérieure de la dextrine en glucose. D'après M. Godard la qualité de la bière s'améliore par suite d'un repos convenable de la trempe. Cependant le repos ne doit pas se prolonger au delà de 1 à 1 1/2 heure ; il faut éviter surtout le refroidissement de la masse, ce qui produirait l'acidulation du moût et une bière profondément altérée.

D'après Gschwaendeler, la proportion entre la glucose et la dextrine dans l'extrait de moût ne représente pas un nombre constant, elle dépend essentiellement des méthodes de travail. Le rapport le plus favorable (d'après Maercker) serait de 2 p. de sucre sur une p. de dextrine, mais ce rapport, en quelque sorte idéal, n'est jamais atteint en pratique : on s'en approche plus ou moins, suivant le degré de perfection du travail. Gschwaendeler a trouvé les résultats suivants en comparant les diverses méthodes de macération.

Moûts.	Glucose.	Dextrine.
1. Moût avec 10 °/₀ de fécule de pommes de terre .	1 p.	1.173
2. Macération de la « bock bier »	1 "	1.211
3. Méthode d'infusion	1 "	1.266
4. " de décoction	1 "	1.287
5. " dite anglaise	1 "	1.540
6. " à infusion froide	1 "	1.741

Les bières provenant des six moûts ci-dessus examinées par le même auteur, présentaient les rapports suivants :

Bières.	Glucose.	Dextrine.
1.	1 p.	1.17
2.	1 "	2.987
3.	1 "	3.609
4.	1 "	2.911
5.	1 "	3.313
6.	1 "	3.267

On voit, d'après ces tableaux synoptiques, que la fermentation a détruit d'autant plus de dextrine que la quantité en avait été plus élevée dans l'extrait du moût. On y trouve encore la preuve que le *corps* de la bière ne dépend pas de l'existence et de la prédominance de la dextrine dans sa composition, car les bières d'infusion sont précisément celles où la dose de dextrine est la plus élevée, et la bière de décoction celle où l'on remarque une proportion de dextrine peu considérable.

D'après M. Lermer, la durée de la germination du malt exerce une influence marquée sur la proportion de glucose qui augmente avec la durée tandis que la proportion de dextrine diminue.

8. — FILTRATION ET ABLUTION.

Les particules solides qui se déposent entre le fond et le faux-fond perforé sur lequel se fait la filtration se trouvent en suspension dans les premières portions du liquide séparé de la trempe après que l'action chimique de la saccharification est arrivée à terme. Elles troublent conséquemment ce liquide : en ouvrant subitement le robinet de vidange le courant du moût entraîne efficacement ces substances, composées en majeure partie d'amidon. Cette composition indique suffisamment l'usage que l'on en peut faire. Si l'on observe la surface de la masse des drèches restant dans la cuve après la filtration du moût, on ne tarde pas à remarquer une couche grisâtre, que nous appellerons dépôt supérieur : les matières albumineuses et l'amidon s'y rencontrent en proportions considérables. Ce dépôt supérieur est ajouté avec avantage à la cuisson suivante.

Quelques brasseurs utilisent ce dépôt à la nourriture des bestiaux : ils sacrifient ainsi une quantité notable d'extrait imbibant la masse et de matières utiles à la qualité de la bière (100 p. du dépôt analysé renferme 6-8 °/₀ matières albumineuses ; 4-8 °/₀ amidon).

Les drèches retiennent avec une certaine énergie une quantité assez considérable de moût qu'on essaye de déplacer par l'eau dans l'opération appelée *ablution*. La viscosité de la masse, due à la présence du gluten, oppose une grande résistance à l'action de l'eau. Voici comment s'exécute en général cette opération.

On ferme le robinet d'écoulement, on ajoute peu à peu de l'eau

chaude et l'on agite énergiquement la masse. Après un repos de
1/4 h., on soutire le premier liquide d'ablution. Cette opération se
répète deux ou trois fois.

M. Habich recommande *l'ablution continue.* Dans ce mode,
l'eau chaude arrive sur le moût lorsque celui-ci dépasse encore la
masse des drèches ; dans ce cas, l'eau descend peu à peu à la suite
du moût et imbibe parfaitement les drèches. D'après l'auteur,
l'ablution est plus complète avec un travail manuel moindre que
dans tout autre cas. Seulement, l'eau doit descendre fort lentement
et l'on doit ralentir l'écoulement du moment où l'eau commence à
pénétrer dans la drèche.

La plupart des praticiens nient l'effet de cette manipulation et
prétendent qu'une ablution efficace est impossible sans le travail
énergique des drèches.

En tout cas, la drèche épuisée doit apparaître légère et dégagée.
Sa couleur doit être foncée et non pas blanchâtre. Une apparence
laiteuse est toujours un signe de macération défectueuse. Un demi-
litre de drèche non tassée ne doit pas fournir plus de 120-122 grammes de résidu sec.

La formation de l'acide lactique est inévitable si la température
s'abaisse à 25-30° : l'ablution devra donc être spécialement surveillée. Sous ce rapport, l'ablution continue semble plus rationnelle ; les drèches s'acidifient d'autant moins qu'elles sont mieux
épuisées.

Si l'on emploie 750 litres d'eau pour l'extraction de 100 kil. malt,
soit 400 à la macération et 350 à l'ablution, les drèches retiennent
environ 120 litres du moût principal et 100 litres du moût secondaire ; 100 kilog. de malt fournissant 60 kil. d'extrait, le moût
principal se compose de 60 kil. d'extrait et de 400 litres d'eau,
formant avec la drèche le métier total ; le moût devra donc marquer
au saccharomètre $\frac{60 \times 100}{460} = 13°$ environ.

Les 120 litres de moût retenus dans la drèche après l'écoulement
du moût principal contiennent donc 15,7 k. d'extrait et fournissent

avec l'eau d'ablution 295 litres de liquide, contenant 15,7 k. d'extrait, et marquant 5°,3 Balling.

Restent dans la drèche : 100 litres avec 5,3 k. d'extrait. Si on ajoute alors 175 litres d'eau, on obtient 275 litres contenant 5,3 k. d'extrait correspondant à 1°,9 Balling. Après cette nouvelle extraction, il restera 100 litres avec 1,9 k. d'extrait dans la drèche, soit plus de 3 centièmes de la totalité de l'extrait contenu dans le malt.

En somme, le lavage en deux périodes fournit une perte absolue de 3 °/₀ de la matière première. M. Habich prétend que la méthode d'ablution réduit la perte à zéro. En tout cas, il importe de se rapprocher de ce résultat autant que possible et de ne jamais négliger de s'assurer de l'état des drèches. L'épreuve est facile : on n'a qu'à faire des lavages complets avec de petits échantillons moyens. Un aréomètre exact fournit une indication qui renseigne, par un calcul élémentaire, la perte éprouvée.

Les liquides obtenus par ablution sont ordinairement ajoutés au moût principal ; dans ce cas, il faut, par une ébullition prolongée, ramener à la concentration initiale, ce qui est hautement défavorable à la qualité de la bière. Il est de beaucoup préférable de concentrer à part les moûts secondaires ou liquides dilués provenant de l'ablution.

Dans la fabrication continue de la bière, les moûts dilués trouvent une application rationnelle en servant à la macération suivante. Dans tout autre cas il convient de séparer entièrement les moûts concentrés des moûts dilués, de manière à obtenir d'un côté une bière forte avec des moûts de 11-13°/₀ et une bière légère provenant des moûts secondaires. Cette dernière, convenablement préparée, par sa fraîcheur, sa richesse en acide carbonique, est souvent très-recherchée.

Ce travail est du reste, en quelque sorte, imposé dans un grand nombre de circonstances, où les besoins de la consommation courante exigent diverses qualités de bière essentiellement différentes.

9. — DÉCOCTION ET HOUBLONNAGE.

Ainsi que nous l'avons exposé précédemment, la décoction avec le houblon a pour but :

a. La transformation du gluten en matières albumineuses brunes : le moût qui ne subit pas cette opération (par exemple la bière blanche de Berlin), est trouble et dépose, en fermentant, le gluten sous forme d'une masse visqueuse ;

b. L'extraction du principe amer du houblon ;

c. La concentration du moût au degré voulu ;

d. L'élimination de l'albumine coagulable ;

La décoction s'exécute différemment selon les effets principaux que l'on vise à obtenir :

I. Si l'on veut produire une bière pâle, on ne prolongera l'ébullition que jusqu'à la coagulation de l'albumine. Dans ce cas, on chauffe le houblon à la vapeur et on le met en contact avec une solution bouillante de glucose. Le gluten ne subit pas de transformation et se présente à la surface du moût, où il peut être enlevé.

II. Pour supprimer le travail séparé du houblon, quelques industriels le font bouillir dans la chaudière avec une faible quantité de moût, jusqu'à volatilisation de l'huile essentielle. Dans ce cas le travail du houblon est très-imparfait.

III. Si l'on veut produire de la bière colorée, on peut procéder de deux manières :

a. On fait bouillir ensemble tout le moût et tout le houblon.

b. On fait bouillir le houblon avec le premier moût pour éliminer l'huile essentielle. On emmène ce moût fortement houblonné sur le refroidisseur, en laissant le houblon même dans la chaudière où l'on introduit les moûts secondaires qui extraient plus aisément la résine du houblon.

Les procédés de houblonnage et de décoction en usage sont nombreux et défectueux ; ils reposent, en général, sur une connaissance imparfaite du rôle que jouent les éléments du houblon dans la brasserie. Par le fait de ces manipulations peu rationnelles, l'huile essentielle du houblon, à laquelle on attribuait jadis une valeur considérable, s'altère promptement et communique une odeur désagréable à la bière.

La résine du houblon n'exerce une action réelle sur la conservation de la bière que parce qu'elle recouvre d'un enduit résineux les cellules de la levûre basse, si importante pour la fermentation secondaire.

En d'autres termes, si la résine ne se déposait pas sur les cellules de la levûre, la bière deviendrait acide malgré la présence d'une forte quantité de houblon.

La résine, pour être efficace, doit se trouver en combinaison avec la glucose : celle qui est combinée avec l'huile essentielle est parfois nuisible. Cette dernière combinaison (appelée souvent baume de houblon) doit donc être évitée pour réaliser l'utilisation rationnelle du houblon.

Le tannin du houblon se combine avec les matières albumineuses et produit la précipitation partielle de l'albumine dissoute.

Le tannin forme avec l'amidon une combinaison insoluble mais seulement en cas d'absence de toute substance albumineuse. C'est donc à tort qu'on voudrait y trouver une application au moût de bière.

Si l'on observe un moût parfaitement clair chauffé sans addition de houblon, on voit apparaître à 70° environ un précipité floconneux et des écumes à la surface : c'est l'albumine végétale coagulée. Avec le procédé des trempes épaisses l'albumine est coagulée et retenue dans les drèches : l'écume est moins considérable pendant la décoction. Dans le procédé d'infusion, au contraire, toute l'albumine du malt arrive dans la chaudière à houblon. D'après Habich, on peut se dispenser d'écumer le liquide du moment où l'on ne vise pas à obtenir une bière très-pâle.

Dans certaines brasseries, on ajoute pendant la décoction du

moût, comme agent de clarification, une infusion de malt préparée
à froid. On emploie 2 p. d'eau froide et 1 p. de malt. Cette pratique
est justifiée par ce fait que l'infusion froide renferme une forte
proportion d'albumine végétale dont la coagulation produit la clarification du moût.

Après l'ébullition, le moût reprend un aspect trouble en se
refroidissant : mais il redevient plus clair et limpide en raison de
la durée de l'opération qui produit une espèce de défécation. Cependant la nuance devient plus foncée à mesure que l'ébullition se
prolonge.

Cette dernière circonstance est tellement importante pour
certaines bières qu'elle sert de guide au travail, en sorte que la
cuisson est réglée d'après la nuance à obtenir.

Quand les moûts secondaires sont travaillés avec le moût principal, il est essentiel que la concentration voulue soit atteinte.

Les bières pâles ne souffrent qu'une ébullition peu prolongée. Les
bières de couleur foncée s'obtiennent en maintenant pendant un
certain temps la température de 100° au lieu de pousser à l'ébullition, ce qui demanderait une dépense inutile en combustible, à
moins que la concentration ne soit nécessaire. Le moût houblonné
se trouble toujours par le refroidissement, il se précipite de la
résine de houblon qui ne se dépose qu'à la longue.

Malgré l'opinion contraire de quelques praticiens, il est favorable
de diviser le houblon.

La figure 114-115 (page 332) représente un aménagement en
vue de réaliser cette division du houblon. La trémie a mesure
de 60-90 cent. de long sur 20 de large ; le fond, un peu bombé,
est construit de baguettes de fer espacées de 9 millim. Au-dessus
se trouve le cylindre b en bois muni de pointes (goupilles) de
10 centim. de long. On doit avoir soin de recueillir la poudre jaune
dégagée des cônes et de l'introduire dans la chaudière.

Pour éviter les inconvénients provenant des huiles essentielles
du houblon, il est évidemment utile de bouillir avec une quantité

relativement minime de moût. Par exemple, on pourrait prendre 1 p. de houblon dans 11 p. de moût et faire la cuisson jusqu'à consistance sirupeuse. La résine se combine plus facilement avec la glucose quand l'huile se trouve volatilisée. Cependant cette opération exige des précautions, car il pourrait se former de l'assamar (p. 23) qui communique à la bière une couleur noir-foncée et un goût désagréable. Mais c'est ici ou jamais le cas de dire qu'il n'y a pas de

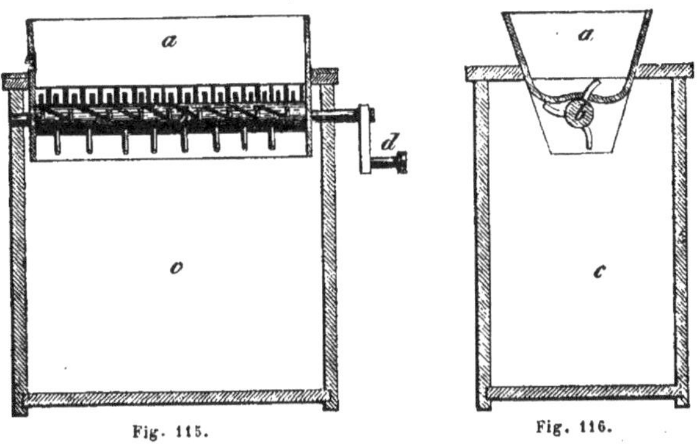

Fig. 115.   Fig. 116.

règle sans exception. Ce qui est une faute grave dans la plupart des cas peut être le sommet de l'art dans une situation donnée.

Parfois les consommateurs, habitués par la tradition et l'usage séculaire à une boisson spéciale, inconnue ou repoussée partout ailleurs, exigent précisément les huiles essentielles du houblon !

Quelques industriels dans cette situation ajoutent du houblon dans le tonneau.

D'autres font une infusion chaude de houblon avec une solution glucosique et l'ajoutent après le froidissement au moût fermentant ; d'autres encore font cette infusion avec du moût déjà houblonné et l'ajoutent au métier subséquent.

Le tableau suivant montre sous ce rapport les grandes différences présentées par les principales fabrications.

ON EMPLOIE A	POUR 1000 LITRES DE BIÈRE.	HOUBLON.
Munich.	Bière d'hiver	2,3 kilos.
»	» d'été.	3,2-4,9 »
Bamberg	Bière d'hiver	4,4 »
»	» d'été.	8 »
Kulmbach.	Bière d'hiver	2,9 »
»	» d'été.	6-7,5 »
Bohême.	Bière d'hiver	2,2 »
»	» d'été.	3,3 »
Prague.	Bière d'hiver	4,4 »
Londres.	Porter	11-13 »
»	Indian pale ale	32 »
Edimbourg.	Ale	12 »

Il existe un préjugé considérant le houblon comme un antidote contre l'action de l'oxigène atmosphérique, les dangers de fermentation acétique, etc. Or, s'il en est ainsi, on doit trouver les meilleures bières d'été là où l'on emploie les plus fortes proportions de houblon, et les plus mauvaises à Munich et en Bohême.

Nous avons fait voir plus haut dans quelle mesure le houblon ralentit la fermentation secondaire et contribue à la conservation de la bière. Il en résulte qu'il faut s'assurer, par tous les moyens possibles, de la conservation de la bière et ne pas se fier uniquement au houblon.

Cependant il n'est nullement déraisonable de houblonner plus fortement la bière de garde. En effet, par la décomposition de la glucose, la résine devient de moins en moins soluble et se précipite : la bière perd par là de ses principes amers et peut par conséquent en recevoir utilement une nouvelle proportion.

Presse-houblon. — Le houblon ne peut être épuisé par une décoction unique : quand on travaille les moûts secondaires séparément, on se sert de ces liquides légers pour extraire une seconde fois les principes du houblon. En tout cas, on diminuera les pertes en remettant dans le moût suivant le houblon dont on a déjà obtenu un extrait. Le houblon épuisé présente une substance très-légère et poreuse dont l'incorporation dans les drèches compactes (provenant de l'emploi du riz, glucose, fécule, etc.,) facilite le travail.

Les folioles de houblon retiennent une énorme quantité de liquide. Pour l'en retirer, on a construit avec succès, dans ces derniers temps, des machines opérant, par compression, un épuisement assez complet du houblon après la cuisson. Les fig. 117 et 118 montrent des presses-houblon en usage en Amérique.

a Caisse en bois. — *b* Planche mobile renforcée au milieu par une traverse à laquelle se rattachent les rouleaux *c*, *c*, correspondants aux rouleaux *d*, *d* attachés au-dessous du fond fixe de la caisse. Les cordes *g*, *g* passent sur *e*, *e* et *d*, *d*, puis sur les rouleaux *i*, *i*, fixés en *h* aboutissant à l'arbre *l*. En tournant la manivelle *k*, les cordes font descendre la planche *b* comprimant le houblon contenu dans la presse. Le moût s'écoule par le tuyau *m*.

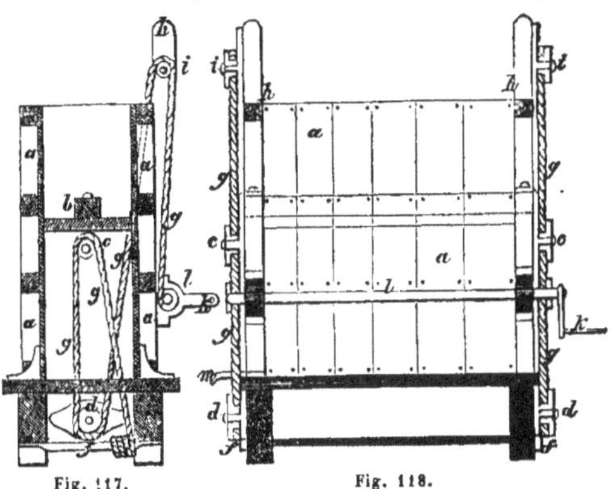

Fig. 117.   Fig. 118.

A l'opération de la décoction se rattache celle qui tend à colorer les moûts. En Belgique on emploie souvent la chaux vive (p. 24) pour obtenir ce résultat. La chaux agit en décomposant la glucose avec formation de produits fortements colorés. On suppose à tort que les bières ainsi préparées se conservent mieux. En somme, l'introduction de la chaux dans la bière est une pratique irrationnelle et détestable sous tous les rapports.

Le moût cuit est souvent clarifié artificiellement au lichen d'Islande ; on en prend environ 30 grammes par 1000 litres et on fait bouillir avec le moût pendant une heure. Une ébullition prolongée davantage altère la nature de la matière clarifiante.

Souvent on se sert de pieds de veau (1 p. pour 50 kil. malt). Si l'on prolonge l'ébullition, on a recours à la colle soluble à froid, de sorte que cette substance est retenue par le moût après refroidissement. La bière est plus foncée, ce qui empêche de distinguer aussi nettement sa limpidité. Le liquide devient légèrement gluant, et la finesse de ton disparaît (Voir p. 25 et 26).

Remarquons enfin que la coction prolongée du moût est accompagnée d'une perte de matière : les vapeurs dégagées avec véhémence entraînent les particules de liquide chargées de matières solubles. C'est là un fait d'une portée considérable. Si, d'autre part, l'on utilise les vapeurs dégagées par l'ébullition, le jeu des soupapes des machines peut en souffrir et le métal se ronger.

10. — DISPOSITION GÉNÉRALE DES BRASSERIES PERFECTIONNÉES.

Nous avons passé jusqu'ici en revue les principes généraux, les méthodes et l'outillage spécial usités dans les divers modes de fabrication des bières. Avant d'aborder dans le détail le traitement particulier que l'on fait subir aux moûts dans les procédés les plus répandus, nous croyons qu'il ne sera pas sans utilité d'arrêter maintenant l'attention de nos lecteurs, surtout de ceux qui en sont encore à l'étude théorique, au stage de la profession, et qui pourraient plus tard se trouver dans le cas d'avoir à créer eux-mêmes des établissements, sur la distribution rationnelle et économique adoptée généralement aujourd'hui dans l'aménagement des brasseries perfectionnées.

A cet effet, nous examinerons sommairement divers types existants, empruntés soit à l'Allemagne, soit à l'Angleterre ou à d'autres pays.

1. Voici la disposition générale préférée par MM. Münnich et Cie à Chemnitz (fig. 119).

Fig. 119. — Disposition d'ensemble. — Type Münnich et Cie.

On remarque tout d'abord l'absence totale de transmission. chaque travail est desservi par un moteur spécial.

LÉGENDE DE LA DISPOSITION MÜNNICH.

A Macérateur, avec moteur à vapeur B, établi sur colonnes en fer.

C, D Pompes à moûts, vissées au fond des cuves.

E Macérateur préparatoire, *a* conduit pour le malt, *d* conduit pour l'eau.

F Chaudière pour la cuisson et le houblonnage (le foyer n'est pas figuré dans ce dessin).

G Tamiseur pour le houblon.

H Bac à filtration, I bac intermédiaire.

c Tuyau de vidange du macérateur dans la chaudière.

d Tuyau d'aspiration de la pompe, ramenant le moût de la chaudière dans le macérateur. Le vidange du bac filtreur se fait par un tuyau court et large avec soupape.

e,e,e Tuyaux de communication entre le bac-filtreur et le bac intermédiaire, munis de robinets.

f Tuyau de communication de F à G.

g Tuyau d'aspiration de la pompe C amenant le moût filtré à la chaudière à houblonner.

h Tuyau de communication de G à I, d'où la pompe envoie le moût houblonné au refroidissoir.

La cuve-matière Münnich de dimension courante peut recevoir 2000 kilogr. de malt à la fois, et une brasserie pourvue de deux cuves de ce modèle travaille aisément, dans la saison propice, soit d'octobre à fin avril ou pendant six forts mois, 102,000 hectolitres de bière, quantité correspondant à une production journalière de 680 hectolitres.

2. A l'exposition de Vienne de 1873, figurait un remarquable ensemble d'appareils de brasserie construits par M. Prick et que nous retrouvons actuellement en activité à l'établissement Cramer à Amsterdam. La puissance totale de cet outillage est de 90,000 hectolitres par année : chaque brassin est de 90 hectolitres.

La disposition adoptée par le constructeur viennois est représentée dans la fig. 120 (page 339).

LÉGENDE DE LA DISPOSITION PRICK.

A Macérateur en cuivre avec agitateur.

B Chaudière en cuivre. Ces deux vaisseaux sont clos entièrement et en communication avec C condensateur.

D Cuve-matière en fer, enveloppée de bois.

E Agitateur mécanique.

F Bac à filtration, en fer.

G Appareil pour rompre les drèches. Les bacs D et F sont montés à double fond avec circulation de vapeur.

H Mélangeur préparatoire.

J et H Pompes à moût.

M Tamiseur de houblon.

N Escaliers menant aux galeries de travail.

P R Bâtis et colonnes en fonte.

O Moteur à vapeur de la force de 12 chevaux.

Un arbre de commande-maîtresse traverse toute la halle de travail et transmet le mouvement aux diverses machines, à l'aide d'engrenages coniques avec embrayage à frottement. Il n'y a pas de transmission à courroie.

Voici les dimensions des principaux vaisseaux.

	Diamètre.	Hauteur.	Capacité.
Macérateur A.	2m.84	1m.58	5m.c. 37
Cuve-matière D	3.47	1.42	13.49
Bac à filtrer F	3.63	1.26	13.00
Chaudière B	3.16	1.89	11.37

3. Voici, d'autre part, la disposition générale d'une grande brasserie anglaise de porter, avec le détail des machines et ustensiles qui y sont employés.

Notons d'abord que le malt nécessaire à la fabrication est acheté tout préparé aux malteurs. On le conserve dans de vastes greniers bien aërés, occupant l'étage supérieur du bâtiment. Le malt allant de ces greniers aux ateliers de fabrication passe entre des cylindres broyeurs ou bien est dirigé directement (ce cas est moins fréquent) vers des meules sises à l'étage courant sous les greniers. Le malt, broyé aux cylindres, arrive dans une caisse où plonge une vis

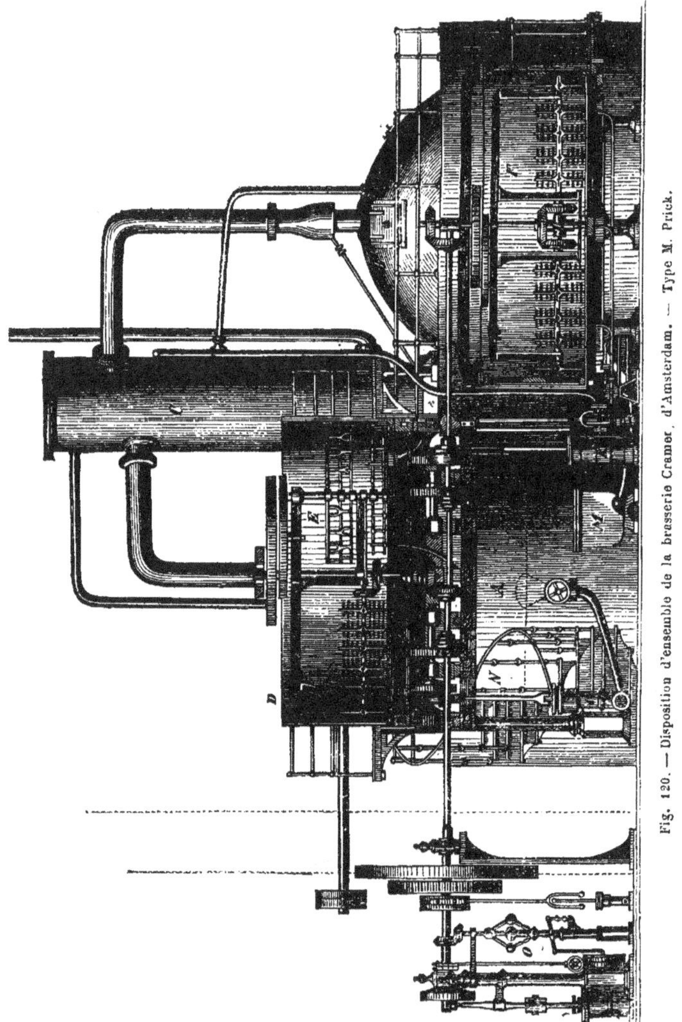

Fig. 120. — Disposition d'ensemble de la brasserie Cramer, d'Amsterdam. — Type M. Prick.

d'Archimède oblique servant à élever automatiquement le grain dans un réservoir disposé juste au-dessus des cuves-matières. C'est dans ce réservoir qu'il séjourne jusqu'au moment de son emploi : il en tombe, à volonté, dans la mesure jugée convenable.

A la partie supérieure du bâtiment se trouve aussi un vaste réservoir où l'eau nécessaire aux divers services est relevée à l'aide d'une pompe foulante et d'où elle se répartit, par conduites et robinets, aux différentes cuves et chaudières. Une de ces chaudières est spécialement affectée à chauffer l'eau : c'est de là qu'une tuyauterie conduit l'eau chaude entre les deux fonds des cuves-matières. On doit toujours veiller à ne pas laisser à nu la bassine où se chauffe l'eau, ce qui mettrait rapidement le vaisseau hors d'usage : on remplace donc périodiquement par de l'eau froide l'eau chaude qu'on soutire.

Le brassage a lieu par un agitateur mécanique, chaussé sur un arbre vertical disposé au centre de la cuve. La cuve-matière est circulaire : elle porte un faux-fond percé d'un grand nombre de trous de 60 à 70 millim. de diamètre ; dans l'espace entre le fond et le faux-fond sont disposés des tuyaux pour la vidange du moût, et pour amener l'eau. La capacité de cette cuve est calculée de telle façon qu'elle puisse contenir un brassin entier, à raison de 230 litres d'eau par hectolitre de malt employé, l'espace total étant en outre augmenté d'un tiers.

Après le brassage et le repos, le moût est soutiré dans une cuve-reverdoire, disposée sous la cuve-matière : il n'y reste que le temps nécessaire pour évacuer complétement la cuve ; il est remonté de là par une pompe à 3 corps, dans la bassine logée à la partie supérieure de la chaudière dont nous avons décrit l'aménagement (page 294). Le moût reste là jusqu'à ce que l'eau chaude destinée au brassage suivant soit enlevée de la chaudière inférieure ; pendant ce temps, sa température s'élève toujours un peu. Sitôt la chaudière inférieure vide, on y fait passer le contenu de la bassine qui, à son tour, reçoit le nouveau brassin par le moyen de la pompe à trois cylindres.

C'est ainsi que les divers moûts se succèdent les uns aux autres dans les différents vases avec la plus grande régularité, sans refroidissement intempestif, sans main d'œuvre inutile, sans perte de temps et en utilisant constamment toutes les parties de l'outillage.

Lorsque la cuisson du moût et la décoction du houblon ont été suffisamment prolongées, on vide tout le contenu de la chaudière par un large robinet dans un bac placé au-dessous et d'un volume suffisant pour pouvoir y loger tout le liquide d'une opération. Ce vaisseau remplit le même but que le bac à repos dont il a été question plus haut, seulement la séparation du moût et du houblon s'y opère d'une manière différente ; le bac décanteur est muni d'un faux-fond formé de plaques de fonte perforées d'une infinité de petits orifices, à travers lesquels le moût s'égoutte sans que le houblon puisse les traverser. Le moût filtré, privé du houblon en suspension, est aspiré du double-fond de ce décanteur par une tuyauterie spéciale (ressortissant à la pompe générale utilisée à tous les services, sauf à l'élévation de l'eau froide), laquelle le conduit aux réfrigérants situés dans un local particulier.

Ces refroidissoirs consistent en des bacs à large superficie et peu profonds, présentant à l'air une vaste surface de refroidissement. Ces bacs plats mesurent 2 à 3 décimètres de hauteur au plus : on les étage les uns au-dessus des autres, et des persiennes disposées dans l'épaisseur des murs y dirigent un courant refrigérant dû à l'air extérieur.

Du fond de ces bacs raffraîchissoirs partent des tuyaux qui emmènent le moût, refroidi à suffisance, dans de grandes cuves guilloires d'une capacité à loger toute la bière fabriquée en un jour et où se fera la première fermentation.

De là, la bière sera plus tard transvasée dans des tonneaux ou autres menus vaisseaux de clarification : ces tonnes, en très-grand nombre dans la brasserie, sont groupées par séries de quatre, et chaque série possède une gouttière commune pour l'écoulement de la levûre et pour la conduire dans des auges disposées au-dessous. La bière reste dans ces tonnes à clarification jusqu'à ce que la fermentation soit achevée et que la production de la mousse ait pris fin.

Elle est alors versée dans des foudres d'une énorme capacité, de forme conique, mesurant communément de 4^m5 à 6^m de diamètre et autant de profondeur. Ces foudres sont logés dans de grandes caves voûtées, construites en moellons et pierres, parementées en stuc et sises sous la halle de fermentation. Ces caves, étant aménagées assez profondément sous terre, conservent une égalité de température favorable à la conservation des bières.

Ce qu'il y a à noter surtout dans les dispositions que nous venons de passer en revue, c'est l'économie considérable apportée au travail et à la circulation des liquides, où tout se fait automatiquement, en cascade, et où la main d'œuvre et les fausses manœuvres sont pour ainsi dire entièrement supprimées.

4. Nous esquisserons sommairement l'aménagement adopté par M. James Steel, de Glasgow, pour sa brasserie à pale ale d'Écosse.

Comme dans le type précédent, nous notons d'abord l'absence de la malterie. Le malt est concassé au rez-de-chaussée du bâtiment. De là, un élévateur le remonte à l'étage supérieur et le livre à un transporteur horizontal, en hélice, qui l'emmène et le déverse dans une boîte spéciale, la boîte à malt moulu.

Du fond de cette trémie, le malt passe dans un demêleur du système Steel, où on le délaye dans une certaine quantité d'eau fournie par une bassine à eau chaude. Ce malaxeur, décrit et figuré page 272, consiste essentiellement en une enveloppe cylindrique, disposée presqu'horizontalement, dans laquelle tourne avec rapidité un arbre armé de bras qui servent à mélanger la farine de malt et l'eau, et à produire une masse pulpeuse qui tombe dans la cuve-matière contiguë au délayeur, en contre-bas.

Quand les métiers ont été ainsi recueillis dans cette cuve-matière, on ajoute la quantité d'eau nécessaire et le tout est brassé vigoureusement par un appareil à vaguer installé dans ce vaisseau, on laisse alors la cuve au repos pendant deux heures, pour pouvoir extraire toutes les parties solubles du malt et obtenir un moût de densité convenable ; après ce temps, on entr'ouvre le robinet donnant passage de la cuve-matière au reverdoir, et le moût filtré et clair passe dans ce dernier vaisseau.

Aussitôt que le tout s'est écoulé ainsi, on introduit de l'eau chaude par dessus le moût à l'aide de la croix écossaise (fig. 102-103, page 289); puis on recommence à vaguer, à faire écouler le moût et ainsi de suite jusqu'à ce qu'on ait enfin épuisé le malt et qu'on ait obtenu tout le moût nécessaire pour un brassin.

Pendant que le moût coule au reverdoir, une pompe le remonte dans la chaudière à moût où on le maintient chaud, mais sans néanmoins atteindre le point d'ébullition, jusqu'à ce qu'il y ait assez de liquide pour former une charge. On y ajoute alors une proportion de houblon qui varie de 1 à 5 kilogr. par hectolitre de malt, puis on procède à la cuisson.

Cette cuisson dure environ deux heures, après lesquelles on fait couler le moût houblonné dans les bacs à faux-fonds dont nous avons parlé précédemment. Ces bacs retiennent les cônes : le moût clair va de là aux refroidissoirs, où sa température s'abaisse sous l'effet combiné du rayonnement et d'une ventilation artificielle. Le moût raffraîchi passe enfin dans un réfrigérant qui abaisse rapidement sa température à 14-15° cent. point jugé le plus convenable pour l'admission du liquide aux cuves à fermentation.

On conserve le moût dans ces cuves pendant quatre à cinq jours, en ayant soin de maintenir la température dans les limites convenables par l'emploi de serpentins à circulation d'eau froide. Lorsqu'on juge que cette fermentation principale est achevée, on coule dans des bacs à clarifier, peu profonds, où la bière dépose son excès de levure, se refroidit, s'éclaircit, et, au bout de 24 à 36 heures, est propre à être soutirée dans des fûts pour être conservée dans les caves de garde ou, suivant le cas, être livrée aux consommateurs.

5. On trouve, dans le *Traité de chimie appliquée aux arts* de M. Dumas, la description des dispositions d'ensemble d'une des plus importantes brasseries de Paris, accompagnée de divers plans et coupes.

Nous résumerons cette notice, intéressante quoique un peu arriérée à la date actuelle.

L'usine fait son malt elle-même : elle possède, à cet effet, un vaste germoir souterrain voûté, d'où on élève le grain germé dans les greniers ou étendoirs placés immédiatement au-dessous du grand cellier du travail.

La malterie possède une touraille à l'ancien système, chauffée au coke ou à la houille maigre : un toit en maçonnerie, qui couvre la grille, empêche les radicelles de tomber. Les produits de la combustion traversent la toile métallique sur laquelle l'orge germée est placée en couches minces. Une large cheminée entraîne au dehors les vapeurs d'eau et les produits de la combustion.

Les cuves-matières ont un double-fond en tôle, percé de trous, sur lequel s'étale le malt concassé ; un canal en bois, placé sur le bord de la cuve, permet aux liquides venant des chaudières d'arriver directement entre les deux fonds.

Les chaudières en cuivre, à réchauffer, etc. sont à feu nu ; le foyer ouvre à l'extérieur du local.

Les bacs refroidissoirs font l'office d'étangs de décantation, dans lesquels le moût se débarrasse successivement de toute la masse du houblon en suspension. Ces bacs à repos sont divisés en plusieurs compartiments, séparés par un grillage en bois qui retient le houblon épuisé ; le liquide, après les avoir tous traversés, arrive à un dernier compartiment où, avant de sortir du bac, il est obligé de se filtrer à travers des tamis d'une maille très-serrée.

Le moût raffraîchi et déhoublonné, on parachève son refroidissement en le dirigeant à un réfrigérant du système Nichols, composé d'un grand tube cylindrique à doubles enveloppes, entre lesquelles circulent en sens inverse l'eau et le moût à refroidir.

Les cuves-guilloires et les vaisseaux à fermentation n'offrent rien de particulier. L'eau nécessaire à la brasserie est aspirée d'un puits et refoulée à l'étage supérieur de l'établissement par une pompe puissante, activée par un manége à 4 chevaux. Ce moteur dessert aussi 2 paires de meules placées immédiatement au-dessus, au premier étage.

Le moût est aussi élevé par une pompe. On constate aisément la supériorité de l'aménagement des nouvelles brasseries d'Allemagne ou d'Angleterre sur celui que nous venons de décrire.

6. Comme variante du type français, nous citerons l'aménagement de la brasserie de Puteaux [1], lez Paris, où se fabrique avec succès des bières façon bavaroise.

Rien de bien spécial dans l'outillage en lui-même : malterie avec greniers souterrains, que surmontent les greniers où l'orge est soumise aux différentes opérations de séchage, de nettoyage, de broyage ; — deux cuves-matières, avec appareil vagueur mécanique à palettes et portes grillées rompant le mouvement rotatoire de la masse ; les cuves-matières sont à double fond où circule la vapeur, avec tuyau ramenant les eaux condensées aux générateurs ; un tuyau conduit le liquide de la cuve-matière à un vaisseau de vidange dont l'écoulement est réglé par un robinet à flotteur. — Quatre chaudières de cuisson, à double paroi pour la circulation de la vapeur, avec tuyau de purge et tuyau de retour aux générateurs ; — bassins plats de réfrigération, cuves-guilloires, cuves à fermenter, tonneaux.

Ce que l'établissement offre de remarquable ce sont les dimensions, la situation et l'aménagement de ses caves, pratiquées dans les flancs du coteau de Puteaux, sur lequel passe l'avenue de St Germain. Cette cave est disposée pour recevoir, par en haut, les bières qui viennent de la fabrique et pour en permettre la sortie, par en bas, au fur et à mesure des expéditions.

La bière est amenée de l'usine dans des tonneaux de 30 hectolitres, que des chariots viennent déposer sous un hangar ; là, on

---

[1] Consulter, pour plus amples renseignements et plans, le *Bulletin de la Société d'encouragement pour l'industrie nationale*, T. XIII, octobre 1866, p. 577, etc., pl. 348 et 349.

vide ces tonneaux dans les foudres des caves au moyen de tuyaux verticaux placés à demeure. Les foudres sont disposés en trois rangées et gerbés. Chaque cave peut contenir 1,500 hectolitres : il y en a deux séries, que nous désignerons respectivement par les lettres A et B. Les caves A sont les moins rapprochées de la surface du sol : la cave B, un demi-étage plus haut, fait retour d'équerre avec les caves A.

Dans une partie des caves A et dans B on emmagasine la bière jeune, fabriquée du 1er octobre à fin-avril et vendue au bout d'un mois ou six semaines. Les autres caves servent à la conservation de la bière fabriquée de décembre à fin-mars, et qu'on vend pendant l'été.

La basse température des caves est maintenue artificiellement : pour cet objet, on a construit auprès une glacière de 400 mètres cubes de capacité et quelques glacières de 100 mètres cubes.

Voici encore quelques détails circonstanciés sur cet établissement, l'un des mieux organisé de la banlieue de Paris.

Les celliers ou caves consistent en une galerie voûtée de 90 mètres de longueur, garnie de chemin de fer. Sur le côté nord de cette galerie sont placées 12 caves voûtées d'une longueur de 20 mètres, qui doivent recevoir les tonneaux provenant de la brasserie. Du côté du midi est un grand bassin rempli d'eau pour recueillir la glace qui s'y forme en hiver, et sert à remplir les glacières situées entre chaque cave afin de maintenir une température constante de 8°. Les communications entre chaque cave et la galerie n'ont lieu qu'à travers des doubles portes qui sont closes presqu'hermétiquement. Les glacières qui séparent chaque cave de celles voisines sont constamment remplies de glace et leur entrée bouchée par des sacs de laine. La galerie elle-même est fermée par des portes se fermant seules, et comme on n'y pénètre que par l'extrémité la plus éloignée, la température y est maintenue très-basse. Chaque cave est pourvue sur les deux côtés d'un double rang de tonnes énormes, où la bière fabriquée à la fin de l'hiver et au printemps reste jusqu'au moment où elle est livrée au commerce, et où elle a acquis du corps et une saveur supérieure. Quand on pense que la bière est arrivée au point de perfection et s'est éclaircie, on la soutire dans de plus petits fûts, ou quarts, assez forts pour résister à une certaine quantité d'air qu'on y refoule, et d'où elle coule par des robinets dans les chopes qu'elle couronne de mousse, moyen de distribution supérieur à celui des pompes.

Ce n'est que le matin de bonne heure, quand l'air est encore frais, qu'on expédie ces tonneaux.

Chacune des douze caves renferme à peu près 1,200 hectolitres de bière, mais si la demande devient plus considérable, on peut augmenter beaucoup cette quantité.

7. Ce serait ici le lieu de donner la description d'une grande brasserie belge : mais cet examen nous exposerait à des redites en ce qui concerne l'outillage, point sur lequel la description des usines anglaises et allemandes suffit à édifier amplement. D'autre part, le mode de travail, d'apprêt et de coupage des bières belges entre pour une trop grande part dans les règles qui s'imposent à la construction des brasseries, celliers et caves, pour que l'on puisse rationnellement s'arrêter aux détails de l'aménagement des constructions avant d'avoir suivi par le menu le mode de fabrication spécial à ces bières, que nous exposerons plus loin. Nous demanderons même déjà pardon au lecteur d'avoir, dans les diverses descriptions de brasseries que nous terminons ici, anticipé parfois sur les chapitres ultérieurs, en vue de ne pas scinder ces descriptions et de présenter, en un seul tableau, tous les éléments caractéristiques de chacun des types que nous avons successivement examinés. Si notre ouvrage y perd au point de vue de la méthode, en revanche, le présent chapitre y gagnera d'être consulté avec plus de commodité et partant avec plus de fruit.

Nos lecteurs trouveront, dans l'ouvrage de Lacambre, une description minutieuse, avec plans à l'appui, de la grande brasserie établie à Louvain par ce savant ingénieur en 1837.

CHAPITRE III.

1. — REFROIDISSEMENT DU MOUT.

Généralités. — Le moût houblonné doit être refroidi à la température propre à la fermentation alcoolique. L'air contenant toujours des germes microscopiques, dont le développement en certaines circonstances produit des fermentations étrangères, le contact de l'atmosphère constitue un danger réel.

Tant que le moût est à une température de 100° (ou voisine de ce degré) les organismes que l'air peut y amener sont tués et leur développement ultérieur enrayé absolument. A mesure que la température baisse, et notamment vers 40-50°, ces organismes trouvent un milieu favorable à leur existence et pour peu que la situation se prolonge, la bière se trouve dès lors profondément altérée. Le brasseur s'appliquera donc à diminuer autant que possible cette période critique et à amener la bière, par un refroidissement rapide, à la température favorisant la fermentation alcoolique.

Pour éviter autant que possible les températures dangereuses, on admet comme règle générale que le moût ne doit pas rester plus de huit heures sur le refroidissoir. A cet effet, on réduit la couche liquide dans le bac à un minimum. On ménage l'accès de l'air à toutes les parties du refroidissoir.

Les vapeurs d'eau qui se forment à la surface doivent pouvoir s'échapper aisément. Il ne faut donc jamais superposer les refroidissoirs. L'air doit être renouvelé incessamment; en outre, il doit être aussi pur, aussi frais que possible : les émanations fétides seront donc évitées avec le plus grand soin.

Dans ses remarquables *Etudes sur la Bière*, M. Pasteur a mis hautement en lumière ce point, qui a fait de sa part l'objet de recherches scientifiques de la plus grande rigueur, à savoir, que tous les organismes dont procèdent les ferments utiles ou nuisibles sont emmenés de l'air dans les moûts, notamment durant la période de refroidissement. Voici dans quels termes s'exprime cet éminent chimiste, au Chap. VII de ces Etudes :

« Les altérations de la levûre de bière, du moût et de la bière
« ont pour cause la présence d'organismes microscopiques dont les
« produits corrélatifs dénaturent les propriétés et s'opposent à la
« conservation de la levûre et de la bière.

« Ces organisations, ces maladies de la bière comme on dit, ne
« sont nullement spontanées, elles sont apportées de l'extérieur par
« les levains et impuretés de l'atmosphère ou par les ustensiles et
« les matières premières mises en œuvre.

« Ces ferments ainsi que leurs germes périssent à la température
« d'ébullition.

« En conséquence, la bière purifiée par une cuisson prolongée,
« additionnée d'une levûre pure et conservée à l'abri de l'air impur
« se conserve indéfiniment.

« L'air est impur, il faut le purifier ou le supprimer : telle est la
« conclusion pratique de ces travaux. »

M. Pasteur, passant de la théorie à l'application, a inventé et décrit un procédé pour obtenir le refroidissement absolument à l'abri du contact de l'air.

Voici, dans ses parties essentielles, le texte du brevet d'invention pris par l'auteur le 13 mars 1873.

« J'ai imaginé de supprimer, dans ces trois produits, levain, moût et bière, l'existence et la multiplication des ferments étrangers, par l'application à l'art de la brasserie des moyens suivants :

1° Obtention du levain pur par l'éloignement des germes organisés étrangers à la levûre de bière.

2° Manipulation du moût pendant son refroidissement depuis la chaudière où tous les germes de maladie sont tués, jusqu'aux cuves, tonneaux ou appareils de fermentation et jusqu'après la fermentation sans qu'il puisse reprendre, au contact de l'atmosphère illimitée, ou au contact des ustensiles en usage, des germes nuisibles pouvant se multiplier et dénaturer ultérieurement les produits.

3° Refroidissement en vases clos, en présence d'une quantité d'air purifié ou du gaz acide carbonique. »

I. **Levain.** — Ce nouveau produit, que j'appelle *levain pur* ou *levûre sans germes étrangers*, peut être obtenu par des moyens variés. Je me borne ici à indiquer le suivant :

Prenez de la levûre impure, faites-la agir sur une dissolution de sucre candi dans l'eau pure.

Quant la fermentation sera terminée, décantez le liquide fermenté et par dessus le dépôt de levûre replacez une nouvelle quantité d'eau sucrée. Répétez cette opération deux ou trois fois, plus ou moins, suivant le cas.

Prenez alors une cuvette plate, de porcelaine, semblable à celles dont se servent les photographes et qu'on aura passée dans l'eau bouillante. Mettez dans cette cuvette un peu de moût de bière, récemment bouilli ou conservé dans des bouteilles suivant la méthode d'Appert ; puis, délayez dans ce moût un peu de la levûre du dépôt des fermentations dont il s'agit et recouvrez d'une lame de verre.

La levûre, plus ou moins épuisée par son action sur l'eau sucrée, se développera et se rajeunira rapidement, et elle se trouvera purifiée de ses ferments de maladie.

On peut répéter l'opération de la cuvette avec une deuxième cuvette, en délayant dans le nouveau moût de bière qu'on y place un peu de la levûre formée sur le fond de la cuvette précédente.

Pour s'assurer de la pureté de la levûre on peut avoir recours à l'observation microscopique qui ferait facilement reconnaître la présence des ferments de maladie, et reconnaître si la levûre peut donner lieu à de la bière inaltérable à toute température.

Avec le levain pur ainsi obtenu on est en mesure d'en préparer de plus grandes quantités, la levûre se régénérant dans la fabrication même de la bière. On peut également le conserver indéfiniment dans sa pureté au contact de l'air pur, c'est-à-dire purgé des germes d'altération des levains.

On peut également le transporter au loin sans qu'il s'altère, et, dès lors, en partant de cette source de levain pur, on pourra préparer du levain en tout lieu, en toute saison et en aussi grande quantité que l'on puisse le désirer. C'est là un progrès considérable dans l'art de la brasserie, puisqu'il permet d'affranchir le brasseur de la nécessité de recourir à la levûre de brasseries plus ou moins éloignées quand sa propre levûre est détériorée, et de mettre à sa disposition un levain pur et inaltérable.

II. **Manipulation des moûts.** — Je vais maintenant décrire une des formes de mon nouveau procédé de fabrication et de conservation de la bière. (Ici M. Pasteur décrit son procédé de refroidissement et de fermentation de la bière en vase clos cylindrique).

En résumé, dit-il, cette invention comprend :

1° L'application à l'art de la brasserie de l'ensemble des moyens suivants et de chacun d'eux en particulier; obtention du levain pur par l'éloignement des germes organisés, étrangers à la levûre de bière; manipulation méthodique et spéciale du moût pendant son refroidissement, depuis la chaudière où tous les germes de maladie sont tués, jusqu'aux cuves, tonneaux ou appareils de fermentation, sans qu'il puisse reprendre des germes nuisibles au contact de l'air illimité ou des ustensiles employés; refroidissement en vases clos en présence du gaz acide carbonique, ou en présence d'une quantité d'air purifié limité; emploi, s'il y a lieu, de tonneaux goudronnés ou vernis extérieurement;

2° Les appareils au moyen desquels ces procédés, en tout ou partie, sont mis en pratique;

3° Les produits industriels nouveaux obtenus au moyen de ces procédés, soit la bière inaltérable, soit le levain pur, soit le moût pur, tous trois produits transportables à des distances quelconques sans qu'ils puissent s'altérer.

M. Habich a remarqué les avantages de l'introduction de l'oxygène dans la bière. M. Pasteur dit sur le même sujet : l'oxygène combiné au moût agit favorablement sur la clarification en modifiant les dérivés amorphes du houblon qui prennent naissance pendant la fermentation.

Des bacs refroidissoirs. — Les bacs en métal méritent la préférence sur les réservoirs en bois. Les métaux en général sont meilleurs conducteurs du calorique que le bois. En outre, le recurage est plus facile et plus efficace.

L'emploi du fer communique au moût une coloration noirâtre. L'acide lactique qui s'y trouve toujours en certaine proportion dissout l'oxyde de fer et donne avec le tannin la réaction bien connue. Le tannin se trouve principalement dans les particules albumineuses flottant dans le moût et restant en majeure partie adhérentes aux parois, où elles forment avec les résidus calcaires une espèce de vernis.

Les bacs en bois doivent être, après chaque opération, soigneusement lavés au lait de chaux. Le bois doit être choisi avec le plus grand soin et de première qualité. Au moindre défaut, le moût pénètre à l'intérieur du bois et ne peut s'enlever par aucun lavage : d'où des foyers permanents de fermentations et de putréfactions.

L'air naturel n'est pas le seul agent de réfrigération employé dans la brasserie. Un autre moyen, d'un effet rapide, qui permet de traverser impunément les températures favorisant le développement des organismes morbides est celui qui consiste à incorporer directement de la glace dans le moût.

Dans ce système, on calcule qu'un kilogramme de glace absorbe 75 calories pour se liquéfier. Pour faire passer 1000 litres de moût de 30° à 22°, soit 8000 calories à éliminer, il faut donc 82 kil. de glace. Ce procédé, qui a l'inconvénient de diluer le moût, s'est peu répandu.

Le moût provenant d'une macération normale présente sur le bac refroidissoir l'aspect d'un miroir noir. Il se trouble par le refroidissement, une partie de la résine du houblon et des huiles essentielles se précipitant avec une certaine portion du gluten non modifié.

En découlant sur le bac, le moût normal forme une écume forte et blanche qui disparaît dans l'espace d'une heure. Si, au contraire, le moût présente un aspect louche ou trouble, une coloration jaunâtre des écumes, si l'on remarque un dégagement de gaz, il subit des altérations nuisibles.

L'espace entre les deux fonds du bac à filtration demande une inspection minutieuse.

La fermentation visqueuse ne peut être guérie, elle doit être évitée par une propreté minutieuse à toutes les opérations à partir du maltage, par le refroidissement rapide et spécialement par les soins d'entretien apportés au métal des bacs refroidissoirs. Le goût désagréable, dit goût d'été, est souvent gagné par les bières qui se sont refroidies sur des raffraichissoirs malpropres.

Pendant le séjour sur le bac les substances insolubles se déposent et constituent une masse souvent considérable, appelée *lie des bacs*.

Ce sont surtout les moûts fromentacés qui déposent plus particulièrement, surtout ceux qui n'ont pas subi l'ébullition avec le houblon.

La macération à trempe épaisse donnerait, d'après Lermer, en moyenne 6,7 kil. de dépôt par 100 k., ou 4 litres par hectolitre d'orge. L'infusion en fournit une proportion supérieure.

A l'état frais, la lie contient : 14 % de matière sèche ; 100 p. de cette dernière contiennent 38 p. de matières solubles (extrait de moût) et 35 p. de matières albumineuses. Ce dépôt constitue par conséquent un excellent aliment pour le bétail.

Introduite dans la cuve à fermentation, la lie se mélange avec la levûre et l'altère. Le moût retenu dans la lie peut être récupéré de différentes manières :

a. En replaçant la lie dans la cuve-matière avec la trempe suivante.

b. On peut en extraire par pression les parties solubles.

c. On peut faire fermenter à part le liquide trouble et répartir la bière filtrée suivant les circonstances.

Ou enfin la soumettre à la distillation pour en retirer de l'eau-de-vie.

La lie doit être enlevée, les eaux de lavage peuvent être utilisées en même temps.

La température à laquelle il convient d'abaisser les moûts au bac refroidissoir n'est pas la même pour toute espèce de bière : on doit refroidir davantage au cas où l'on pratique la fermentation basse.

La bière de débit souffre un degré plus élevé que la bière de garde. La température de la cave à fermentation doit être l'objet d'une attention spéciale et se régler d'après le genre de fermentation qui s'y pratique. Une fermentation plus lente demande une température plus basse.

Pour la fermentation lente, le moût au sortir du refroidissoir doit avoir 7-11° de température, dans le cas où la bière est promptement débitée, et 5°-7° pour la bière de garde. La fermentation rapide permet un écart plus considérable, surtout si la levûre est de bonne qualité (8°-18°).

Les dimensions du refroidissoir sont calculées d'après le volume du moût à refroidir. L'évaporation de l'eau produit nécessairement une certaine concentration du moût. Celle-ci est donc plus considérable dans les bacs en bois que dans les bacs en métal où le contact seul opère en partie le refroidissement. Un courant d'air sec et rapide diminue le volume de 4-5 %; il y a en outre une contraction de volume résultant uniquement de la variation de volume de 3 1/2 % environ.

Le moût refroidi a donc un volume différent du moût initial d'environ 8 %.

Le degré saccharimétrique convenable ou désiré n'est donc pas toujours atteint. On obtient, en général, une concentration trop forte et l'on est dès lors, dans l'obligation d'ajouter de l'eau, d'après les données du tableau suivant qui dispense d'explications.

Tableau indiquant les quantités d'eau à ajouter au moût refroidi.

SI LE MOUT ACCUSE A L'ARÉOMÈTRE BALLING.	ET S'IL DOIT ÊTRE DILUÉ A °/o BALL.																				
	9,0	9,2	9,4	9,6	9,8	10,0	10,2	10,4	10,6	10,8	11,0	11,2	11,4	11,6	11,8	12,0	12,2	12,4	12,6	12,8	13,0
°/o.	IL FAUT AJOUTER PAR 100 LITRES DE MOUT. LITRES D'EAU.																				
10	11,6	9,1	6,7	4,3	2,1																
11	23,2	20,1	17,8	15,2	12,8	10,3	8,2	6,1	4,0	2,0											
12	35,0	31,9	29,0	26,2	23,5	21,0	18,5	16,2	13,8	11,6	9,5	7,3	5,6	3,7	1,8						
13	46,8	43,5	40,3	37,3	34,4	31,6	28,9	26,3	23,8	21,4	19,1	16,9	14,7	12,7	10,7	8,7	6,9	5,1	3,4	1,7	
14	58,7	55,2	51,7	48,5	45,3	42,3	39,4	36,6	33,9	31,3	28,8	26,4	24,0	21,9	19,7	17,6	15,6	13,6	11,7	9,9	8,1
15	70,7	66,9	63,2	59,7	56,3	53,1	50,0	47,0	44,1	41,3	38,6	36,0	33,3	31,1	28,8	26,5	24,4	22,2	20,2	18,2	16,3
16	82,8	78,8	74,8	71,1	67,4	63,9	60,6	57,4	54,3	51,4	48,7	45,7	43,0	40,4	37,9	35,5	33,1	30,9	28,7	26,6	24,6
17	95,1	90,7	86,5	82,5	78,6	74,9	71,4	67,9	64,6	61,4	58,3	55,4	52,5	49,8	47,1	44,6	42,0	39,7	37,3	35,1	32,9
18	107,4	102,8	98,3	94,0	89,9	86,0	82,2	78,5	75,0	71,6	68,3	65,2	62,2	59,3	56,4	53,7	51,0	48,6	46,0	43,6	41,4
19	119,9	114,9	110,2	105,6	101,3	97,1	93,1	89,2	85,5	81,9	78,4	75,1	72,0	68,8	65,8	62,9	60,1	57,5	54,8	52,2	49,8
20	132,4	127,2	122,2	117,3	112,7	108,3	104,1	100,0	96,1	92,3	88,6	85,1	81,8	78,4	75,3	72,3	69,2	66,4	63,6	61,0	58,3

RÉFRIGÉRANTS.

Les refroidissoirs étant d'un effet incertain et variable avec les saisons, un bon appareil réfrigérant doit être considéré comme indispensable.

Les réfrigérants se distinguent en général des bacs refroidisseurs en ce que l'abaissement de la température n'y est pas produite en partie par l'évaporation de liquide mais uniquement par le contact avec des parois métalliques refroidies par l'eau ou la glace. Ordinairement les dispositions sont telles que le contact du moût avec l'air environnant est supprimé.

Le fonctionnement de l'appareil est subordonné à la conductibilité de la paroi intermédiaire et à la différence des températures des liquides en présence.

Les différentes constructions en usage ont été engendrées par les efforts qu'on a faits pour tâcher de réduire à un minimum la quantité d'eau froide ou glacée nécessaire.

L'appareil le plus simple est la rigole fig. 121, où l'eau entre en *a*,

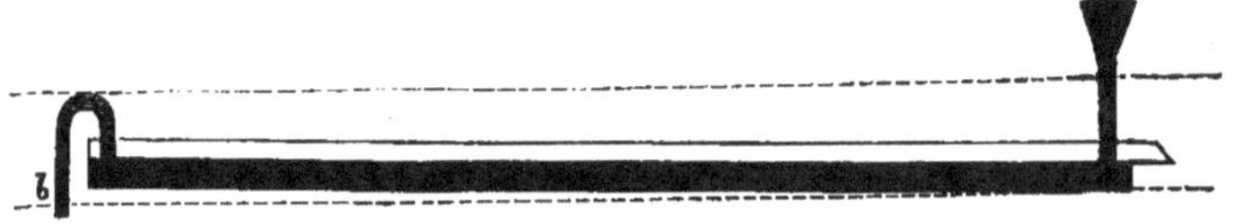

Fig. 121.

suit une direction ascendante et s'écoule en *b*, tandis que le moût s'écoule lentement dans une direction opposée sur le diaphragme en cuivre.

Le réfrigérant Habich, d'une construction peu dispendieuse, est représenté par les fig. 122 et 123. Il se compose de deux cuves contenant le moût à refroidir, munies chacune d'un serpentin pour l'eau qui y circule de bas en haut et d'un réservoir d'eau glacée. Les cuves à moût A et B sont représentées dans la fig. 122 sans leurs serpentins mais avec les tuyaux d'écoulement pour le moût; la fig. 123 fait voir les mêmes cuves avec les conduits pour l'eau seulement. On remplit d'abord A de moût chaud passant dans la direction des flèches par x, x en B vers le robinet d'écoulement a. Pour vider A à la fin du travail, on ouvre le robinet b.

La lie du bac se dépose dans l'espace en dessous de c et se vide en d par des sacs à filtres.

L'eau glacée suit la direction y, y (fig. 123).

Au commencement le refroidissement s'opère dans la cuve A seule : on interrompt le courant du moût chaud pendant un quart d'heure ;

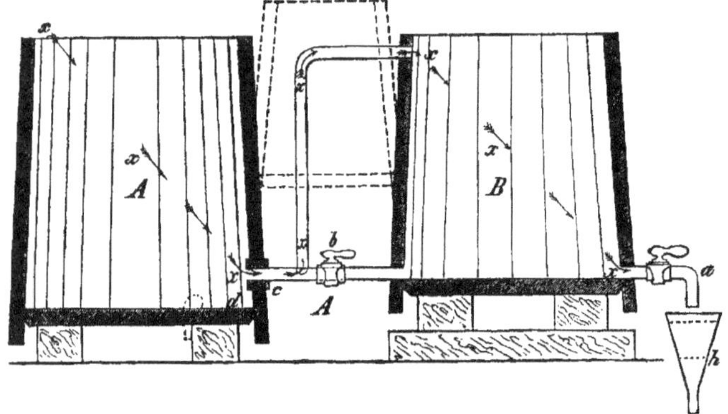

Fig. 122.

le réservoir C ne contient que de l'eau de puits. La température en A étant de 25° environ, on ouvre C et on remplit B. Ensuite on

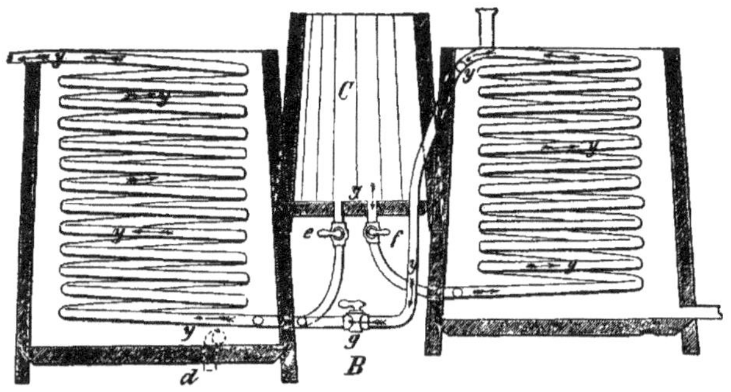

Fig. 123.

ferme C pour ouvrir f et g et on met de la glace en C. De cette manière l'eau utilisée en B sert encore en A.

Si B est chargé de moût on ouvre *a* et on règle l'écoulement suivant l'effet à obtenir.

Ce réfrigérant facile à monter et à récurer se recommande surtout pour les petites brasseries.

Pontifex a construit un réfrigérant (fig. 124) également recommandable.

Les caisses, en forme de disques, en cuivre étamé (ou même en fer blanc) ont une hauteur de 4 à 5 centim. et sont munies d'un

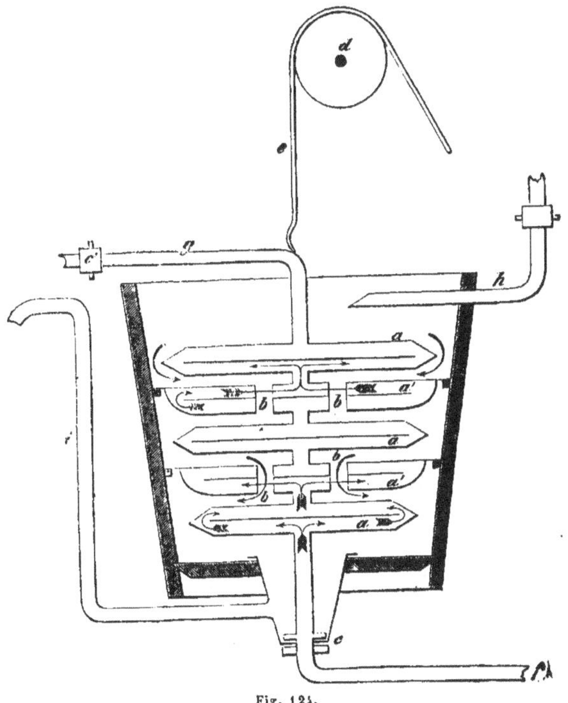

Fig. 124.

diaphragme partageant la capacité en deux. Un certain nombre de disques de diamètres de plus en plus petits sont disposés dans une cuve de forme conique. Les disques *a*, *a'* sont réunis à la paroi par un anneau métallique et sont percés d'une ouverture centrale traversée par les tuyaux *bb*.

Le tout est disposé de manière à pouvoir aisément démonter l'appareil pour le nettoyage.

L'eau froide entre par f et remonte d'un disque à l'autre en parcourant le chemin déterminé par le diaphragme et indiqué dans la figure par les flèches. Elle s'écoule chaude par g.

Le moût entre en h et descend en passant par l'espace annulaire et par l'ouverture du milieu. Il s'écoule par le tuyau c recourbé en siphon renversé. Des robinets permettent de régler convenablement les courants d'eau et de moût.

Le réfrigérant de M. Baudelot (à Havancourt par Levart), représenté dans les figures 125, est d'un effet fort satisfaisant

Fig. 125.

et se recommande spécialement pour achever le refroidissement du moût commencé sur le bac où la température s'est abaissée à 30° environ.

Un courant d'eau glacée ascendant traverse un système de tuyaux sur lesquels descend le moût en couche mince.

Celui-ci est refroidi rapidement, tant par le contact avec le métal froid que par une évaporation très efficace. Cette disposition assure un nettoyage facile et complet : 17 tuyaux de 250 centim. de longueur sont superposés dans un plan vertical. L'eau entre en a et sorte par c.

Le moût chaud pénètre par d dans une goutière qui le distribue uniformément sur le tuyau supérieur d'où il tombe successivement sur chacun des tuyaux inférieurs, se rassemble dans la goutière inférieur et s'écoule en e. Chaque tuyau est muni d'un ajutage en forme de lame de scie partageant le courant en une infinité de goutelettes. On peut naturellement, suivant les circonstances, augmenter ou diminuer le nombre et les dimensions des tuyaux.

La maison Duboc, à Carignan (France) construit une variante du type Baudelot, à tubes cylindriques et noyaux intérieurs, consommant, au dire des constructeurs, moins d'eau que de bière à refroidir.

Pour montrer la force progressive qu'acquiert l'appareil en raison de son développement en hauteur, nous donnons le tableau suivant, extrait du prospectus de la maison Duboc. Les tubes sont raccordés l'un à l'autre par des coudes en bronze, qui travaillent comme le reste de l'appareil et augmentent d'autant sa puissance.

En calibre ordinaire.

Sur 3 m. de longueur et une hauteur de 70 c. m. on refroidit 30 h. à l'heure.				Sur 4 m. de longueur et une hauteur de 70 c. m. on refroidit 50 h. à l'heure.			
77	—	33	—	77	—	56	—
84	—	37	—	84	—	62	—
91	—	40	—	91	—	67	—
97	—	43	—	97	—	72	—
1^{m}04	—	47	—	1^{m}04	—	78	—
1^{m}10	—	52	—	1^{m}10	—	83	—
1^{m}17	—	58	—	1^{m}17	—	89	—
1^{m}25	—	64	—	1^{m}25	—	95	—
1^{m}31	—	67	—	1^{m}31	—	97	—
1^{m}38	—	71	—	1^{m}38	—	100	—

En gros calibre.

Sur 3 m. de longueur et une hauteur de 70 c. m. on refroidit 30 h. à l'heure.				Sur 4 m. de longueur et une hauteur de 74 c. m. on refroidit 50 h. à l'heure.			
82	—	35	—	82	—	57	—
91	—	40	—	91	—	65	—
99	—	45	—	99	—	72	—
1m08	—	50	—	1m08	—	80	—
1m16	—	55	—	1m16	—	87	—
1m25	—	60	—	1m25	—	95	—
1m33	—	65	—	1m33	—	102	—
1m41	—	70	—	1m41	—	110	—
1m49	—	75	—	1m49	—	117	—
1m57	—	80	—	1m57	—	125	—
1m65	—	85	—	1m65	—	132	—
1m73	—	90	—	1m73	—	140	—

Dans une notice de M. Baudelot, parue au *Journal des Brasseurs*, à l'occasion de l'Exposition universelle de Paris, nous trouvons les renseignements suivants sur l'organisme spécial de son excellent appareil et les modifications successives y apportées par l'inventeur.

« Il y a une quinzaine d'années, j'ai essayé de mettre dans l'intérieur des tubes de mes réfrigérants des noyaux formés de petits tubes en fer blanc soudés des deux bouts ; mais alors, le passage ainsi rétréci ne laissait pas circuler suffisamment d'eau et le refroidissement était trop lent.

« Les noyaux pleins n'ayant pas rendu ce que je croyais, j'y ai substitué des noyaux *creux* à mettre dans les tubes de mes réfrigérants à tubes ronds. Je me suis dit que la veine d'eau centrale, s'échauffant moins que la veine extérieure, viendrait rafraîchir l'eau à son passage dans chaque tube et opposerait moins de résistance au passage de l'eau.

« Plus tard, j'ajoutai, dans l'intérieur des tubes ronds, des *hélices* destinées à *briser* le courant direct de l'eau dans les tubes, afin de faire passer toutes ses molécules en contact avec la surface intérieure. Ces hélices n'opposent aucune résistance au passage de l'eau et peuvent alors s'employer pour de faibles pressions. Ces hélices, si elles sont montées sur pivot, tourneront suivant la vitesse du courant dans les tubes.

« J'ai également joint des bandes percées ondulées, à placer dans les tubes elliptiques de gros calibres. Elles sont aussi destinées à briser le courant de l'eau pour faire passer ses molécules en contact avec la surface intérieure des tubes. Dans les tubes de gros calibres, ce moyen produit un effet excellent et économise beaucoup d'eau. Ces bandes ondulées peuvent aussi se mettre dans les tubes ronds et produire un meilleur effet que les noyaux, parce que le courant au lieu d'être direct se trouve brisé et entrave moins le passage.

« Voilà pour ce qui concerne mes brevets de réfrigérants. Mon nouveau réfrigérant à tubes elliptiques offre plusieurs particularités ; d'abord, à quantité égale de tubes, il est beaucoup moins élevé que celui à tubes ronds et donne une surface refroidissante plus grande. En effet, je suppose un réfrigérant de 25 tubes ronds de 4 centimètres de diamètre sur 3 mètres de longueur, il aura une hauteur totale de 1 mètre 75 et une surface refroidissante de 9.42 mètres carrés.

« Un réfrigérant de 25 tubes elliptiques mesurant $0^m062 \times 0^m026$ sur trois mètres aussi de longueur n'aura une hauteur totale que de 1^m18 et une surface refroidissante de 11^m62 carrés. Ce dernier aura donc 0^m56 de moins de hauteur et 2^m20 de plus de surface refroidissante, c'est-à-dire 1/4 en plus que celui à tubes ronds. Cette proportion subsistera quand même on augmenterait le diamètre des tubes ronds sans toutefois augmenter la hauteur du réfrigérant, puisque si on double le diamètre des tubes ronds, on en diminue le nombre de moitié pour rester dans la même hauteur. Donc un réfrigérant à tubes elliptiques refroidira davantage et plus économiquement qu'un réfrigérant d'une même quantité de tubes ronds avec ou sans noyaux, puisque sa surface refroidissante est plus grande, quoique sa hauteur soit moindre.

« Il est plus solide dans sa construction que celui à tubes ronds, parce que, dans ce dernier, les coudes sont extérieurs et ne résistent pas assez longtemps, tandis que, dans la construction des réfrigérants à tubes elliptiques, les tubes entrent à frottement dans une plaque métallique où ils sont soudés, les montants d'extrémité qui sont en fonte portent des cloisons faisant l'office des coudes et sont boulonnés à la plaque des tubes et forment un tout d'une solidité à toute épreuve. »

La fig. 126 représente le réfrigérant Schwalbe, se composant d'un système de tuyaux larges de 16-20 centim. (de nombre variable suivant l'importance du travail) traversés par des tuyaux en cuivre,

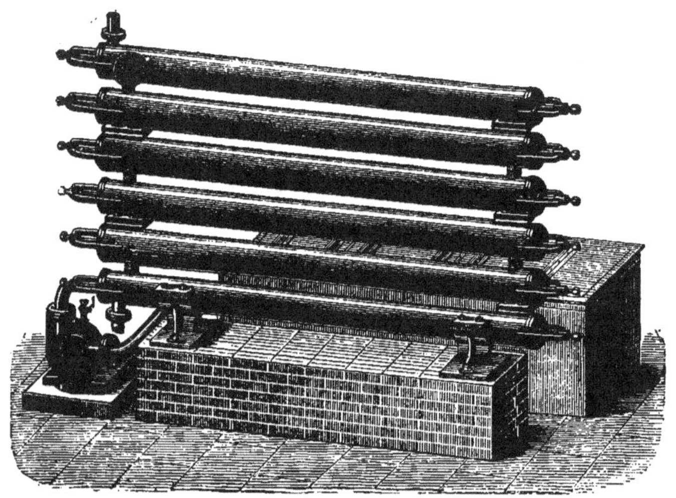

Fig. 126.

de petit diamètre, dans lesquels passe le moût. L'eau glacée circule de bas en haut dans l'espace entourant les tubes intérieurs.

Avant d'entrer dans l'appareil, l'eau traverse un réservoir à glace, auquel elle retourne après avoir traversé le réfrigérant. Cette disposition a l'avantage de soustraire le moût à l'influence de l'air, ce qui dans certaines situations peut être un avantage capital.

L'eau est rarement pure. Elle introduit généralement des dépôts calcaires dans la tuyauterie qu'elle traverse. On doit donc en tout cas pouvoir aisément démonter et remonter l'appareil. Il est naturellement avantageux de lancer un jet de vapeur dans les tuyaux après chaque opération.

Il existe une infinité de réfrigérants à courants opposés dont le principe est manifestement emprunté au réfrigérant introduit par Liebig dans les laboratoires.

L'appareil Lawrence (fig. 127, 128, 129, 130) agit également par le contact à températures inégales et par l'évaporation du moût s'écoulant sur la surface réfrigérante. Cette dernière est constituée

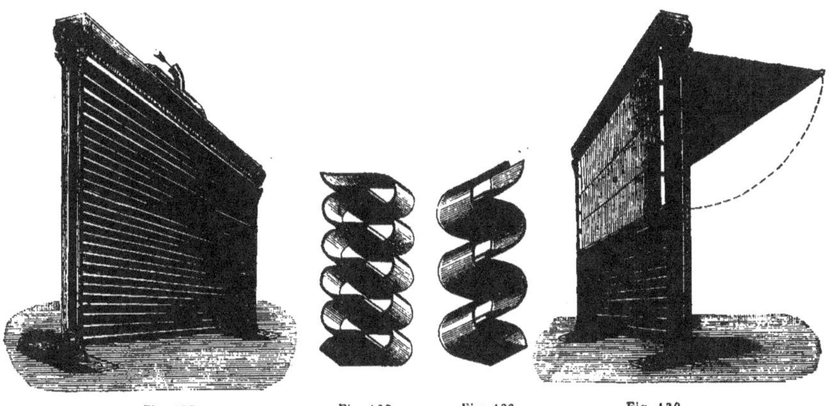

Fig. 127.   Fig. 128.   Fig. 129.   Fig. 130.

par deux parois en cuivre à replis s'engageant les uns dans les autres (fig. 128 et 129). Ces deux parois forment une capacité traversée de bas en haut par l'eau glacée, tandis que le moût descend en cascade sur la paroi extérieure.

Cet appareil se distingue de tous les autres par sa forme originale et par la facilité de la surveillance et du nettoyage. Les surfaces d'évaporation sont munies de paravents qu'on peut soulever et abaisser à volonté selon qu'on veut admettre ou empêcher l'accès de l'air. (fig. 130).

Les réfrigérants Baudelot et Lawrence servent fréquemment de réfrigérants intermédiaires. Le moût encore chaud est amené rapidement à 12-15° par ces appareils en y appliquant l'eau de puits ou de source. Le refroidissement au terme voulu s'achève sur un réfrigérant *à glace.*

Ce dernier se compose d'une caisse parallélipipédique en tôle traversée par un grand nombre de tuyaux conducteurs de moût. Ces tuyaux sont en cuivre étamés, l'intérieur est de forme ovale ou elliptique. Les tuyaux sont munis à l'extérieur d'ajutages, disposés de sorte qu'en entrant par l'orifice supérieur le moût descende lentement d'un tuyau au suivant. L'espace libre entre les tuyaux est rempli de glace concassée.

On peut calculer approximativement la quantité de glace nécessaire au refroidissement à obtenir.

Supposons 1 hectol. de moût à refroidir par la glace seule de 50° à 5°; admettons comme capacité calorifique du moût celle de l'eau (en réalité, elle est moindre) : 100 litres de moût renferment ainsi 5000 calories dont 4500 sont à éliminer. La fusion de la glace (en eau à $0°$) nécessitant 79,25 calories, il faudra $\frac{4500}{79,25} = 56,78$ kil. de glace.

En appliquant un second réfrigérant, on peut utiliser encore l'eau froide et ne la faire écouler qu'à la température du moût ou bien à une température voisine.

La dépense effective en glace est toujours supérieure à la dépense indiquée par le calcul. L'efficacité des réfrigérants se mesure par la différence entre le rendement pratique et le rendement théorique. Cette différence provient de ce que la glace n'absorbe pas seulement le calorique du moût mais aussi, directement ou indirectement, celui de l'air ambiant.

La quantité d'eau nécessaire au *réfrigérant intermédiaire* se calcule comme suit :

Le moût au sortir du bac est, par exemple, à 50°, l'eau de réfrigération à 10°, et l'on veut réduire le moût à 20°.

L'eau sortant à 25°, chaque litre a absorbé 15 calories, tandis que le moût en perd 30. Il en résulte qu'il faut 2 hectol. d'eau à 10° pour réduire 1 hectol. de 50° à 20°.

Une variante du réfrigérant à glace est l'appareil fabriqué par MM. Méline et Baptiste, constructeurs à Darney (Vosges) et intitulé réfrigérant *à air glacé*. Dans ce mode, le moût tombe encore en nappe sur un assemblage vertical de tuyaux, comme dans les appareils Baudelot, mais le courant intérieur d'eau froide est remplacé par un courant d'air glacé. Les constructeurs estiment que, dans ce système, avec 0^m4 cube de glace environ et 150 hectolitres d'eau, on peut refroidir de 35° à 5° Réaumur cent hectolitres de bière à l'heure; alors que, par les autres systèmes fonctionnant le plus économiquement, dans le même temps et avec le même volume d'eau, il faut au moins 2 mètres cubes de glace pour refroidir à pareil degré 75 hectolitres de bière.

Les appareils à air glacé sont confectionnés en tubes de 3 et de 4 mètres. Le nombre des tuyaux varie de 8 à 18 suivant l'importance du travail à effectuer. Les réfrigérants à air glacé exigent une force motrice pour le service de la pompe aspirant l'air : cette pompe rotative est mue, au moyen de courroie, par manége ou transmission de machine à vapeur.

2. COMPTABILITÉ TECHNIQUE DES OPÉRATIONS DE LA MALTERIE ET DU BRASSAGE.

Après avoir parcouru successivement les méthodes de travail usitées tant pour la préparation du malt que pour sa mise en œuvre, il ne sera pas sans utilité, pensons-nous, d'attirer l'attention du brasseur sur la nécessité qui s'impose à lui, s'il veut conduire avec succès et profit les diverses opérations de son industrie, de tenir en tous temps une comptabilité industrielle des plus stricte, au moyen de laquelle il puisse se renseigner à tout moment sur la marche des opérations et sur le rendement manufacturier des matières premières entrant soit à la malterie, soit aux cuves.

C'est là le seul moyen de se rendre compte du plus ou moins de succès qu'on est en droit d'attendre d'une entreprise aussi aléatoire que celle de la fabrication de la bière, où interviennent des facteurs si divers. Cette surveillance chiffrée met l'industriel à même de résoudre avec approximation cette question, d'un intérêt capital pour lui : quel est le rapport normal entre les matières premières et les produits fabriqués d'une qualité donnée ? Nous disons *normal*, car on remarque bientôt qu'une foule de circonstances ont une influence plus ou moins considérable sur le *rapport actuel;* en d'autres termes, la quantité de bière à retirer d'une somme constante de matières premières dépend d'une infinité de variables, de nature à augmenter ou à diminuer le rendement actuel.

Un carnet de malterie et de macération bien conçu et régulièrement tenu constitue, à la longue, un arsenal de renseignements précieux, d'un puissant secours pour la sage administration d'une brasserie : il photographie, en quelque sorte, la marche de l'établissement, régulière ou vicieuse. Il fait toucher du doigt si les mécomptes éprouvés proviennent de la nature des matières premières, ou du défaut de connaissances techniques ou de soins, ou du vice même des méthodes.

Aussi, nous n'avons cru mieux terminer cette seconde partie du livre traitant spécialement de la fabrication du malt et de la préparation du moût qu'en plaçant ici, non pour être reproduit à la lettre en toutes circonstances mais à titre de simple spécimen du genre que chaque industriel modifiera à sa guise suivant les conditions économiques de sa pratique manufacturière, un modèle de registre de malterie et de macération suffisant aux besoins d'un travail courant réglé. Nous le faisons suivre de deux autres modèles plus complets, le dernier surtout convient pour des essais comparatifs.

Registre-Formulaire pour la malterie.

DATE.		N° DU BAC A MOUILLAGE.	CHARGE.		TERME DU MOUILLAGE. — DATE.	DATE DU TRANSPORT AU GRENIER.	DATE DU COMMENCEMENT DU TOURAILLEMENT.	DURÉE DU TOURAILLEMENT.	TEMPÉRATURE MAXIMUM.	OBSERVATIONS.
MOIS.	JOUR.		QUANTITÉ	QUALITÉ ET PROVENANCE.						

Registre de macération. — Formulaire I.

DATE.		ESPÈCE DE BIÈRE.	MALT.		EAU EMPLOYÉE. — hectol.	TEMPÉRATURE DES TREMPES.		DURÉE DE LA CUISSON ET DU HOUBLONNAGE.	TEMPÉRATURE FINALE.	EAU D'ABLUTION.	HOUBLON.		DENSITÉ DU MOÛT TOTAL.	TEMPÉRATURE APRÈS REFROIDISSEMENT.	OBSERVATIONS.
JOUR.	MOIS.		VOLUME.	QUALITÉ.							POIDS.	QUALITÉ.			

Registre de macéra…

N° DU BRASSIN.	DATE.		VOLUME DU BRASSIN.	ESPÈCE DE BIÈRE.	COMMENCEMENT DU TRAVAIL.	CHARGE DE MALT.			DÉTAILS DE LA MACÉRATION. — OBSERVATIONS GÉNÉRALES.
	JOUR.	MOIS.				DE LA MALTERIE.	ACHETÉ.	TOTAL.	
60	1	Déc.	hectol. 100	de garde.	6 h. du matin.	2400	—	2400	Procédé de décoction à 3 trempes, 130 hectol. d'eau. Première macération à 35°; deuxième à 60°. Achèvement à 75°.

Registre de macéra…

N° DU BRASSIN.	DATE.		VOLUME DU BRASSIN.	ESPÈCE DE BIÈRE.	COMMENCEMENT DU TRAVAIL.	CHARGE.			ADDITIONS.	EAU EMPLOYÉE.	DÉTAILS DE LA MACÉRATION ETC. — OBSERVATIONS GÉNÉRALES.	DURÉE DE LA FILTRATION.	QUANTITÉ D'EAU POUR L'ABLUTION.	ASPECT DU MOUT CLAIR.	DENSITÉ SACHARIMÉTRIQUE % …
	JOUR.	MOIS.				MALT DE LA MALTERIE.	ACHETÉ.	TOTAL.	GRAINS.						1re TREMPE.
						kil.	kil.	kil.	hect.						

mulaire II. — *Exemple.*

QUANTITÉ KIL. DU HOUBLON.	QUALITÉ	DURÉE DE LA CUISSON. HEURES.	QUALITÉ DU MOUT APRÈS CUISSON.	DURÉE DU REFROIDISSEMENT AU BAC REFROIDISSEUR.	TEMPÉRATURE AVANT	APRÈS REFROIDISSEMENT.	VOLUME DU MOUT.	% BALL DU MOUT REFROIDI, TOTAL.	o/o RENDEMENT.	REMARQUES.
50	1e Qual. de Saaz.	1 1/2	Bonne.	6	34	4°	hectol. 104	12	52.4	Malt d'orge de Flandre. Infusion bonne et claire.

mulaire III.

HOUBLON. QUANTITÉ.	MANIÈRE D'APPLIQUER LE HOUBLON.	DURÉE DE LA CUISSON AVEC LE HOUBLON.	MOUT CUIT. ASPECT GÉNÉRAL.	DENSITÉ SACCHARIMÉTRIQUE.	POIDS DES DRÈCHES HUMIDES.	FIN DU TRAVAIL.	DURÉE DU REFROIDISSEMENT.	REFROIDISSEMENT. DE °C	A °C	GLACE CONSOMMÉE POUR LE REFROIDISSEMENT.	MOUT REFROIDI. VOLUME.	DENSITÉ SACCHARIMÉTRIQUE.	RENDEMENT o/o DU MALT.	DES GRAINS.	TOTAL.	REMARQUES.
kil.					kil.											

TROISIÈME PARTIE.

LA BIÈRE.

CHAPITRE I.

CONSIDÉRATIONS GÉNÉRALES. — FERMENTATION.

Le moût, liquide glucosé provenant de la transformation des matières féculentes, est amené à l'état de bière, liquide alcoolique, par voie de fermentation.

Nous avons exposé, dans les livres précédents, les principes et les notions scientifiques qui ont trait aux phénomènes caractérisant cette phase importante du travail. Nous avons vu, notamment, que le sucre glucose, en dissolution dans le moût, s'y transforme en alcool et acide carbonique, sous l'action d'un organisme inférieur, la levûre, véritable plante dont la végétation est dans des rapports étroits de connexité et de causalité avec cette décomposition de la glucose ; que l'on distingue deux types différents de levûres, la levûre haute et la levûre basse, correspondant à deux modes de fermentation et, par suite, à deux grands procédés de fabrication des bières ; que le phénomène de la fermentation, loin de borner ses effets à la destruction de la levûre initiale qui le provoque, est, en outre, accompagné de la production de nouvelle levûre ; que, pendant ces réactions, la résine du houblon se dépose et le moût va en perdant graduellement de son poids spécifique à mesure que la glucose de l'extrait se transforme en alcool, liquide moins dense que l'eau ; enfin, que cette transformation, dont on peut apprécier et mesurer les progrès à l'aide des aréomètres, est caractérisée, entr'autres, comme toute décomposition chimique, par un dégagement de calorique.

Nous appliquerons présentement ces notions à la fermentation que l'on fait subir au moût en vue de l'amener à l'état de bière.

Nous distinguons deux périodes essentielles dans la fermentation de la bière : la fermentation *principale*, et la fermentation *secondaire*.

La grande proportion de glucose présente au début communique une énergie, une puissance extraordinaire à la formation de l'alcool et à la production du gaz acide carbonique : les particules de levûre sont soulevées dans le liquide fortement agité. Ces réactions caractérisent la période principale de la fermentation.

Peu à peu le liquide s'épuise en matières glucosiques, le dégagement du gaz est moins énergique, et, par suite, la levûre n'exerce plus son action avec autant d'énergie dans toutes les directions et en tous points du moût, le liquide se clarifie et demeure en repos : la bière entre à ce moment dans la seconde période ou fermentation secondaire, période où se continue et se complète l'action de la première. Les germes de la levûre, suspendus dans la masse, se sont multipliés : ils se déposent peu à peu en formant la lie des tonneaux. Tant qu'il existe de la glucose, cette fermentation secondaire se prolonge dans le voisinage du dépôt, ce qui amène la production des bulles du gaz carbonique traversant le liquide. Les couches de liquide voisines du dépôt deviennent, par le fait de la fermentation, plus légères et gagnent conséquemment la partie supérieure.

Cette circulation continue de courants allant du fond du liquide à sa surface y entretient un remoût permanent par suite duquel les germes, agents de fermentation, portent aussi leur effet dans tous les points de la masse, qu'ils rendent par là homogène et d'un poids spécifique uniforme.

La bière, au moment de la fermentation secondaire, éprouve dans sa composition des modifications profondes, une transformation physiologique considérable, qui se traduit notamment par un changement dans le goût. Les matières solides en suspension se déposent : c'est à ce moment que la bière convenablement préparée doit présenter ce bouquet, cet ensemble de qualités organoleptiques recherchées par le consommateur.

Durant cette dernière période, la bière est extrêmement sensible aux influences du milieu. La température et la propreté doivent conséquemment alors être souvent contrôlées et plus sévèrement maintenues : les matières odorantes, quelles qu'elles soient, doivent être rigoureusement proscrites du local à fermentation. L'air lui-même ne devra être admis dans la cave à fermentation que dans un grand état de pureté et à basse température

En général, plus la fermentation est lente, plus le goût du produit se distingue par des qualités exquises et précieuses (1).

De la levûre. — La levûre nécessaire à la fermentation doit être bien mélangée et convenablement distribuée dans le moût. Ordinairement, on dilue la levûre dans 10 ou 12 fois son poids de moût, le mélange intime est ajoutée à la totalité du moût.

D'autres exposent ce mélange pendant quelque temps dans un lieu tempéré, et ne l'ajoutent au moût que lorsque la fermentation se déclare dans de bonnes conditions. Quelques brasseurs mêlent la levûre avec 50 fois environ son volume de moût avant que celui-ci soit complétement refroidi. Ce mélange entre rapidement en fermentation et peut être incorporé sans retard à la masse du moût après son refroidissement.

Ces *fermentations préalables* présentent l'avantage de former beaucoup de nouvelle levûre avant la fermentation proprement dite qui ne s'en trouve d'ailleurs aucunement entravée ni amoindrie.

---

(1) Il est à remarquer que cette règle s'applique à toutes les boissons fermentées en général.

Quelle quantité de levûre faut-il employer ? Si le brasseur veut produire une bière de débit fortement fermentée (immédiatement consommable) il prendra une quantité relativement forte de levûre et la mettra en fermentation préparatoire pour renforcer encore son efficacité. Si, au contraire, il vise à ce que la bière se conserve et gagne en vieillissant (bière de garde), il faut que la fermentation soit moins complète, c'est-à-dire, qu'il y ait un reste de glucose suffisant pour entretenir une bonne fermentation secondaire. Dans ce cas, il ne faut employer que peu de levûre.

Ces considérations, de même que celles produites plus haut au sujet de la phase secondaire de la fermentation du moût, ont plus spécialement trait à la méthode dite de *fermentation basse,* que nous esquisserons plus loin.

Parmi les autres circonstances qui influent sur la mise en fermentation, la *température* du moût joue un grand rôle.

Dans un liquide relativement chaud, l'acide carbonique se dégage activement, entraîne sur son passage la levûre basse et l'empêche de se déposer : le contact de cette levûre avec le liquide fermentescible se trouve ainsi plus intime, plus efficace. La levûre haute (oberhefe) est entraînée au contraire, à la surface, en dehors du rayon d'action, et elle agit conséquemment avec une intensité beaucoup moindre.

Le contraire a lieu pour un moût plus froid. La levûre basse se dépose au fond et le liquide se clarifie avant que la provision de glucose soit épuisée. Dans un moût bien refroidi la levûre haute, à son tour, retombe facilement au sein du liquide pour peu qu'on remue celui-ci : elle peut conséquemment produire une forte fermentation dans un tel moût où, la levûre basse agit peu. Ainsi, la température exerce une influence capitale sur la nature du produit à obtenir.

Il est inutile, pensons-nous, d'expliquer les avantages de la glace pour la bière de garde. Si, par suite de circonstances extérieures, la température de la cave à fermentation devient trop élevée, on y opère un refroidissement, soit par un courant d'air fourni au besoin par une machine, soit par l'action de la glace mise en contact avec le liquide fermentant. Dans ce dernier cas, on se sert de flotteurs ou vases métalliques (fig. 130) remplis de glace, ou bien l'on fait circuler,

au moyen de serpentins disposés dans les cuves, de l'eau glacée. Dans l'un ou l'autre cas, on interrompt ce refroidissement lorsque la température voulue se trouve acquise. Comme, en outre, la quantité de la levûre influe sur l'accélération de la fermentation, il est clair qu'on devra diminuer cette quantité si la température vient à dépasser le degré normal.

Fig. 131.

Le *degré de concentration* du moût n'est pas indifférent : des courants osmotiques s'établissent entre le moût et l'intérieur des grains de levûre, l'intensité des courants osmotiques augmente avec la différence de densité : la fermentation principale s'achève d'autant plus promptement que le moût est moins dense; en revanche, plus le moût est concentré, moins énergique est l'action osmotique, plus longtemps se prolonge la fermentation principale.

Enfin, la *qualité de la levûre* a une influence prépondérante sur la marche de la fermentation. Nous avons traité ailleurs des qualités d'une bonne levûre : nous n'insisterons conséquemment ici que sur certains points intéressant particulièrement la pratique manufacturière. La levûre de bonne qualité forme un dépôt solide au fond de la cuve; mise en suspension dans l'eau, par agitation, elle se dépose de nouveau rapidement; la couleur doit être claire, une couleur brunâtre ou foncée indique une qualité suspecte. La levûre ne doit pas être visqueuse mais plutôt compacte, un peu granuleuse, bruissant légèrement sous le couteau. L'odeur qu'elle communique au moût ne présente rien de désagréable : elle est amère et aromatique.

Les essais chimiques et microscopiques offrent des moyens simples et faciles de reconnaître la qualité de la levûre (voir Livre IV). C'est, en effet, par l'observation microscopique qu'on arrive à s'assurer si les cellules de levûre sont saines ou malades, si elles sont pures ou mélangées de germes étrangers dont l'action morbide est tant à redouter.

La levûre est une véritable plante et, comme telle, sujette à la dégénérescence. Il ne suffit donc nullement de faire un choix convenable, il faut entretenir par une culture judicieuse les bonnes qualités de la levûre. Sous l'influence d'un milieu défavorable, une levûre, qui pendant longtemps a rendu les meilleurs services, se trouve promptement altérée : c'est ce qui arrive, entr'autres, lorsqu'une levûre, d'ailleurs saine et de bonne qualité, est mise en végétation dans un liquide au sein duquel elle ne rencontre pas une nourriture appropriée à son alimentation et à son développement, ou bien une température propice à la multiplication des organismes ; ou lorsque la levûre saine voit son action amoindrie par le développement simultané de germes divers.

Dans ce cas, le changement de levûre-mère devient indispensable. Cependant si les circonstances restent identiques, cette nouvelle levûre se trouvera, à son tour, rapidement dégénérée ; le développement des ferments étrangers, causes de l'altération, doit être combattu efficacement afin de se trouver à l'abri de ces désagréments.

Les aliments indispensables de la levûre sont certaines substances minérales et azotées, qui se trouvent, en général, dans le moût ; seulement, par suite d'un malt défectueux, les matières azotées solubles peuvent s'y trouver en quotité insuffisante. Ainsi, par exemple, les moûts provenant d'orges riches en gluten dont le corps farineux conserve un aspect vitreux, présentent un milieu impropre au développement régulier de la levûre normale. Il en est encore ainsi lorsque l'on fait emploi d'orges qui ont trop peu séjourné en grenier. De même, les succédanés du malt (grains crus, sucre, pommes de terre, etc.) se trouvent ordinairement en défaut sous ce rapport : ils peuvent bien servir à fournir un certain extrait, mais ne suffisent généralement pas pour l'alimentation de la levûre.

Le mode de macération n'est pas non plus sans influence et la décoction des moûts paraît plus favorable que l'infusion.

Différentes substances ont été proposées pour *fortifier* la levûre.

L'addition de carbonate d'ammoniaque, à la dose de 28 grammes par litre de levûre-mère, produit, dit-on, dans certains cas, d'excellents effets ; l'addition de farine de malt, ou préférablement de malt égrugé, au moût fermentant est d'un effet assuré pour l'alimentation de la levûre.

D'après Habich, un houblonnage très-fort exerce une influence néfaste. La résine, en se déposant sur la surface des cellules, priverait celles-ci des fonctions osmotiques et empêcherait l'absorption des éléments nutritifs. Quelques brasseurs ajoutent du cognac ou de l'eau-de-vie pour dissoudre la résine. Habich conseille l'addition de levûre délayée dans une solution concentrée de sucre. (Consulter à ce sujet les remarquables études de M. Pasteur, dont nous avons parlé antérieurement.)

L'eau employée au nettoyage des cuves-matières et réservoirs ainsi qu'au lavage de la levûre doit être parfaitement exempte de matières organiques en décomposition, sinon elle amène des germes, des ferments étrangers, et expose la levûre à des altérations.

Le régime de la levûre exige une température constante et favorable à son développement : toute interruption, tout changement dans cet état de choses entraîne des conséquences funestes.

Une fois la dégénérescence dûment constatée, il ne faut pas tarder, comme cela n'arrive que trop fréquemment, à changer de levûre : on prendra la nouvelle levûre dans une brasserie en renom, travaillant au même systême, et l'on aura bien soin d'essayer le produit avant que d'en adopter l'emploi à la cuve.

Pendant la fermentation principale, il se forme une grande quantité de nouvelle levûre, dont une certaine portion est utilisée pour mettre en fermentation le moût de la macération subséquente. La majeure partie de ce produit trouve un emploi avantageux comme levain de boulangerie. La levûre basse, d'un goût plus amer et de couleur foncée, peut être purifiée par le procédé suivant, conseillé par M. Thaussing :

Mélanger la levûre dans 8-10 fois son volume d'eau froide contenant en solution du carbonate d'ammoniaque (de soude ou de potasse), à la dose de 100-120 gr. par hectolitre de levûre. Le mélange passé dans un tamis de crins fins arrive dans une cuve percée d'ouvertures de vidange superposées. Ces sels, le premier notamment, jouissent de la propriété de purifier la levûre en annihilant son principe amer. La levûre déposée, on soutire le liquide. L'opération est répétée au besoin, et parachevée par une addition d'eau froide tenant en solution une faible quantité de carbonate basique. Il n'est pas bon de laver trop souvent la levûre qui perd par là de sa force. Lorsque la levûre est bien purifiée, on ajoute un peu de fécule sèche et on met en paquets à conserver dans un lieu froid et sec. Pour cette purification il importe de veiller à ce que l'eau soit à une température avoisinant zéro : on donnera la préférence à l'eau glacée. Un hectolitre de moût peut fournir environ 1/2 kilog. de levûre pressée. Dans certains cas, la production de la levûre est extrêmement importante à cause de la demande considérable de la distillerie.

Cuves et tonneaux. — La fermentation du moût a lieu dans des *cuves ouvertes* ou dans des *tonneaux en bois*. Les essais dans des capacités en verre n'ont pas donné de résultats et l'emploi de la maçonnerie cimentée ne s'est pas encore beaucoup propagé. On a généralement recours aux cuves pour la fermentation basse et aux tonneaux pour la fermentation haute.

Les cuves en bon bois de chêne, de sapin ou mieux de mélèze, sont de forme circulaire, ce qui les rend moins sujettes à une répartition inégale de la température et qui favorise un développement normal des réactions chimiques.

Pour réduire l'étendue des parois comparée à la capacité, on a recours à des cuves plutôt grandes que petites, généralement de 20 à 40 hectolitres de capacité. On dit généralement que la hauteur du réservoir doit égaler son diamètre : c'est là une affirmation gratuite ; l'essentiel est que la température favorable soit maintenue et que la surface du liquide soit facilement accessible pour enlever les écumes ou la levûre et surveiller les diverses phases du travail.

Des cuves neuves doivent être nettoyées à fond, à l'eau chaude ou même à la vapeur : l'opération doit être continuée jusqu'à ce que l'eau (ou la vapeur condensée) découle complétement incolore et inodore, vierge de tout principe enlevé au tissu des douves.

Phases de la fermentation. — On distingue les phénomènes suivants dans les phases successives de la fermentation des moûts.

Au début, la levûre ajoutée au moût se dépose et produit la décomposition de la glucose à la partie inférieure du liquide. L'acide carbonique formé d'abord se dissout dans le moût, en proportion d'autant plus forte que la température est plus basse.

Le moût paraît donc en repos, alors même que la fermentation est déjà commencée; on s'en assure aisément en agitant, le gaz carbonique s'échappe. Bientôt cependant, l'acide carbonique cesse de se dissoudre dans le moût; il s'élève et se dégage à la surface en produisant une légère mousse blanchâtre. Les bulles gazeuses entraînent en montant les particules suspendues dans le moût (par exemple, le gluten dans les moûts qui n'ont pas subi la cuisson); il se forme ainsi, à la surface du moût, une couche visqueuse qui doit être soigneusement enlevée. Si la fermentation s'opère à des températures très-basses, il faut écumer à différentes reprises.

Outre ces effets mécaniques, l'acide carbonique exerce une action chimique : il décompose la combinaison formée par la glucose et la résine du houblon et précipite cette dernière substance. Cette résine, portée ensuite à la surface sous l'action des bulles de gaz, communique à l'écume un goût particulièrement amer et une certaine viscosité, qui lui donne un aspect frisé : on appelle cette phase des réactions celle des *écumes fines.*

Ces écumes fines « kräusen » d'abord très-blanches, deviennent insensiblement jaunâtres puis brunâtres.

La formation de la mousse se produit d'autant plus rapidement qu'il existe plus de résine de houblon dans le moût. Le dégagement de gaz devenant plus actif, les mousses augmentent et prennent différentes formes caractéristiques. Dans la méthode de fermentation haute on aura soin d'enlever cette écume avant qu'elle ne se mêle à la levûre, à laquelle elle communiquerait une amertume désagréable : en cas de fermentation basse, au contraire, l'écume retombe d'elle-même et laisse surnager la résine seule à la surface du moût, dans lequel s'opère ainsi un commencement de clarification.

Le dégagement de gaz carbonique forme, en quelque sorte, une couche protectrice contre l'oxygène de l'air, mais cette couche de gaz ne s'étend pas horizontalement au delà de la circonférence limitant la surface du moût. Quand les écumes dépassent le bord de la cuve, le contact immédiat de l'air peut avoir une influence fâcheuse : les cuves ne doivent donc pas être totalement remplies. On laissera conséquemment un espace libre plus ou moins considérable suivant qu'on opère à fermentation haute ou basse. Si la fermentation haute se fait dans des tonneaux, on incline ceux-ci pour que les écumes et les levûres soient expulsées au fur et à mesure de leur formation.

Arrêt dans la fermentation. — Parfois la fermentation s'arrête et se trouve subitement interrompue. Ce phénomène est attribué à la proportion trop faible de levûre, à une température de fermentation trop basse, au malt défectueux, trop bruni par un touraillage exagéré et, partant, devenu trop peu fermentescible, ou encore au malt germé outre mesure, au blé non malté, etc. Habich conteste la vérité de ces explications dont aucune, selon lui, ne rend raison de l'instantanéité de l'arrêt que l'on constate dans la fermentation : la précipitation de la résine sur les cellules de la levûre serait, d'après cet auteur, la vraie cause de cette interruption momentanée de la réaction. Du reste, elle reprend normalement, dans la plupart des cas, et cet arrêt est généralement sans conséquence.

Un autre phénomène plus rare est l'apparition de bulles d'air volumineuses au sein de l'écume. La bière ne paraît pas en souffrir.

Aucuns prétendent que ces bières ont une tendance à l'acidification; néanmoins, on s'accorde généralement à reconnaître l'innocuité de cette circonstance.

Atténuation du moût. — La densité du moût diminue par suite de la disparition de la glucose accompagnée de la formation de l'alcool. L'usage de l'alcoomètre fournit ainsi un moyen de contrôle pour la fermentation principale : la bière de garde se conserve d'autant mieux que l'atténuation pendant la fermentation principale a été moins forte et que la bière est mieux dépourvue de levûre en arrivant dans le tonneau de garde.

Par contre, la bière est d'autant plus promptement consommable que l'atténuation a été plus forte et que le moût fermenté retient plus de levûre à l'entonnage.

En constatant l'atténuation produite, on trouve le degré de fermentation.

Par exemple : Le moût avant la fermentation indique 12° à l'aréomètre Balling. Après fermentation : 3°,8 Balling. Il y a 12°-3°,8 soit 8°,2 Ball. disparus par fermentation. — La table des atténuations (voir plus loin) indique que, dans ce cas, 68, 3 °/₀ de l'extrait ont disparu.

Ce nombre 0,683 est le degré de fermentation *apparent*.

L'alcool étant moins dense que l'eau fausse les indications aréométriques, de sorte que le degré d'atténuation réelle est toujours inférieur au degré apparent fourni par les densimètres. Au laboratoire, en éliminant l'alcool par évaporation et ramenant au volume initial par l'eau pure, on obtient l'atténuation réelle. Néanmoins, en pratique, il suffit de constater l'atténuation apparente, qui est toujours en relation connue avec l'atténuation réelle.

Il résulte des considérations ci-dessus que :

1° Si la fermentation est normale, la densité du moût diminue régulièrement ;

2° Si la bière, arrivée au degré de fermentation voulu pour l'entonnage, se trouve troublée par la levûre en suspension dans sa masse, il faut produire un refroidissement suffisant pour arrêter toute fermentation et faire déposer la levûre ;

3° Les bières mises en tonneaux à un haut degré de fermentation exigent des soins exceptionnels ;

4° La diminution régulière des indications aréométriques du moût subissant un temps d'arrêt, la fermentation mannitique est à craindre : le plus simple est de hâter la réalisation du produit.

Nous reviendrons ultérieurement sur l'atténuation quant à ce qui regarde la fermentation secondaire.

Terme de la fermentation principale — L'aréomètre indique, en général, le terme de la fermentation principale et le moment de mettre en tonneau.

Ce terme s'indique de lui-même, dans le mode de fermentation basse, par l'éclaircissement du moût dû au complet dépôt de la levûre. Mais la fermentation haute en cuve pousse la levûre à la surface : quelques-uns s'imaginent que la bière est propre au débit dès cette apparition de la levûre : c'est là une erreur grave : il faut attendre que le degré convenable de fermentation soit atteint et, au besoin, mélanger au moût, à plusieurs reprises, la levûre soulevée. Sans cette précaution la fermentation serait des plus imparfaite.

Voici, pour fixer les idées, quelques exemples empruntés à la pratique rationnelle.

NATURE DU TRAVAIL.	AVANT FERMENTATION.	APRÈS FERMENTATION PRINCIPALE.	DEGRÉ DE FERMENTATION.
	Deg. Balling.	Deg. Balling.	
Fermentation haute.	12°	5° 1	57,5
" "	16°	6° 8	57,5
" basse	13° 9	4°	71,2
" "	16° 4	4° 3	73,7

Dans toute brasserie bien dirigée le *registre de fermentation* est établi, ainsi que nous l'avons dit, d'après un des modèles (p. 368).

On y renseigne régulièrement : la date de l'addition du ferment, les numéros de la trempe et des cuves, les caractères de la fermentation, la température de la cuve, du moût, la quantité de levûre, les densités, les températures et phases du travail à chaque jour de fermentation, qualité de la bière jeune et de la nouvelle levûre, etc.

L'industriel se trouve fréquemment embarrassé pour reconnaître la quantité de levûre à employer pour mettre en train un volume donné de moût par fermentation haute. C'est qu'en effet le volume n'influe en rien sur cette quantité, la quantité totale d'extrait peut seule fournir une base rationnelle d'évaluation.

Le procédé qui demande plus de levûre que tous les autres est celui auquel on pourrait donner le nom de *fermentation continue*, mais qui, en réalité, n'est qu'une fermentation préparatoire. Ce procédé, assez répandu, est fort simple :

Le moût, réparti sur un plus grand nombre de réservoirs, est mis en fermentation comme à l'ordinaire : On comprend que chacun des vaisseaux renferme ici moins de levûre que dans la méthode usuelle. On ajoute à chaque cuve en fermentation une nouvelle portion de moût parfaitement refroidi. Cette opération peut être répétée. Les levûres nouvellement formées se trouvant ainsi directement utilisées pour la mise en train des portions de moût ajoutées, dont la fermentation est très-énergique et l'atténuation plus forte que dans les procédés ordinaires. La bière de garde ne peut naturellement pas s'accommoder de ce procédé, très-courant pour les bières de débit.

Nous examinerons maintenant les caractères spéciaux aux différents types de fermentation, à savoir la fermentation basse, la fermentation haute, et le type particulier aux méthodes belges dit de la fermentation spontanée.

CHAPITRE II.

Les considérations qui suivent ont particulièrement trait au travail du moût par levûre de dépôt.

Augmentation de la température. — La fermentation produit par elle-même une augmentation de température qui contribue dans une certaine mesure à renforcer et activer le travail de fermentation. Néanmoins, il faut veiller à ce que la température ne soit pas exagérée : on tolère une augmentation de 3 à 5°, la mise en train devant, pour être convenable, se pratiquer avec des moûts refroidis à la température de 5°.

Le thermomètre et le densimètre devront par conséquent fonctionner en permanence ou du moins être employés et consultés à différentes reprises. On aura soin d'enfoncer le thermomètre à 15^{cm} au-dessous de la surface du liquide pour ces constatations.

Caractères de la bière à la fin de la fermentation. — Nous avons déjà indiqué d'une façon générale les caractères que doit présenter la bière à la fin de la fermentation principale : pour que le dépôt de la levûre soit aisé et complet et que le liquide paraisse clair et brillant, il faut que celui-ci possède une densité beaucoup moins élevée que le moût originaire : l'aréomètre peut renseigner le manufacturier à cet égard mais les praticiens se servent généralement de l'épreuve *à vue*. Un échantillon du moût, versé dans une éprouvette de 50 cc., est interposé entre la flamme d'une bougie et l'œil de l'observateur : le liquide clair et limpide doit laisser déposer rapidement les particules de levûre et autres qu'il contient.

Si la limite de l'atténuation se trouve atteinte ou même outrepassée et que la levûre ne se dépose pas encore, il faut procéder sans délai à un refroidissement profond du moût, pour arrêter la fermentation.

Les avis sur le degré de fermentation le plus convenable sont partagés : les uns préfèrent une atténuation de 2/3 (67 °/₀ de l'indication primitive) ; d'autres s'arrêtent à 1/2 (50 °/₀).

La composition de l'extrait de moût, dépendant elle-même du procédé de macération, doit décider la proportion à adopter. L'extrait contenu dans un moût d'infusion est plus riche en matières fermentescibles que celui provenant de la trempe épaisse. La conséquence pratique de ce fait est que l'atténuation peut aller plus loin pour les moûts d'infusion que pour ceux de trempe épaisse. De sorte que, pour le premier cas, la moyenne étant de 70 °/₀ (0,7) on adoptera environ 60 °/₀ (0,6) pour le second.

La *bière jeune*, c'est-à-dire le liquide incomplétement fermenté provenant de la fermentation principale seule, n'a pas les qualités généralement requises, malgré la forte proportion d'alcool qu'elle renferme. La présence d'une proportion de résine exagérée rend cette boisson peu agréable et peu conforme aux exigences sanitaires des consommateurs. Ce n'est que grâce à la précipitation subséquente d'une plus forte qualité de résine que la bière devient réellement potable, saine et d'un goût agréable.

Il est important d'écumer convenablement avant de soutirer la jeune bière. Il reste la couche sédimentaire : on enlève, par une ablution, les parties brunâtres et visqueuses recouvrant le dépôt plus consistant et de couleur plus claire qui constitue la bonne levûre. S'il est possible, on opère même une sélection plus complète en séparant du dépôt la couche inférieure, de couleur plus foncée, où s'accumulent les débris de la vieille levûre, morte ou épuisée.

On lave la levûre à l'eau froide, c'est la levûre-mère réservée aux brassins ultérieurs : on la conserve sous une couche de bière.

Ces faits généraux s'appliquent plus particulièrement à la *bière de Bavière* et autres similaires.

BIÈRES DE BAVIÈRE, DE VIENNE, DE BOHÊME. — La *température de la mise en train,* est de 10° à 7°c. pour la bière d'hiver et de 7°-5°c. pour la bière d'été. On emploie 1/2 à 3/4 litre de levûre en pâte par hectolitre de moût. Plus la bière doit se conserver, moins il faut prendre de levûre, tout excès altérant le goût. Une fermentation préparatoire bien réglée doit viser à l'emploi réduit de levûre. La période de fermentation principale se prolonge 8-15 jours selon la température de la mise en train, la concentration, la nature du malt et les circonstances locales. On mettra le plus grand soin à ne laisser dans le moût que juste la quantité de levûre nécessaire pour la fermentation secondaire en tonneau. On conçoit que le moment d'interrompre la fermentation principale doit varier selon le temps que la bière reste en magasin. Plus cette période est longue, plus la bière doit être « mûre, » dépourvue de levûre. Au contraire, si la période avant le débit est courte, la bière doit contenir plus de levûre en suspension, afin d'activer la fermentation secondaire dans le tonneau. Cette dernière se distingue ordinairement par la dénomination de « bière d'hiver », la première est souvent désignée sous le nom de « bière d'été ».

Voici, du reste un tableau synoptique pour montrer les différences dans les procédés les plus en renom de fabrication de bières par fermentation basse, procédés usités surtout en Bavière, en Bohême et à Vienne.

MÉTHODES ET PROPORTIONS EMPLOYÉES POUR LA PRODUCTION DE LA BIÈRE PAR FERMENTATION BASSE : BIÈRES DE VIENNE, DE BAVIÈRE ET DE BOHÊME (D'APRÈS LINTNER).

MÉTHODES.	EAU, LITRES PAR 100 KIL. DE MALT.		MANIÈRE DE FAIRE LA MACÉRATION.	TEMPÉRATURES °C.	HOUBLON PAR 100 KIL. DE MALT.	HOUBLONNAGE.	DURÉE DE LA DÉCOCTION AVEC LE HOUBLON.	TEMPÉRATURE DE LA MISE EN TRAIN °C.	QUANTITÉ DE LEVURE PAR HECTOLITRE.	DURÉE DE LA FERMENTATION.	DENSITÉ	
	Pour la macération.	Pour l'ablution.									à la mise en train % Ball.	à la fin de la fermentation principale % Ball.
Viennoise. .	247	280	Empâtage. . . I. Trempe épaisse, cuisson 1/4 h. . . II. Trempe épaisse, cuisson 1/4 h. . . Trempe claire, cuisson 1/2 h. . . Repos 15 à 20 min.	35 47 60 72-74	1,5 kil.	1/3 à l'ébullition, 2/3 plus tard, environ 3/4 d'heure avant la fin de la décoction.	2 h.	4-5	375 c. c.	14 jours	13	7
Bavaroise . .	374	236	Empâtage. . . I. Trempe épaisse, cuisson 3/4 h. . . II. Trempe épaisse, cuisson 3/4 h. . . Trempe claire cuisson 1/2 h. . . Repos 3/4 h.	34 53 65 75	1,8 kil.	Toute la quantité à la fois est mise avec le moût dans la chaudière.	2 h.	5	500 c. c.	10 à 12 jours	13	6,5
Bohémienne	264	264	Empâtage. . . I. Trempe épaisse, cuisson 1/4 h. . . II. Trempe épaisse, cuisson 1/4 h. . . Trempe claire, cuisson 25 min. . . Repos 3/4 heure.	35 52 65 74-75	2,24 kil.	Toute la quantité à la fois; ou 1/6 dès la mise en chaudière, 5/6 au commencement de l'ébullition.	2 h.	5	500 c. c.	10 à 12 et même 14-18 jours.	12 ou 10	5,8-6 4,5-5

La méthode bavaroise se pratique généralement aujourd'hui dans un certain nombre d'établissements d'une manière un peu différente de celle indiquée au tableau synoptique de Lintner : l'ancienne méthode bavaroise comportait un empâtage à froid, suivi d'un repos d'une heure. Puis l'on opérait une 1° trempe à eau chaude portant la masse à une température de 38° centigr. environ, et la première *dickmaische* était dirigée à la chaudière, où elle subissait une coction de 30 minutes. Une portion de ce liquide, après cuisson, retournait à la cuve-matière, dont elle portait la température à 54° centigr. environ. De cette cuve-matière, on prélevait une 2de dickmaische que l'on dirigeait à la chaudière de cuite où elle se mélangeait à la portion de 1° dickmaische qu'on y avait laissée en digestion : le tout était alors bouilli une demi-heure, puis reporté intégralement à la cuve-matière.

Ensuite une certaine portion de moût clair, obtenu après mélange intime des extraits et liquides divers (*laütermaische*), était de nouveau reportée à la chaudière pour y subir une légère cuisson, et être ramenée une dernière fois à la cuve-matière de façon à en porter définitivement la températion à 75° centigrades, point le plus favorable à une saccharification rapide.

Ce sont là des manipulations compliquées et dispendieuses : aussi, a-t-on visé à simplifier la méthode en n'opérant tantôt que la cuisson des seuls dickmaisches, sans s'occuper du lautermaische, tantôt la cuisson d'un seul dickmaische et du lautermaische. Ce procédé de cuisson successive du malt, quelque soit d'ailleurs la variante admise, fournit des bières riches en dextrine et en matières albumineuses dissoutes, substances qui contribuent si puissamment à donner aux produits le moelleux et la bouche.

M. Puvrez, dans un récent traité, cite une méthode simplifiant encore les manipulations et donnant aux produits le cachet de la façon bavaroise. A cet effet, le malt est empâté à froid dans deux chaudières garnies d'agitateurs. On amène la masse par une trempe chaude à 64-65° centigr., puis, en remuant constamment jusqu'à

75°, et delà à l'ébullition, que l'on maintient une demi-heure. Le contenu de ces deux chaudières est ensuite versé en cuve-matière, sur la portion de malt empâté à part dans cette cuve, de façon à arriver, après la réunion des trempes, à la température de 74 à 75° centigr.

Veut-on produire les bières *très-moëlleuses?* On n'introduit en cuve-matière que le tiers seulement de la quantité totale du malt et l'on soumet à la cuisson, en chaudières, les deux autres tiers.

Veut-on obtenir de très-fortes proportions de dextrine? On arrive rapidement, par le chauffage, à la température de 70° centigrade, on modère un peu le feu de 70 à 80, puis l'on pousse vivement à l'ébullition. On obtiendrait donc, à volonté, par ce système, en modifiant les proportions de malt soumises à la cuisson, en élevant plus ou moins vite la température de la masse, en chaudière, les proportions souhaitées de bouche, de corps, de moelleux qui distinguent, avant tout, les bières façon bavière. De plus, le procédé a l'avantage de ne pas laisser le moût exposé aux températures où peut s'engendrer si facilement le développement des ferments de maladie : il permet, en outre, la suppresion de la pompe à dickmaische.

La méthode Viennoise et la méthode donnant les bières de Bohême sont fidèlement tracées dans le tableau résumé par Lintner. Pour obtenir les bières de Vienne, l'essentiel est de conduire le travail de saccharification de façon à emmagasiner dans les moûts un peu plus de glucose que par la méthode bavaroise, afin d'obtenir par là, à la fermentation principale, un degré de plus d'atténuation. Pour obtenir des bières façon Bohême (Pilsen et autres) on vise à réduire encore la dose de dextrine, ce qui entraîne une diminution de moelleux dans le produit.

CHAPITRE III.

LA FERMENTATION SPONTANÉE.

Bière Belge. — On produit en Belgique des bières à fermentatien basse, *sans levûre* : ce sont des bières fromentacées, c'est-à-dire, brassées avec addition de blé cru, et dues à une fermentation qui paraît *spontanée,* mais qui, en réalité, n'est qu'une variante de la fermentation basse.

Les germes qui se trouvent à la surface du moût ou dans les parois des tonneaux produisent un commencement de fermentation. Peu à peu, ces germes se propagent et se multiplient. La fermentation lente ne se déclare qu'au bout de plusieurs jours, souvent plusieurs mois, elle se prolonge alors pendant un laps de temps très variable, mais, en général, considérable. La lenteur du travail chimique est dû spécialement à ce que, l'opération se pratiquant en tonneaux, l'oxygène de l'air n'a que peu ou point d'accès au moût et ne peut conséquemment concourrir à la multiplication de la levûre et aux progrès de la fermentation.

C'est donc une fermentation avec un minimum de levûre et néanmoins avec formation de levûre nouvelle. Il se forme une grande proportion d'acide lactique, élément caractéristique du produit. La séparation de la résine de houblon, assez complète, lui communique un caractère vineux très-prononcé. La conservation facile de ces bières est attribuée à la présence de l'acide lactique ; la formation lente de la levûre aux dépens des substances azotées, en privant le liquide des matières les plus sujettes à l'altération, n'est probablement pas étrangère à cette conservation prolongée.

Mulder, dans son *Guide du brasseur* (p. 295), étudie la raison d'être de ce procédé, fort différent de ceux pratiqués partout ailleurs. Au sortir du bac refroidissoir le moût, qui plus tard donnera le *lambik* ou le *faro*, ne passe pas à la cuve-guilloire, mais se rend de suite aux tonneaux. On n'y ajoute pas de levûre et on conserve les tonneaux dans un cellier d'une température basse. La levûre se forme spontanément aux dépens des substances albumineuses contenues dans le moût : cette levûre est de la levûre de dépôt, qui ne se forme que lentement. La bière en provenant met conséquemment longtemps à se produire et reste trouble pendant toute cette période, vu la génération constante de nouvelle levûre. Lorsque, par contre, la bière est enfin devenue claire, elle est de conservation robuste.

Lorsque la fermentation ne part pas, on y supplée, non par une addition de levûre en tonneaux, mais en ajoutant simplement du moût non houblonné. Au point de vue chimique, ce qui est surtout remarquable dans la préparation des bières fromentacées de la méthode belge, c'est qu'elles fermentent comme le jus de raisin, spontanément, sans addition de ferment spécial. Malgré la température à laquelle les substances albumineuses du malt ont été préalablement soumises, il en reste cependant encore une quotité suffisante pour qu'il se produise, mais lentement, une fermentation avec production simultanée de levûre. Relativement au fait qu'une grande partie de sucre passe à l'état d'acide lactique et que, par suite, ces bières sont caractérisées, comme nous l'avons dit, par la présence d'une quantité considérable de cet acide, il trouve son explication dans le mode même de préparation.

———

CHAPITRE IV.

FERMENTATION HAUTE.

La fermentation haute, la seule connue et pratiquée ancienne-ment, perd de plus en plus de terrain dans la brasserie moderne. Les principales bières en renom sont produites par la fermentation basse. Plusieurs contrées, l'Angleterre entr'autres, doivent à leur climat le maintien de la fermentation haute, au moins jusqu'à l'époque où l'on obtiendra le froid artificiel à bon marché. Dans ces régions, la fermentation basse serait difficilement praticable : et dans les régions où cet inconvénient ne se présente pas, on remarque que ce sont surtout les brasseries de minime importance qui conservent l'ancien mode de travail par fermentation haute, usité pour la préparation de nombreuses bières de consommation toute locale. En voici la raison.

La fermentation haute n'exigeant ni glace, ni cuves à basse tem-pérature, livrant des bières consommables à bref délai, est de beau-coup plus facile, plus prompte et moins onéreuse. Il en résulte un produit d'un prix de revient inférieur, ce qui est un avantage prépondérant. Ce système réduit sensiblement le capital nécessaire et l'alea de l'entreprise.

A part les bières très-fortes (comme les bières anglaises), la fer-mentation haute ne se prête pas bien à la préparation des bières de garde (à longue conservation).

Nous avons exposé ailleurs que la fermentation *haute* tirait son nom du genre de levain, la *levûre haute*, qui la provoque. Nous avons montré aussi comme quoi l'organisme inférieur en jeu ici (*Saccharomyces*) se développe d'une façon différente des spores de la levûre basse, et qu'il doit à ce mode de végétation la faculté de pouvoir être entraîné aisément à la surface du liquide sous l'action des bulles du gaz carbonique. La fermentation haute a lieu *à haute température*, comparativement à la fermentation basse : il en résulte moins de difficulté à construire et à surveiller les caves, quoiqu'il soit toujours à conseiller, dans l'un et l'autre mode, de posséder des caves à température peu élevée. Dans ce mode de fermentation, la température initiale varie de 10 à 20° c. On distingue deux espèces de fermentation haute, selon qu'on a en vue des bières à conserver ou à débiter en peu de jours. La première se fait, entièrement ou en majeure partie, en cuves (comme pour la fermentation basse) ; la seconde est exclusivement produite dans des tonneaux.

Ces bières sont de qualité entièrement variable. Pour des bières de fabrication identique, le traitement à la première période de fermentation, l'époque de l'interruption, la plus ou moins complète séparation de la levûre sont autant de circonstances de nature à influencer sérieusement le caractère et la qualité du produit.

Pour la production des *bières de garde à fermentation haute*, on refroidit généralement le moût à 15° ou 10° centigr. et l'on ajoute dans de grandes cuves 1/2 à 3/4 litre de levûre en pâte par hect. de moût. On met d'ordinaire en train par une *fermentation préalable*, se basant sur ce que les moûts moins refroidis sont les plus exposés à l'altération si la fermentation ne se déclare pas dès le début avec la vigueur nécessaire.

Les réactions de la fermentation haute sont à peu près les mêmes que celles de la fermentation basse, mais elles se succèdent beaucoup plus rapidement par le fait de la température élevée de la mise en train. Cette remarque posée, nous nous abstiendrons de décrire à nouveau ces réactions.

En général, la levûre se sépare nettement de la bière à la fermentation première : la bière y gagne un caractère plus substantiel et plus doux. Dans les procédés à levûre haute, surtout si le travail se fait en tonneaux, la levûre s'élève et sort par la bonde : le moût n'est en contact qu'avec une minime quantité de levûre et le *degré de fermentation* reste faible. Pour augmenter ce degré, il faut refroidir davantage le moût, de manière que la levûre ne soit pas soulevée et expulsée dès le commencement. On augmente encore ce degré en agitant le moût de façon à y répartir la levûre formée, ainsi que nous l'avons dit précédemment : on peut ainsi maintenir à volonté le levain en contact avec le moût et donner graduellement à celui-ci l'atténuation qu'on désire.

La levûre haute (oberhefe) contient ordinairement de la levûre basse (unterhefe), qu'on peut séparer par des fermentations à basse température. La pureté de la levûre est de toute rigueur pour un travail bien réglé.

La levûre haute pure (dépourvue de levûre basse) fournit un faible degré de fermentation sauf recours aux moyens secondaires précités.

Ainsi, l'on agitera d'autant plus vivement et plus fréquemment la levûre, replongée dans la masse, que la température initiale de l'opération aura été plus élevée. Nous citerons un exemple de la pratique industrielle : des moûts, mis à fermenter avec 28 p. de levûre sur 10.000, de liquide pesant 11 à 11 1/2 p. c. Balling, à la température de 15-20° centigr. n'avaient fourni qu'une atténuation de 0,29-0,30 : aussitôt qu'on eût pris de la levûre haute moins pure, ce degré augmenta. Ce fait s'explique par la raison que, lorsqu'on fait usage de levûre haute impure, c'est-à-dire de levûre haute mélangée de levûre basse, il reste dans le moût, après expulsion de la levûre haute, une quantité notable de ferment (levûre basse). Dans ce cas, la bière continue à fermenter dans la cuve trop chaude et, faute de précautions de la part de l'industriel, elle atteint l'acidification. Cet inconvénient n'a pas peu contribué au mauvais renom du système.

De cet exposé, il résulte que, pour pratiquer convenablement la fermentation haute, il faut avoir recours aux précautions et prescriptions suivantes : 1° Avec une levûre haute pure (débarrassée de levûre basse), on peut mettre en train à une température plus élevée et le degré de fermentation reste faible : dans les mêmes circonstances, le mélange des deux levûres produit un haut degré de fermentation.

2° Si les deux espèces de levûre se rencontrent dans un moût bien refroidi, comme c'est le cas lorsqu'on a fait emploi de levûre non épurée, les deux sortes de ferments se développent simultanément et dès le principe : la levûre haute est soulevée et peut être enlevée à la surface, dans un grand état de pureté.

La levûre basse reste partie au fond, partie en suspension ; la fermentation basse continue seule et, par conséquent, la bière résultant exige toutes les précautions d'une bière à fermentation basse.

3° Pour produire de la bière à haut degré de fermentation avec de la levûre haute pure, ce qui exige un certain art, il faut maintenir basse la température et, en outre, mélanger avec le moût la levûre soulevée jusqu'à ce que l'effervescence diminue.

Il est à noter que la *quantité de levûre* pour la mise en train n'a pas besoin d'être aussi soigneusement réglée que pour la fermentation basse. Chaque élévation de température favorise l'expulsion de la levûre et, par suite, élimine la cause même de cette élévation de température. On ajoute ordinairement la levûre dans le réservoir intermédiaire ; d'autres fois, on dilue la levûre avec le moût qu'on ajoute à chaque tonneau. On emploie en moyenne :

En Bohême   5 litres de levûre.
En Hollande 38 »   »
En Angleterre 100 »   »   pour 10,000 litres de moût.

PRATIQUE DE DIFFÉRENTS PROCÉDÉS A FERMENTATION HAUTE.

1. *Bière de Bohême*. — En Bohême, on emploie tantôt directement les tonneaux, tantôt les cuves.

Lorsqu'on opère en tonneaux, on refroidit à 13-18°, on ajoute la levûre dans le réservoir intermédiaire et on remplit immédiatement les tonneaux; ou bien, on met préalablement en pleine fermentation. Les tonneaux sont légèrement inclinés pour que les écumes s'échappent aisément. Ces écumes sont constituées tout d'abord par la résine, puis vient la lie de bac et le gluten; en dernier lieu, la levûre. Après 6-8 heures, un chapeau d'écume se présente à la bonde, s'accroît et est reçu dans un vase disposé *ad hoc*. On obtient ainsi 10-20 litres de « bière amère de houblon » par hectolitre de moût, qui se clarifie en quelques heures et qu'on répartit, après fermentation achevée, sur tous les tonneaux, partiellement vidés à cet effet. Cette bière de houblon est toujours faiblement fermentée.

Dès que l'écume sortant du tonneau a pris consistance, on change de vase et on nettoie l'extérieur du tonneau enduit de produits résineux. L'interruption dans la fermentation, qui se produit parfois, est sans conséquences fâcheuses : la fermentation première a pris fin lorsque la levûre cesse de sortir par la bonde. La fermentation principale s'achève ordinairement en 44-48 heures.

La fermentation secondaire succède sans interruption : elle doit rejeter tout le ferment à l'extérieur, il faut donc tenir les tonneaux soigneusement pleins. Une légère mousse blanche « la fleur » remplace l'écume jaunâtre lorsque l'opération, bien conduite, tire à sa fin : on en conclut à l'entière expulsion de la levûre. On doit alors fermer le tonneau en ayant soin, au préalable, d'enlever toute trace de levûre à l'entour de la bonde, à l'intérieur du tonneau. On remplit le tonneau soit avec la « bière de houblon » soit avec de l'eau pure, jamais avec le liquide égoutté de la levûre, qui communiquerait un goût désagréable au contenu total du tonneau.

La perte de liquide égoutté qu'on rejette atteint jusqu'à 1-1 1/2 pour cent : mais on s'y résigne dans la crainte de communiquer à la bière ce *goût de levûre*, qui éloigne le consommateur.

Quand on pratique la fermentation dans des cuves, on ajoute la levûre dans la cuve même, et on enlève soigneusement les écumes précédant la levûre. On recueille ensuite, à l'aide de cuillers, la levûre recouvrant le liquide à la fin de la fermentation. On agite énergiquement la masse entière, afin de soulever la levûre déposée au fond et on procède à la mise en tonneaux. Pour obtenir plus sûrement une expulsion complète de la levûre, certains brasseurs chauffent le cellier de fermentation à 21-22°, jusqu'au moment où la levûre cesse d'apparaître : on ferme alors le tonneau, on le roule et on l'agite quelque temps pour activer le dégagement du gaz carbonique. Cette émulsion ramène à la bonde les dernières traces éparses de la levûre, qu'on enlève en soulevant la bonde. Il faut avoir soin, sitôt cette manipulation effectuée, de diriger les fûts vers une cave froide.

2. *Bière anglaise.* — A l'exception de quelques établissements écossais, toute la bière anglaise se fait par la fermentation haute. Les moûts d'infusion concentrés fournissent par la fermentation haute les bières connues sous le nom de « porter » aussi bien que le « pale ale ». On fait usage d'une forte proportion de levûre et la masse est fréquemment agitée avec les levûres produites. Les cuves sont munies de serpentins à eau froide, afin d'arrêter la fermentation au moment propice.

La dernière fermentation s'opère dans des tonneaux : après l'expulsion totale de la levûre on transvase dans les tonneaux de garde.

Voici quelques exemples de l'atténuation réalisée.

A. *Porter.* — Densité du moût 17°5 Balling à 15°,5 ctg, ; levûre : 70 sur 10,000 p. de moût.

Fermentation préalable.

APRÈS.	ASPECT.	TEMP. C.	DEGRÉS BALLING.	ATTÉNUATION. APPARENTE.
12 h.	Écume faible . . .	16	16°,8	4
24 »	Écume forte . .	17°,75	15°,7	10,3
36 »	Levûre, éjection faible.	21	12°	31,4
44 »	Levûre compacte . .	21	10°	42,8

L'émission de la levûre après entonnage est terminée en deux jours. D. Balling 5°,3. Degré de fermentation 70.

B. *London ale.* — Moût à 26°,8. Balling. Température 13°,25. Levûre 70 p. pour 10,000.

APRÈS.	ASPECT.	TEMP. C.	DEGRÉS BALLING.	ATTÉNUATION APPARENTE.
12 h.	Écume faible	14°,50	35°,2	6
24 „	Écume forte	17°,75	20°,7	22°,8
36 „	Écume de levûre. . .	21	16°	40°,3
41 „	Diminution de l'écume .	21,20		
48 „	Levûre compacte . .	21	10°7	60

Dernière émission de levûre après 3 jours d'entonnage. Degré Balling 6°,9. Degré de fermentation 74,2.

C. *Scottish ale.* — Refroidissement pendant la fermentation; mélange énergique de la levûre avec le moût, fermentation très-lente, atténuation très-complète.

Moût de 20°,8 Balling; température initiale 13°25; 30 p. levûre sur 10,000 p. moût. Pas de fermentation préalable.

APRÈS.	ASPECT.	TEMP. C.	0° BAL.	DEGRÉ D'AT. APPARENTE.	OBSERVATIONS.
2ʰ	Écume faible . . .	14°	20	3,8	Mélange 3 fois par
3	„ . . .	15°	19	8,7	jour avec écume jus-
4	„ . . .	18°,50	16	23,4	qu'à degré de fer-
5	„ . . .	21	11,8	43,2	ment. =50.
6	„ . . .	22	10,2	50,9	Application du re-
7	Production de levûre .	19°,50	9,3	55,3	froidissement.
8	Lev. compacte. . .	18°,75	8,9	57,2	Écumage, refroi-
9	„ . . .	18°,50	8,3	60,1	dissement à 10°; en-
11	„ . . .	18°,25	7,3	64,9	tonnage de la bière
14	„ . . .	18	3,2	85	jeune, brillante.

CHAPITRE V.

FABRICATION DE QUELQUES BIÈRES SPÉCIALES.

Nous consacrerons ce chapitre à des renseignements de pratique manufacturière touchant les principales méthodes de fabrication, en vue de compléter ce qui a été dit déjà de ces méthodes à l'occasion de l'exposé théorique des différentes opérations de la brasserie. Nous serons très-sobres à l'endroit des procédés de fabrication usités à l'étranger, nous étendant par contre sur les méthodes en vogue dans les divers centres de production tant en Belgique qu'en France. A cet effet, nous classons les bières en deux rubriques : les bières d'orge et les bières fromentacées.

I. — BIÈRES D'ORGE.

I. Bières anglaises. — Nous ajouterons ici quelques données caractéristiques des procédés anglais, pour compléter ce que nous avons rapporté déjà sur ce sujet, au chapitre précédent, en exposant d'une manière générale le procédé de fabrication des bières par fermentation haute. En Angleterre, le moût est refroidi à 10°-15° c. la première fermentation s'opère dans une grande cuve jusqu'à un point déterminé (différent selon la destination de la bière); la fermentation principale s'achève dans des tonneaux ou dans de petites cuves spéciales. Ces derniers réservoirs sont disposés de sorte que la levûre qui en provient se déverse dans une rigole commune : le liquide qui s'en sépare retourne dans les cuves, la levûre est rigoureusement séparée, ce qui contribue efficacement à la finesse du produit. La bonne conservation des bières anglaises dans des caves assez peu appropriées est très-remarquable : l'excellente qualité des matières premières ainsi que l'exactitude minutieuse du travail contribuent évidemment à ce résultat heureux, comme aussi le climat du pays, où les variations brusques de température sont inconnues. On sait, en effet, que les liquides fermentés se conservent mieux, même à une température relativement élevée, lorsque cette température reste sensiblement stationnaire, tandis que les variations brusques de température favorisent les fermentations et décompositions de toute espèce.

En Angleterre, on distingue essentiellement deux espèces principales de bière : l'ale et le porter.

Ale. — Cette bière, d'une réputation universelle, se distingue par une limpidité brillante. La fabrication se caractérise comme suit :

Le malt est germé lentement et le germe assez développé ; la radicelle a 1 1/2 fois la longueur du grain, de sorte que le gluten se trouve à peu près éliminé. Le malt, d'excellente qualité, soigneusement trié, est faiblement touraillé, d'une coloration pâle, mais uniforme.

La macération se fait d'après la méthode d'infusion précédemment décrite (v. p. 269); la trempe principale sert à l'ale d'exportation (indian ale, ale fur export) ; les trempes secondaires à l'ale de table (table beer). Une forte proportion de houblon (gén. 243 k. par 10,000 k. de malt) élimine, par le tannin qu'elle renferme, les matières albumineuses et contribue à produire ce ton pâle de la coloration universellement connue des pale-ale.

Les Anglais préfèrent la bière douce, peu fermentée : l'industriel prépare en conséquence la bière de table par une fermentation rapide; l'émission de la levûre s'achève dans les tonneaux, de sorte que l'atténuation reste faible. L'ale d'exportation, au contraire, est bien fermentée et possède un goût amer.

Voici quelques données moyennes sur la densité des moûts d'ale avant et après fermentation :

Ale d'exportation (Moût.)	21°	Durée de la 1re ferment. en grande cuve.	{ 4 j. Densité de la bière. 9°, 5 Balling.	
Ale de table . . (Moût.)	11°	Durée de la 2e ferment. en tonneaux.	} 5 j. „ 6°,5 „	

Pour l'ale de table, le moût reste 38 h. dans les grandes cuves, 48 h. dans des tonneaux et puis est transvasé directement dans des petits tonneaux livrés à la consommation en 2-3 mois.

L'ale d'exportation, au contraire, reste dans les tonneaux de garde souvent pendant plusieurs années avant d'être soutirée et expédiée à destination.

Une autre bière en faveur dans le Royaume-Uni et rencontrée parfois sur le continent, est le porter.

Porter. — Cette bière est d'une couleur brun-foncé, presque noire, dûe à l'assamar ou à une préparation caramélique (voir p. 23). Cette bière est extrêmement variable, ce qui s'explique par le fait que chaque brasseur s'efforce d'obtenir le produit le plus apprécié par les consommateurs de la localité où il exerce sa profession.

On prétend qu'un résultat favorable est obtenu par le mélange de 95 p. malt ambré avec 5 p. malt brun (couleur).

L'odeur caractéristique du porter s'accentue avec le degré de fermentation. La macération est à infusion, la trempe principale est convertie en porter ; les trempes secondaires et l'ablution fournissent une petite bière. On emploie environ 12 kil. houblon par 1000 lit. de moût; celui-ci, de 18°-19° Balling, est ramené à 6°. La qualité du produit s'améliore en vieillissant.

II. BIÈRES ALLEMANDES DIVERSES. **Bières de Culmbach.** — Cette bière se distingue des bières bavaroises par sa couleur foncée, son corsé, son odeur et sa saveur. On la produit sur une échelle assez vaste pour l'exportation. La germination est très-lente, la radicelle faiblement développée, le gluten reste en majeure partie dans le grain. Le touraillement est spécialement dirigé de manière à donner au malt une belle couleur brune, ce qui dépend en premier lieu d'une ventilation incomplète.

La macération ne présente aucune particularité caractéristique dont puissent dériver les qualités du produit. L'empâtage se fait à 50°. On amène la température de 54° par l'eau chaude. La trempe claire soutirée et amenée dans la chaudière, portée à l'ébullition, retourne en majeure partie dans la cuve matière, où elle élève la température à 70° pour achever la saccharification.

On fait bouillir avec le houblon pendant 10 minutes la portion de trempe restée dans la chaudière. Toute la trempe claire filtrée rejoint cette portion houblonnée et subit une cuisson énergique pendant cinq heures et même davantage.

Chaque opération se fait avec une lenteur extrême ; grâce au contact prolongé des drèches avec le moût, on obtient ces qualités spéciales, indéfinissables, tant recherchées par les consommateurs. Nous remarquerons ici que, dans la plupart des brasseries de Culmbach, on amène la lie de bac avec le moût dans les cuves à fermentation : nous n'avons pas eu jusqu'ici l'occasion de nous assurer de l'influence précise de ce fait sur le produit final.

Bière de Dantzig, dite Jappenbier. — Cette bière présente de l'intérêt à plusieurs points de vue. Elle provient d'un moût extrêmement concentré, voire de 48 %. Mille kilogr. de malt et 5 kil. de houblon fournissent environ 10,5 hectolitres de bière.

La macération est à infusion : la trempe claire est maintenue en ébullition pendant plus de 20 heures pour obtenir la concentration voulue. On refroidit à 12°,5 c. La fermentation est « spontanée » c'est-à-dire sans addition de levûre, comme pour un grand nombre de bières belges, mais elle ne se déclare qu'après un intervalle considérable. Les brassins de janvier ne fermentent ordinairement qu'en plein juillet. Le moût se recouvre d'abord d'une épaisse couche de moisissures verdâtres : les spores de cette végétation se développent dans le moût et donnent naissance à un ferment spécial et caractéristique, produisant une fermentation extrêmement lente qui s'active ordinairement au mois de septembre. La bière est entonnée au moment où elle accuse environ 19° degrés de fermentation.

Cette bière, très-forte, est particulièrement propre au coupage, c'est-à-dire au mélange avec d'autres bières. On en exporte des quantités considérables surtout pour l'Angleterre.

III. BIÈRES FRANÇAISES. **Bière de Lyon.** — Méthode à infusion simple, la trempe bouillante est écumée : à ce point, on ajoute avec le houblon des pieds de veau (un pied par 50 kil. malt); l'ébullition est ainsi prolongée pendant trois heures. Au bout de ce temps, on ferme la chaudière hermétiquement et on entretient un feu dormant. Le contenu de la chaudière reste en digestion au-dessus de 100°, pendant cinq heures consécutives, et tout le gluten est décomposé et transformé en matières albumineuses brunies : en même temps, la colle animale des pieds de veau subit une transformation analogue. Le moût prend une couleur brun-foncé, le produit devient substantiel et corsé.

Le moût, refroidi à 16°, subit la fermentation haute en petits tonneaux ; deux jours après l'émission de la levûre la bière est parfaitement claire et propre à la mise en bouteilles. Cette bière est moins fermentée, et, par suite, plus douce que celle de Culmbach.

Bière de Lille. — Brassage à moût trouble : 1° trempe à 27° centigr., par le faux fond. On soutire à plein robinet et on fait bouillir vivement. Pendant ce temps, on donne une 2ᵈᵉ trempe, dite de saccharification, à 68°. Les deux trempes, soutirées à clair après repos, sont réunies et cuites en chaudière. Dose de levûre 1/3 kilo, de houblon et pareille dose par hectolitre de bière.

Une 3ᵐᵉ trempe, à l'eau bouillante, donne la petite bière.

IV. BIÈRES BELGES. — Ce manuel étant spécialement destiné aux brasseurs de la Belgique et de la Flandre française, nous avons tenu surtout à décrire avec détail les méthodes séculaires usitées dans cette région.

BIÈRE D'ORGE D'ANVERS.

La bière d'Anvers connue sous le nom de *bière d'orge*, est à proprement parler une bière légèrement fromentacée ; néanmoins, nombre de brasseurs la fabriquent d'orge pure, et les doses de froment ou d'avoine introduites à la cuve par les autres sont généralement minimes et n'empêchent pas ces industriels de livrer leur produit comme bière d'orge.

Le froment et l'avoine sont employés crus : l'orge seule est germée assez long et desséchée lentement, de façon à ne pas colorer le malt et à lui conserver une odeur de pain frais, qu'un touraillement poussé au delà de 70° centigrades ferait disparaître.

Le malt, au dire de La Cambre, est généralement mélangé avec 5-8 °/₀ d'avoine et 4-6 °/₀ de froment, qu'on moud ensemble en mouture plate. La drèche ainsi moulue est versée dans la cuve-matière renfermant environ 1/3 de son volume d'eau à 48-50° ctg. On remplit ensuite la cuve d'eau plus chaude, on brasse énergiquement aux fourquets, et après un repos de trente minutes on soutire le 1ᵉʳ métier. Cet extrait, qui renferme beaucoup d'amidon et d'empois, est soumis à une courte ébullition dans la chaudière, puis repassé sur la cuve-matière pour subir une nouvelle macération et une nouvelle filtration.

La 2ᵈᵉ trempe, à l'eau bouillante, dure 2 heures : pendant la 1ʳᵉ heure on brasse constamment. Le moût, qu'on soutire assez clair, marque 6-8° Baumé ; on le dirige vers la chaudière à bière forte, sous laquelle on met le feu sitôt qu'elle est remplie à suffisance.

Une 3ᵉ trempe s'exécute avec l'eau bouillante et le moût du 1ᵉʳ métier, de la même manière mais en moins de temps que la 2ᵉ trempe : le moût qu'on soutire de cette 3ᵉ trempe est réuni avec le 2ᵈ métier dans une chaudière généralement ouverte et qu'on recouvre d'un couvercle sitôt qu'on y a mis le houblon et qu'elle renferme la totalité du moût qu'elle doit recevoir. Quelques brasseurs ajoutent la première partie qui coule de la 3ᵉ trempe (qui n'est réellement que le 3me métier), pour former le contingent de la bière forte qu'ils veulent obtenir. La plupart d'entr'eux pratiquent une 4e et 5e trempe destinées à fournir une petite bière. Les proportions de grains employés, assez variables, sont en moyenne de 25 kilogr. par hect., quotité identique à celle communément adoptée pour la bière d'orge de Liége.

La petite bière, ou seconde qualité, marque, avant fermentation, 3° 1/2 Baumé ; la double bière d'orge marque environ 7° Baumé et constitue les 3/5 du volume total.

Le moût, pour la bière forte, subit avec le houblon une ébullition assez vive pendant 3 1/2 à 4 heures, ce qui le concentre un peu et le colore assez fortement quand le malt a été bien préparé et la macération bien conduite. Lorsque, au bout de 2 heures, la coloration n'apparaît pas suffisamment, on ajoute au moût par hectolitre, 60 à 80 grammes de chaux, ce qui le brunit sensiblement. La dose de houblon, pour la 1re bière est de 380 à 460 grammes par hect. : le moût, aussitôt son ébullition terminée, repose pendant 3/4 d'heure à 1 heure, au bac à houblon, puis va de là aux bacs refroidissoirs. La quantité de levûre en bouillie ajoutée à la cuve-guilloire est de deux décilitres par hect. de bière : après 8-10 heures, on l'entonne en futailles d'un à deux hectolitres.

La meilleure bière d'orge d'Anvers qu'on prépare uniquement avec du malt d'orge, ne se brasse jamais en été et rarement dans le grand froid. Elle se conserve très-bien un et deux ans et n'est guère consommée qu'au bout de 4-6 mois : on la coupe généralement avec des bières d'un mois de date. Cette addition de bière jeune a pour effet d'exciter une nouvelle fermentation dans la bière et de la faire mousser. Dans le même but on ajoute assez souvent 1-2 livres de cassonnade par tonne, au moment où l'on colle la bière pour la livrer à la consommation.

BIÈRE D'ORGE DE LOUVAIN.

Il se prépare à Louvain trois espèces de bières d'orge : la bière de *Mars,* la bière d'orge (*enkel gerst*) et la double bière d'orge (*dobbel gerst*). La première, qui est la plus faible, résulte des dernières trempes ; la seconde provient de toutes les trempes réunies ; la troisième, qui est la meilleure et la plus forte, se prépare avec les deux premières trempes ; mais la même qualité de malt sert à préparer les trois espèces qu'on ne brasse guère que pendant sept mois de l'année.

On emploie généralement les orges d'hiver, germées modérément pendant 10-12 jours, jusqu'aux 3/4 du grain. Le touraillage dure 22-26 heures. Le malt desséché est mis au grenier en couches de 6-8 pouces, puis il est piétiné et retourné 1-2 fois pour le rafraîchir et en détacher les radicelles, qu'on élimine ensuite au diable volant. Après quoi, on le pose en tas de 2-3 pieds jusqu'à sa mise en œuvre. On moud largement ce malt aux cylindres ou aux meules.

Voici d'autre part le travail d'un bassin d'orge : les variantes d'un établissement à un autre ne sont pas très-considérables. Une cuve-matière, de 130 hect. de capacité, reçoit 40-45 hect. d'eau à 55-60° ctg. ; on y déverse ensuite la drèche en faisant fonctionner le moulinet : on parvient de la sorte à travailler par brassin 4,200 à 4,400 kilog. de malt. On achève de remplir la cuve en donnant par le double fond 16-20 hect. d'eau à 92-94° ctg., tout en continuant à brasser fortement la matière jusqu'à complète hydratation. On laisse ensuite reposer le mélange, pendant une demi-heure, en fermant les rideaux suspendus autour de la cuve pour conserver la chaleur. Passé ce temps, on brasse à nouveau durant quelques minutes, puis nouveau repos de trente minutes à rideaux fermés.

Après ce second repos, on écoule le moût dans une chaudière fermée, munie d'un agitateur destiné à mettre incessamment le moût en mouvement et à l'empêcher de brûler. On met le feu sous la chaudière dès qu'elle renferme suffisamment de liquide.

La 1re trempe ou 1er métier écoulé, on remplit de nouveau la cuve-matière avec de l'eau à 92-95° ctg., et l'on brasse vivement à la mécanique jusqu'à ce que la cuve soit prête à déborder : ce manége dure 1/4 d'heure environ. Après un repos, on brasse de nouveau pendant 8-10 minutes, on laisse alors reposer environ une heure et l'on écoule cette 2e trempe qui donne ordinairement 55-60 hect. de moût clair et sucré. Ce 2^d métier est réuni au premier pour subir ensemble une ébullition qui varie de 4 à 6 heures suivant l'espèce de bière que l'on a en vue.

L'on fait ensuite une 3me et 4me trempe de 40-45 hect. chacune, avec de l'eau à peu près bouillante qu'on brasse avec la drèche une seule fois; après 30-45 minutes de repos, on soutire ces trempes qui, avec une ablution de 8-10 hect. d'eau bouillante, donnée par-dessus la drèche au moyen d'un arrosoir à force centrifuge, con-stituent une 2me chaudière.

La 1re chaudière renfermant les deux premiers métiers, soit 100-110 hect. de moût à 8-9° Baumé, reçoit 34-36 kilog. houblon d'Alost. Sitôt le houblon ajouté, on ferme hermétiquement la chau-dière et laisse bouillir 4-6 heures.

Le moût de la 2de chaudière se compose de 40-45 hect. du 3me métier, 40-45 hect. du 4me métier en 10-15 hect. de l'ablution finale, le tout marquant 3 1/2 à 4° Baumé. L'ébullition dure 5-6 h.; on ajoute les 20-25 kilog. de houblon dès que la chaudière renferme la 3e trempe et l'on pousse à l'ébullition dès que le dernier métier est réuni au troisième.

On opère la filtration du moût de la 2de chaudière sur le résidu du houblon de la 1re chaudière resté sur le double fond du bac à filtrer.

Pour préparer la double bière d'orge et la bière de mars, on fait fermenter séparément les deux qualités de moût, qu'on entonne le premier, à 20-24° ctg., selon la température extérieure, le second à 22-26 degrés.

Pour la double bière d'orge, qui se brasse l'hiver on fait fer-menter lentement le 1er moût d'abord dans la cuve-guilloire : la durée totale de la fermentation est de 5-6 jours. La bière d'orge simple est mise en fermentation en tonneaux de 2-3 hectolitres. Certains brasseurs entonnent la double bière d'orge sans levain, comme le faro et le lambick ; il lui faut, dans ce cas, 18-20 mois pour se faire ; elle est alors très-agréable, claire, légèrement mousseuse et sa force est descendue de 8 1/2 à 3° Baumé.

Pour débiter cette bière, on la colle et on la coupe avec des bières jeunes d'orge, en ajoutant souvent un peu de cassonnade pour masquer la rudesse du goût.

La bière de mars et la bière simple d'orge se coupent d'une manière analogue, au moment de leur débit, soit 3-6 mois après leur fabrication.

BIÈRES DES FLANDRES.

1. Uytzet. — Dans les Flandres belges, spécialement dans la région de Bruges et de Gand, on fabrique sur une large échelle une bière d'orge, dans la composition de laquelle intervient parfois un peu d'avoine et de froment cru : c'est l'*Uytzet*, bière ambrée, d'un jaune assez foncé, généralement d'un goût agréable et bien fabriquée. Notons cependant que souvent, en été surtout, on rencontre des variétés de cette bière présentant un goût acerbe dû à l'emploi de balle de froment non lavée et à la température trop élevée des dernières trempes.

Pour produire l'uytzet, l'orge est germée au 3/4 du grain, puis desséchée directement aux tourailles jusqu'à couleur ambrée. Avant de moudre le malt, on lui laisse reprendre l'humidité naturelle. On agit de même assez souvent, (ce qui n'est pas à conseiller), à l'égard de la farine elle-même, avant de l'admettre à la cuve-matière, préalablement remplie d'eau tiède dans la proportion strictement suffisante pour hydrater la drèche. D'ordinaire, une fois la farine bien délayée, on soutire par le fond de la cuve une certaine portion de liquide (*slyme*) destinée à donner la petite bière.

Certains brasseurs, les mieux avisés, ainsi que le fait remarquer

La Cambre, versent le *slyme* dans la chaudière qui contient l'eau bouillante pour les trempes suivantes : ce premier moût, très-faible, est, en effet, des plus délicats et la fécule qu'il renferme se dissout d'emblée, tandis que se produit la coagulation de l'albumine végétale.

Le *slyme* écoulé, on remplit d'eau bouillante la cuve-matière, par le double fond, en brassant vivement le mélange dès que l'eau le soulève : après 40 minutes de repos, on soutire par le faux fond. Le liquide, peu clair, marque 60-66° centigrades : à une température inférieure, il filtre mal et très-lentement.

Ce premier métier terminé, on procède à un second, de la même manière; mais la macération dure, cette fois, 1 1/2 heure et donne un moût très-clair, filtrant rapidement.

La densité du 2ᵈ métier est très-forte, elle atteint souvent 7 1/2 Baumé, ce que marque aussi le moût de double Uytzet au moment de la mise en fermentation.

Pendant qu'on prépare la 2ᵈᵉ infusion qui constitue le 1ᵉʳ métier, on met le feu sous la chaudière dans laquelle on a versé la 1ʳᵉ infusion. Ce 1ᵉʳ métier est ensuite réuni à la 1ᵉ infusion pour subir ensemble une ébullition de 8-10 heures, si c'est pour préparer la double uytzet, de 10-12 heures, pour faire la simple uytzet.

On épuise la drèche, par une 3ᵉ, une 4ᵉ, parfois une 5ᵉ trempe, toutes à l'eau bouillante, pratiquées comme les 2 premières en ayant soin, après chaque brassage, de recouvrir la matière d'un peu de courte paille, pour obtenir plus aisément la température convenable pour une bonne macération. Les deux ou trois métiers sont, sitôt préparés, versés dans une 2ᵈᵉ chaudière et subissent une ébullition de 8-10 heures pour être réunis aux deux premiers métiers, dans la cuve-guilloire, quand on se propose d'obtenir l'uytzet ordinaire : pour la double uytzet, on entonne séparément la 1ᵉ et la 2ᵉ chaudière de moût. Les deux premiers métiers constituent la double uytzet, et les derniers servent à préparer une qualité de bière de ménage.

La dose de houblon (du pays) pour la double uytzet est de

1 1/4 kilog. par tonne de 1 1/2 hectolitre : pour la bière simple, de 3/4 à 1 kilog. de houblon vieux, qui est préférable pour une bière à consommer sous peu de temps.

La double uytzet, ou uytzet de garde, est mise en fermentation à basse température, pendant 3-4 jours ; la bière simple, à température plus élevée, durant 48 heures. Cette dernière devient potable après 2-3 semaines ; elle se brasse toute l'année, l'autre en saison froide seulement. L'uytzet, refroidie à 26° en hiver, à 20° en été, est mise en levain dans la cuve-guilloire où l'on a rassemblé les moûts : après cinq heures, on l'entonne en fûts de 160 litres où elle subit une fermentation se rapprochant beaucoup de celle des bières du Nord de la France, avec lesquelles l'uytzet a de grands rapports.

Voici une formule de brassin pour uytzet : malt 26 sacs de 82 kilogr. produisant 34 tonnes de 160 litres de double uytzet et 15 tonnes de bière simple. La même quantité de malt donne 50 tonnes d'uytzet ordinaire.

2. **Bières brunes des Flandres**. — Il existe encore dans les Flandres une grande variété de bières brunes, que l'on brasse à la manière de l'uytzet, en torréfiant toutefois davantage le malt et en utilisant le *slyme*, simultanément avec les dernières trempes, pour préparer une seconde qualité de bière. Pour ces bières brunes, la cuisson est aussi plus prolongée et plus énergique : on la maintient communément 15-18 et même 20 heures, en vue de donner au moût une coloration intense et un arôme spécial, et d'assurer sa parfaite conservation. Le goût de ces bières est un peu rude, astringent et amer. La quantité de farine employée, assez variable, est en moyenne de 40 à 45 livres par hectolitre de bière brune; la dose du houblon de Poperinghe ou d'Alost de 1/2 à 3/4 livre.

Parmi ces bières, il en est que l'on consomme au bout de 15 jours, après une fermentation de 2-3 jours : d'autres, ce sont les mieux fabriquées et les plus agréables, ne sont livrées à la consommation qu'au bout de 2-3 mois, après avoir fermenté à la manière de l'uytzet mais durant un temps plus long.

BIÈRES DU HAINAUT, DE LIÉGE, ETC.

Il se fabrique communément dans le Hainaut, spécialement aux environs d'Ath, Chièvres, Péruwelz, Tournai, Soignies, etc., quatre espèces de bières : la bière jeune ou bière courante, la bière de garde, vieille ou de conserve, la bière mêlée, et la petite bière.

Cette dernière n'entre plus que pour une faible quotité dans la consommation ; en coupage avec la bière jeune, elle constitue la bière mêlée, généralement dans la proportion de 7/15 petite 8/15 jeune.

La bière jeune se boit huit jours après sa fabrication et la bière de garde, qui se fabrique de décembre à mars, se boit de mai à septembre.

Le malt est généralement préparé dans les brasseries ; le brasseur n'a recours à la malterie du dehors que pour son manquant. Pour la bière jeune, la plumule atteint les trois quarts du grain tandis que pour les bières de garde, l'on pousse seulement la germination jusqu'à moitié. Les grains employés sont le plus souvent les escourgeons de la contrée, des polders, de la Beauce, de la Vendée, et les orges du Danube ; ces dernières en moindre quantité et seulement dans les années où elles ont réussi.

Les tourailles employées sont généralement encore assez primitives et défectueuses, à chauffe directe ou à chambre de chaleur ; la toile métallique supérieure n'est distante du foyer que de trois à cinq mètres au maximum. La toile a remplacé les carreaux en terre dans beaucoup de brasseries, quoique ces derniers soient encore beaucoup en usage. L'on se sert du coke comme combustible. Le grain ne reste guère que 24 heures sur la touraille ; il y est soumis à une température de soixante à soixante-dix degrés ; il est presque toujours légèrement ambré et vitreux.

Le malt subit une moûture large. Quelques brasseurs emploient un peu de froment cru, 1/10 environ.

La salade ou trempe préparatoire et la première trempe trouble se font le plus usuellement à la température de 40° centigrades ; la 2ᵐᵉ trempe et les suivantes, avec l'eau bouillante ; tel est l'usage dans les établissements qui brassent à moûts clairs. Dans ceux qui travaillent à moûts troubles, et c'est le système le plus usité maintenant, on opère les trempes destinées à la chaudière à saccharifier de 30 à 40° centigrades et la saccharification se fait en chaudière ; pour les autres trempes, on a recours à l'eau bouillante. Dans ce mode de brassage le volume du moût atteint le double de la contenance de la cuve matière. La charge est de 40 à 50 kᵒˢ par hectolitre de cuve-matière et l'on compte de vingt à vingt-huit kilos de grain par tonne de 160 litres. Dans les brasseries qui utilisent des extracteurs, on charge jusqu'à soixante kilos par hectolitre de cuve-matière.

Les houblons les plus employés sont ceux d'Alost et de Poperinghe. La quantité varie d'après chaque localité. Ainsi, à Lessines l'on emploie presqu'un kilo pour les bières jeunes et un kilo et demi pour les bières de garde, tandis que, dans le Borinage et le Tournaisis, l'on en met moitié moins.

La bière est refroidie à 18° ou 16° centigrades, mise en levain dans la cuve-guilloire, où elle séjourne pendant une heure ou deux ; puis elle est entonnée. Elle subit toujours la fermentation haute, développée souvent d'une façon assez active. Les quantités de levûre employées, varient beaucoup ; l'on compte, en moyenne, 3/4 de pinte de bonne levûre liquide par tonne de bière. La levûre se vendant toujours à l'état liquide, il est assez difficile de se fixer, sur la quantité produite par tonne.

En général, la bière pèse de 6° à 4° Baumé avant fermentation : des brasseurs descendent même jusqu'à 3 ¹/₂.

Le premier remplissage en cuve se fait vingt heures environ après l'entonnement et quand la levûre commence à s'affaisser dans le tonneau ; les autres se font, de trois en trois heures, lorsque l'on voit que la fermentation ralentit.

Dans le Hainaut, l'on fait peu de coupages et pour cet usage l'on emploie souvent des bières reprises du client ou tournées à l'acidité, que l'on met aigrir complétement et à clarifier sur des copeaux.

Le mode que nous venons de détailler n'est pas. à strictement parler, spécial à la province de Hainaut : dans le Brabant, la province de Namur, à Liége, à Verviers, les bières d'orge se préparent à peu près de la même façon, et sont généralement de qualité plus soignée que les bières du Hainaut. Nous signalerons, comme légères variantes, qu'à Verviers, où l'on consomme une bière d'une belle couleur ambrée sans être très-brune, on fait bouillir le moût assez vivement pendant six à huit heures ; l'ébullition est poursuivie pendant douze à quinze heures à Namur, à Charleroi et à Mons, où la bière est plus foncée en couleur. Cette prolongation de l'ébullition est due à l'opinion généralement reçue que la bière se conserve d'autant mieux qu'elle a bouilli plus longtemps. Certains brasseurs arrivent à un résultat semblable en ne faisant bouillir que cinq à six heures, mais en ayant recours à l'emploi blâmable de la chaux. (Voir Livre I, p. 24).

La dose de houblon dans ces bières oscille autour de 500 à 800 grammes par hectolitre de moût; la levûre, de 2 à 3 décilitres par hectolitre.

Voici une variante des méthodes suivies, tant à Bruxelles qu'en province, pour la fabrication des bières brunes d'orge. Une brasserie très-bien aménagée et que nous avons visitée récemment, renferme essentiellement :

a. Trois cuves-matière, simples délayeurs non extracteurs, munies d'agitateurs à bras portant des cames ;

b. Une chaudière à cuire, à feu nu, fermée d'un dôme et surmontée d'une sorte de tube de sûreté pour empêcher la déperdition de l'essence de houblon ;

c. Une chaudière à moût trouble, où la farine est délayée par un arbre à bras portant des chaînes destinées à râcler le fond de la cuve et à empêcher par là le moût d'être caramélisé ;

d. Une chaudière à chauffer l'eau, garnie d'un serpentin ;

e. Deux réservoirs à eau. — Des bacs refroidissoirs (destinés surtout à fonctionner lors de la production du faro.)

On opère d'abord dans la cuve 2-3 trempes à 75°, ajoutant, pour terminer, de l'eau bouillante, introduite par le dessous : la charge est de 50 kilogr. de farine blutée correspondant à 60 kilogr. de farine brute. Le produit de ces premières trempes est mis à part : elles sont réunies dans la chaudière à farine, où elles sont mélangées et saccharifiées à une température de 75°-80°.

Une série de trempes plus légères (4°-5°-6°.....) sont conduites directement de la cuve-matière à la chaudière à cuire. Sitôt celle-ci remplie, on procède à la cuisson, qui dure 12 heures. La dose de houblon est de 1/2 kilogr., variété Alost ou Havré en hiver, par hectolitre de moût. On clarifie aux peaux de sole.

La malterie annexée à cette brasserie renferme d'excellents germoirs souterrains et une touraille à deux étages de 100 mètres carrés chacun : le grain reste 24 heures à chaque plateau.

BIÈRE DE MAESTRICHT.

La bière brune de Maestricht et des autres villes hollandaises avoisinant la frontière de Belgique alimente, pour une large part, la consommation non-seulement des Pays-Bas, mais encore des provinces belges limitrophes : nous les rangeons dans la catégorie des bières d'orge, parce qu'elles se fabriquent souvent avec du malt seul, et que leur mode de fabrication ne varie pas lorsque, comme c'est souvent le cas, on fait outre l'orge germée, emploi d'épeautre ou de froment cru à la cuve.

A Maestricht, on ajoute un peu d'épeautre à l'orge : l'un et l'autre sont germés séparément, assez court : l'épeautre ne reste que 3-4 jours au germoir. Le malt est desséché à l'air libre, puis aux tourailles, et torréfié plus que pour les bières d'orge de Liége.

Les grains germés et touraillés sont moulus ensemble, assez

large, pour faciliter la filtration du 1er métier, qui se prépare comme nous l'avons indiqué à propos du brassage des bières d'orge de Louvain. Ce premier métier, qui demande 1 1/2 à 2 heures pour sa préparation, est soutiré à clair après 30 minutes de repos : immédiatement après, on le verse dans une chaudière sous laquelle on allume le feu tandis qu'on procède à la préparation du 2d métier qui s'opère sensiblement comme le premier, en versant en une seule fois toute l'eau bouillante nécessaire pour cette infusion. Cette 2e infusion séjourne deux heures sur la cuve-matière; après quoi, on soutire à clair, et ce métier est réuni au premier, qui est alors sur le point d'entrer en ébullition.

On ajoute aux deux métiers, réunis dans la 1re chaudière, environ 1 kilogr. de bon houblon par tonne de moût : la décoction du houblon dure 10-12 heures.

Pendant la cuisson des deux premiers métiers, on en fait ordinairement un 3e et parfois un 4e, à l'eau bouillante. La 3e infusion et la 4e, ne séjournent qu'une heure sur la cuve-matière et servent à confectionner une petite bière.

Le moût de la 1e chaudière, après avoir été bouilli fortement, repose 2 heures en chaudière, puis est dirigé aux bacs refroidissoirs : on abaisse sa température à 25° l'hiver, à 20° au printemps et à l'automne. Ensuite on réunit le moût dans la cuve-guilloire, on ajoute la levure et entonne directement, comme dans les méthodes usuelles en France et en Belgique.

La bière brune de Maestricht ne se brasse pas l'été, est assez forte et de bonne conservation. Elle exige un collage et se consomme après 4 à 5 mois. Pour hâter son débit, on ajoute un peu du 2d moût, moins houblonné que le premier, et l'on fait fermenter un peu plus rapidement en entonnant à une température un peu moins basse que pour le moût des bières de garde : en deux jours, la fermentation régulière a pris fin, alors qu'il faut trois jours pour la bière brune de première qualité.

II. – BIÈRES FROMENTACÉES.

A. – BIÈRES BELGES.

Jusqu'à présent nous avons décrit la fabrication de bières qui ont uniquement l'orge pour base ; il existe plusieurs autres espèces de bières très-renommées, qui, indépendamment de l'orge, exigent encore l'emploi d'autres matières, et c'est à la description rapide de la fabrication de ces bières, qui se préparent principalement en Belgique et dans le nord de l'Europe, que nous allons consacrer cette partie de notre revue.

M. La Cambre, dans son traité, a adopté une division semblable et décrit en grand détail la fabrication des bières fromentacées belges. Les bières de ce genre qui ont le plus de réputation, sont : le lambick, le faro et la bière de mars de Bruxelles, la bière blanche et la peeterman de Louvain ; les bières de Diest, les bières brunes de Malines, la bière de Hougaerde, les bières de Lierre, les bières de Liége, et quelques autres bières brunes fabriquées avec succès en province. Nous suivrons, dans l'examen des méthodes belges, l'ordre de La Cambre, en indiquant les modifications y apportées depuis la publication de son remarquable traité, modifications qui se résument, dans la plupart des cas, à n'user plus aujourd'hui que de l'orge, de l'épeautre et du froment à l'exclusion du sarrasin et parfois de l'avoine ; certaines proportions ont été aussi généralement modifiées, pour les mettre en rapport avec le progrès des méthodes et de l'outillage, ou par suite des exigences de la législation fiscale régissant la brasserie.

I. LAMBICK, FARO ET BIÈRE DE MARS.

Ces trois espèces de bières se brassent de la même manière et souvent du même brassin. On y emploie ordinairement parties égales en poids d'orge germée et légèrement touraillée, et de froment non germé[1], qu'on mélange ensemble et soumet à une mouture grossière. On introduit dans la cuve-matière de l'eau à 45° C., jusqu'à quelques centimètres au-dessus du faux fond, puis on y verse deux à trois sacs de balles de froment et par dessus autant de matières ou farine mixte que la cuve peut en contenir : 400 kilogrammes de cette farine donnent une tonne de lambick et une tonne bière de mars, ou bien deux tonnes de bon faro, c'est-à-dire 460 litres environ. En cet état, on fait arriver par le faux fond d'abord de l'eau à 45° C., puis de l'eau presque bouillante, jusqu'à ce que la cuve soit entièrement pleine.

On brasse vivement jusqu'à ce que le mélange soit bien homogène et hydraté ; on recouvre la surface d'une légère couche de balles de froment, puis aussitôt on y enfonce de grands paniers[2] coniques en osier, et avec des bassins en cuivre, on puise le liquide qui pénètre dans ces paniers et on le verse dans une chaudière qu'on chauffe dès qu'elle est remplie de ce liquide, avec le liquide clair qui a passé par le faux fond. On donne alors avec de l'eau bouillante une seconde trempe qui se brasse, s'extrait et se chauffe avec la première pendant 20 minutes. Pendant ce temps, on relève la drèche sur le milieu de la cuve-matière, on garnit de balles de froment le pourtour du double fond, sur le milieu duquel on dépose 5 centimètres de cette même balle, après avoir rejeté la drèche sur les parois de la cuve, puis on égalise la matière et l'on verse par dessus le moût bouilli de la chaudière. Lorsque la cuve est presque

---

(1) La coutume séculaire pour les bières de Bruxelles est d'employer le froment cru. Dans ces derniers temps néanmoins, certains brasseurs de faro ont adopté sans inconvénient le mode de faire aussi germer le froment : si ce mode n'a pas été pratiqué précédemment ou généralisé de nos jours, cela ne tient nullemeut à l'inhabileté des praticiens, reconnus très-experts, mais bien aux exigences de la tradition chez le consommateur. Le goût du faro obtenu de froment malté est excellent et distingué : mais il n'est pas identique à celui des bières de grain cru, d'où la difficulté d'en opérer la diffusion.

(2) Dits *Stuykmanden*.

pleine, on brasse légèrement la matière sans remuer le fond et on laisse reposer une heure, et enfin on tire au clair par le fond de la cuve.

Quand le moût est coulé, on donne encore deux autres petites trempes à l'eau bouillante, qu'on traite comme les premières, mais qui servent à une seconde qualité de bière et à préparer le faro et la bière de mars, tandis que les deux premiers métiers servent à préparer le lambick.

On fait ordinairement bouillir 5 à 6 heures le moût pour le lambick ordinaire et l'on emploie par hectolitre de moût 780 à 860 grammes de bon houblon d'Alost et de Poperinghe de première qualité ou de houblon exotique anglais, ou préférablement d'Allemagne, qu'on ajoute au moût qui, dès qu'il est clarifié, est versé de nouveau dans la chaudière. Après la cuisson, ce moût est versé sur un bac à houblon.

Pour préparer le lambick, le moût de la première chaudière est reçu dans la cuve-guilloire à 14° ou 16° C. dans les temps très-froids, et à 10° ou 12° par les températures ordinaires d'automne et de printemps. Dès que le moût est réuni dans la cuve-guilloire, on l'entonne dans des futailles de deux à trois hectolitres sans aucune addition préalable de ferment quelconque.

La seconde qualité de moût, après avoir bouilli 12 à 15 heures, est séparée du houblon comme le premier métier, puis refroidi et entonné au même degré que lui et aussi communément sans aucune addition de ferment. Le moût entonné est, dans les 24 heures, transporté dans des magasins ou celliers tempérés où les futailles sont superposées les unes sur les autres en deux étages et en deux ou trois rangs de tonneaux disposés de manière qu'on puisse visiter facilement l'un des fonds de toutes les pièces, ainsi que la bonde qu'on laisse entr'ouverte pendant toute la saison chaude de la première année, en ayant soin de remplir de temps en temps les tonnes. La fermentation, qui se déclare tantôt au bout de 3 à 4 mois seulement, dure ordinairement 8 à 10 mois et se prolonge quelquefois pendant 18 à 20 mois. La bière n'est ordinairement bien faite qu'au bout de 20 mois à deux ans, époque à laquelle elle est soutirée, coupée, c'est-à-dire mélangée, et apprêtée.

La densité du moût de lambick qui était de 7° à 8° Baumé au moment de l'entonnage, est alors réduite, par la fermentation, à 2° ou 3°, et si la bière est bien réussie, elle a acquis beaucoup de force et un bouquet agréable. L'odeur du houblon a entièrement disparu pour faire place à une autre, pleine de vinosité et de finesse, qui frappe l'odorat. Mais la saveur ne répond pas à son odeur, elle est encore fort amère, rude ou âpre au goût et réclame un correctif qu'on lui donne par l'apprêt.

Pour préparer le faro, quelques brasseurs réunissent les deux qualités de moûts de la cuve-guilloire, entonnent, emmagasinent et font fermenter comme le lambick et la bière de mars ; mais cette bière se prépare le plus généralement en mélangeant le lambick avec à peu près parties égales de bière de mars entonnées et fermentées séparément. Dans tous les cas, le faro n'est jamais une bière pure et sans mélange, car les brasseurs qui préparent directement cette bière ne la livrent jamais à la consommation sans la couper avec d'autres brassins, les uns plus vieux, les autres plus jeunes, et sans y ajouter, comme pour la bière de mars et le lambick, une certaine quantité de cassonnade. Cette préparation ultérieure de ces bières est un travail délicat et important, qui le plus souvent ne se pratique pas à Bruxelles chez le brasseur, mais chez le cabaretier et le débitant de boissons. L'apprêt proprement dit du faro, c'est-à-dire la manière de couper les bières qui servent à le préparer est une chose difficile, car les bières de Bruxelles, tant par leur composition que leur mode de fermentation, sont sujettes à être tantôt amères et tantôt acides, ou à avoir des goûts si différents, qu'il faut un palais exercé et une bien grande habitude pour obtenir, en les mélangeant en certaine proportion, toujours sensiblement le même goût et le même bouquet, tout en faisant passer les mauvaises avec les bonnes.

Voici deux formules de brassins :

Composition d'un brassin de lambick, faro et bière de mars.

```
Froment (de 80 kilogrammes à l'hectolitre).    8.5  hectolitres.
Orge     (de 44 kilogrammes à l'hectolitre).   15       "
Houblon d'Alost : pour lambick.  . . . . .     30   kilogrammes.
      Id.     id.    pour bière de mars. . .   12.5     "
Balle de froment . . . . . . . . . . .          3   sacs.
```

Produit.

34.5 hectolitres de lambick, dont le moût marquait 7° 1/4 B. au moment
    de l'entonnage.

34.5 hectolitres de lambick, marquant 3° B. à la température de 10° C.
   Durée de l'ébullition de la première bière. 4 heures.
   —   —   seconde bière. 15 "

Composition d'un brassin pour faro :

```
Froment  . . . . . . . . . . . . . . . .  22  hectol.
Orge.  . . . . . . . . . . . . . . . .    38  hectol.
Houblon.  .  .  . . . . . . . . . . . .   92  kilog.
Balle de froment.  . . . . . . . . . . .   4  sacs.
```

Produit 100 hectolitres environ de faro ou bière jaune, entonnée
à 12° sans ferment. C'est la balle de froment qu'on désigne en
flamand sous le nom de *kaf*, qui paraît donner à ces bières, avec
la fermentation insensible, ce bouquet et ce cachet qui les caractérisent.

II. BIÈRES DE LOUVAIN.

On prépare à Louvain deux espèces principales de bière, les bières
blanches proprement dites et la peeterman. Voici le mode de fabrication de chacune de ces espèces.

§ 1. BIÈRES BLANCHES.

On emploie toujours pour cette espèce de bière, de l'orge, de
l'avoine, du froment, jadis et rarement du sarrasin. Les proportions de ces céréales varient selon les établissements et les saisons,

mais elles sont généralement renfermées dans les limites que voici.
Pour l'orge de 45 à 55 pour 100 du poids des grains employés, pour
le froment 44 à 56 et pour l'avoine 6 à 12. Le froment et l'avoine
ne sont pas soumis à la germination, il n'y a que l'orge qui est
convertie en malt, et séchée généralement à l'air dans d'immenses
greniers bien aérés. Des tourailles perfectionnées ont été installées
dans la plupart des brasseries, au cours de ces dernières années.
Mais pour les bières blanches, la préférence est restée au malt
séché à l'air.

Pour faire la mouture, on prépare deux mélanges différents
destinés à être brassés, l'un dans la cuve-matière et l'autre dans la
chaudière à farine. Le premier[1], qui représente ordinairement
les 3/5 de la totalité des matières employées pour le brassin, se compose généralement de 46 parties de malt, 8 d'avoine, 6 de froment,
le tout bien mélangé à la pelle, puis soumis à une mouture large. Le
second mélange se compose de 4 parties de malt et 36 de froment
bien mélangés comme le précédent et moulu un peu plus fin
que lui, tout en laissant le son aussi large que possible. On procède
alors au brassage de la manière suivante :

Le brassin commence par l'allumage du feu sous une petite chaudière n° 2, qu'on a préalablement remplie d'eau, puis on pompe dans
la cuve-matière environ 3/7 de son volume d'eau froide, après quoi
on y verse le premier mélange de farine, que l'on fait bien tremper
en y ajoutant de l'eau froide jusqu'à ce que la cuve soit pleine. Alors,
8 à 10 brasseurs démêlent bien la mouture jusqu'à ce qu'elle soit
parfaitement hydratée, puis y plongent des paniers au sein desquels,
avec des bassines en cuivre, ils puisent le moût pour le transvaser
dans la chaudière n° 1, moût qui est presque blanc en raison de
l'amidon qu'il tient en suspension.

Aussitôt qu'on a épuisé le liquide de la première trempe, on enlève

---

(1) Le mélange où domine le malt prend le nom de *goed sakken*, celui où domine
le froment *vet sakken*.

les paniers et on remplit de nouveau avec de l'eau froide en été et
un peu dégourdie en hiver. On brasse de nouveau très-vivement, et
on enlève aussi cette seconde trempe qu'on verse encore dans la
chaudière n° 1. Dès que cette trempe est épuisée par en haut, on
soutire le liquide entre les deux fonds, puis on donne une troisième
trempe avec de l'eau puisée dans la chaudière n° 2 qui est alors bouillante. On brasse une troisième fois et on extrait encore le moût qui
est un peu blanchâtre, qu'on verse aussi dans la chaudière n° 1,
jusqu'à ce que le liquide arrive à 40 ou 45 centimètres du bord. Le
reste de la trempe, qu'on soutire par le fond de la cuve-matière, est
mis dans la cuve dite à clarification.

Dès que la chaudière n° 1 renferme les 3/4 de sa capacité de moût
des deux premières trempes et d'une partie de la troisième, on met
le feu dessous et on y verse le second mélange de matières farineuses,
et pendant qu'on démêle cette farine on donne la quatrième trempe
qui se fait à l'eau bouillante et pénètre par le faux fond. On brasse
comme pour les autres trempes, on laisse reposer 20 à 30 minutes
et après ce temps de repos, on soutire par le faux fond ce métier,
qui est ordinairement clair et à la température de 65 à 70° C.

Le quatrième métier est pompé dans la cuve à clarification où se
trouve déjà une partie du troisième, et dès que l'écoulement de cette
quatrième infusion est terminé, on donne une cinquième trempe à
l'eau bouillante, qu'on brasse et qu'on soutire comme la quatrième.
Assez généralement on donne une sixième trempe, mais un peu
moins longue que les autres, et dès qu'elle est terminée, la chaudière
n° 2 étant vide, on se hâte d'y verser le moût qui se trouve dans la
cuve à clarification, ainsi qu'une partie de la cinquième trempe qui
se trouve dans la cuve-reverdoir, de manière à remplir à peu près
cette chaudière, sous laquelle on ranime aussitôt le feu. Quand le
moût est sur le point d'y entrer en ébullition, on y jette le houblon
destiné au brassin. Pendant ce temps, on a soutiré la sixième trempe
dans la cuve-reverdoir et immédiatement on a transvasé la drèche
épuisée dans la cuve à clarification, sur le faux fond de laquelle

on a soin de la répandre uniformément et le plus légèrement qu'on peut.

Pendant ce temps, le mélange dans la chaudière à farine qu'on a démêlé avec soin et qu'on ne cesse d'agiter est chauffé jusqu'à l'ébullition : on place alors sur cette chaudière une hausse mobile et on diminue le feu, qu'on ne tarde pas à suspendre entièrement pour arrêter l'ébullition après qu'elle a duré environ une heure. Dès que le moût n'est plus en ébullition, les matières en suspension se déposent, et on décante avec des bassines la partie supérieure du liquide qu'on verse dans la cuve à clarification où l'on a déposé la drèche. Quand on a épuisé la portion claire sans enlever de matières solides, on se sert de paniers pour extraire le reste en versant toujours dans la cuve-reverdoir et par dessus la drèche sur le milieu de laquelle on a soin de mettre quelques planches percées pour éviter que le liquide ne se crée des faux jours en tombant directement sur cette couche légère.

Quand, dans la chaudière à farine, il n'y a plus que de la pâte et qu'on ne peut plus en extraire de liquide, on y verse la sixième trempe et le restant de la cinquième qui se trouvent dans la cuve-reverdoir et on brasse aussitôt la matière en ranimant le feu qu'on pousse assez vivement jusqu'à l'ébullition.

Dès que la cuve-reverdoir est vide, on la nettoie et l'on y soutire avec précaution le moût qui remplit la cuve à clarification, et au fur et à mesure qu'il passe clair on l'élève sur les bacs refroidissoirs. Pendant qu'on achève ce travail de *clarification de la première chaudière à farine*, on porte à l'ébullition les matières qui remplissent la chaudière n° 1, qu'on agite jusqu'à ce que le liquide bouille. Alors on y ajoute la hausse mobile et on continue l'ébullition pendant une heure à une heure et demie, puis on couvre le feu, on laisse reposer vingt minutes, après quoi on procède à la clarification de cette trempe qui s'exécute comme la première.

Dès qu'on a entièrement épuisé le liquide de la chaudière, on remplit de nouveau celle-ci aux trois quarts avec de l'eau chaude, pour préparer de la petite bière, on brasse et on fait bouillir pendant une heure et demie à deux heures. Pendant qu'on élève les liquides de la seconde clarification sur les bacs refroidisseurs, on opère celle de cette troisième trempe de la même manière que les précédentes, puis on transvase le moût filtré qui en résulte, de la cuve-reverdoir dans la chaudière n° 2, laquelle ne renferme plus que le résidu du houblon qui a subi une décoction de 1 heure à 1 1/2 heure avec la quatrième trempe et une partie des troisième et cinquième métiers.

Les quantités de houblon employées sont généralement de 1 kilogramme pour 5 à 7 hectolitres de bière. On donne la préférence au vieux houblon d'Alost ou de Poperinghe.

Dès que le moût houblonné des troisième, quatrième et cinquième trempes a bouilli pendant une heure et demie à deux heures, on le laisse reposer et on l'élève dans les bacs refroidissoirs.

Après sa clarification, la dernière trempe de la chaudière à farine subit dans la chaudière n° 2 une ébullition de 2 à 3 heures, et ne reçoit d'autre houblon que le résidu de la première chaudière houblonnée. Après cette ébullition on laisse reposer le moût en couvrant ou en éteignant le feu sous la chaudière, puis on le monte sur les bacs comme le premier moût houblonné.

Les différentes qualités de moûts qui sont toujours mis séparément sur des bacs de petite dimension, sont tous, à l'exception de la petite bière, réunis dans la cuve-guilloire à mesure que leur température est assez abaissée, et on ajoute la levûre dès qu'on y a versé une partie de ces moûts. La température de ceux-ci, lors de la mise en cuve-guilloire, varie de 20 à 28° C., selon que la température extérieure est basse ou élevée, et la quantité de levûre employée est ordinairement de 35 à 40 décilitres par 1,000 litres de moût.

Dès que les diverses qualités de moût sont réunies dans la cuve-guilloire, on l'agite pour bien mélanger la levûre, puis on complète le volume du moût avec de la petite bière qu'on puise dans les bacs. On mélange le tout dans la cuve et on procède à l'entonnage. Quand les futailles sont pleines, on les roule dans différentes parties des celliers où elles sont relevées sur champs, c'est-à-dire sur un de leurs fonds, et mises en doubles rangées espacées pour qu'on puisse facilement en approcher, les remplir et recueillir la levûre qui sort du tonneau. Dès le second jour, il sort déjà une mousse abondante et légère, alors on remplit les futailles et on place sur le fond supérieur de chacune d'elles une hausse mobile de 14 à 15 centimètres de hauteur où se rassemble la levûre de premier jet qu'on enlève avec la hausse au bout de quarante à cinquante heures en été et de cinquante à soixante en hiver, après l'entonnage. On remplit ensuite de nouveau les futailles pour faire sortir un restant de levûre qu'on enlève six à huit heures après, alors on ferme les pièces qu'on expédie directement aux consommateurs sans coller la bière.

Cette bière qu'on commence généralement à boire quatre à cinq jours après sa fermentation, doit être entièrement consommée dans quinze jours ou trois semaines au plus tard en été, et un mois à cinq semaines en hiver; au delà de ce terme elle devient dure et fortement acide. Mise en cruchons huit à dix jours après sa fermentation, elle mousse beaucoup et est très-agréable tant qu'elle est très-fraîche.

§ 2. PEETERMAN.

La composition du brassin de peeterman est sensiblement la même que celle d'un brassin à bière blanche de Louvain et elle se brasse à peu près de la même manière, avec cette différence que la première infusion de la chaudière à farine subit généralement trois à quatre heures d'ébullition au lieu d'une, et que les troisième et quatrième métiers servant à préparer le moût houblonné au lieu de servir directement à la décoction du houblon, servent à préparer la seconde infusion dans la chaudière à farine. Pour la peeterman, la seconde chaudière de farine est clarifiée comme la première à laquelle elle est réunie dans la cuve-guilloire; mais avant de monter dans les bacs, on lui fait subir une nouvelle ébullition de quatre à cinq heures avec une certaine proportion de vieux houblon d'Alost et une certaine quantité de matières gélatineuses, des pieds de veau ou plus généralement des peaux sèches de poisson de mer.

Lorsqu'on brasse la peeterman, on fait toujours une petite bière blanche, seconde qualité de Louvain, dite bière de ménage, qu'on prépare avec les deux derniers métiers de la cuve-matière et la dernière chaudière à farine qu'on fait bouillir avec le résidu du houblon. Le moût de peeterman est entonné et fermente de la même manière que celui de Louvain ; seulement, comme il est un peu plus houblonné que ce dernier, qu'il a bouilli plus longtemps et est plus fort, sa fermentation dure plus longtemps, trois à quatre jours en été, quatre à cinq jours en hiver.

Le moût final est très-visqueux, coloré fortement en brun, d'une odeur peu pénétrante ou aromatique, mais assez agréable ; sa densité varie entre 8° et 10° B. Il subit généralement en chaudière une ébullition vive et longue et l'on ne sent pas du tout le houblon à l'odorat dans la bière qui en provient, quoique l'on en emploie 260 à 300 grammes par hectolitre.

La peeterman est une bière jaune qui renferme beaucoup d'extrait, de dextrine surtout, ce qui la rend mielleuse et agréable au goût. On doit la consommer au bout de trois semaines à un mois en été, et de six semaines à deux mois en hiver. On ne la colle pas de même que la Louvain ; elle est presque toujours trouble et ne se clarifie qu'à la longue et en bouteilles : elle mousse alors abondamment.

III. BIÈRES DE DIEST.

Les bières de Diest jouissent d'une réputation considérable, méritée d'ailleurs de tous points, tant dans la capitale de la Belgique, que dans toute la région Nord-Est du pays. C'est qu'elle sont fabriquées avec un soin tout particulier, à l'aide de matières premières de choix, sur lesquelles le brasseur ne lésine jamais : aussi présentent-elles un arôme distingué, une saveur onctueuse, légèrement sucrée, tirant sur le goût du miel. La faculté en recommande hautement l'usage, vu leurs qualités nutritives, particulièrement aux nourrices.

Comme dans la plupart des fabrications belges, il existe une bière simple et une bière double de Diest : cette dernière a certaine analogie d'aspect et de goût avec la Peeterman, qu'elle surpasse notoirement comme finesse, comme force et distinction : la couleur de la double Diest est aussi plus foncée. Un autre caractère de similitude, c'est que ces deux bières sont toujours un peu troubles au tonneau : un collage ordinaire ne suffit pas pour les clarifier. Il existe, en outre, une bière brune de Diest, différente du type proprement appelé bière de Diest.

Nous indiquerons les traits caractéristiques de la pratique Diestoise en plaçant ici deux courtes monographies résumant les observations que nous avons recueillies dans les établissements de deux brasseurs de cette localité[1].

Il ne sera pas sans intérêt de noter les petites divergences dans la pratique d'une méthode donnant, d'ailleurs, des deux côtés, des produits à peu près similaires.

Brasserie de Diest, N° 1. — On y travaille tout *malt exotique*, mi-partie orge de la Beauce ou de la Champagne, du Danube et escourgeon belge ou français. Certains consommateurs du rayon de l'établissement réclament seuls une bière fabriquée à l'aide de la petite orge d'été de la Campine, qui est alors maltée sur place.

La germination est poussée à 3 radicelles : on vise à obtenir la plumule développée le plus possible sans toutefois atteindre la *veldscheut*, où point de départ de la végétation proprement dite. Cette pratique est traditionnelle à Diest.

On admet à la macération un mélange moulu grossièrement,

---

[1] MM. Joseph Peeters et Craninx, industriels aussi distingués par leurs connaissances techniques que par leur grand sens comme manufacturiers : nous ne pouvons nous empêcher de rendre hommage à la parfaite obligeance avec laquelle ils ont bien voulu nous admettre à nous rendre compte de leur beau travail.

d'orge maltée et de froment cru. Le froment préféré est le petit roux indigène : les froments blancs exotiques se travaillent moins bien à la cuve, ils obstruent les trous d'écoulement et donnent une pâte grisâtre, dont l'extrait n'est ni des plus aisés, ni des plus favorables.

Voici la formule usuelle du mélange et le tableau des quantités de l'une et de l'autre bière obtenue.

	ESPÈCES DE BIÈRE.		
	BRUNE.	DIEST.	DIEST DOUBLE.
Brassin :	80tx de 175litres.	65tx	45tx
Mélange { Froment .	Kilo. 250	1.000	1.000
Orge maltée .	2.000	1.250	1.250
	2.250	2.250	2.250
Degré Baumé du moût, non fermenté	6°	7°	9°

On fabrique exceptionnellement à Diest une bière dont la force est double de celle de la Diest double : c'est la *Gulde Bier*, bière d'or, appelée aussi *bière de confrérie*, du nom des Confréries d'archers qui, au temps jadis, accaparaient la production de cette bière pour servir aux libations mémorables, célébrées chaque année lors de leurs exercices et de leurs fêtes périodiques.

La *Gulde Bier* n'est pas dans le commerce courant : c'est une boisson de luxe, qui se vend aux enchères, entre amateurs, au prix de 60 à 70 centimes le litre.

On voit, par le tableau ci-dessus, qu'un même poids de farine donne respectivement des quantités de moût variant $= 2 : 3 : 4$. Le mélange moulu reste au grenier environ huit jours, avant d'être mis à la cuve matière : en l'employant de suite, le rendement en bière, au même degré, est inférieur de deux tonneaux au moins, et la bière possède un goût désagréable, elle tourne à l'aigre en trois jours.

Nous avons relevé, comme suit, la capacité des vaisseaux en usage :

	Hect.
Cuve-matière	58.78
Chaudière à bière	200.00
" à eau chaude.	114.00
" à eau froide	68.00

La farine admise à la cuve-matière a été, au préalable, humectée à l'eau froide ou chaude suivant la saison.

L'eau est répandue par dessus pour la salade, introduite par dessous pour les trempes. Le mélange se pratique aux fourquets pour la salade seulement ; ce brassage dure environ une demi-heure : le mécanisme rotatif de la cuve suffit pour délayer la farine lors des trempes ultérieures.

Le premier métier comporte une extraction de 2 heures : chacun des suivants (on en compte 4, 5 et jusqu'a 7 parfois) 1 1/2 heure seulement. Les métiers traversent successivement la cuve-guilloire, pour se rassembler dans la chaudière, chauffée à feu nu. Pour la bière brune, l'ébullition dure 12 heures ; pour la Diest simple : 14 heures ; pour la Diest double, jusqu'à 20-21 heures.

Le houblon employé est moitié houblon de Bavière moitié houblon de pays (Alost, Poperinghe ou Testelt) [1]. Pour la brune, la quotité

---

(1) *Houblon de Testelt.* La culture du houblon est aussi ancienne en Belgique que l'industrie de la bière : c'est dire qu'elle remonte aux premiers âges de l'histoire de ce pays. Les anciennes archives des abbayes et des établissements publics montrent, en effet, qu'au moyen âge, la production de la plante amère qui sert à aromatiser et à conserver les moûts de grains, était en honneur non-seulement dans les Flandres et la Vallée de la Meuse, mais encore dans la Campine, où elle trouvait un débouché pour la fabrication des bières de Malines, de Diest, d'Anvers, de Turnhout et autres.

Du début de ce siècle, la production campinoise du houblon avait fini par tomber en désuétude. On doit à certains cultivateurs intelligents, hommes d'initiative, est de 1 kilog. par tonneau ; pour la Diest de 5 kilos par brassin de 70 tonneaux.

Le moût, refroidi à 22-23° en été, sur des bacs plats garnis de ventilateurs à ailes, va de là à la cuve guilloire ou l'on ajoute, avant l'entonnement :

	Brune	9 litres pour 80 tonneaux.
Levûre.	Diest 13	» » 65 »
	Diest double . . . 9	» » 45 »

La fermentation proprement dite dure 24 heures : après un repos de 12 heures, on procède à l'enlèvement de la levûre. On en retire environ 2 pots, soit 3 litres par tonneau.

Pour le coupage de la bière brune, on se borne à mélanger de vieilles bières à d'autres plus jeunes, toutes au même degré.

Bruxelles accapare la majeure partie de la production de la double Diest, tant en cercles qu'en bouteilles.

Brasserie de Diest N° 2. — Un autre établissement, très-recommandable, produit lui-même, à l'inverse du précédent, tout le malt nécessaire à l'alimentation de la brasserie. On y met à germer des orges indigènes d'hiver ou d'été, et, en proportion moindre, des orges du Danube et autres.

La germination, poussée au point où la plumule a atteint une

---

d'avoir, dans ces dernières années, entrepris à nouveau, avec plein succès, cette culture dans les terres campinoises. Nous citerons, parmi ces hommes méritants, M. Jos. Janssens, de Gheel, dont l'exemple a été pour beaucoup dans cette rénovation. Le houblon de Campine, de Testelt notamment, centre de la production, est de bonne qualité, moins fin d'arôme et moins distingué toutefois que les Saaz et autres qualités exotiques. Dans les terrains d'alluvion du Démer, le rapport argent des cultures à houblon a atteint, en certaines années, jusqu'à 2.000 et 2.500 francs l'hectare ; ce sont là, il est vrai, des résultats anormaux, qui attestent néanmoins quel secours la culture du houblon est venue apporter à l'agriculture de la Campine, région sableuse appartenant à la grande plaine Cimbrique du N.-O. de l'Europe, naturellement très-peu fertile.

Le houblon de Testelt se substitue avantageusement par tiers ou par moitié aux houblons de haute qualité, dans les brasseries de Diest et de la Campine.

grosse moitié du grain, est très-soigneusement surveillée : des greniers spacieux, bien aérés, servent au séchage naturel du malt étendu sur 4 rangs de clayonnages superposés, en couches aussi peu épaisses que possible.

Jadis, cette brasserie séculaire utilisait simultanément, (c'était l'usage général à Diest,) l'avoine et le froment crus avec l'orge maltée. La proportion d'avoine était de 255 kilogrammes par brassin de 1600 kilogrammes : cette quotité d'avoine a été généralement remplacée depuis par pareil poids de malt. Plusieurs brasseurs Diestois se bornent même aujourd'hui à l'emploi exclusif de l'orge.

Voici le dosage nous communiqué à cette brasserie.

	ESPÈCES DE BIÈRE.		
	BRUNE.	DIEST.	DIEST DOUBLE.
Brassin :	45 à 50^{tx} de 175$^{litr.}$	35^{tx}	36^{tx}
	Kilo.		
Mélange { Froment . .	460	690	690
Mélange { Orge maltée .	1.140	910	910
	1.600	1.600	1.600
Degré Baumé du moût, non fermenté. . . .	6°	7°	8°-9°

L'usage est de ne faire qu'une sorte de bière à la fois, soit la Diest simple, soit la double.

Comme variante, nous notons que l'eau est introduite à la cuve-matière, à 55° même en été. Les trempes se font à l'eau bouillante : on incline à croire qu'une température de 80 à 90° serait préférable pour cet objet. Les 5 ou 6 métiers successifs sont réunis dans la chaudière : dès que celle-ci est suffisamment remplie, on allume un feu doux que l'on pousse au vif lorsque la chaudière est entièrement pleine.

La durée de l'ébullition est de douze heures, quelque soit la variété de bière en cours de fabrication.

La quantité de houblon est de 1 k° par tonneau de brune, de 4 k° par brassin de 36ᶜᵗ de Diest simple ou de 30ᴵˣ de Diest double.

La quotité de levûre, par brassin, est :

Levûre { Brune . . . . . 4 litres pour 45-50ᵗˣ
{ Diest. . . . . . 10 „   „ 36 „
{ Diest double . . . 7 „   „ 30 „

Le coupage se pratique dans la proportion de 1 partie de bière double avec 3 de bière ordinaire : on obtient par là une bière excellente, forte, agréable et nutritive.

On n'ajoute pas de levûre pour la bière de garde brune : quelques brasseurs Diestois en usent, il est vrai, dans le seul but d'avancer la bière.

IV. BIÈRES DE MALINES.

On prépare à Malines deux espèces de bières avec un mélange farineux généralement composé de 2 parties de froment et 4 d'orge germée long, desséchée d'abord à l'air, puis achevée sur les tourailles, ainsi qu'on le pratique à Diest pour les bières dont il vient d'être question. Jadis on ajoutait généralement 1 partie d'avoine, mais certains brasseurs suppriment aujourd'hui cette céréale.

Pour un brassin de 85 hectolitres dont 50 de bière forte, on employait en moyenne 1,050 kilogrammes de malt, 250 kilogrammes de froment et 275 d'avoine, le tout mélangé et moulu ensemble ; le froment remplace souvent l'avoine et atteint dans le mélange la 1/2 ou les 2/3 du malt. Ces métiers sont versés dans une cuve-matière très-basse et d'une capacité de 50 hectolitres, dans laquelle on fait arriver suffisamment d'eau tiède pour humecter légèrement le tout, puis 18 à 20 hectolitres d'eau bouillante qu'on brasse fortement. On laisse reposer un quart d'heure, après quoi, au moyen de paniers et de bassines, on retire le plus possible de matières liquides claires qu'on verse directement dans une chaudière ; puis, tandis

qu'on opère une seconde trempe à l'eau bouillante, on chauffe modérément la chaudière qui renferme le premier métier et dès qu'il est
en ébullition, on y ajoute le second métier qu'on extrait de la même
manière que le premier. On fait bouillir pendant une demi-heure
les deux métiers réunis, après quoi on verse le moût bouillant sur la
drèche en deux ou trois reprises, on en remplit une première fois
la cuve et l'on brasse un instant, on laisse reposer une demi-
heure, puis on tire au clair dans la cuve-reverdoir. Dès que la
filtration est commencée, on continue à verser sur la cuve-matière
le moût de la chaudière jusqu'à ce qu'elle soit entièrement vide et
on y verse de nouveau tout le moût clarifié, auquel on fait subir
de nouveau une ébullition de 10 à 12 heures, avec 500 grammes
de bon houblon jeune du pays par hectolitre de moût.

Ce moût clarifié comme à l'ordinaire et refroidi sur les bacs à une
température convenable pour une fermentation prompte, reçoit une
portion moyenne de ferment et constitue la bière forte ou double
bière brune de Malines.

Lorsqu'on veut préparer la bière brune ordinaire, l'on ajoute à la
première chaudière un troisième métier qu'on fait assez court pour
donner, avec les deux premiers, 65 à 68 hectolitres de bière, et
dans ce cas on fait 20 à 22 hectolitres seulement de petite bière
qu'on prépare avec une quatrième trempe. Dans le premier cas, ce
sont les deux dernières trempes qui servent à préparer la petite
bière dont on obtient 30 à 40 hectolitres.

Les bières brunes de Malines sont très-foncées en couleur, on les
brasse toute l'année, excepté au temps des fortes chaleurs, et on
les livre au bout de un à trois mois au plus, en les coupant avec un
tiers ou un quart de bière d'un an à dix-huit mois, qui donne au
mélange un certain goût de vieille bière. Après ces mélanges, on
donne un bon collage avant de livrer la bière, qui se clarifie au bout
de cinq à huit jours.

V. BIÈRE DE HOUGAERDE.

On consomme dans le Brabant, le Hainaut, la Hesbaye et autres régions avoisinantes, de préférence en été, une bière blanche, très-pâle, rafraîchissante et d'un goût agréable, fabriquée le temps immémorial dans la petite ville de Hougaerde.

Cette bière fromentacée, du type de la bière blanche de Louvain, s'en écarte néanmoins par son mode de fabrication que nous allons esquisser.

Les grains employés sont l'orge, le froment et l'avoine, dont la pellicule facilite la filtration des drèches et qui, sans contribuer sensiblement à donner du corps à la bière, agit favorablement sur son bouquet et exalte la tendance à mousser qui fait l'un des agréments principaux de cette bière.

On ne fait germer que l'orge : on arrête la germination quand le grain possède 3 à 4 radicelles de 1/2 pouce de long. L'orge germée est séchée au vent.

Les grains maltés et crus sont mélangés avant d'aller au moulin. Les proportions sont :

<pre>
Froment 3
Avoine . . . . 2 à 3 selon la saison.
Orge maltée . . . . 3 à 4
</pre>

On procède au brassage de la façon suivante :

1° On fait une première trempe à l'eau froide en été et un peu tiède en hiver. Cette *salade* exige un mélange soigneux des matières ; on extrait l'infusion au moyen de paniers (*stuykmanden*) comme à la mode de Louvain, puis en soutirant par le double fond tout ce qui s'écoule naturellement des grains en salade. Une partie est mise en réserve, l'autre à la chaudière.

Il n'est pas sans intérêt de signaler qu'à Hougaerde on ne se sert que d'une seule chaudière.

2° On procède ensuite à une série de 3, 4, parfois 5 trempes à l'eau bouillante, dont le produit est soigneusement débattu : on réunit ensuite les liquides de ces trempes successives dans une cuve-guilloire, où ils attendent que la chaudière soit disponible. Introduits à la chaudière, les moûts mélangés y subissent une ébullition de une heure environ avec addition de houblon à la dose d'un demi-kilo par hectolitre de moût : le produit de l'opération constitue la *bière forte houblonnée*.

Pendant ce temps, on procède de nouveau à 3 ou 4 nouvelles trempes à l'eau chaude, dont la 1ᵉ retourne à la chaudière pour servir, avec la quantité d'eau nécessaire, aux 2 ou 3 autres trempes, dont le produit commun est réuni de nouveau dans une autre cuve-guilloire, la dernière trempe restant sur la drèche dans la cuve-matière.

Ces trempes étant achevées, la chaudière, devenue libre, reçoit les moûts des 3 ou 4 premières trempes (2ᵈ métier), non pas celle de la salade, celle-ci attendant la seconde cuite.

Ces extractions consécutives se font partie par le robinet ou tampon, partie par les *Stuykmanden*.

Lorsque ce moût est prêt d'atteindre l'ébullition, on ajoute le houblon et on laisse bouillir pendant une heure environ, on couvre le feu et on dirige ensuite ce produit au bac refroidissoir.

Dès que la chaudière est vide, on y envoie le restant, tenu en réserve au début du travail, lors de la salade, et les 3 ou 4 dernières trempes, 1ᵉʳ et 3ᵉ métiers, qu'on laisse cuire, *sans houblon* cette fois, pendant une heure selon besoin et saison ; pendant ce temps, on enlève la drèche de la cuve-matière que l'on nettoye bien soigneusement, en enlevant le faux fond. Il est indispensable de nettoyer complétement l'espace entre les deux fonds, de peur de mécompter dans le travail ultérieur, par suite du développement de ferments contraires. On vise à déranger le moins possible la drèche pendant sa manipulation. Le faux fond replacé, on y remet aussitôt la drèche, sur laquelle on passe la *bière douce* ou *mees* en vue de la clarifier parfaitement.

Après cela, on rejette encore de l'eau sur la drèche pour l'épuiser complétement : le liquide filtré constituera, après ébullition d'une heure avec 1/4 kilo de houblon, la petite bière, consommée par la classe laborieuse.

Lorsque les deux moûts, houblonné et non houblonné, sont refroidis, soit le lendemain du brassage, on les réunit et les entonne simultanément, *sans addition de levûre.*

La fermentation se fait lentement en tonneaux, et se poursuit pendant tout le temps de la consommation, à moins que la température ne soit très-basse.

La bière de Hougaerde se fabrique l'été principalement : c'est dans cette période, à l'époque des grandes chaleurs surtout, que l'on note la plus grande consommation de cette bière mousseuse, légère, saine, un peu crue et assez laxative. Elle s'aigrit souvent au bout de huit à dix jours, quinze jours au plus.

VI. BIÈRES DE LIERRE.

Les matières farineuses employées dans cette ville pour la fabrication d'une bière mixte appelé *cavesse*, sont toujours l'orge fortement germée et modérément touraillée, le froment et l'avoine mélangés dans les proportions de 6 parties d'orge, 1 de froment et 2 d'avoine ; 50 kilogrammes de ces matières donnent 100 litres de cavesse forte et 130 litres de cavesse de seconde qualité. Cette proportion est celle que renseigne La Cambre : à Lierre comme partout, l'avoine est aujourd'hui souvent hors d'usage à la cuve du brasseur et la formule a été modifiée en conséquence.

Pour préparer un brassin, on donne d'abord de l'eau tiède aux matières pour obtenir un premier métier qu'on enlève aux paniers, et par le double fond on fait une seconde trempe à l'eau presque bouillante qui, avec le premier métier, constitue la cavesse, sorte de bière blanche ou pâle qu'on exportait jadis dans les Flandres. Quand on veut obtenir la cavesse jaune qu'on consomme dans la localité, on se sert du premier métier seul, le second sert à préparer une qualité inférieure. L'eau de première trempe est à une température plus élevée que pour l'autre bière.

Quand tout le moût est réuni dans la chaudière pour la cavesse pâle, on lui fait subir une ébullition de 3 heures avec 350 à 500 grammes de houblon pour 150 litres de moût, tandis que pour la cavesse jeune on fait bouillir vivement pendant 6 heures le liquide avec 300 grammes de houblon pour la même quantité de liquide. Le moût, après la cuisson, est élevé sur les bacs, entonné légèrement tiède en hiver et le plus frais possible en été. Avant cet entonnage on y mélange une assez forte proportion de levûre qui la fait fermenter promptement et la rend potable au bout de 3 à 4 jours en été et de 8 à 10 en hiver.

VII. BIÈRES DE LIÉGE.

La *bière jeune* que l'on consomme à l'état frais et que l'on brasse toute l'année dans cette ville, se prépare avec l'orge, l'épeautre, et le froment ; mais quelques brasseurs en hiver ne se servent guère que d'épeautre à cette fabrication. L'épeautre et l'orge sont seules soumises à la germination, qu'on arrête quand les racines ont environ 1 centimètre de long.

Pour le maltage, l'orge est habituellement trempée pendant 48 heures, à trois eaux au moins ; l'épeautre pendant 28 heures, à deux eaux en hiver, trois en été. On ne fait jamais usage des orges fourragères du pays. On pousse le germe aux 3/4 du grain, les racines à 1 1/2 fois la longueur du grain, sans s'inquiéter de leur nombre. Dans ces derniers temps, des brasseurs liégeois ont essayé, mais pas encore sur une large échelle, l'emploi de froment germé, à l'instar de ce qui se pratique pour les bières de Cologne et autres analogues.

La dessication du malt a lieu à l'air et s'achève sur les tourailles : aujourd'hui la dessication en greniers devient de plus en plus rare, et nombre de brasseurs achètent la plus grande partie, quelques-uns la totalité du malt qu'ils mettent en œuvre. Les grains germés sont mélangés à ceux non germés et moulus ensemble ; parfois aussi, on les moud à part, et, dans ce cas, le froment est moulu fin, sans en séparer la fleur, l'épeautre moulu gros et l'orge à grumeaux. Certains brasseurs obtiennent, disent-ils, un rendement supérieur en traitant à leurs cuves les grains moulus à grosseur de la graine de navette.

Pour un brassin de 65 à 70 hectolitres de *bière jaune,* on emploie, en moyenne, 850 à 900 kilogrammes de matière farineuse, mi-partie épeautre germée mi-partie froment cru. Ce mélange est versé dans une cuve-matière de 35 hectolitres, dans laquelle on fait arriver de l'eau chaude à 40° ou 45° C. pour démêler la matière, puis de l'eau à 75°, puis enfin de l'eau bouillante jusqu'à ce que la cuve soit pleine : les proportions d'eau ajoutées sont d'abord de 3 hectolitres par 1000 kil. de farine ; la 2ᵉ addition, de 5 hect. à 75°, le restant, de quoi remplir la cuve, aussi bouillante que possible. On brasse fortement, on laisse reposer, puis on fait écouler le moût dans le bac-reverdoir. On donne une nouvelle eau bouillante pour remplir la cuve, on brasse comme la première fois, et on fait ainsi successivement quatre trempes, dont les trois dernières à l'eau bouillante, qu'on réunit dans une même chaudière ou dans la même cuve-guilloire, après avoir subi une ébullition assez vive de 7 à 8 heures avec 1/2 livre de houblon léger par tonne de moût. C'est là l'ancienne méthode liégeoise ; actuellement le nombre des trempes est généralement beaucoup plus élevé : d'ordinaire, on en compte 8 à 9 et parfois, dans le cas d'extraction difficile, 15 et au delà.

Pour préparer la *bière de saison,* qui ne se fabrique que dans la saison favorable et ne se consomme que 4 à 6 mois après sa fabrication, les proportions de matières farineuses sont les mêmes, mais ne produisent que 42 à 45 hectolitres de bière. D'ordinaire, on n'ajoute pas d'orge maltée à ce mélange, ou tout au plus un dixième de la quantité totale de farine[1]. Les trois premiers métiers subissent une ébullition très-vive pendant 6 à 8 heures avec une livre de bon houblon jeune par tonne de bière.

Le houblon s'ajoute au moût dans la chaudière à cuire, lorsque, par suite de l'accumulation successive des trempes, celle-ci se trouve à moitié remplie. Pour la *jeune*, on fait emploi de houblon de la vallée de la Meuse, dont la production diminue de jour en jour, et de houblon des Flandres : pour la saison, les houblons de Bavière sont préférés.

Les moûts de ces deux espèces de bières, après la cuisson et 2 heures environ de repos sur les bacs à houblon, sont soutirés sur les bacs refroidisseurs lorsqu'ils sont parfaitement clairs. Arrivés à un refroidissement de 16° environ, 12° si possible, on les fait couler dans la cuve-guilloire, où l'on ajoute 2 à 3 décilitres de bonne levûre par hectolitre de moût, pour la *jeune*, un peu moins pour la *saison*; puis on entonne immédiatement dans les tonneaux d'expédition, petites futailles qu'on transporte dans un cellier convenable pour y subir une fermentation durant 2 à 3 jours en été et 3 à 4 en hiver. Dès qu'on a recueilli la levûre, on remplit les futailles, on les bouche, et si c'est de la bière de saison, on l'emmagasine pendant 3 ou 4 mois au moins, et si c'est de la bière jeune, on la livre à la consommation au bout de 8 à 10 jours en été, souvent même après cinq jours, et après 3 semaines à 1 mois en hiver.

Pour la *jeune* on fait usage de malt torréfié, ajouté au moût, à titre de *couleur*, pour lui donner l'apparence reclamée par le consommateur.

---

(1) L'habitude qu'on a de mélanger du malt au froment et à l'épeautre pour la production des bières de Liége et autres de même type est due à l'ancienne loi hollandaise, qui n'accordait la décharge des droits perçus sur la moûture, que lorsque cette dernière renfermait au moins 1/10 de malt; du reste, cet usage n'offre pas d'autre inconvénient que de communiquer au moût un goût un peu moins délicat, plus âcre, que dans le cas d'emploi du froment pur : ce sont les pellicules du malt qui amènent ce résultat en se dissolvant dans le moût.

VIII. BIÈRES DU LIMBOURG.

Il existe sur divers points de la Belgique, dans le Limbourg entr'autres, des brasseries rurales d'importance moyenne produisant des bières fromentacées d'excellente qualité, bien limpides, nourrissantes, dont la couleur varie dans les teintes ambrées tirant légèrement sur le marron, et qui mériteraient, par leur valeur réelle, une vogue plus considérable. Nous signalerons, comme spécimen d'un type où les variantes abondent, d'ailleurs, les bières de Borloo et de Lowaige (Province de Limbourg), dont la méthode mériterait d'être suivie par les nombreux brasseurs qui, dans les agglomérations rurales, livrent si souvent à la consommation des liquides indignes du nom de bière.

Dans la Hesbaye Limbourgeoise, la consommation affectionne de préférence des bières fromentacées de Borloo et de Lowaige, dont la préparation est identique pour des qualités correspondantes de bières. Néanmoins, la différence est aisément saisissable pour le consommateur : une source d'eau, d'une limpidité et d'une fraîcheur remarquable, sert à la fabrication de la première, plus pétillante et plus mousseuse ; la seconde, dont la brasserie est sise sur le Jaer, est plus onctueuse au palais et moins vive. Cette différence est attribuée, en grande partie, et avec assez de vraisemblance, à la qualité des eaux, laquelle est, comme nous l'avons montré au Livre II, d'une importance majeure sur le résultat des opérations de la brasserie.

La malterie de ces brasseries rurales, très-soignée, est insuffisante pour les besoins sans cesse croissants de ces établissements, qui s'alimentent partiellement de malt français. On y fait usage du concasseur Grignet, qui pulvérise bien la farine tout en ménageant la conservation des pellicules. La proportion du froment est d'un quart dans la farine.

L'empâtage exige 50 % d'eau à 38° R. ; il est suivi d'un brassage énergique. La première trempe s'achève par des additions d'eau à 70°, puis finalement à 80° R. Les trempes subséquentes, en nom-

bre variable suivant les circonstances, se font à l'eau bouillante :
toutes les trempes sont réunies et soumises ensemble à la cuisson,
avec une forte addition de houblon de premier choix. Notons cette
circonstance qu'à Lowaige le refrigérant est installé dans la rivière
même, condition des plus économique et donnant une réfrigération
rapide. La fermentation lente des bières de garde s'opère en
cave, non dans des tonneaux, mais bien dans des citernes en bois de
chêne, de 120 hectolitres de capacité. On clarifie à la colle de poisson et l'on opère des coupages ingénieux, d'où provient en grande
partie le cachet si agréable et si distingué de ces bières.

La Cambre, qui s'est beaucoup occupé des bières belges de nature
fromentacée, indique la composition suivante pour les principales de
ces bières.

BIÈRES BELGES FROMENTACÉES.	QUANTITÉS.		DEGRÉS BAUMÉ A 15° CTG.
	D'ALCOOL.	D'EXTRAIT.	
Lambick	4.5 à 6.0	5.5 à 3 3	3.0 à 2 0
Faro	2 5 à 4 0	5.0 à 3.0	2.5 à 1.5
Diest (Gulde Bier)	3.5 à 6.0	10.5 à 6 5	4.7 à 3.0
Louvain, bière blanche.	2.3 à 3.3	5.0 à 3 5	3.7 à 1.7
» Peeterman.	3 5 à 5.0	8.0 à 5 8	5.0 à 3.0

B. — BIÈRES ALLEMANDES.

Bières blanches de Berlin et autres localités. — Il se fabrique
à Berlin et dans nombre de localités tant du Nord que du Sud
de l'Allemagne certaines bières blanches, légères et mousseuses,
qui se consomment en grande partie en bouteilles. Le mélange
de farine servant à la préparation de ces bières est composé
de 1 partie orge maltée, et 3 parties de froment *malté*, à l'inverse
de ce qui se pratique en Belgique pour les bières de froment. Le

malt est bien séché à l'air, puis faiblement touraillé : on moud finement les grains mélangés. Douze à quinze heures avant de les moudre, on a soin de les arroser, à la dose de 5 litres d'eau par hectolitre de malt.

On brasse à 38° : ensuite, on porte la température à 56°, par addition d'eau bouillante. La proportion d'eau ajoutée pour faire la salade est de 60 litres par hectolitre de malt; celle de l'eau bouillante introduite après brassage, de 150 litres environ par hectolitre. Avant de transvaser, on écume avec soin les matières, enveloppes et autres, qui viennent à la surface du liquide.

L'opération caractéristique de la méthode gît dans la manipulation suivante.

Le brassage achevé, on enlève une partie bien claire de la trempe pour l'introduire dans la chaudière, où on la porte à l'ébullition avec d'excellent houblon d'Altmark, à la dose de 3|4 kilo par 100 kilos de malt (Zimmermann prescrit 500 grammes par hectolitre, en décoction pendant 20 minutes). Le volume de cette trempe claire qui sert à la décoction équivaut au dixième du volume d'eau employé.

Pendant cette opération, il se forme très-peu de matières albumineuses, brunies, d'où la coloration claire du moût, qui provient d'ailleurs, d'un malt pâle.

Ensuite, on admet encore dans la chaudière une seconde portion de la trempe, environ 18 °/₀ du volume de l'eau employée, et l'on chauffe jusqu'à ce que la surface se recouvre d'une écume blanchâtre, indiquant la coagulation de l'albumine : la trempe houblonnée repasse alors dans la cuve-matière, où sa température s'abaisse à 66° environ par l'effet du brassage.

Pour obtenir ultérieurement le moût à la température de 75°, on chauffe à l'ébullition, dans la chaudière, une 3ᵐᵉ partie de l'extrait que l'on dirige ensuite sur le bac à filtrer, avec tout le contenu de la cuve. Ceci revient, en définitive, au procédé de l'infusion, avec une élévation très-lente de la température. Le moût arrivant au bac refroidissoir contient donc, outre les éléments normaux, beaucoup d'albumine végétale, puisque 70 °/₀ au moins de la trempe n'ont pas subi la température de 100°; du gluten, qu'on éliminera par la fermentation, et très-peu de matières albumineuses brunies.

Après 3/4 d'heure de repos, on clarifie et on refroidit à 22° en hiver, à 17° en été. On additionne ensuite de levûre haute (25 p. sur 10,000 p. de moût) et l'on opère une *fermentation préalable* (voir p. 374) : on entonne dès que la fermentation commence. La substance éliminée au début est très-gluante : c'est le gluten naturel. Vient ensuite la levûre pure, dont on attend la complète expulsion avant que de mettre en bouteilles.

Plus la fermentation a été complète, plus le goût de la bière acquiert de vinosité. On compte qu'il faut environ 13 hectolitres de malt pâle mélangé, débarrassé des germes et moulu, légèrement humecté d'eau, pour produire 33 à 36 tonnes (30 à 40 hectolitres) de bière blanche de Berlin, du poids spécifique de 1,050 à 1,055.

M. Zimmerman a proposé jadis un mode de fabrication un peu différent de celui que nous venons d'esquisser et qui a obtenu une certaine faveur. Voici en quels termes il décrivait lui-même le procédé :

On commence par placer le double fond dans la cuve-matière, puis on introduit dans une chaudière de l'eau à raison de 60 litres par hectolitre de matières farineuses, et quand cette eau est arrivée à une température de 10° C., on la verse dans la cuve-matière et on remplit la chaudière de nouvelle eau à raison de 150 litres par hectolitre de farine, qu'on porte rapidement à l'ébullition. Quand la température de l'eau dans la cuve-matière est descendue à 36°, on y tamise les matières maltées, on les y démêle et les brasse bien, pendant une demi-heure, à l'état de brassin épais.

Cela fait, on introduit dans cette cuve l'eau bouillante de la chaudière par petites parties à la fois et, en agitant continuellement, on ralentit le feu sous la chaudière qu'on vide et nettoie et dans laquelle on fait couler tout le moût du premier métier. Aussitôt que cette chaudière est remplie de moût, on ranime le feu qu'on excite vivement pour porter promptement à l'ébullition. Puis, quand le moût a suffisamment bouilli, on le ramène avec vivacité sur le malt qui est resté dans la cuve-matière, on éteint le feu sous la chaudière et on recommence à brasser avec force. Dans ces opérations le premier brassage s'opère à une température d'environ 70°C., et le second à celle de près de 100°. Après un repos d'une demi-heure, pendant lequel on ne couvre pas, on soutire le moût qui doit être très-clair et on le remonte sur les bacs à refroidir, où on le mélange avec du sucre ou du sirop de fécule, la décoction de houblon et de l'acide tartrique, de la manière suivante :

Le sucre ou le sirop de fécule est d'abord dissous dans l'eau, dans une petite chaudière d'une capacité de 3 à 4 hectolitres, puis déféqué avec des blancs d'œufs, et bouilli ensuite avec le houblon ; le tout est passé à travers un tamis, pour retenir le houblon, puis versé sur le moût qui est dans les bacs.

On dissout l'acide tartrique dans un peu de moût chaud, à raison de 100 à 120 grammes par hectolitre et on mélange au moût sur les bacs.

Aussitôt que le premier métier est écoulé de la cuve-matière, on pose des planches percées sur le résidu de malt qui s'est rassemblé sur le double fond et on y fait arriver doucement de l'eau bouillante. On brasse et on remonte sur les bacs refroidissoirs. On a alors sur ces bacs 36 à 40 hectolitres de moût houblonné, sucré et tartarisé, qui doit être refroidi jusqu'à environ 20°. C'est en cet état qu'on le verse dans la cuve-guilloire où on lui ajoute les matières clarifiantes, consistant assez généralement en colle de poisson qu'on dissout dans une bassine avec le double de son volume de moût de bière refroidi et qu'on bat en écume avec un petit balai.

Au bout de 12 à 18 heures, le moût, qu'on laisse découvert, commence à entrer en fermentation, et ce n'est qu'après quatre à cinq jours et quand le tout s'est recouvert d'un chapeau, qu'on entonne la bière. Cette bière doit être très-limpide, sans cela on y ajouterait encore 4 à 5 décilitres de colle de poisson par hectolitre, pour compléter sa clarification. On ne l'entonne pas dans des tonneaux enduits de poix, mais dans des futailles très-propres pour qu'elle ne s'aigrisse pas. Plus cette bière est mise de bonne heure en cruchon plus elle mousse et acquiert un déboire agréable.

La bière blanche de Berlin se brasse en toute saison, sauf durant les fortes gelées et les fortes chaleurs : elle ne se conserve pas long-temps ; elle se consomme au bout de 3 semaines en été, et d'un mois à six semaines en hiver. Cependant, la première qualité de ces bières est assez houblonnée, pas mal forte et bien claire ; elle a à peu près la couleur et l'aspect des bières blanches de Paris, mais elle est plus légère, n'a pas le même bouquet et a un goût plus fin.

Quelques brasseurs, pour aromatiser la bière, à l'instar de Paris, ajoutent au moût, vers la fin de son ébullition, un peu d'écorce d'orange ou de citron et de coriandre.

Dans certaines brasseries à bière blanche, on a substitué depuis longtemps l'épeautre au froment, soit partiellement soit totalement : les bières provenant de cette méthode sont très-estimées en Prusse en Bavière et en Saxe. Les bières blanches de Munich et d'Augsbourg sont potables après huit jours et consommées généralement dans le mois de leur fabrication.

BIÈRE EN BOUTEILLES.

L'exportation des bières en bouteilles a pris dans ces dernières années une extension considérable : l'anglais retrouve aujourd'hui son *porter* et son *ale* sous toutes les latitudes, et des soins spéciaux, un travail à part, fait, pour cet article d'exportation l'objet des soins jaloux des meilleurs brasseurs de l'Ecosse, de l'Angleterre et, sur une échelle moindre, de ceux du continent.

Une bière de garde, conservée en verre, doit satisfaire à certaines conditions particulières quelle que soit, d'ailleurs, la méthode suivant laquelle elle ait été fabriquée : elle doit pouvoir se conserver, pour ainsi dire, indéfiniment, sans déposer sensiblement ni se troubler, sans fermenter encore en bouteilles au point de briser le vase qui la renferme. Nous déduirons de ces exigences les conditions à observer dans la préparation des bières pour cette destination.

Pour déposer peu dans le verre, la bière ne doit pas être très-riche en matières albumineuses et avoir subi, lors de la fermentation, un degré d'atténuation élevé, plus considérable que celui des bières à débiter en fûts. Dans ce but, on donnera la préférence aux méthodes de brassage par infusion, la cuisson du malt ayant pour effet de donner beaucoup de moelleux à la bière et d'engendrer, lors de la première mise en levain, une proportion notable de ferment secondaire qui agira plus tard, en verre, et donnera lieu à de forts dépôts.

Pour une raison analogue, on germera très-fort le malt, en visant même au développement des radicelles, et on houblonnera à forte dose, afin de précipiter, lors de la cuisson, le plus possible de substances albumineuses et, conséquemment, de restreindre les éléments de régénération du levain secondaire.

De même que le houblon, le collage de la bière a pour effet de débarrasser celle-ci d'une partie de son extrait. On ne conseille point, pour cet objet, la colle de poisson de Russie qui donne un dépôt mal agglutiné, nageant trop aisément dans le liquide : on préfère la clarification sur copeaux, l'usage des peaux de raies ou préférablement la précipitation par une solution d'acide tannique suivie d'un collage à la gélatine. On a soin de calculer la dose du tannin (cachou, gomme kino, etc.) de façon à ce qu'il en reste un léger excès en dissolution. (Voir Chap. VI. Clarification).

Il est inutile de rappeler que la bière, avant d'être mise en bouteilles, doit présenter une limpidité, une transparence parfaite. Le brasseur aura soin également de renseigner son client sur le moment où il convient de pratiquer cette opération, époque qui variera nécessairement suivant la nature même du moût, la durée probable de la fermentation ultérieure, la température de la saison, le degré de mousseux désiré, la quotité de levain enfermé dans le verre et autres conditions analogues. Si la bière doit rester longtemps avant d'être mise en consommation, on assurera sa conservation en y ajoutant une petite quantité d'acide salicylique lors de la mise en bouteilles.

Les bouteilles, par mesure de précaution, seront couchées horizontalement pendant deux fois vingt-quatre heures : par cette manœuvre, ainsi que l'a montré M. Pasteur, l'air emprisonné entre le liquide et le bouchon n'a plus d'action nuisible sur la bière à laquelle il cède son oxygène, absorbé par certains éléments de l'extrait. On peut au 3me jour, relever les bouteilles sans avoir à craindre de moisissures ou de fleurs; le dépôt, dans ce cas, se fait au fond des vases et non à leur paroi.

Voici le travail d'une brasserie bavaroise exportant en verre et dont les produits sont connus sur tous les points du globe.

Le moût est préparé par décoction de 14°,5 à 15° Balling. 1 1/2 k. de houblon de premier choix est ajouté par hectolitre de malt.

La fermentation commencée à 4° c. porte la densité en 15 jours à 8° Balling. La bière est mise en tonneaux de 15 hectolit. et gardée pendant 9 mois, durant lesquels on soutire, de 10 en 10 semaines, en tonneaux de même capacité; 1/4 kil. de houblon de toute première qualité est introduit dans chaque tonneau six semaines environ avant la mise en bouteilles. La clarification est ainsi accélérée et l'arôme renforcé. Finalement la bière est soutirée en tonneaux de 3 hectol. avec addition d'un litre d'esprit fin à 90°. On peut procéder sans délai à la mise en bouteilles, qu'on laisse ouvertes pendant deux jours.

Pour la conservation des bières en bouteilles on se sert avantageusement du procédé Pasteur. D'après les recherches de ce chimiste, ce sont les ferments microscopiques qui déterminent l'altération et les maladies des bières. Or, ces germes sont détruits par l'exposition, suffisamment prolongée, du liquide qui les renferme à une température élevée.

Les bouteilles remplies de bière sont conséquemment plongées dans un bain chauffé à 46-48° c. On les y laisse pendant 30 minutes ; d'autant que la bière doit être conservée plus longtemps la température doit être élevée davantage. On a remarqué que la *pasteurisation* se pratique avec moins de succès sur la bière que sur le vin, la finesse du goût de la bière se trouvant quelque peu altérée par cette pratique.

CHAPITRE VI.

LA BIÈRE EN CAVE.

I. GÉNÉRALITÉS.

La fabrication proprement dite de la bière étant terminée, celle-ci, avant d'être livrée à la consommation, doit attendre, en cave, le moment où elle aura atteint une limpidité parfaite.

La bière jeune retient en suspension plusieurs substances qui en troublent la clarté ou qui sont de nature à nuire à sa limpidité, ce sont : le gluten, la résine de houblon et les cellules de levûre. Non-seulement l'aspect de la bière souffre de la présence de ces éléments, mais le goût aussi s'en trouve affecté ; le gluten, il est vrai, n'a guère d'influence marquée sur les sensations qu'éprouve le consommateur. La résine du houblon, au contraire, adhère à la langue : d'où, cet arrière-goût amer, désagréable, qui souvent fait naître indûment le soupçon de la présence d'un corps étranger aux éléments normaux de la bière. Les fragments de levûre causent également une sensation peu agréable et font repousser la bière qui s'en trouve chargée.

L'oxygénation du moût, le refroidissement et le repos convenable, sont des conditions essentielles à l'élimination de ces causes de dépréciation de la bière : ils empêchent, entr'autres, la précipitation du gluten naturel contenu dans la bière. Le brasseur soigneux et intelligent s'assure, avant le départ de ses bières, des qualités acquises et de leur valeur comparative.

Le consommateur est tout particulièrement sensible au degré de fermentation de la bière. La proportion d'extrait encore en disso-

lution est connexe de la proportion de résine et détermine conséquemment le plus ou moins de douceur ou d'amertume de la bière :
lorsque, notamment, la fermentation n'est pas suffisamment avancée,
la bière conserve en solution une quantité appréciable de résine ;
quant à la proportion convenable de glucose présente, elle est
très-variable suivant les localités. C'est ici surtout que s'exerce la
sagacité et la valeur personnelle de l'industriel, puisque des règles
fixes sont inapplicables dans ce point, d'une extrême importance. Il
s'agit d'étudier et de connaître les préférences locales et de fabriquer la bière en conséquence.

La proportion de gaz acide carbonique est, sous ce rapport, d'une
grande importance : la généralité des consommateurs la désirent
aussi forte que possible. La manière dont on vise à saturer la bière
de ce gaz est fort différente suivant les localités. Lorsque la bière
est débitée en petits tonneaux, le gaz s'y trouve accumulé en fermant
la bonde hermétiquement. La bière en bouteille conserve ce gaz si le
bouchon est convenablement adapté. Dans l'un et l'autre cas, c'est le
degré de fermentation acquise par la bière qui règle sa mise en
cercles ou en verre. La bière jeune devient mousseuse en peu de
temps : la bière de garde n'y arrive que plus tard. Une bière mise en
bouteilles dans une cave glacée devient mousseuse dès qu'elle arrive
dans un local chaud. Si, par suite d'une fermentation très-complète,
on craint l'absence du gaz carbonique, on peut y parer par un
travail analogue à celui des eaux et limonades gazeuses, qu'on
sature artificiellement d'acide carbonique : d'autres bières s'accommodent parfaitement d'une addition de glucose, de sucre pur, de
miel, etc.

On demande aussi que l'acide en se dégageant forme une belle
mousse persistante à la surface du liquide versé. Les bières rajeunies
par l'addition de nouveau moût en fermentation sont pauvres en
gaz carbonique permanent et la mousse s'efface promptement,
tandis qu'une bière riche en alcool conserve des mousses persistantes et fines.

Lorsque la glucose est entièrement décomposée il ne se dégage plus d'acide carbonique, qui jusqu'à ce moment, constituait à la surface du liquide une couche protectrice contre l'action de l'air ; le liquide se trouve dès lors exposé à s'altérer par suite de la formation d'acide acétique.

Dans certaines localités, la préférence est aux bières fort aromatisées : les brasseurs, dans ce cas, ont souvent l'habitude d'ajouter encore du houblon à la bière en cave, des variétés anglaises surtout. La plante amère cède au liquide son huile essentielle, son tannin et une portion de sa résine.

La surveillance de la bière de garde ou en conservation ne doit jamais perdre de vue l'augmentation incessante du degré de fermentation. Un arrêt dans cette voie indique l'absence de glucose : le remède est facile. Toute la question se réduit à constater le mal dès qu'il se produit : de là, l'avantage d'un contrôle minutieux.

Dans les brasseries modèles, on attache un soin spécial à la tenue d'un registre de cave, ou d'un tableau noir à colonnes portant, peintes à demeure, les rubriques : numéros des brassins, date de la mise en train, de l'entonnage ; qualité et densité de la bière à l'entonnage ; numéros des tonneaux, date du bondonnage, qualité de la bière à cette époque ; date du soutirage ou du débit, etc.

II. LA CAVE ET LES TONNEAUX.

Voici les conditions principales d'un aménagement convenable pour les caves d'une brasserie.

1. La température de la cave doit être maintenue constante à 6°-10°. Les caves pour la bière de garde doivent être plus froides que celles pour la bière de débit. Autant que possible, on choisira une situation à l'abri de l'air, de la lumière et des températures extérieures. Certains praticiens recommandent de laisser une dis-

tance de 10ᵐ au moins entre l'air vif de l'extérieur et l'intérieur des caves.

2. L'air de la cave doit être pur. La bière est extrêmement sensible à toute émanation odorante et sa sensibilité en ce point augmente en raison de sa finesse. L'air en stagnation peut occasionner un tort sensible ; il est nécessaire d'effectuer de temps en temps le renouvellement de l'air par une ventilation modérée.

3. L'air doit être suffisamment sec pour que le développement des moississures devienne impossible. Les voûtes seront parfaitement cimentées pour éviter tout espèce d'infiltration.

4. La quantité de glace nécessaire pour le refroidissement des caves de garde ne peut être fixée, à cause de la diversité des circonstances. Néanmoins, on admet généralement que, si le réservoir de glace se trouve libre au milieu de la cave, il faut un mètre cube de glace par 25ᵐᶜ. de cave pour maintenir la température en été à 6° au plus ; on peut compter, en moyenne, que le mètre cube contient environ 720 k. de glace.

Les tonneaux sont généralement en bois de chêne. Avant de les employer, on enlève les substances solubles, contenues dans les douves, en les lavant à plusieurs reprises à l'eau chaude ou à la vapeur, jusqu'à ce que l'eau découlant soit parfaitement claire et insipide. La façon de procéder se comprend aisément à l'inspection de la fig. 132 (p. 454). La bonde a, percée d'un trou, reçoit la prise de vapeur b ; le tube c, en fer blanc ou en plomb, sert d'orifice de sortie et de tube de sûreté. L'air du tonneau est chassé par c, l'eau condensée remplit ce tuyau.

Enfin, le tonneau ayant pris la température de la vapeur, celle-ci chasse l'eau de la condensation et termine l'opération en sortant par c.

Le tonneau est enfin rincé à l'eau froide. L'opération entière ne demande que peu d'instants. Les tonneaux ainsi traités s'imprègnent aisément de bière et de ferments qui s'altèrent rapidement au contact de l'air. Il en résulte que les tonneaux vides revenant à la brasserie se trouvent souvent dans de mauvaises conditions pour recevoir la bière. On a recours alors à la sulfuration ou à l'emploi réitéré de la vapeur ou de l'eau chaude.

Dans un certain nombre d'établissements, on cherche à prévenir ces désagréments par une mince couche de poix dont on enduit la paroi interne du tonneau. De cette manière, la bière, à la vérité, ne pénètre pas dans le bois, mais elle contracte un goût anormal qui, chose bizarre, est quelquefois en faveur auprès du con-

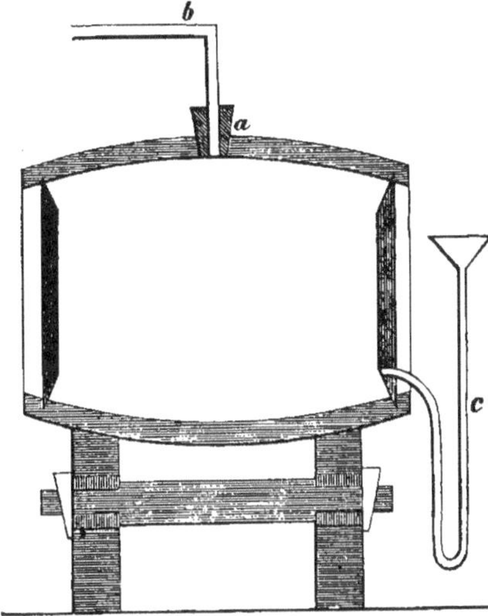

Fig. 132.

sommateur. D'autres fois, celui-ci y est absolument hostile; dans ce cas, il faut nécessairement recourir aux enduits dispendieux ou se résigner à un lavage à neuf à chaque emplissage du tonneau. Dans certains localités, les consommateurs sont habitués à prendre soin du tonneau et le bouchent hermétiquement dès qu'il se trouve vide. Par cette judicieuse pratique, on épargne à l'industriel les soucis et les tracas résultant de l'habitude contraire.

Les dimensions du tonneau exercent une influence sur la bière de garde. Les surfaces de cercles étant entr'elles comme les carrés de leurs rayons, on conçoit que les surfaces des petits tonneaux soient relativement considérables et voici les conséquences pratiques de ce fait :

a) Les changements de température dans la cave influent sur la bière d'autant plus efficacement que les tonneaux sont plus petits;

b) La lie des tonneaux, formant la couche d'où part la fermentation, est en contact avec un volume proportionnellement plus considérable de moût dans les petits tonneaux. Par suite, la fermentation secondaire est plus lente et plus régulière dans les tonneaux de grande dimension.

On se sert souvent de dragées de plomb pour le décrassage des bouteilles et cruchons. Nous croyons devoir observer ici que le plomb doit être autant que possible proscrit pour cet usage. Une lessive de soude est, d'ailleurs, plus énergique et plus convenable sous tous les rapports, elle lave la paroi en dissolvant le dépôt par voie chimique : on rince par après à l'eau pure.

Pour remplir les tonneaux de débit et les bouteilles on se sert avec avantage du robinet (fig. 133) qui produit une fermeture hermétique par le fait d'une enveloppe en

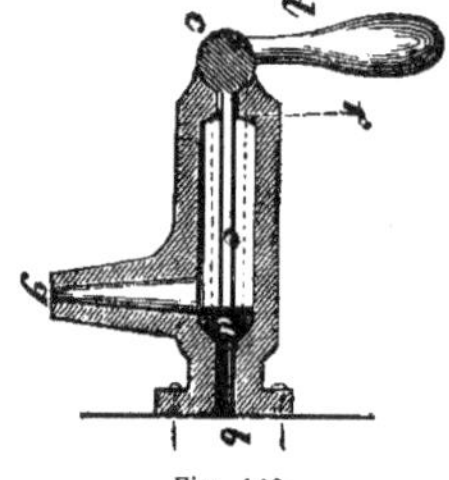

Fig. 133.

caoutchouc entourant le corps de la soupape a; le canal b se trouve ainsi fermé lorsqu'on tourne l'exentrique c au moyen du manche d.

Pour empêcher la formation de mousses pendant l'emplissage des bouteilles, on prolonge le bec du robinet jusqu'au fond de la bouteille en y adaptant un tube de caoutchouc. Le robinet reste ouvert et on interrompt l'écoulement en pressant le tube entre le pouce et l'index. Cette disposition est préférable aux entonnoirs à longue tige, en usage soit pour l'emplissage des bouteilles, soit pour celui des tonneaux.

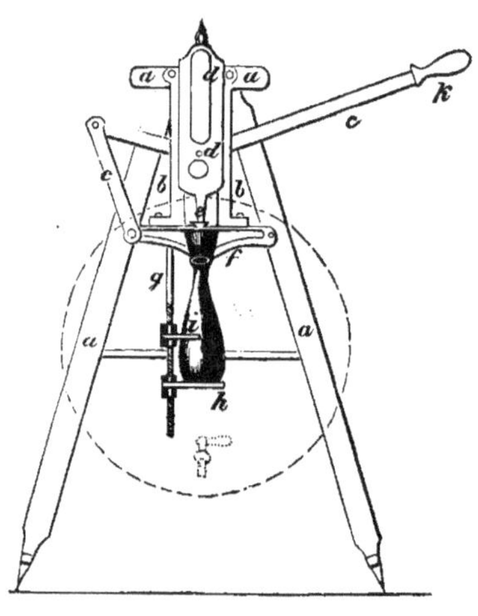

Fig. 134.

Les bouchons doivent être uniformément élastiques, de forme cylindrique, les bouchons coniques ne produisant pas une fermeture durable.

La machine Chalapin (fig. 134) sert à les faire pénétrer dans les goulots très-étroits : il faut alors deux ouvriers, l'un pour tenir les bouteilles, l'autre pour les boucher.

Le bâtis *a*, *a* en bois contient les coulisses *b*, *b*, entre lesquelles se meut, dans le sens vertical, la pièce que termine vers le bas la pointe agissante *e* : on manœuvre à l'aide du levier *cc*, qui fait l'office d'un bras de pompe. La pointe *e* dirige le bouchon dans le goulot à l'aide d'une capsule conique, faisant l'office d'entonnoir et posée sur la traverse *f*. Celle-ci porte en outre une tringle *g* sur laquelle glisse la table *h* supportant les bouteilles à boucher, et que l'on peut fixer à hauteur convenable.

III. TRAITEMENT DE LA BIÈRE.

La clarification. — Les causes qui rendent la bière d'un aspect louche ou trouble étant variées, il en résulte qu'il faut employer, pour y parer, des moyens différents suivant les cas particuliers. Des considérations émises lors de l'exposé des lois de la fermentation, en ce qui concerne la limpidité du moût, on peut déduire que le dépôt de la levûre en suspension se produit :

Après la fermentation basse — par un abaissement de la température.

Après la fermentation haute (avec de la levûre pure) — par l'expulsion de la levûre du tonneau.

Après la fermentation haute avec levûre impure (levûre mixte) — par l'expulsion de la levûre, suivie d'une diminution de la température.

Il n'y aurait donc pas lieu, à la rigueur, d'avoir recours à d'autres moyens de clarification : néanmoins, en fait, l'une ou l'autre des pratiques suivantes sont communément en usage dans les brasseries :

a. *Clarification sur copeaux.* — Les copeaux de bois pour la clarification rapide de la bière de débit sont taillés aussi longs que possible, de jeune plants de hêtre ou de noisetier : on en remplit les tonneaux, qu'on a soin de ne pas enduire de poix lorsqu'ils doivent servir à ce genre de clarification. Avant de traiter la bière sur ces copeaux, il faut éliminer de ceux-ci les liquides végétaux contenus dans leur tissu, par un lessivage à l'eau chaude ou à la vapeur; on le pratique généralement dans le tonneau même, jusqu'à ce que l'eau découle entièrement limpide, incolore et insipide.

Lorsqu'ensuite on verse de la bière trouble dans les fûts garnis de copeaux, les particules en suspension (levûre, gluten, résine, etc.), s'y déposent en enduits et la bière devient en peu de temps parfaitement claire et, en quelque sorte, scintillante. Il faut quelque peu de précaution dans la manipulation de ces tonneaux pour ne pas remettre en suspension dans le moût les matières déposées. Lorsque la bière n'est que légèrement trouble, on peut sans crainte employer deux fois de suite les mêmes copeaux sans les nettoyer. Dans tous autres cas, il faut avoir soin de débarrasser fréquemment et radicalement les bois des impuretés qui s'y sont accumulées.

En effet, lorsque les copeaux restent prolongés plusieurs jours dans la bière sans nettoyage complet, il se produit dans les substances déposées, soit une fermentation acide qui se communique promptement à toute la masse du liquide avec lequel elles se trouvent en contact, soit simplement un grand développement de gaz carbonique dont l'effervescence a pour effet de remettre en suspension dans la bière les substances antérieurement déposées : d'où, un nouveau trouble du liquide.

Tout réservoir dans lequel l'acidification s'est produite doit être provisoirement mis hors de service : l'eau chaude et même la vapeur sont insuffisantes à le purifier dans ce cas : il faut y introduire à plusieurs reprises une solution concentrée d'ammoniaque et compléter l'épuration ainsi obtenue par les lavages à l'eau chaude et froide. Parfois on emploie, pour ce nettoyage à fond destiné à rajeunir la douve, le sel de soude au lieu de l'ammoniaque : dans ce cas, avant de rincer à l'eau pure, il est bon de laver le tonneau imprégné de soude à l'aide d'une solution légère d'acide chlorhydrique (esprit de sel). Cette solution, attaquant la lessive alcaline qui a pénétré dans les pores du bois, en dégage l'acide carbonique qui entraîne avec lui, par voie mécanique, toutes les impuretés logées dans les douves.

A l'ordinaire on nettoye, comme nous l'avons dit, les tonneaux à copeaux après deux clarifications. A cet effet, on remplit d'eau le fût et on le secoue par un mouvement énergique de va et vient, sur place, dans le sens de son petit diamètre, et dans l'autre sens, on vide et renouvelle l'eau, autant que de besoin, en terminant par de l'eau chaude ou de la vapeur. Le tonneau, parfaitement propre, est laissé plein d'eau pure jusqu'au moment de clarifier à nouveau.

b. *Clarification due au gaz carbonique.* — Nous avons vu plus haut que, dans certains cas, l'acide carbonique sert de clarifiant naturel : dans des tonneaux pleins jusqu'à la bonde le dégagement permanent du gaz dans la masse a pour effet d'en chasser peu à peu toutes les impuretés, qui s'accumulent à la bonde sous forme d'écumes. Ce dégorgement d'écumes est considéré comme terminé, lorsqu'il se montre à la bonde une mousse blanche persistante, désignée sous le nom de *fleur*.

Les manipulations auxquelles on soumet les tonneaux de bière obtenue par les procédés à fermentation haute, dans des locaux tempérés, produisent un résultat analogue. Souvent les tonneaux ne sont pas remplis jusqu'à la bonde; dans ce cas, il ne peut y avoir de clarification par l'acide carbonique lequel soulève, au contraire, les substances suspendues qui tendent à déposer et produit un remoût incessant.

Dans ce cas, pour remédier à cet inconvénient, ou bien :

c. On refroidit le liquide à un point tel que tout l'acide carbonique reste en solution — ce qui n'est évidemment possible que moyennant des serpentins à eau glacée.

d. Ou bien l'on active, au contraire, le départ de l'acide carbonique en ajoutant à la masse du sel de cuisine, dans la proportion de 1 kilo de sel par 10 hectolitres de bière. Pendant la dissolution de ce sel l'acide carbonique se dégage en produisant des mousses abondantes et, après un certain temps, la masse entre en repos et les corps suspendus se déposent.

Quel que soit le moyen de clarification adopté, on sépare le liquide clair du dépôt par décantation.

Les moyens précités clarifient les bières sans addition ou intervention de substances étrangères.

c. *Clarification artificielle.* — La clarification la plus désirable est celle qui s'opère naturellement, dans une bière bien préparée : l'emploi des copeaux hâte cette clarification et permet de débiter de suite la bière jeune, ce qui est un avantage ; mais, en revanche, cette pratique, on le comprend sans peine, nuit à la force de la bière et à sa conservation en éliminant du liquide certains principes utiles, du tannin notamment.

Une autre mode de clarification est celui où, comme pour le collage des vins, l'on fait emploi d'une substance gélatineuse.

Nous passerons rapidement en revue la nature et le mode d'emploi de ces substances, qui sont généralement des variétés de la colle de poisson. Mais auparavant, nous insisterons sur ce point que la clarification par ces ingrédients est d'autant plus efficace: 1° que le malt et le houblon employés sont de meilleure qualité; 2° que l'atténuation du moût, lors de la fermentation première, aura été plus élevée et qu'il se sera écoulé un temps plus long entre la fermentation et le moment du collage, les substances étrangères ayant, par là, eu d'autant mieux le temps de se déposer d'elles-mêmes.

La colle de poisson du commerce doit être choisie la plus pure possible. On l'emploie en solution : un litre de ce liquide (correspondant à quelque grammes de colle sèche), suffit d'ordinaire à clarifier 2 1/2 hectolitres de bière.

Pour préparer la solution d'*ichthyocolle*, on la laisse tremper environ 16 heures dans l'eau froide, à la seule fin de la ramollir ; la colle se boursoufle par ce traitement, on la triture ensuite à la main, en ajoutant, pour terminer la dissolution, environ cinquante parties d'eau pour une partie de colle pétrie à la main. On obtient par là une masse laiteuse : on filtre sur un tamis qui retient les cartilages insolubles, et l'on ajoute un peu d'acide tartrique ou de vinaigre à la liqueur filtrée, qui prend alors l'aspect d'une gelée transparente. La solution marque 6° Baling.

La colle liquide s'altère vite : il faut la conserver en flacons bien clos à l'abri de l'air et n'en jamais préparer que de petites quantités à la fois. Pour que la clarification se produise complétement, il est essentiel, après qu'on a introduit la colle dans le tonneau, de la répartir aussi également que possible dans toute la masse du liquide, en ayant soin de l'agiter, de le fouetter énergiquement : la bière alors se décante rapidement, mais on ne doit néanmoins soutirer qu'après 18 à 24 heures de repos. Le collage s'opère au moment de l'expédition chez le client : la bière collée doit être débondée sur le chantier.

De même que la clarification sur copeaux, la clarification à la colle est une pratique dont l'avantage se trouve atténué par divers inconvéniénts : il y a d'abord le coût de l'ingrédient et les frais de sa mise en œuvre ; ensuite, comme les copeaux et plus énergiquement encore, la colle élimine du liquide des éléments constituant le corps ou la finesse de la bière en y substituant, par contre, des causes d'altérabilité. La gélatine animale, dont le réseau ramasse dans la bière trouble les substances en suspension, se dissout partiellement dans le liquide ; et dans le cas où la bière (faro, lambik, etc.) renferme de l'acide lactique en dissolution, cet acide devient très-sujet à s'altérer par le contact de la gélatine animale.

Il est donc inutile et souvent dangereux de faire usage de fortes proportions de colle, tout excès restant en solution sans effet utile et rendant la bière moins fine de goût et plus altérable.

On substitue parfois à la colle de poisson la gélatine bien pure : la dose de cette dernière substance doit être triple pour un effet équivalent. La colle de poisson agit en tant que gélatine, mais elle

enserre mieux les matières en suspension à cause de sa texture intime qui, sous le microscope lui donne l'aspect d'une toile
d'araignée, à fibres tenues, entrecroisées.

Les peaux de sole et de raie sont aussi fréquemment employées au
lieu de la colle d'esturgeon ou ichthoycolle ordinaire. Mais leur mode
d'emploi est différent. L'ichthyocolle clarifie par un réseau *descendant* et réclame conséquemment un repos absolu du liquide à coller :
les peaux de raies agissent en sens inverse et viennent, en surna-
geant, amener à la bonde le magmas qu'elles ramassent. Pour clarifier avec cet agent, il faut donc que le liquide soit encore en mouvement, c'est-à-dire que les peaux soient introduites dans les bières
encore à l'état de fermentation, ou bien modifiées préalablement par
une addition de bière jeune.

<h2 style="text-align:center">IV. — DEGRÉ DE FERMENTATION.</h2>

Le degré de fermentation, déterminé et réglé une fois pour toutes
d'après le goût des consommateurs, est facile à atteindre en s'aidant
couramment des indications de l'aréomètre.

Si l'on remarque que la bière la plus en faveur est celle qui a
éprouvé une atténuation de 70 °/₀ de ses degrés aréométriques,
et que la densité habituelle du moût soit de 12°; cette densité du
moût à 12° devra être ramenée à $12° - \dfrac{12° \times 70}{100} = 12° - 8°,4 = 3°,6$;
le moût à 13° devra subir une fermentation plus prolongée et mar-
quer finalement $13° - \dfrac{13° \times 70}{100} = 3°,9$.

Dans le cas où l'atténuation désirée se trouverait dépassée, on
ajouterait *du moût initial des matières féculentes amylacées* jusqu'à
l'établissement d'une certaine concentration, ou bien du sirop de
fécule ou autre substance analogue. En général, on vise, par cette
addition de liquide vert, à rendre à la bière un poids spécifique
équivalant à celui qu'elle possédait originairement, lorsqu'on la trans-

vasa dans les tonneaux de garde. Cela revient donc à recommencer la fermentation. On veille à ce que les fûts restent bien pleins et que toute la levûre soit totalement expulsée. La limpidité étant rétablie, on ôte à la bière ainsi rajeunie son dépôt de levûre si elle est destinée à la garde, tandis que la bière de débit peut le conserver dans le tonneau ; dans le premier cas, la bière rajeunie manifeste une nouvelle fermentation (tertiaire) extrêmement lente ; dans le second cas, cette fermentation dernière succède, pour ainsi dire, sans interruption à la précédente. Souvent on pratique le rajeunissement de la bière, c'est-à-dire, l'addition de moût vert, dans le seul but de provoquer l'accélération de la fermentation finale : on met simplement la bière de débit, devenue claire, en petits tonneaux contenant une certaine quantité de moût de bonne qualité et on ferme la bonde lorsque la fermentation nouvelle est achevée. Ces bières ainsi préparées doivent être consommés immédiatement, sinon il faut dégager la bonde.

Ce procédé est peu recommandable en raison surtout du peu de soin et d'exactitude qu'y mettent ceux qui l'emploient et de l'inconstance du degré de fermentation qui en résulte, circonstance qui n'échappe jamais à l'observation du consommateur. On a remarqué que, pour rajeunir la bière de fermentation basse, il est préférable de prendre du moût de fermentation haute.

V. — TENEUR DE LA BIÈRE EN GAZ CARBONIQUE.

La dose d'acide carbonique dissoute dans la bière a une influence considérable sur la qualité du produit. La bière est d'autant plus appréciée par le consommateur que le brasseur a su y incorporer une plus forte quotité de gaz. Dans ce but, plusieurs pratiques sont en usage.

Il y a d'abord la *mise sous bondon*. Une fermeture hermétique du tonneau force l'acide carbonique à se dissoudre au fur et à mesure qu'il se produit. Cependant, quand la pression qui en résulte vient à atteindre une demi-atmosphère, la bière à l'ouverture du bondon est projetée avec une telle force que le dépôt dans le tonneau se trouve soulevé, ce qui produit une bière trouble.

D'ordinaire, en vue de s'assurer périodiquement de la pression qui s'exerce à l'intérieur du tonneau, on fore vers le bas un petit trou qu'on bouche à l'aide d'une broche de bois : en enlevant de temps à autre la broche, on juge de la pression par la force de projection du liquide.

La bonde-soupape (fig. 135) permet de régler exactement la pression. La tête de la bonde contient une rainure peu profonde a ; une seconde rainure, c assez étroite, entoure la bonde, percée suivant l'axe b. Un morceau de caoutchouc vulcanisé, de la largeur de a et plus long que le diamètre supérieur de la bonde, est attaché solidement par une ficelle autour de la rainure c. Cette bonde résiste à la pression de l'acide carbonique dans une mesure variable. Lorsque la pression fixée se trouve dépassée, elle laisse passer le gaz en excès et reprend aussitôt sa position normale. Cette pression, facile à régler, se trouve ainsi maintenue uniformément et automatiquement. Cet arrangement permet ainsi d'obtenir économiquement la proportion d'acide carbonique et le degré de mousseux préférable dans chaque circonstance spéciale.

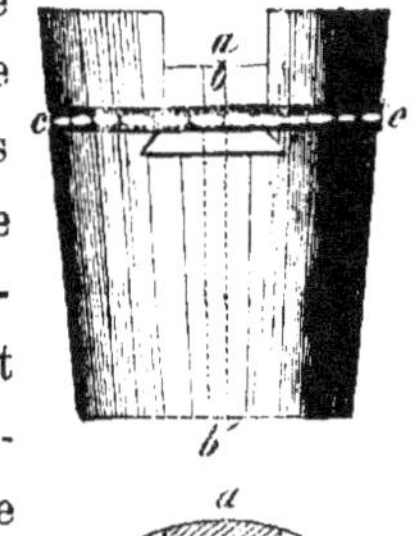

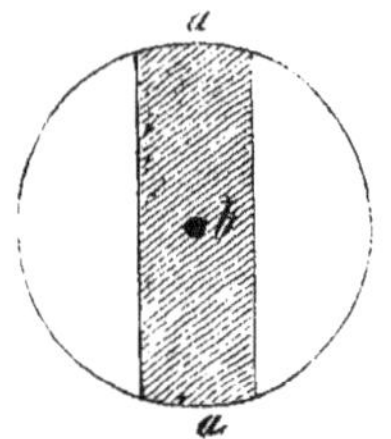

Fig. 135.

Pour accroître au maximum la teneur de la bière en gaz carbonique rien ne peut cependant remplacer l'abaissement de la température de la cave. Tous les moyens employés pour suppléer à cette condition sont illusoires et ne peuvent conduire qu'à des mécomptes. Le meilleur mode pour obtenir une bière riche en acide carbonique consiste à la conserver en fûts non bondés, à une température de 4-5°. C'est un axiome du métier que, plus la température de la cave est basse, plus grande est la quantité d'acide carbonique dissoute : plus lente est la fermentation, plus la bière gagne de qualités appréciées par le consommateur.

La bière sortant d'une cave maintenue froide produit des mousses fines persistantes. Les mousses provenant de moyens supplémentaires ou frauduleux tombent et disparaissent promptement, et la bière perd sa fraîcheur en peu de temps.

VI. — CONSERVATION DE LA BIÈRE DE GARDE.

On croit généralement que seul le brassage à trempe épaisse fournit les bonnes bières de garde et que la fermentation haute est impuissante à assurer la conservation de la bière. C'est là une opinion erronée. En effet la faculté de se conserver qu'offrent des bières provenant de moûts d'égale richesse est subordonnée :

1° A la composition de l'extrait de moût ;

2° Au degré de fermentation atteint ;

3° A la quantité de germes de ferment emmenés dans le tonneau de garde, et à ce qu'on pourrait appeler la vitesse de la circulation de la bière au travers des cellules des ferments.

A cet égard, on remarque que :

a. Plus l'extrait contient de glucose, plus la fermentation secondaire peut se prolonger, et mieux la bière pourra se conserver. Or, l'extrait des moûts d'infusion contient plus de glucose que celui des trempes épaisses.

b. Un moindre degré de fermentation principale laisse une plus grande provision de glucose dans la bière : une plus longue fermentation secondaire se trouve ainsi rendue possible : or, la fermentation haute fournit toujours un degré moindre de fermentation : elle ne constitue donc pas, par elle-même, un obstacle à la production d'une bière de garde de qualité supérieure.

c. La lie du tonneau, cause de la fermentation secondaire, est considérable avec la fermentation basse et insignifiante dans la fermentation haute.

d. Le mouvement de circulation, établi par l'inégale densité des matières en présence et par l'intensité des réactions chimiques, se trouve ralenti en raison de la diminution de température. Il s'ensuit qu'une température aussi basse que possible de la cave doit contribuer largement à assurer la conservation de la bière.

Ces observations s'appliquent naturellement à la bière en tonneaux exclusivement : la bière en bouteille n'est pas sujette à l'acidification, mais simplement à se troubler.

La répartition de la bière soutirée des cuves sur les tonneaux de garde est une pratique usitée en Bavière et recommandable à tous égards, pour obtenir une grande uniformité dans les bières de garde ; ces additions de bière jeune, en réduisant le degré de fermentation, diminuent les chances d'altération. Seulement cette méthode exige certaines précautions :

La bière jeune doit être parfaitement dépourvue de levûre : il faut bien refroidir et, au besoin, filtrer la bière additionnelle. En outre, si, dans l'une ou l'autre cuve, la fermentation avait pris une marche anormale, reconnaissable à une atténuation trop forte ou trop faible, on doit se garder d'employer ce moût comme les autres : il faut alors l'entonner à part et surveiller son développement ultérieur.

Ordinairement, on ne remplit pas les tonneaux de garde jusqu'à bord, et on laisse ainsi un espace vide dans le fût : cette coutume n'est pas à recommander, tant s'en faut. Il est préférable de remplir complétement, par des additions successives de moût ; les particules de levûre et autres substances s'éliminent alors plus aisément. On cesse d'ajouter du moût lorsqu'apparaît une légère mousse blanche ; on enlève alors quelque peu de liquide et l'on place le bondon. Les fûts où il reste un espace vide, même sous bondon, sont exposés à l'acidification par l'action nuisible de l'air.

Il est indispensable de s'assurer de l'état de la fermentation, à l'aide d'un aréomètre très-sensible ; aussi longtemps que dure la fermentation, les indications de l'instrument vont en décroissant. Après la disparition de la glucose, il se manifeste un temps d'arrêt dans la densité. Si cette dernière alors vient à *augmenter* il y a formation d'acide acétique : des soins minutieux permettront ainsi de remarquer l'acidification, qui se révèle, d'ailleurs, au goût. A ce moment, l'addition d'une légère dose de bicarbonate de soude peut exercer un effet salutaire. Cependant l'industriel doit se défier, en général, de tous les antidotes préconisés, admettre en principe qu'une bière acidifiée est une bière perdue, et, par conséquent, s'en tenir aux moyens préventifs sur lesquels nous n'avons négligé aucune occasion d'appeler l'attention du lecteur.

Quelques praticiens conseillent de répartir la bière acide sur les tonneaux sains : c'est un moyen infaillible de gâter la bière saine et l'industriel honnête ne doit pas hésiter à rejeter ce remède pire que le mal.

e. Pour éviter le danger de la fermentation d'acide acétique, il faut agir dès que l'aréomètre reste stationnaire pendant plusieurs jours. Pour ces essais aréométriques, nous recommandons de faire emploi d'instruments dont les degrés soient d'une lecture commode et précise : il est préférable, dans ce but, de posséder un jeu d'aréomètres plutôt qu'un seul instrument, dont, naturellement, les divisions seraient moins étendues. On aura soin aussi de secouer vivement la bière dans l'eprouvette d'essai, en vue d'en chasser le gaz carbonique, avant d'y plonger l'aréomètre.

En ajoutant alors 1/2 kil. de sucre par 10 hectol. de bière, et répétant cette dose au besoin, le danger de l'acidification se trouvera conjuré. Lorsque l'on ajoute du moût frais, on se sert avantageusement d'un entonnoir à long tube, de manière qu'il parvienne rapidement au fond.

Diverses substances sont préconisées pour la conservation de la bière, c. a. d. pour la préserver de la fermentation acétique. En général, elles sont pernicieuses. Le bisulfate de chaux, il est vrai, est un antiseptique efficace ; à ce point de vue on peut l'utiliser à faible dose : un litre d'une solution à 18° Balling suffit pour assurer la conservation de 10 hectolitres de bière.

Il résulte de recherches variées entreprises par M. Blas, professeur à l'Université de Louvain, et communiquées récemment par ce savant chimiste à l'Académie royale de médecine de Belgique, que, depuis plusieurs années, un grand nombre de brasseurs belges (et vraisemblablement aussi de leurs confrères de l'étranger) font usage, dans un but préservatif, de l'acide salicylique *pur*, dissous dans le moût à la dose de 5 à 10 grammes par hectolitre.

M. Blas a constaté par de nombreuses expériences qu'employé à ces doses, cet antiseptique agit très-favorablement sur les bières, dont il assure la parfaite conservation, et qu'il ne peut avoir d'action nuisible sur l'organisme.

VII. — LE DÉBIT DE LA BIÈRE.

L'air du local où se trouve la bière de débit doit, autant que possible, être exempt de toute impureté : en effet, au fur et à mesure que la bière est enlevée, elle est remplacée dans le tonneau par l'air ambiant. Les dernières portions de liquide restant dans le fût de débit, ayant éprouvé le contact prolongé de l'air, sont parfois profondément altérées. Plus une bière est fine, délicate, plus elle est sensible à cette influence pernicieuse de l'air. Les antiseptiques, de même que les bondes hydrauliques et autres, n'ont généralement pas donné de résultats entièrement satisfaisants au point de vue du maintien de la valeur d'une bière durant toute la durée de son débit. Plus le fût de débit est petit et plus il y a de chances d'atteindre ce résultat. C'est à cela qu'on a recours dans les établissements où le débit est restreint : dans ceux où il est plus important, on use au contraire, de grands tonneaux qu'on laisse en caves froides et dont on aspire le contenu par des pompes à pression d'air. Ces pompes dirigent l'air comprimé à la surface supérieure du liquide dans le tonneau : du bas du tonneau part le tuyau d'étain, qui remonte à l'étage où se trouve le comptoir de débit. Le jet de bière est assez fort pour donner sur le verre une mousse consistante, qui flatte l'œil et prédispose favorablement le palais du consommateur.

L'emploi des pompes à pression n'écarte pas l'inconvénient signalé plus haut. Si l'on pouvait substituer économiquement l'acide carbonique pur (c. a. d. absolument exempt de toute trace de matière étrangère) à l'air, la totalité du liquide contenu dans le tonneau garderait sa fraîcheur et ses qualités recherchées.

VIII. -- TRANSPORT DES BIÈRES EN TONNEAUX [1].

Au sujet du transport des bières, il faut avoir égard aux observations suivantes :

a. Les bières de fermentation basse doivent être transportées parfaitement claires et brillantes. Quand les bières de fermentation haute sont troubles, il faut, à l'arrivée à destination, avoir soin de remplir exactement le tonneau (au besoin avec de l'eau pure) et attendre l'expulsion complète de la levûre avant que de procéder au débit.

Pour soutirer la bière de fermentation basse il ne faut pas fermer

---

(1) **Du jaugeage des fûts**. -- Bien que le cadre de ce traité ne nous permette guère d'entrer dans des détails élémentaires se rapportant aux sciences exactes, une certaine classe de nos lecteurs nous saura peut-être gré de déroger un instant au plan de l'ouvrage en intercalant ici une courte explication touchant une méthode commode de jaugeage des fûts pleins ou en vidange.

On nomme jaugeage l'opération à l'aide de laquelle on mesure la capacité d'un vase quelconque.

Pour les vaisseaux à angles droits, pas de difficulté; pour les vaisseaux cylindriques, il faut un peu plus d'habitude.

Pour obtenir la contenance d'un cylindre, il faut multiplier le diamètre de la circonférence qui lui sert de base, par le nombre constant 3.1416, et l'on a la circonférence; puis multiplier le chiffre obtenu par le quart du diamètre, et l'on a la surface; enfin multiplier cette surface par la hauteur du cylindre, et l'on obtient ainsi la contenance.

Prenons pour exemple un litre en étain : son diamètre est de 86 millimètres qui, multipliés par 3.1416, nous donnera la circonférence 270 millimètres 17; — si maintenant nous multiplions 270 millimètres 17 par le quart du diamètre 86, soit 21.5, nous avons 58.087, soit la superficie. En multiplant cette superficie la bonde du tonneau de garde, parce que, dans ce cas, la lie est trop aisément soulevée pendant le soutirage.

b. Pour rester claire pendant un long transport la bière doit posséder un degré avancé de fermentation. Les bières trop jeunes fermentent pendant le transport, acquièrent une grande richesse en acide carbonique, moussent fortement et se troublent aisément par le fait de la levûre existante.

c. Si les consommateurs préfèrent une bière moins fermentée, le débitant peut procéder à la clarification à l'aide de la pompe à com-

---

par 172 millimètres, hauteur du litre, nous aurons une capacité de 99 centilitres 91/100 en négligeant les autres décimales.

Nous ferons remarquer ici que les futailles n'étant pas exactement cylindriques, si l'on veut en connaître la contenance, il est nécessaire d'en connaître le diamètre moyen, qui s'obtient en ajoutant le diamètre d'un fond au double de celui du bouge et en divisant par 3.

Supposons une pièce de 618 millimètres de diamètre au bouge, avec des fonds de 548 millimètres de diamètre et une longueur intérieure de 720 millimètres.

Nous additionnerons le diamètre des fonds, 548 millimètres, avec le double du diamètre du bouge, soit 2×618 millimètres, $= 1236$ millimètres, soit enfin en totalité 1784 millimètres. Nous diviserons ensuite par 3 et nous aurons 594 millimètres de diamètre moyen.

Il ne reste plus alors, connaissant ce diamètre moyen, qu'à le multiplier comme nous l'avons fait ci-dessus pour le cylindre, par le chiffre constant 3.1416, multiplier le résultat par le quart du diamètre 594 soit 158.5 et multiplier enfin ce résultat par la longueur intérieure de la futaille, qui, dans l'exemple ci-dessus, est de 720 millimètres, et on aura comme résultat final une contenance de 212,8 litres, soit 213 litres.

Pour mesurer le liquide contenu dans des fûts en vidange, il est nécessaire de connaître tout d'abord la contenance du fût, la hauteur du fond ou la longueur du vase et la hauteur du mouillé.

Mais ces calculs sont sinon difficiles, au moins excessivement longs et demandent une attention qu'on ne saurait exiger des praticiens ou, tout au moins, des ouvriers; la longueur des opérations est telle qu'on a rédigé des tables dont se servent habituellement les employés de la régie. Afin d'en donner une idée, nous allons en extraire cinq exemples applicables aux fûts de 106, 114, 200, 220 et 228 litres.

Dans un fût de 106, 114, 220 et 228 litres, le vide correspond au plein. Le vide pression. Dans ce cas, on met la bière refroidie en communication avec le réservoir à air comprimé, après avoir chaussé le robinet.

en centimètres de hauteur représente le vide en litres, c'est-à-dire ce qui manque à la contenance totale de la pièce et cela ainsi qu'il suit :

JAUGEAGE DES FUTS.

VIDES EN CENTI-MÈTRES.	VIDES EN LITRE.					VIDES EN CENTI-MÈTRES.	VIDES EN LITRE.				
	160 l.	114 l.	200 l.	220 l.	228 l.		160 l.	114 l.	200 l.	220 l.	228 l.
1.....	1/2	1/2	1	1	1	34.....	76	79	111	118	117
2.....	2	2	2	3	3	35.....	79	81	115	122	120
3.....	3	3	4	4	5	36.....	81	84	120	127	125
4.....	5	5	6	7	7	37.....	83	87	124	131	129
5.....	6	6	9	9	9	38.....	86	90	128	135	133
6.....	8	8	11	12	11	39.....	88	92	132	140	138
7.....	9	10	14	14	14	40.....	90	94	136	144	142
8.....	10	12	16	17	17	41.....	92	97	140	148	146
9.....	12	15	19	20	20	42.....	94	99	144	153	152
10....	14	17	22	24	23	43.....	96	101	148	157	156
11.....	18	19	26	27	26	44.....	98	104	151	161	160
12.....	16	22	29	30	30	45.....	99	106	155	165	164
13.....	21	24	32	34	33	46. ...	101	108	159	169	169
14.....	23	26	36	38	37	47... .	102	110	163	173	173
15	25	29	30	41	41	48.....	103	111	166	177	177
16.....	28	32	43	45	44	49.....	104	113	170	181	181
17.....	30	35	47	49	48	50.....	»	»	173	184	185
18.....	33	37	51	53	52	51.....	»	»	176	188	188
19....	36	40	54	57	56	52.....	»	»	183	192	192
20	38	43	58	61	60	53.....	»	»	186	195	197
21.....	61	46	62	65	65	54.....	»	»	188	198	199
22.....	44	48	66	69	69	55.....	»	»	191	202	203
23.....	46	51	70	74	73	56.....	»	»	193	205	206
24.....	49	59	74	78	77	57.....	»	»	196	208	209
25.....	52	57	78	82	82	58.....	»	»	198	210	212
26.....	55	58	82	87	86	59.....	»	»	»	213	215
27.....	58	59	87	91	90	60.....	»	»	»	215	217
28.....	60	62	91	95	95	61.....	»	»	»	217	219
29.....	63	65	94	100	99	62. ...	»	»	»	219	221
30.....	66	68	99	104	106	63.....	»	»	»	»	223
31.....	68	70	101	109	108	64.....	»	»	»	»	225
32.....	71	73	103	111	111	65.....	»	»	»	»	227
33.....	74	76	107	113	114						

Au bout d'un certain temps, on entr'ouvre ce dernier et on laisse égoutter la bière dans un vase, jusqu'à ce qu'elle commence à passer parfaitement claire : on la débite à partir de ce moment, et l'on filtre la partie écoulée trouble qu'on répartit, devenue claire, sur d'autres tonneaux.

A défaut de cette installation, on transvase le liquide clair en petits tonneaux appropriés : on peut aussi faire un collage ou laisser séjourner la bière jusqu'à complète clarification.

e. Souvent les tonneaux prennent dans le transport une température relativement élevée, il est prudent de les refroidir graduellement avant de les descendre dans une cave glacée.

La meilleure bière pour le transport en bouteilles s'obtient d'un moût à 13° Balling (minimum). Il ne faut jamais vendre sous cette forme une bière dont la fermentation secondaire n'est pas achevée ; l'élévation de température, à cette période, tend à multiplier la levûre et à rendre le liquide trouble.

M. Pasteur ayant trouvé qu'une température de 60° C. tue les ferments contenus dans le vin, M. Velten, à Marseille, appliqua ce procédé à la bière en bouteilles. A cet effet, il emplit la bouteille à 4-5^{cm} du bord et l'expose à une température d'autant plus élevée que la bière doit être conservée plus longtemps (voir p. 446).

La bière refroidie graduellement est déposée dans une cave glacée. Quand tous les germes sont tués, la proportion d'extrait se maintient et la bière n'est plus exposée à se troubler ni à s'acidifier.

Ainsi donc, dans un fût de 114 litres, si la hauteur du vide de la bonde au liquide est de 37 centimètres, c'est qu'on en aura retiré 87 litres. En faisant la soustraction de ces 87 litres sur la contenance totale 114, on aura un reste en vidange de 27 litres. Si sur un fût de 228 litres le vide entre la bonde et le liquide est de 17 centimètres, c'est qu'on aura tiré dudit fût 48 litres. En faisant la soustraction 228-48, on aura un reste de 180 litres. Comme on le voit, avec de pareilles tables, les opérations du jaugeage se font vite et ne sont plus que des jeux d'enfants.   (Journal : *Le Brasseur.*)

IX. — LES MALADIES DE LA BIÈRE.

La bière est susceptible de subir des modifications autres que celles dont nous nous sommes occupés jusqu'ici : ces modifications graves, véritables altérations, ont reçu le nom de *maladies de la bière*.

L'important ouvrage de M. Pasteur, paru dans ces derniers temps (*Etudes sur la Bière*), a jeté une grande lumière sur la génération de ces maladies.

Des recherches physiologiques poursuivies par M. Pasteur, il a été tiré cette loi, aujourd'hui généralement acceptée :

1° Que chaque espèce de maladie contractée par la bière, ou chaque sorte d'altération dans la qualité de la bière, coïncide avec le développement d'un organisme spécial microscopique, étranger à la levûre de bière ;

2° Que l'absence complète de ces divers organismes coïncide avec l'absence de toute altération de la bière, c'est-à-dire qu'aucune altération ou maladie ne peut exister dans la bière sans la présence de l'un ou de plusieurs de ces germes d'organismes ;

3° Que l'un quelconque de ces organismes ne peut naître seul, se produire spontanément, ni se transformer et donner naissance à des êtres d'un autre genre que le sien ; pas plus que la levûre de bière, saine, ne peut engendrer autre chose que de la levûre de bière et ne peut être engendrée que par elle.

Ces conclusions vont diamétralement à l'encontre de la thèse, autrefois en faveur, des générations spontanées, thèse absurde, actuellement rayée des données de la science. Les praticiens d'aujourd'hui se rappellent encore l'époque où, par application de la théorie de l'hémiorganisme, introduite par M. Fremy, on affirmait généralement que la levûre pouvait être engendrée, créée, par d'autres êtres, ou par d'autres germes que des germes de levûre ; et inversement, que la levûre pouvait, en se modifiant, en vieillissant ou en se détériorant, donner lieu à la naissance de divers autres organismes, tels que le ferment putride, le ferment lactique, les moisissures et même les vibrions et mycodermes.

Double erreur encore fort grave, dont M. Pasteur a démontré de la façon la plus irréfutable toute l'inexactitude.

Les conclusions rigoureuses tirées des expériences de M. Pasteur entraînent ce corollaire, d'une importance capitale au point de vue manufacturier : c'est qu'il n'y a plus désormais de bière gâtée sans cause qu'on ne puisse prévoir. Le microscope à la main, il est devenu possible de prédire à l'avance l'acétification, la putréfaction, tout comme la parfaite conservation d'une bière, d'après l'examen de ses principes constituants.

La dénomination de *ferments de maladie*, donnée par M. Pasteur à ces organismes se justifie par cette circonstance que la multiplication de ces ferments s'accompagne de la production de substances acides, putrides, visqueuses, amères, etc., qui impressionnent désagréable-ment le palais du consommateur : d'où, les désignations suivantes par lesquelles le praticien désigne chacune de ces altérations :

1° *Bière lactique :* la plus commune, attendu que ce ferment est le plus répandu ;

2° *Bière acide :* aussi très-commune ;

3° *Bière putride :* moins répandue, mais aussi connue de tous les brasseurs ;

4° *Bière filante* ou *visqueuse :* plus rare, mais non moins connue ;

5° *Bière tournée :* qui se décompose, sans être acide, ni putride ;

6° *Bière acide :* mais d'une acidité particulière, ressemblant au goût des fruits verts; ce que beaucoup de brasseurs appellent *bière à goût d'été.*

Nous examinerons rapidement la manière de se présenter propre à chacun des ferments, causes de ces diverses altérations.

Au microscope, sous un grossissement de $400/1$, le ferment *lactique* apparaît en petits grains ou articles allongés cylindriques, légèrement étranglés vers le milieu, généralement groupés par deux ou par trois, rarement réunis à la file l'un de l'autre en plus grand nombre, souvent isolés. Dans le sens de la longueur, la dimension est double du diamètre. La modification de la bière sous l'action du ferment lactique ne constitue pas une altération comparable à celle des bières acides, visqueuses, etc. : nous en parlons néanmoins, à la suite de M. Pasteur, parce qu'elle est due à un ferment autre que le ferment normal de la levûre de bière.

La bière *aigre*, franchement acidifiée, sans autre goût que celui d'un vinaigre faible, bière connue de tous, doit son altération au développement d'organismes assez semblables aux germes de la bière lactique, mais chez lesquels le groupement varie : ces organismes, de formes elliptiques allongées, déprimées au centre, s'alignent comme les grains d'un chapelet où l'on compte 2, 3, 4 articles et jusqu'à 15-20, parfois davantage. Ces petits êtres diffèrent des précédents par leurs fonctions physiologiques.

Les bières acides, aigres, piquées... se décomposent en produisant de l'acide acétique. Nous avons eu déjà l'occasion d'indiquer le remède qui leur convient, en parlant, à l'occasion du traitement des bières en cave, du danger de l'acétification : l'addition du bicarbonate de soude neutralise l'acide de la bière et empêche sa propagation. Mais cet emploi ne peut être conseillé pour améliorer des bières fines de fermentation basse, envahies par le mycoderme du vinaigre : de telles bières, passées à l'acide, sont considérées comme perdues.

Pour remettre en bon état les bières aigres, on les soutire en d'autres tonneaux où se trouve, dissoute dans un peu de bière, la dose de bicarbonate de soude nécessaire. On agite bien la masse et y ajoute, ainsi que nous l'avons indiqué, une certaine quantité de moût jeune, au début de sa fermentation, additionné de sirop de fécule, de sucre ou de maïs, pour remettre en train une nouvelle fermentation. Ensuite, on colle avec une addition de tannin et l'on conserve sous bondon, en vue d'emmagasiner de l'acide carbonique dans la bière. On accélère le débit.

La bière acide, appelée *goût d'été* se range dans la catégorie de ces bières et cause, dans la saison chaude, de grands désastres dans les brasseries. L'apparition de ce goût *sui generis*, coïncide avec la naissance de petits corpuscules sphériques, groupés d'ordinaire quatre par quatre, en croix, en carré, etc., dont la nature est encore peu définie à l'heure qu'il est.

La *putréfaction*, cette décomposition fétide, dont on trouve des exemples partout dans la nature, s'attaque souvent à la bière dans les brasseries où les soins font défaut, dont la propreté est bannie, dont les bâtiments, les planchers, les tonneaux sont imprégnés de pourritures. Les ferments qui donnent lieu à la putréfaction de la bière ont une apparence toute différente de celles dont nous avons parlé plus haut : ils offrent l'aspect de vibrions allongés, très-mobiles, sensiblement plus gros que les germes du ferment lactique. Sous le microscope ils forment un remoût incessant dans les lies et les moûts, et donnent au liquide un aspect opalin. Ces dangereux organismes se propagent rapidement dans les établissements mal tenus et s'attachent aux vaisseaux, aux ustensiles, aux matières employées, où ils se développent dès qu'ils rencontrent les conditions voulues de chaleur et d'humidité. Dans les bières, ils naissent dès le début, quand la fermentation tarde à s'établir.

La bière filante ou visqueuse est des plus intéressante à étudier. Cette altération est accompagnée de la perte du mousseux : versée dans le verre cette bière présente un fil long et contourné, et coule huileuse. Les germes auxquels est due la *fermentation visqueuse* apparaissent sous le microscope en longs filaments, formés d'une succession de petites sphères soudées les unes aux autres. Cette fermentation visqueuse, encore peu étudiée, paraît s'alimenter de substances albumineuses. Quoi qu'il en soit, le tannin guérit la maladie en enlevant ces dernières substances.

On dissout du cachou ou du kino dans un peu de bière ; ce mélange ajouté à la dose de 15-20 gr. par hectolitre de bière, et agité avec la bière malade, produit un dépôt volumineux. On soutire la bière claire et saine. Le contact avec les copeaux de bois dans des tonneaux spéciaux, renfermant 1/5 de bière jeune en fermentation, produit également un effet salutaire. Un léger collage achève l'épuration.

Enfin, certains brasseurs ont recours au houblon épuisé qu'ils placent, encore chaud, avec de la bière jeune, dans les tonneaux où s'opère le traitement curatif de la bière visqueuse. Une série de substances, telles que le jaune d'œuf, la poudre de moutarde employée corrélativement avec un collage, etc... ont été recommandées sans grande raison pour le même objet. Il serait aussi malaisé d'en justifier l'usage qu'il est difficile de préciser la cause du mal elle-même. Quoiqu'il en soit, les mesures préventives le plus à conseiller consistent dans l'emploi de matières premières irréprochables et dans les soins de propreté de toute nature, y compris ceux qui ont trait à la pureté de l'atmosphère de la brasserie.

Une bière se décompose, elle perd sa transparence, elle devient plus ou moins trouble, puis dépote. En même temps, elle perd son goût franc et moëlleux ; devient fade, sans pour cela prendre de goût acide ou putride. C'est une bière *tournée*.

Les ferments que l'on rencontre dans ce cas ont la forme de bâtonnets ou de filaments, simples ou plus rarement articulés, assez analogues à ceux de la bière putride, mais plus tenus, plus transparents.

Nous signalerons encore, parmi les modifications fâcheuses qui se manifestent parfois dans la composition et les propriétés de la bière l'apparition de substances amères, mannitiques ou butyriques.

La fermentation *mannitique* de la bière s'accuse par un goût sucré très-prononcé : les bières de cette nature ne montrent pas d'atténuation suffisante pendant la fermentation principale ; la glucose disparaît entièrement, ainsi que le gaz carbonique, et elles deviennent promptement acides. Quand on s'y prend aux débuts de la maladie, la bière convenablement répartie dans un brassin récent est encore consommable. Les récipients que ces liquides ont traversé demandent, cela va de soi, un recurage tout spécialement soigné.

L'amertume exagérée de la bière n'est pas, à proprement parler, une maladie. Parfois une bière d'une finesse remarquable acquiert subitement un goût amer persistant longtemps sur la langue. Pour y remédier, on ajoute une certaine quantité de jeune bière ou de moût fermentant, de manière à provoquer un nouveau développement de gaz carbonique qui soulève et permet d'éliminer les matières en suspension.

La fermentation *butyrique* se manifeste quelquefois : la bière acquiert alors l'odeur du beurre rance. M. Habich prétend que l'huile pure de Provence (ou de noix) ajoutée à plusieurs reprises, et agitée énergiquement se combine aux ferments butyriques et permet d'en soutirer un moût sain mais très-fade, qu'on peut corriger par un mélange avec le moût fermentant. Il est essentiel, avant d'ajouter l'huile, d'expulser le plus possible le gaz carbonique de la bière.

Nous avons signalé à plusieurs reprises que la bière est sujette à se troubler et qu'il faut rattacher ce phénomène à la présence de cellules de levûre, de gluten ou de résine de houblon dans le moût.

a. *La levûre*. C'est généralement le cas pour les bières jeunes dans lesquelles la levûre a été alimentée d'une façon insuffisante. La levûre produite est alors légère est reste suspendue dans la masse du moût. Une élévation de température ne fait pas disparaître ce trouble : on a recours aux autres moyens de clarification signalés.

b. *Le gluten*. Lorsqu'en élevant de quelques degrés seulement la température d'une bière trouble, celle-ci s'éclaircit, c'est le gluten qui nuit à la limpidité du liquide. On opère, dans ce cas, la clarification par l'un ou l'autre mode, à une température de 9-10° centigrades.

c. *La résine de houblon*. Cela arrive surtout quand la bière a été entonnée trop tôt ; le sucre alors continue à se décomposer pendant la période de garde. On ajoute, dans ce cas, du moût en fermentation pour rétablir la bière louche en état de limpidité.

X. — COMPOSITION DE LA BIÈRE.

Le brasseur, plus que tout autre industriel, est l'esclave du consommateur. Ayant voix au chapitre, chacun s'érige en juge souverain des qualités du liquide qu'il ingère : « tot *guttura*, tot sensus. » La bière trouvée excellente ici est repudiée plus loin : cette circonstance n'est évidemment pas sans influence sur la diversité presqu'infinie des bières ; il n'est pas rare de rencontrer, même dans les plus grandes villes, tel amateur qui se fait fort de reconnaître, à la simple dégustation, les produits de chaque établissement de la localité. Néanmoins on constate de jour en jour ce progrès que certaines bières réellement perfectionnées et fabriquées suivant les règles de l'art, tendent à s'imposer universellement. Malgré cette variété dans les propriétés des bières en vogue, on peut dire, d'une manière générale, qu'une bière réellement bien fabriquée et digne de l'estime du consommateur doit réunir un ensemble de qualités dont les principales sont : une limpidité brillante, un certain degré de mousseux, une dose voulue d'alcool, un goût légèrement vineux, doux et amer à la fois, donnant nettement la sensation de l'infusion du houblon. Une telle bière provient généralement de moût à 12° Balling au moins, additionnée de 1,50 kil. de houblon par 100 k. de malt. L'emploi de succédanés du malt exige 13° Balling et leur dose ne doit pas dépasser 1/10 du poids de malt. Les chiffres précédents ont trait à la fabrication de Munich. Les bières de Vienne demandent des moûts de 14° à 15°, celles de Bohême 10°-12°, la proportion de houblon varie peu. Pour la couleur, le corsé et l'amertume, les bières viennoises tiennent sensiblement le milieu entre les bières bavaroises et les bières de Bohême.

Les bières anglaises proviennent de moûts de 16° (minimum). La proportion de houblon monte à 5 kil. par 100 k. de malt.

Les éléments actifs de la bière sont les substances suivantes :

Dextrine, sucre, substances albumineuses, glycérine, acide succinique, principes amers, résine du houblon, graisse, sels minéraux, (ces substances constituent l'extrait) alcool, acide acétique, acide lactique, acide carbonique, produits du grillage du malt, etc.

La proportion d'alcool varie entre 2 et 6 centièmes, l'acide carbonique de 0,6 à 1,8 centièmes en volume (ou 0,1 à 0,18 centièmes en poids), dans le cas où les fûts ne sont pas bondés : pour les bières faites sous bondon, cette quotité s'accroît beaucoup, elle peut atteindre un chiffre 7 à 8 fois plus élevé.

Nous donnons ci-après des analyses de nombreuses bières qui permettront de se rendre compte de la nature et du groupement des diverses substances composant l'extrait des bières le plus répandues. (Voir plus loin les analyses de différentes bières.)

Le houblon, élément essentiel du moût, n'est pas uniquement employé pour rendre la bière amère, pas plus qu'une bière n'est estimée en raison de son amertume. Il n'y a donc pas de motif légitime ni rationnel de remplacer le houblon par un autre principe amer. Le houblon a une action multiple et complexe, indispensable à la production de toute bière et à laquelle on n'a pu jusqu'ici suppléer d'une manière économique pour le brasseur et qui ménage, en même temps, les justes exigences du consommateur. L'amertume du houblon est une qualité accessoire, et qui n'est même pas toujours recherchée par le consommateur.

Nous insistons sur ce point pour montrer combien sont exagérées et peu fondées les récriminations qui se font parfois entendre au sujet de prétendues falsifications de la bière, dues à l'introduction de substances amères à action toxique dans les moûts, au lieu et place du houblon.

Parfois justifiées, ces rumeurs reviennent périodiquement et le plus souvent sans raison, dans les villes où la consommation des bières est considérable. Si la bière a un goût amer un peu plus prononcé que de coutume, on parle de quassia, d'acide picrique, voire de strychnine; au lendemain d'une séance nocturne un peu prolongée, où le volume ingurgité par un chacun s'est élevé parfois à quelque vingt chopes, les buveurs indisposés, ne craignent pas d'attribuer à la coque du Levant ou à d'autres drogues les effets nuisibles d'une bière très-saine, mais ingérée en quantité anormale. La raison péremptoire à opposer à ces accusations, c'est l'intérêt même du brasseur, garantie principale de la loyauté de sa fabrication.

M. Otto raconte à ce sujet, une aventure assez instructive. Un professeur, parlant des quantités de strychnine exportées de France, à certaines périodes de l'année, pour l'Angleterre, eut la singulière idée d'attribuer ces transactions à l'utilité que pouvait présenter cette « substance amère » à la fabrication du... Porter !

Et chacun de rechercher la strychnine non-seulement dans le porter, mais dans toute bière un peu amère. Les réactifs demeurant muets, ou plutôt démontrant combien était hasardée l'assertion du professeur, on se résigna enfin à faire le travail qui eût dû précéder l'appréciation qui causait tant de rumeur. On chercha et on trouva l'explication du commerce de strychnine en ce fait que les Anglais avaient recours à l'emploi de cette substance sur une grande échelle pour la destruction des fauves qui infestaient leurs colonies.

Il y a donc beaucoup à rabattre sur les prétendues falsifications dont la bière, boisson des masses, est ou peut être l'objet ; les bières mauvaises ne sont habituellement que des bières mal fabriquées et non des liquides adultérées par une addition coupable de principes étrangers nuisibles.

Les substances toxiques dans les bières sont rares à décéler et peu variées : il n'en est pas de même des proportions suivant lesquelles sont assemblés les éléments normaux de la bière, l'extrait, l'alcool, le gaz carbonique, éléments dont la quotité présente des variations considérables d'une bière à l'autre, ou qui se groupent même différemment dans une bière suivant qu'elle est fraîchement brassée ou qu'elle se trouve à une période plus ou moins avancée.

Pour faire toucher du doigt ces écarts, voici quelques analyses comparatives de différentes espèces de bières, publiées par M. Otto et La Cambre.

NOMS DES BIÈRES.	PROPORTION EN CENTIÈMES DU POIDS.	
	extrait.	alcool.
London ale pour export	7 à 5	6 à 8
London ale, ordinaire	5 à 4	4 à 5
London porter pour export. . . .	7 à 6	5 à 6
London porter, ordinaire	5 à 4	3 à 4
Lambick, Bruxelles	5,5 à 3,5	4,5 à 6
Faro, Bruxelles	5 á 3	2,5 à 4
Bière de Diest (Gulde bier). . . .	10,5 à 6,5	3,5 à 6
Peeterman, de Louvain	8 à 5,5	2,5 à 5
Bière blanche, ”	5 à 3,5	2,5 à 3,3
Uytzet double, de Gand.	5 à 4	3,5 à 4,5
” simple.	4 à 3	2,7 à 3,5
Bière d'orge d'Anvers	4,5 à 3	5 à 3,5
Bière forte, de Lille	4 à 3	4 à 5
Bière blanche, Paris.	8 à 5	3,5 à 4
Bière forte, Strasbourg	4 à 3,5	4 à 4,5
Bière bavaroise	6,5 à 4	3 à 4,5
Bière de Munich : bock	9 à 7	4 à 5
” Salvator	12 à 10	5 à 6
Bière blanche, Berlin	6,2 à 5,7	1,8 à 2

Les analyses suivantes, dûes à des spécialistes distingués, donnent
une idée assez exacte de la composition des bières des types le plus
répandues.

Il est inutile de faire remarquer que ces analyses, quoique vraies,
ne donnent pas néanmoins la composition de toutes bières à ranger
sous un même nom, vu la grande variété de composition de ces
bières. On cite par exemple, des ales de Burton où la dose d'extrait
s'élève à 15 p. c.; des bières de Mumme où elle atteint 47 p. c., etc.
Ce qu'il faut surtout considérer, dans des bières observées exactement dans les mêmes conditions, c'est la proportion dans laquelle se

groupent les divers éléments, alcool, extrait, gaz carbonique; souvent, c'est de cette proportionnalité, qui n'est nullement le fruit du hazard mais bien plus celui des judicieuses combinaisons de l'industriel, qu'une bière tire la majeure partie de sa valeur et du charme qu'elle offre au consommateur.

DÉSIGNATION DES BIÈRES.	CENTIÈMES EN POIDS				NOMS DES CHIMISTES
	EXTRAIT	ALCOOL	ACIDE CARBONIQUE	EAU	
London porter de Barkley et Perkins .	6.0	5.4	0.16	88.44	Kaiser.
London porter.	6.8	6.9	—	86.13	Balling.
London porter de Berlin.	5.9	4.7	0.37	89.0	Ziurek.
Burton ale	14.5	5.9	—	79.6	Hoffmann.
Scotsch ale, Edimbourg.	10.9	8.5	0.15	80.45	Kaiser.
Ale de Berlin	6.3	7.6	0.17	85.93	Ziurek.
Lambick, Bruxelles	3.4	5.5	0.2	90.9	Kaiser.
Faro, ibid.	2.9	4.9	0.2	92.0	"
Bière salvator, Munich	9.4	4.6	0.18	85.85	"
Bock, Munich.	9.2	4.2	0.17	86.49	"
Bière ordinaire, Munich.	5.8	3.8	0.14	90.26	"
Bière de garde, Munich, âge 18 mois .	5.0	5.1	0.15	89.75	"
Bière de garde, Munich	3.9	4.3	0.6	91.64	"
Bière de débit, Brunswick	5.4	3.5	—	91.1	Otto.
Bière bavaroise, Waldschlösschen (Dresde)	4.8	3.6	—	91.5	Fischer.
Bière de débit, Prague	6.9	2.4	—	90.7	Balling.
Bière de la brasserie de la ville, Prague .	10.9	3.9	—	85.2	"
Bière douce, Brunswick (Mùmme). .	14.0	1.36	—	84.7	Otto.
Bière Josly, Berlin	2.6	2.6	0.5	94.3	Ziurek.
Bière brune, Werder, Berlin . . .	3.1	2.3	0.3	94.2	"
Bière Blanche, Berlin	5.7	1.9	0.6	91.8	"
Bière blanche, Louvain	3.0	4.0	—	93.0	La Cambre.
Peeterman, Louvain	4.0	6.5	—	89.5	La Cambre.

Voici le résultat d'analyses plus récentes communiqué par M. Mürcker.

DÉSIGNATION DES BIÈRES.	Densité.	CENTIÈMES EN POIDS.				100 CC. DE LA BIÈRE DEMANDENT POUR ÊTRE NEUTRA-LISÉS : SOLUTION NORMALE DE SOUDE CC.	NOMS DES CHIMISTES.
		Alcool.	Extrait.	Sucre.	Dextime.		
Bière de garde, Pilsen.	1.0128	3.71	4.82	0.67	2.69	—	Schwackhöfer
Bière de garde, Schwechat . . .	1.0176	3.62	6.01	0.96	3.43	—	»
Hofbrücchaus, Munich	1.0170	3.70	5.87	—	—	—	Prundt.
Bière d'exportation, Weihenstephan	1.0189	3.20	6 07	0.96	3.22	2.5	Krandauer.
Spatenbräu, Munich	1.0207	3.23	6 61	1.38	5.23	—	Prundt.
Indian pale ale, Bremen . . .	1.0144	5.41	5.90	0.66	1.57	4.4	»
Porter	1.0207	5.72	7.43	—	—	—	Schwackhöfer.
Faro	1.0135	4.33	5.15	0.71	2.90	7.9	Krandauer.
Lambick 1839	1.0115	7.77	5.65	1.06	2.51	12.4	»
» 1872	1.0033	5.94	3.30	0.48	1.74	11.0	»
Bière d'exportation, Magdebourg .	1.0181	4.20	6.31	1 20	2.66	9 9	»
» » Strasbourg .	1.0149	4.75	5 62	0.85	2.41	2.4	»
Bière d'Amsterdam	1.0092	5.16	4.30	0.47	1.08	5.10	»

On consultera avec fruit, dans le même ordre d'idées, un beau travail de M. Schackhöfer, donnant l'analyse de 55 bières diverses[1].

Voici les résultats des analyses complètes de deux espèces de bières de garde, celle de Schwechat (Vienne) et celle de Dilsen (Bohême), tels que les fournit ce remarquable mémoire.

La première est plus dense, plus riche en extrait, en substances albumineuses et en acide carbonique; elle est plus corsée, mais moins riche en alcool, c'est-à-dire moins complètement fermentée que la bière de Pilsen. Ces analyses peuvent servir de modèle et ces nombres montreront la composition des bières en général, qui ne différera de ces données que dans les proportions.

---

(1) Travail publié avec un grand détail dans l'*Organ des Central-Vereins* de Vienne, juin 1875, et dont les résultats sont reproduits par Thaussing, p. 633.

Composition centésimale.

	BIÈRE DE GARDE.	
	de Schwechat. (3 mois)	de Pilsen. (6 mois)
Densité de la bière privée d'acide carbonique . . .	1 0176	1.0128
Eau . . . . \	90.361	91.453
Alcool . . . / en 100 parties de la bière débar-	3 625	3.715
Acide acétique. \ rassée de l'acide carbonique . .	0.004	0.C07
Extrait . . /	6.010	4.825
	100 000	100.000

Cette quantité d'extrait se compose de :

ÉLÉMENTS.	BIÈRE DE GARDE.	
	de Schwechat	de Pilsen.
Dextrine	3.430	2.690
Glucose	0.959	0.669
Glycérine	0 039	0.045
Acides lactique et succinique.	0.130	0.171
Substances albumineuses	0.521	0.410
Subst. extraites du houblon	0.720	0.639
Substances minérales	0.211	0 201
Acide carbonique, centièmes en poids de la bière en tonneau	0.391	0.378
Acide carbonique, centimêtres cubes par litre, dans le tonneau	2.067	1.988
Après soutirage.	1.850	1.568
Densité originaire du moût	13.3 % Ball.	12 3 % Ball.
Atténuation, degrés disparus.	7.25	7.43
″ degrés de fermentation %. . . .	54.67	60.65
Centièmes d'alcool pour 1 centième d'extrait. .	1.66	1.30
Dextrine pour 1 partie de glucose	3.57	4.01
Substances extractives non azotées pour une partie des substances extractives azotées . .	1.016	1.028
Couleur (déterminée au moyen du chromoscope Stammer)	6.3	4.3
Observation viscosimétrique.		
Vitesse d'écoulement, seconde	4.30	3.50
Calculée en centièmes.	7.17	5.83

Voici les nombres extrêmes tirés des 55 analyses de Schwack-höfer, relatives à des bières consommées à Vienne.

Densité	1.0096	à	1.0324
Alcool.	2.52 %	»	5.72 %
Extrait	3.89	»	9.78 %
Densité originaire de moût	9.74 %	»	18.78
Degré de fermentation	47 %	»	69.3 %
Acidité en centièmes d'acide lactique (1) . . .	0.08	»	0.34

L'extrait contient :

Substances non azotées	3.45	»	8.83
» azotées (albumineuses)	0.14	»	0.83
Cendres	0.14	»	0.40

Composition moyenne des cendres en 100 parties :

Potasse	34.1
Soude.	8.5
Chaux.	2.9
Magnésie.	6.3
Oxyde de fer	0.3
Acide phosphorique	32.1
» sulfurique	3.1
Silice	9.7
Chlore	3.0

Acidité de la bière. — Toute fermentation alcoolique est accompagnée de la formation d'acide succinique et d'acide acétique; pendant la production de la bière il y a, en outre, formation d'acide lactique. Par suite, toutes les bières, sans exception, présentent la réaction acide, à un degré plus ou moins sensible, que dans le chapitre suivant nous apprendrons à déterminer.

Le chimiste Helkmeyer, sur les conseils du professeur Mulder, a publié le résultat de divers essais de bières hollandaises, exécutés en vue de connaitre la nature et la proportion des acides qui s'y rencontrent normalement. Voici le tableau de ces analyses :

---

(1) La proportion d'acide acétique est très-faible dans les bières non altérées; elle varie ordinairement entre 0,003 et 0,007 % et monte rarement à 0,01 %.

BIÈRES DE HOLLANDE.	ALCOOL POUR 100 VOL.	SUR 100 PARTIES EN POIDS.				
		Acide acétique.	Acide lactique.	Acide carboni-que.	Extrait.	Cendres
Oud bruin bier du Boog.	3.8	0.035	0.32	0.037	3.36	0.34
Nieuw ligt » »	4.1	0.008	0.25	0.103	2.86	0.25
Lambick » »	5.4	0.016	0.35	0.159	3.49	0.36
Lambick du Krans . .	4.6	0.120	0.40	0.090	1.79	0.21
Bière de table d'Aker. .	4.4	0.044	0.16	0.163	3.41	0.34
Prinsessen-bier . . .	4.0	0.060	0.17	0.090	2.60	0.21
Heumens-bier. . .	4.2	0.012	0.27	0.135	2 79	0.28
Bosch-bier.	5.2	0.044	0.42	0.010	4.83	0.38
Nuijs de Middelbourg .	4.9	0.020	0.26	0 100	5.18	0.42

C'est ici le cas de poser cette question, d'une importance considérable dans la pratique : Quel est le degré d'acidité normale que la bière ne doit pas dépasser, au-delà duquel elle est considérée comme altérée et impropre à la consommation ?

Pour résoudre cette question, il faut d'abord établir ces deux points principaux : premièrement l'acidité normale des diverses *espèces de bières* et puis la proportion entre la quantité d'acide et la *quantité d'extrait* contenues dans chaque espèce.

Voici, d'après M. Griessmayer (*Zeitschrift für das gesammte brauwesen*, 1878 nᵉ 4.), les résultats de ces déterminations pour différentes catégories de bières. L'extrait est dosé directement par dessiccation, l'acide — après élimination de l'acide carbonique — est titré par une solution d'alcali normale, dont le volume employé pour neutraliser la bière est traduit en centièmes d'*acide lactique*.

L'acidité des bières de garde bavaroises exige en moyenne 1,8 — 2,6 c. c. de la solution normale alcaline pour la neutralisation de 100 c.c. de bière, ce qui équivaut à 0,162 — 0,234 pour cent d'acide lactique; la moyenne de l'acidité (L) étant de 0.20 et celle de la proportion d'extrait (E) de 6,0, on trouve la relation entre ces deux quantités, ou le *quotient d'acidité*, par la relation :

$$E : L = 100 : x,$$
$$\text{soit } 6{,}0 : 0{,}20 = 100 : x$$
$$\text{d'où } x = 3{,}33.$$

Le quotient d'acidité représente donc la proportion d'acide pour 100 parties d'extrait.

Voici les nombres correspondants pour plusieurs bières différentes bien caractérisées.

BIÈRES.	E. EXTRAIT EN 100 P.	L. ACIDE LACTIQUE EN 100.	C. C. DE LA SOLUTION ALCALINE NORMALE	QUOTIENT D'ACIDITÉ. $\dfrac{100\,L}{E}$
Bière de garde, Munich Pscharr . . .	6 4	0.23	2.55	3.593
〃 〃 〃 Spaten. . . .	6.16	0.2	2 22	3.246
Pilsen	4.55	0.13	1.44	2.857
Bière d'exportation, Weihenstephan . .	5.75	0.15	1.66	2.608
L'Ahrens, Berlin.	4,67	0.169	1 18	3 618
〃 pasteurisé	4 59	0 17	1.9	3 7
Munich. Hofbraenhaus . . . . . ·	5.43	0.16	1.77	2.946
Pale ale, Bass.	5.99	0.13	1.44	2.17
Stans, Barclay et Berkins	7.41	0.32	3.55	4.318
Salvator 1875	9.078	0.27	3	2.974
Lambic 1869	2.95	1 116	12.4	37.83
Schwechat; bière de garde 1875 . .	6.01	0.134	1.5	2.229
Pilsen 〃 〃 1875 . . .	4 82	0.178	1.97	3.697
Liesing 〃 〃 1875 . . .	6 04	0.15	1.66	2.483
St. Max ; bière de mars.	6.42	0.11	1.22	1.71
St. Max ; bière de table.	4 87	0.1	1 11	2.053
Back, Munich.	7 1	0 18	2.0	2 535
Kulmbeut, exportation	7.38	0 16	1 77	2 535
Nüremberg, 〃	7.05	0.17	1.9	2.411
Ale	4.81	0.31	3.44	6.444
Porter	7 43	0 34	3.77	4 576
Stons, Guiness	6.626	0 63	7.0	2.5

On remarquera, d'après ces données, que l'acidité moyenne des bières de garde allemandes et autrichiennes est de 0,164 et que le quotient d'acidité moyen de ces bières est de 2,862.

La bière Ahrens, avec 0,17 d'acide, ne dépasse que de peu la moyenne de 0,164, mais par suite du peu d'extrait (4,57) son quotient d'acide est le plus élevé (3,7). Le goût en devra être beaucoup plus acide que, par exemple, celui du Spalen, avec une acidité plus grande (0,2) mais avec beaucoup plus d'extrait (6,16).

L'acidité des bières anglaises est plus forte, mais celle de la bière belge citée dans ce tableau surpasse toutes les autres ; en Allemagne elle devrait passer pour altérée et trop acide pour pouvoir être consommée.

Il en résulte que l'acidité maximum, dans les bières normales, ne saurait dépasser, est différente selon les pays et le goût des consommateurs et ne pourrait être fixée généralement ; ce maximum devra être établi, en moyenne, d'après les analyses des bonnes bières types.

LIVRE IV.

DOSAGES.

CHAPITRE PREMIER.

DOSAGE DE LA PROPORTION D'EXTRAIT DANS LES GRAINS MALTÉS OU CRUS.

La valeur du malt ou des grains crus mis en œuvre par le brasseur dépendant essentiellement de la quantité d'extrait que peuvent fournir ces matières premières, on conçoit toute l'importance que présente une évaluation préalable de cette quantité, tant par l'essai empirique que par des déterminations précises. Voici diverses méthodes, d'un emploi aisé, pour arriver à cette détermination.

I. — ÉVALUATION DE L'EXTRAIT DANS LE MALT.

a. *Méthode approximative de M. Balling.* — Dans une petite chaudière *ad hoc*, tarée d'avance, on met 100 gr. de malt pulvérisé et 400 gr. d'eau. On chauffe au Bain-Marie, à 70-75°, en remuant constamment et en maintenant cette température pendant 3/4 d'heure : les matières solubles se saccharifient et entrent en dissolution ; à ce moment, on porte rapidement à l'ébullition que l'on maintient pendant cinq minutes.

Le malt refroidi à 30° est additionné de la quantité d'eau nécessaire pour parfaire le poids de 533 gr. (pour le contenu de la chaudière).

Supposons que la solution filtrée ainsi obtenue, refroidie à 17°,5 c., accuse 12°,2 à l'aréomètre Balling. Le liquide renfermant 12,2 %, d'extrait, 500 gr. de moût en renferment donc 61 gr. et comme il provient de 100 gr. de malt, celui-ci contient 61 % d'extrait.

Dans cette méthode on admet que 100 gr. de malt renferment 33 gr. de matières insolubles ou drèches.

Quant à la valeur des indications aréométriques de l'instrument, voir (Liv. I, pages 63 et suiv.) ce qui a trait à cet objet spécial.

Cette méthode, généralement suffisante au point de vue industriel, n'est donc pas scientifiquement exacte. C'est pourquoi, il est préférable d'avoir recours au procédé suivant.

b. *Détermination exacte de l'extrait.* — L'humidité est déterminée par dessication à 100-110° jusqu'à constance de poids.

Supposons que la proportion d'eau constatée de la sorte soit de 8 %, dans l'exemple précédent ; le poids total de moût est formé par 408 d'eau et 92 de malt sec, et l'on compte 11,2 gr. de matières solubles dans 100 gr. de solution.

Soit 12,2 gr. d'extrait par 87,8 d'eau.

On trouve ainsi : $87,8 : 12,2 = 408 : x$

d'où $x = 56,5$.

Ainsi le malt en question contient :

$$\begin{cases} \text{extrait} & 56,5 \\ \text{eau} & 8,0 \\ \text{drèche} & 35,5 \\ \hline & 100,0 \end{cases}$$

Le contrôle est aisé : le liquide étant filtré, le résidu restant sur le filtre, lavé et desséché à 110°, fournit le poids exact des drèches.

II. — ÉVALUATION DE L'EXTRAIT DANS LES GRAINS NON MALTÉS.

On traite, comme dans la méthode précédente, cent grammes d'un mélange composé, par moitié, de grains crus qu'il s'agit d'essayer et de malt dont on connaît la teneur en extrait.

Supposons que l'aréomètre indique 13°.

Les 100 gr. de mélange contiennent $5 \times 13 = 65$ % d'extrait.

Cent p. de chacune de ces substances fourniraient évidemment 130 p. d'extrait. Si l'on a trouvé 61°/₀ pour le malt il reste 130-61 = 69 °/₀ pour les grains en question.

La farine de riz, de maïs et autres grains durs, doit être mouillée pendant quelque temps à 90° et puis refroidie à 75° avant l'addition de farine de malt.

Pour le maïs, on aura recours à la méthode suivante : 40 grammes de farine de maïs et 60 grammes de farine de malt de composition connue, sont macérés ensemble comme dans le cas précédent. Le dosage préalable de l'humidité du maïs est indispensable. Supposons qu'on trouve 12 °/₀ d'eau.

Si l'on a ajouté 500 grammes d'eau au mélange, et que le moùt indique 11° Balling, on fera le calcul suivant :

12 °/₀ d'eau soit pour 40 gr. maïs	4,8	gr.
8 °/₀ » » 60 gr. malt	4,8	»
eau ajoutée	500	»
	509,6	»

Comme il y a 11 p. de substances solubles sur 89 d'eau, on posera :

$$69 : 11 = 509,6 : x.$$

Ce qui donne, pour la quantité totale d'extrait, $x = 62.97$.

Le malt seul, contenant par exemple 61,5 °/₀ d'extrait, on pose :

$$100 : 61,5 = 60 : y.$$

D'où, pour l'extrait du malt, $y = 36,9$.

Le maïs contient donc $62,97 - 36,9 = 26,07$ pour 60 gr. c'est-à-dire 65,18 °/₀ d'extrait.

On trouve ainsi, pour la composition du maïs en question :

Extrait.	65,18
Eau.	12,00
Drêche.	22,82 (par différence).
	100,00

CHAPITRE DEUXIÈME.

ESSAI DE LA LEVURE AU MICROSCOPE.

Dans les expériences qui ont pour objet l'examen de la levûre, le microscope doit montrer une image claire à un agrandissement linéaire de 600. Pour l'essai de la levûre, on place sur le porte-objet la matière adhérente à la pointe d'une épingle plongée dans un échantillon convenablement choisi, et on ajoute une goutte d'eau distillée. L'observation doit se faire à la seule lumière réfléchie par le miroir disposé en dessous du porte-objet. On empêche l'accès de la lumière diffuse à l'aide d'un écran en papier.

L'examen porte sur les points suivants :

1° *La forme des cellules* : elle ne doit pas être ronde, mais plutôt ovale, un peu pointue des deux bouts.

2° *Leurs dimensions.* — Plus les cellules sont grandes, mieux elles se déposent : les petites cellules restent longtemps flottantes et produisent une bière trouble, surtout par leur multiplication durant la fermentation secondaire.

3° *L'aspect de la paroi.* — Celle-ci doit être transparente et fine. Les parois épaisses entravent les phénomènes osmotiques dont elles sont le siége : l'alimentation régulière, le développement, et la propagation des cellules est, dès lors, imparfaite, ce qui empêche une fermentation normale.

4° *Les cellules nouvellement formées.* — Elles doivent offrir un contenu très-clair, limpide, incolore ; celles qui présentent un aspect granuleux, avec une ou plusieurs vacuoles, sont à l'apogée de leur force vitale.

Les cellules vieilles perdent leurs fonctions vitales, ont un contenu plus foncé, plus grossièrement granuleux et sont privées de vacuoles; de forme irrégulière, elles semblent flétries.

5. *Les impuretés.* — Surtout les ferments étrangers, qu'on rencontre dans presque toutes les levûres. La petite levûre (saccharomyces exiguus) se produit souvent en excès dans les fermentations à basse température : ses cellules ont un diamètre qui atteint à peu près la moitié de celui des cellules de la levûre ordinaire.

Le ferment lactique a la forme de petites baguettes allongées (bactéries). Le ferment acétique a les cellules allongées, formant chaîne; le ferment butyrique est de forme à peu près semblable au ferment lactique. Le ferment visqueux est formé de cellules larges de 0,0012 mm. juxtaposées en chapelet. (Voir Liv. III, p. 476.)

Ces ferments se reconnaissent aisément au microscope, instrument dont le fonctionnement et le maniement devraient être familiers à tout industriel.

La bière, au moment de l'entonnage, révélant au microscope la nature des matières en suspension permet au brasseur de choisir avec plus de certitude les moyens de clarification.

On observe très-bien la multiplication du levain en plaçant sur le porte-objet quelques cellules avec un peu de moût, de manière que la substance ne se dessèche point. Il est aisé d'observer les phases diverses qui marquent l'existence des cellules de levûre. On note la vigueur et l'intensité de production des générations qui se succèdent, comme aussi le développement parallèle des ferments étrangers.

Ici comme ailleurs, l'exercice fait le maître. Le praticien ne doit pas se décourager si les premiers essais demeurent infructueux; au bout d'un certain temps, le tour de main s'acquiert et l'industriel se trouve dès lors en possession d'un moyen aisé de se renseigner rapidement et sûrement.

CHAPITRE TROISIÈME.

ESSAI DE LA BIÈRE.

––––––

I. — DOSAGE ARÉOMÉTRIQUE D'APRÈS BALLING.

Les besoins courants de l'industrie réclament des renseignements continuels que la chimie seule peut fournir. Or, les méthodes en usage pour les recherches scientifiques ne sont généralement pas à la portée de l'industriel; en outre, elles réclament un temps et souvent des dépenses qui font habituellement reculer le praticien. On s'est donc efforcé de trouver des procédés dont la simplicité et la rapidité rendît l'usage facile ou du moins accessible à l'industriel désireux de mettre à profit les indications fournies par les phénomènes auxquels il assiste, phénomènes qui s'accomplissent avec ou sans son consentement, et dont l'ignorance produit souvent des pertes incalculables.

Atténuation. — Balling, en étudiant les lois de l'atténuation, est prévenu à trouver une méthode qui se recommande à tous égards.

L'atténuation est la diminution de la densité exprimée en centièmes qu'éprouve le moût par suite de la conversion en alcool (et la disparition de l'acide carbonique) de la glucose qu'il renferme.

Désignons par :

p La proportion d'extrait en centièmes trouvée par l'aréomètre Balling, à 17°5, avant la fermentation.

m L'indication aréométrique correspondante dans la bière, après l'élimination de l'acide carbonique par agitation.

n L'indication aréométrique après élimination de l'alcool.

$p - m$ sur l'atténuation apparente.

$$v = \frac{p - m}{p}, \text{ le degré apparent de fermentation.}$$

$$V = \frac{p - n}{p}, \text{ le degré réel de fermentation.}$$

$$D = n - m, \text{ la différence d'atténuation.}$$

$$q = \frac{p - m}{p - n}, \text{ le quotient d'atténuation.}$$

Désignons par a le coefficient alcoolique de l'atténuation apparente.

  »   » b »   »   »   »   réelle.

  »   » c »   » de la différence d'atténuation.

Si le moût marque $12°$ Balling et la bière, délivrée d'acide carbonique, $6°$, l'atténuation apparente sera : $12 - 6 = 6$.

Le degré apparent de fermentation : $v = \frac{p - m}{p}$ soit $\frac{12 - 6}{12} = 0{,}5$ c'est-à-dire 50 %.

Pour déterminer le degré réel de fermentation, on pèse une certaine quantité de bière dont on élimine l'acide carbonique par agitation. Par évaporation on réduit le liquide à $1/2$ ou $2/3$ du volume initial : l'alcool se trouve ainsi complétement volatilisé. On rétablit le poids primitif avec de l'eau pure.

Admettons que l'aréomètre Balling indique $7°,7$ dans le liquide ainsi traité, l'atténuation réelle sera $12 - 7,7 = 4{,}3$; et le dégré réel de fermentation $\frac{12 - 7,7}{12} = 0{,}358$.

C'est-à-dire 35, 8 % de l'extrait de moût (avant fermentation). La différence d'atténuation, c'est-à-dire l'erreur due à l'atténuation apparente, est :

$$T = 7{,}7 - 6 = 1{,}7.$$

Les coëfficients alcooliques permettent de trouver la proportion d'alcool de trois manières différentes :

$$\text{Prop. d'alcool. } A = (p - m)\,a$$
$$= (p - n)\,b$$
$$= (n - m)\,c$$

Balling a déterminé les nombres a, b, c par des essais directs et pour les moûts de 1 à 30° (v. p. 497). Ils permettent de trouver la richesse de la bière en alcool ; on voit que la concentration primitive du moût dont dérive la bière exerce une grande influence sur les divers coëfficients. De là l'utilité, nous dirons même la nécessité, de posséder une comptabilité technique dans la brasserie (v. p. 366), en vue de se rendre compte du travail tant par des données chiffrées que par des essais périodiques.

Que l'on trouve, par exemple, 5,5 % d'extrait réel dans une bière provenant d'un moût à 11 %, la densité apparente de la bière donnera :

$$m = 4,5.$$
$$A = (11 - 4,5)a.$$

Le tableau indique, pour 11%, $a = 0,4167$.

On aura donc $A = (11 - 4,5)\,0,4167 = 2,5$.

D'où l'on déduit que la bière contient comme éléments essentiels :

Alcool	2,5
Extrait	5,5
(par différence) Eau	92,0
	100,0

On peut de même déduire la proportion d'alcool des autres valeurs de A précédemment indiquées.

Voici le tableau de Balling, contenant les coëfficients alcooliques pour les différents cas et pour une densité de moût entre 1 et 20 %.

Coëfficients alcooliques et quotients d'atténuation pour la fermentation des moûts de bieres, d'après Balling.

EXTRAIT DANS LE MOUT o/° BALLING.	COEFFICIENTS ALCOOLIQUES POUR			QUOTIENTS D'ATTÉNUATION.
	L'ATTÉNUATION		la diffé- rence d'at- ténuation $n - m$	
	apparente $p - m$	réelle $p - n$		$\dfrac{p - m}{p - n}$
$= p$	$= a$	$= b$	$= c$	$= q$
1	0.3983	0.4864	2.2010	1.221
2	0.4001	0.4889	2.2024	1.222
3	0.4018	0.4915	2.2041	1.223
4	0.4036	0.4941	2.2058	1.224
5	0.4054	0.4967	2.2076	1.225
6	0.4073	0.4993	2.2096	1.226
7	0.4091	0.5020	2.2116	1.227
8	0.4110	0.5047	2.2137	1.228
9	0.4129	0.5074	2.2160	1.229
10	0.4148	0.5102	2.2184	1.230
11	0.4167	0.5130	2.2209	1.231
12	0.4187	0.5158	2.2234	1.232
13	0.4206	0.5187	2.2262	1.233
14	0.4226	0.5215	2.2290	1.234
15	0.4246	0.5245	2.2319	1.235
16	0.4267	0.5274	2.2350	1.236
17	0.4288	0.5304	2.2381	1.237
18	0.4309	0.5334	2.2414	1.238
19	0.4330	0.5365	2.2448	1.239
20	0.4351	0.5396	2.2483	1.240

Comme il est aisé de le voir, les coëfficients alcooliques reposent sur la valeur de p.

Ce dernier nombre étant connu, les calculs sont, grâce aux

tableaux de Balling, d'une extrême simplicité. Dans le cas contraire, on peut déterminer p par le calcul suivant :

$$q = \frac{p - m}{p - n} \qquad \text{d'où } p = \left(\frac{n - m}{q - 1}\right) + m.$$

Admettons $q = 1,232$;   si $m = 4,25$ et $n = 5,55$.

On aura :

$$p = \frac{5,55 - 4,25}{1,232 - 1} + 5,55 = 11,15.$$

Ce qui donne une valeur approchée de la densité du moût dont dérive la bière en question.

Le tableau fournit pour quotient d'atténuation 1,231, correspondant à cette proportion d'extrait.

Ce quotient permet enfin de reconnaître la véritable valeur de p.

$$p = \frac{5,55 - 4,25}{1,231 - 1,000} + 5,55 = 11,177 \,°/_\circ.$$

La proportion d'alcool est par suite 2,88, et la bière offre la composition centésimale suivante :

Alcool	2,886
Extrait	5,55
Eau	81,564

Les degrés de fermentation réels et apparents se déduisent également de la valeur de p. C'est ce qui nous a engagé à donner une méthode générale pour la détermination et la vérification de ce facteur important.

La valeur C, coëfficient alcoolique de la différence des atténuations est, en moyenne, 2,24 pour les bières provenant de moûts entre 10 et 20 °/$_\circ$. On peut, dès lors, pour plus de simplicité, se contenter, dans la majorité des cas, de rechercher la richesse alcoolique d'après la formule :

$$A = (n - m)\, C.$$

Le chimiste Metz a construit un aréomètre spécial donnant le poids spécifique avec une approximation de 4 décimales.

II. — MÉTHODE ARÉOMÉTRIQUE DE METZ.

Supposition, pour la densité de la bière 1.0139, et, après désalcoolisation, 1.0250; le tableau (p. 500) indiquera pour la proportion d'extrait de la bière 6,244 °/₀. Un centimètre cube du liquide désalcoolisé contiendra donc en extrait :

$$1.0250 : x = 100 : 6,244$$
$$x = \frac{1.025 \times 6,244}{100} = 0,06400161.$$

La proportion d'extrait renfermé dans la bière sera donnée par la relation :

$$100 : y = 1,0189 : 0,064001$$
$$y = \frac{100 \times 0,064001}{1,0189} = 6,281.$$

En d'autres termes, pour obtenir la quotité de l'extrait, le chiffre fourni par le tableau de Balling est multiplié par la densité de la bière désalcoolisée et divisé par la densité originaire de la bière.

Proportion d'alcool. — Ce rapport des densités est important et peut servir à la détermination de l'alcool. Dans l'exemple précédent ce rapport est $\frac{1,0189}{1,0252} = 0,9939$.

M. Fownes a réuni dans un tableau (voir p. 504) les richesses alcooliques (valeurs de p) correspondantes à ces rapports. A la quantité 0,9939 correspond, dans le tableau de Fownes, une valeur $p = 3,47$. Dès lors, la bière en question a une richesse alcoolique de

$$A = \frac{3.47}{1.0252} = 3,38.$$

Des déterminations précédentes on conclut que les éléments essentiels de la bière soumise à l'examen sont dans les proportions suivantes :

Extrait . . . . 6,28.
Alcool. . . . . 3,48.
Eau (par différence). . . . . 90,64.

Tableau de Balling pour l'analyse indirecte de la bière. Relations entre la densité et la proportion d'extrait.

I.	II.	III.	I.	II.	III.	I.	II.	III.
DENSITÉ.	Extrait; centièmes en poids ou grammes par 100 gr. de moût.	Densité multipliée par centièmes en poids d'extrait correspond. ou grammes d'extrait par 100 c.c. de moût; $\sum$ multipl. par centièmes d'extrait corresp.	DENSITÉ.	Extrait; centièmes en poids ou grammes par 100 gr. de moût.	Densité multipliée par centièmes en poids d'extrait correspond. ou grammes d'extrait par 100 c.c. de moût; $\sum$ multipl. par centièmes d'extrait corresp.	DENSITÉ.	Extrait; centièmes en poids ou grammes par 100 gr. de moût.	Densité multipliée par centièmes en poids d'extrait correspond. ou grammes d'extrait par 100 c.c. de moût; $\sum$ multipl. par centièmes d'extrait corresp.
1.0000	0 000	0.0000	1.0039	0 975	0 9788	1.0078	1.950	1.9652
1.0001	0.025	0 0250	1.0040	1.000	1.0040	1.0079	1.975	1.9906
1.0002	0.050	0.0500	1.0041	1 025	1 2902	1.0080	2.000	2.0160
1.0003	0.075	0.0750	1 0042	1.050	1 0544	1.0081	2.025	2 0414
1 0004	0.100	0.1000	1 0043	1 075	1.0796	1.0082	2 050	5.0668
1.0005	0.125	0 I251	1·0044	1.100	1 1048	1.0083	2.075	2.0922
1.0006	0.150	0 1501	1.0045	1.125	1 1301	1 0084	2.100	2.1176
1.0007	0.175	0.I751	1 0046	1.150	1.1553	1.0085	2.125	2.1431
1.0008	0 200	0.2002	1.0047	1.175	1.1805	1.0086	2.150	2.1685
1.0009	0·225	0 2252	1.0048	1 200	1.2058	1.0087	2.175	2.1939
1.0010	0 250	0 2502	1 0049	1.225	1 2310	1.0088	2.200	2.2194
1.0011	0 275	0.2753	1 0050	1 250	1.2563	1.0089	2 225	2.2448
1.0012	0.300	0.3004	1 0051	1 275	1.2815	1.0090	2.250	2.2703
1.0013	0 325	0 3254	1.0052	1.300	1.3068	1.0091	2.275	2.2957
1.0014	0 350	0.3505	1.0053	1 325	1.3320	1.0092	2.300	2.3212
1.0015	0 375	0.3756	1.0 54	1.350	1.3573	1 0093	2.325	2.3466
1.0016	0.400	0.4006	1.0055	1.375	1.3826	1.0094	2.350	2 3721
1.0017	0 425	0.4257	1 0056	1.400	1.4078	1 0095	2.375	2.3976
1.0018	0.450	0.4508	1 0057	1.425	1.4331	1.0096	2.400	2.4230
1.0019	0 475	0.4759	1 0058	1.450	1.4584	1.0097	2.425	2.4485
1.0020	0.500	0 5010	1.0059	1.475	1 4837	1 0098	2.450	2.4740
1.0021	0.525	0.5261	1 0060	1.500	1.5090	1 0099	2.475	2.4995
1.0022	0.550	0.5512	1.0061	1.525	1.5343	1 0100	2 500	2.5250
1.0023	0.575	0 5763	1.0062	1.550	1 5596	1 0101	2.525	2.5505
1.0024	0.600	0.6014	1 0063	1.575	1 5849	1.0102	2.550	2.5760
1 0025	0.625	0 6266	1.0064	1 600	1.6102	1.0103	2 575	2.6015
1.0026	0.650	0.6517	1 00.5	1.625	1.6356	1.0104	2.600	2.6270
1 0027	0·675	0.6768	1.0066	1.650	1 6609	1.0105	2.625	2.6526
1.0028	0.700	0 7010	1.0067	1 675	1.6862	1.0106	2.650	2.6781
1.0029	0.725	0.7271	1.0068	1.700	1.7116	1.0107	2.675	2 7036
1.0030	0.750	0 7523	1.0069	1.725	1.7369	1.0108	2.700	2 7292
1 0031	0.775	0.7774	1.0070	1 750	1.7623	1.0109	2.725	2.7547
1.0032	0.800	0 8026	1.0071	1 775	1.7876	1 0110	2.750	2 7803
1.0033	0.825	0 8277	1.0072	1.800	1.8130	1 0111	2 775	2.8058
1.0034	0.850	0 8529	1.0073	1.825	1 8383	1.0112	2.800	2.8314
1 0035	0 875	0.8781	1 0074	1 850	1 8637	1 0113	2 825	2 8569
1 0036	0.900	0.9032	1 0075	1.875	1.8891	1 0114	2 850	2.8825
1.0037	0 925	0 9284	1.0076	1.900	1.9144	1.0115	2.875	2.9081
1.0038	0 950	0 9536	1 0077	1.925	1.9398	1.0116	2.900	2.9336

| I. | II. | III. | I. | II. | III. | I. | II. | III. |
DENSITÉ.	Extrait ; centièmes en poids ou grammes par 100 gr. de moût.	Densité multipliée par centièmes en poids d'extrait correspond. ou grammes d'extrait par 100 c.c. de moût; $\sum$ multipl. par centièmes d'extrait corresp.	DENSITÉ.	Extrait ; centièmes en poids ou grammes par 100 gr. de moût.	Densité multipliée par centièmes en poids d'extrait correspond. ou grammes d'extrait par 100 c.c. de moût; $\sum$ multipl. par centièmes d'extrait corresp.	DENSITÉ.	Extrait ; centièmes en poids ou grammes par 100 gr. de moût.	Densité multipliée par centièmes en poids d'extrait correspond. ou grammes d'extrait par 100 c.c. de moût; $\sum$ multipl. par centièmes d'extrait corresp.
1.0117	2.925	2 9592	1.0159	3 975	4.0372	1 0201	5.025	5.1260
1.0118	2.950	2 9844	1.0160	4.000	4 0640	1 0202	5 050	5.1520
1.0119	2.975	3 0108	1.0161	4 025	4.0898	1.0203	5.075	5.1780
1.0120	3.000	3 0061	1.0162	4 050	4.1156	1.0204	5.100	5.2040
1.0121	3.025	3 0366	1.0.63	4.075	4.1414	1.0205	5 125	5.2301
1.0122	3.050	3.0872	1.0164	4.100	4.1672	I.0206	5.155	5.2561
1.0123	3 075	3.1128	1.0165	4 125	4.1931	1 0207	5.170	5.2821
1.0124	3.100	3.1384	1 0166	4 150	4.2189	1.0208	5.200	5 3082
1.0125	3.125	3.1641	1.0167	4 175	4.2447	1.0209	5.225	5 3342
1 0126	3.150	3.1847	1.0168	4.200	4 2706	1.0210	5.250	5.3603
1 0127	3.175	3.2153	1.0169	4 225	4 2964	1.0211	5 275	5 3863
1.0128	3.200	3 2410	1.0170	4 250	4.3223	1.0212	5 300	5 4124
1 0129	3.225	3 2666	1.0171	4 275	4.3481	1.0213	5 325	5 4384
1.0130	3.250	3 2923	1 0172	4 300	4.3740	1.0214	5 350	5 4645
1.0131	3 275	3 3179	1.0173	4.325	4.3998	1.0215	5.375	5.4906
1.0132	3.300	3 3436	1.0174	4.350	4.4257	1 0216	5.400	5.5166
1.0133	3.325	3 3699	1.0175	4.375	4.4751	1.0217	5 425	5 5427
1.0134	3 350	3.3942	1.0176	4 400	4.4467	1 0218	5 450	5 5688
1.0135	3 375	3 4206	1.0177	4 425	4.5033	1 0219	5 475	5.5949
1.0136	3.400	3.4462	1.0178	4 450	4 5292	1.0220	5.500	5 6210
1.0137	3.425	3 4719	1.0179	4.475	4.5551	1.0221	5 525	5.6471
1.0138	3.450	3 4976	1 0180	4.500	4.5812	1.0222	5 550	5.6732
1.0139	3.475	3 5233	1 0181	4 525	4 6069	1.0223	5 575	5.6993
1 0140	3.500	3.5490	1.0182	4 550	4.6328	1.0224	5 600	5.7254
1.0141	3 525	3.5747	1 0183	4.575	4.6587	1.0225	5.625	5 7516
1.0142	3.550	3 6004	1.0184	4 600	4.6846	1.0226	5.650	5.7777
1.0143	3.575	3 6261	1.0185	4.625	4.7106	1.0227	5.675	5 8038
1 0144	3.600	3.6518	1.0186	4 650	4 7365	1.0228	5.700	5.8300
1 0145	3 625	3 6776	1.0187	4 675	4.7624	1 0229	5 725	5 8561
1.0146	3 650	3 7033	1 0188	4.700	4.7884	1.0230	5 750	5 8823
1.0147	3.675	3 7290	1.0189	4 725	4.8143	1 0231	5.775	5.9084
1.0148	3 700	3 7548	1 0190	4 750	4.8403	1 0232	5 800	5.9346
1.0149	3 725	3 7805	1 0191	4 775	4 8662	1 0233	5 825	5 9607
1.0150	3 750	3 8063	1 0192	4 800	4 8922	1 0234	5 850	2 9870
1.0151	3 775	3 8320	1 0193	4 825	4 9181	1 0235	5 875	5 0131
1.0152	3 800	3 8578	1.0194	4 850	4 9441	1.0236	5 900	6 0392
1 0153	3 825	3 8835	1 0195	4 875	3 9701	1.0:37	5.925	6.0654
1 0154	3 850	3 9093	1.0196	4 900	4.9960	1.0238	5.950	6 0916
1 0155	3.875	3 9351	1 0197	4 925	0.2205	1.0239	5 975	6.1178
1 0156	3.900	3 9608	1 0198	4.950	5 0480	1.0240	6 000	6 1440
1 1057	3 925	3.9866	1.0199	4 975	5.0740	1.0241	6 024	6.1692
1.0158	3 950	4 0124	1 0200	5.000	5.1000	1 0242	6.048	6.1944

I.	II.	III.	I.	II.	III.	I.	II.	III.
DENSITÉ.	Extrait ; centièmes en poids ou grammes par 100 gr. de moût.	Densité multipliée par centièmes en poids d'extrait corresp. ou grammes d'extrait par 100 c. c. de moût ; Σ multipl. par centièmes d'extrait corresp.	DENSITÉ.	Extrait ; centièmes en poids ou grammes par 100 gr. de moût.	Densité multipliée par centièmes en poids d'extrait corresp. ou grammes d'extrait par 100 c. c. de moût ; Σ multipl. par centièmes d'extrait corresp.	DENSITÉ.	Extrait ; centièmes en poids ou grammes par 100 gr. de moût.	Densité multipliée par centièmes en poids d'extrait corresp. ou grammes d'extrait par 100 c. c. de moût ; Σ multipl. par centièmes d'extrait corresp.
1.0243	6.073	6.2206	1 0285	7.097	7.2993	1.0327	8 122	8.3876
1.0244	6.097	6.2457	1 0286	7 122	7.3257	1.0328	8.146	8.4132
1.0245	6.122	6 2720	1.0287	7 146	7.3511	1.0329	8 170	8.4388
1.0246	6.146	9 2972	1.0288	7.170	7 3765	1.0330	8.195	8.4654
1.0247	6.170	6 3224	1.0289	7.195	7.4029	1 0331	8 219	8.4910
1.0248	6.195	6.3484	1.0290	7.214	7.4284	1.0332	8 244	8.5177
1.0249	6.219	6.3739	1.0292	7.248	7.4548	1.0333	8.268	8.5433
1.0250	6 244	6 3001	1 0292	7.262	7.4802	1.0334	8 292	8 5690
1.0251	6.268	6.4253	1.0293	7.299	7.5057	1.0335	8 316	8.5946
1.0252	6.292	6.4506	1.0294	7.315	7.5211	1.0336	8.341	8 6213
1.0253	6.316	6.4758	1.0295	7 341	7.5576	1 0337	8.365	8.6469
1.0254	6 341	6 5021	1.0296	7 366	7.5830	1.0338	8.389	8.6725
1.0255	6.365	6.5263	1.0297	7.389	7 6085	1.0339	8.413	8.6982
4.0256	6 389	6 5525	1.0298	7 413	7.6339	1.0340	8 438	8.7249
1.0257	6.413	6.5778	1.0299	7 438	7.6604	1.0341	8.463	8 7516
1.0258	6.438	6 6041	1.0300	7 463	7 6869	1.0342	8.488	8.7783
1.0259	6.463	6 6304	1.0301	7.488	7.7134	1.0343	8.512	8.8040
1.0260	6.488	6 6567	1.0302	7.512	7.7389	1.0344	8.536	8 8291
I 0261	6 512	6.6820	1.0303	7 536	7.7643	1.0345	8 560	8 8553
1.0262	6 536	6.7072	1.0340	7.560	7 7898	1 0346	8.584	8.8910
1.0263	6.560	6.7325	1.0305	7.584	7 8144	1.0347	8 609	8.9077
1.0264	6.584	6.7578	1.0306	7.609	7 8417	1 0348	8 633	8 9334
1.0265	6 609	6.7841	1.0307	7.633	7 8673	1.0349	8 657	8 9591
1.0266	6 633	6 8094	1.0308	7 657	7 8928	1.0350	8 681	8.9848
1.0267	6.657	6.8347	1.0309	7 681	7.9183	I 0351	8 706	9 0126
1.0268	6.681	6.8601	1 0310	7.706	7.9449	1.0352	8.731	9 0363
1.0269	6.706	6 8864	1.0311	7 731	7.9714	1.0353	8.756	9.0651
1.0270	6.731	6 9127	1.0312	7 756	7.9980	I.9354	8.780	9.0908
1.0271	6 756	6.9391	1.0313	7.780	8.0235	1.0355	8.804	9.1165
1.0272	6.780	6.9644	1 0314	7 804	8.0490	1.0356	8.828	9 1423
1.0273	6.804	6.9897	1.0315	7 828	8 0746	1.0357	8 853	9 1691
1 0274	6.828	7.0151	1 0316	7.853	8.1012	1 0358	8 877	9 1948
1.0275	6.853	7.0415	1.0317	7.877	8.1267	1.0359	8 901	9.2205
1.0276	6.877	7.0668	1.0318	7.901	8.1523	1.0360	8 925	9 2463
1.0277	6.901	7.0922	1 0319	7.925	8.1778	1.0361	8.950	9 2751
1 0278	6.925	7.1175	1.0302	7 950	8.2044	1.0362	8 975	9 2999
1.0279	6 950	7.1439	1 0321	7.975	8.2310	1.0363	9.000	9 3267
1.0280	6.975	7.1703	1 0322	8.000	8.2576	1.0364	9.024	9 3525
1.0281	7.000	7.1967	1 0323	8.024	8 2932	1.0365	9.048	9.3783
1 0282	7.024	7.2221	1.0324	8.048	8 2088	1.0366	9.073	9.4051
1.0283	7.048	7.2475	1.0325	8.073	8.3354	1.0367	9 097	9.4309
1.0284	7.073	7.2739	1.0326	8.097	8.3610	1.0368	9.122	9 4577

| I. | II. | III. | I. | II. | III. | I. | II. | III. |
DENSITÉ.	Extrait; centièmes en poids ou grammes par 100 gr. de moût.	Densité multipliée par centièmes en poids d'extrait corresp. ou grammes d'extrait par 100 c.c. de moût; Σ multipl. par centièmes d'extrait corresp.	DENSITÉ.	Extrait; centièmes en poids ou grammes par 100 gr. de moût.	Densité multipliée par centièmes en poids d'extrait correspond. ou grammes d'extrait par 100 c. c. de moût Σ multipl. par centièmes d'extrait corresp.	DENSITÉ.	Extrait; centièmes en poids ou grammes par 100 gr. de moût.	Densité multipliée par centièmes en poids d'extrait corresp. ou grammes d'extrait par 100 c. c. de moût Σ multipl. par centièmes d'extrait corresp.
1.0369	9.146	9 4835	1.0381	9.438	9.7976	1.0393	9 317	10.1124
1.0370	9 170	9.5093	1 0382	9.463	9.8245	1.0394	9.756	10.1409
1.0371	9 195	0.5861	1 0383	9.488	9 8514	1.0395	9.780	10.1663
1.0372	9.219	9 5619	1.0384	9.512	9.8773	1.0396	9.804	10.1922
1.0373	0 244	9 5888	1 0385	9.536	9.9031	1.0397	9 828	10 2182
1.0374	9 268	9.6146	1.0386	9 560	9 9290	1.8039	9.853	10.2451
1.0375	9.229	9 6405	1.0387	9 584	9.9549	1.0399	9.877	10 2711
1.0376	9 316	9.6963	1.0388	9 609	9.9818	1.0400	9.901	10 2970
1.0377	9 341	9.6932	1 0389	9.633	10 0077	1 0401	9 925	10.3230
1.0378	9.365	9 7200	1 0390	9 657	10.0336	1.0402	9.950	10.3590
1.0379	9 389	9.7448	1.0391	9.681	10 0595	1.0403	9 975	10.3770
1.0380	9.413	9.7707	1.0392	9.706	10.0856	1.0404	10.000	10.4040

Dans certains cas, notamment dans les expertises, on ne peut se contenter d'approximations suffisantes pour les besoins ordinaires de l'industrie : l'on a dans ce cas recours aux méthodes suivantes, peu à la portée de la plupart des industriels, et qui exigent, en général, la main assurée et les études suivies des spécialistes.

B. DÉTERMINATIONS DIRECTES.

III. — DOSAGE DE L'EXTRAIT.

Un échantillon convenablement choisi, débarrassé de l'acide carbonique, est évaporé et desséché, d'abord lentement et avec précaution de manière à éliminer la plus grande partie de l'humidité à 90° ; finalement, la température est maintenue quelque temps à 100° et atteint même 105-110° à la fin de l'opération.

Tableau de Fownes : Relation entre la densité et la richesse alcoolique en poids.

Densité à 15°,5 c.	Centièmes en poids d'alcool.	Densité à 15°,5 c.	Centièmes en poids d'alcool.	Densité à 15°,5 c.	Centièmes en poids d'alcool.	Densité à 15°,5 c.	Centièmes en poids d'alcool.	Densité à 15°,5 c.	Centièmes en poids d'alcool.	Densité à 15°,5 c.	Centièmes en poids d'alcool.	Densité à 15°,5 c.	Centièmes en poids d'alcool.	Densité à 15°,5 c.	Centièmes en poids d'alcool.
0.9901	0.50	0.9972	1.56	0.9953	2 65	0.9934	3.77	0 9915	4 94	0.9896	6.14	0.9877	7 46	0.9858	8.79
0.9990	0.55	0 9971	1.62	0 9952	2.71	0.9933	3 82	0.9914	5.00	0.9895	6.21	0.9876	7.53	0.9857	8.86
0.9989	0 60	0.9970	1 69	0.9951	2.76	0.9932	3.88	0 9913	5.06	0 9994	6 29	0.9875	7.60	0.9856	8.93
0.9988	0.65	0 9969	1.75	0.9950	2 82	0.9931	3.94	0 9912	5.12	0·9893	6.36	0 9874	7.66	0.9855	9 00
0.9987	0.70	0.9968	1.81	0 9949	2 87	0.9930	4 00	0.9911	5.19	0.9892	6.43	0.9873	7.73	0.9854	9.07
0.9986	0.75	0·9967	1.87	0 9948	2 93	0,9929	4.06	0.9910	5 25	0 9891	6.50	0.9872	7.80	0 9853	9 14
0.9985	0.80	0 9966	1.94	0.9947	3 00	0 9928	4.12	0.9909	5 31	0.9890	6 57	0.9871	7.86	0 9852	9 21
0.9984	0.85	0 9965	2 00	0 9946	3 06	0.9927	4.19	0.9908	5 37	0.9889	6 64	0.9870	7.93	0.9851	9 29
0.9983	0.90	0 9964	2.06	0 9945	3 12	0 9926	4 25	0.9907	5.44	0.9888	6.71	0.9869	8 00	0 9850	9.36
0.9982	0.95	0.9963	2.11	0 9944	3 18	0 9925	4.31	0.9906	5.50	0.9887	6 79	0.9868	8.07	0 9849	9.43
0.9981	1.00	0.9962	2.17	0.9943	3 24	0.9924	4.37	0 9905	5 56	0.9886	6 86	0.9867	8.14	0 9848	9.50
0.9980	1.06	0.9961	2.22	0.9942	3 29	0 9923	4 44	0 9904	5.62	0.9885	6.93	0.9866	8.21	0 9847	9.57
0.9979	1.12	0 9960	2.28	0 9941	3.35	0.9922	4.50	0 9903	5.69	0 9884	7 00	0.9865	8 29	0 9846	0.64
0.9978	1.19	0 9959	2 33	0 9940	3.41	0 9921	4 56	0 9902	5.75	0 9883	7 07	0.9864	8.36	0 9845	9.71
0.9977	1.25	0.9958	2.39	0 9939	3 47	0 9920	4 62	0.9901	5 81	0.9882	7 13	0.9863	8 43	0.9844	9 79
0.9976	1.31	0 9957	2.43	0 9938	3 53	0 9919	4 69	0.9900	5.87	0 9881	7 20	0.9862	8 50	0 9843	9.86
0.9975	1.37	0 9956	2.49	0 9937	3.59	0 9918	4.75	0.9899	5 94	0 9880	7 27	0 9861	8.57	0.9842	9.93
0.9974	1.44	0.9955	2.54	0.9936	3 65	0 9917	4 81	0.9898	6.00	0.9879	7.33	0 9860	8.64	0 9841	10.00
0.9973	1.50	0 9954	2 60	0.9935	3.71	0.9916	4 87	0.9897	6.07	0.9878	7 40	0.9859	8.71		

IV. — DOSAGE APPROXIMATIF, MÉTHODE HOLZNER.

Les méthodes décrites jusqu'ici ne possédant pas le degré de simplicité et de facilité désirable pour les usages de chaque jour, M. Holzner vient de combler cette lacune en établissant des tableaux basés sur les données de Balling (v. plus haut) et qui permettent de trouver les quantités d'*extrait et d'alcool* contenues dans la bière, à l'aide du thermomètre et du saccharimètre Balling seul. L'exactitude de ces instruments bien établie, la proportion de ces deux éléments essentiels de la bière est dosée par sa méthode avec une approximation de 0,4 pour cent.

La détermination de l'extrait et de l'alcool, d'après cette méthode abrégée, demande deux observations saccharimétriques, exécutées toutes deux exactement à *la température normale* de l'instrument : la première à l'aide du moût avant la fermentation, voire avant l'addition du ferment, la seconde après la fermentation principale, au moment où l'on désire s'assurer de la composition de la bière.

Pour cette dernière observation, l'acide carbonique doit être éliminé au point qu'aucun bulle de gaz ne reste adhérente à l'instrument flottant dans la bière. Il suffit dans ce but, de laisser séjourner le liquide pendant peu de temps dans un vase découvert à la température ordinaire.

Ces deux indications aréométriques obtenues, on cherche dans les tables de Holzner, à la page en tête de laquelle se trouve le premier nombre observé (la teneur saccharimétrique du *moût*, dont la bière provient) ; ensuite on cherche le deuxième nombre (la teneur saccharimétrique de la *bière*) dans la première des 4 colonnes correspondantes ; on trouve alors en regard et dans les 3 autres colonnes : 1° la proportion réelle en extrait; 2° la richesse alcoolique et 3° le degré de fermentation de la bière en question. Ces nombres suffisent parfaitement pour juger de la composition de la bière.

Que le moût avant la fermentation ait montré, par exemple,

13,0 °/₀ Ball. et la bière, privée de l'acide carbonique 6, 6 °/₀, nombres observés tous les deux à 17°,5 c., température normale de nos instruments ; on trouvera le nombre 13,0 à la page 30, et le nombre 6,6 à la 27ᵐᵉ ligne. On voit, par les nombres placés en regard, que cette bière contient en réalité 7,43 centièmes d'extrait sec, 2,69 centièmes d'alcool et que son degré de fermentation est de 49,2 °/₀.

Si, trois mois plus tard, on avait trouvé l'indication aréométrique de 4,5 °/₀ Ball., on en déduirait 5,61 °/₀ d'extrait, 3,57 °/₀ d'alcool et 65,4 °/₀ comme degré de fermentation.

Il est pratiquement très important de s'assurer de ce degré, car s'il monte à 75 °/₀ environ, la bière ne se conserve plus bien, et, si l'on ne peut de suite en assurer le débit, on est obligé de la *rafraîchir* par une addition de moût, ainsi que nous l'avons exposé dans un chapitre précédent.

Nous ne pouvons point transcrire ici les tableaux de M. Holzner, calculés pour servir à ces déterminations éminemment pratiques, et qui forment un petit livret de 48 pages[1]. Mais comme ces tableaux sont aisés à déchiffrer même pour des lecteurs peu familiarisés avec la langue allemande, nous engageons vivement nos lecteurs à se procurer l'édition allemande et à s'en servir journellement.

V. — DÉTERMINATION DE L'ALCOOL PAR LA DISTILLATION.

On pèse exactement 75 c. c. de bière, privée de gaz carbonique, qu'on chauffe avec précaution, de manière à ce que le liquide abandonne insensiblement les vapeurs alcooliques, qui se condensent et sont recueillies à l'état liquide. Le récipient est alors ramené à la température de 15°,5, rempli exactement d'eau jusqu'à la marque et pesé rigoureusement.

---

(1) *Tabellen Zur Bier-Analyse*, von Dʳ G. HOLZNER. Munich, 1878. chez Aldenbourg. (Prix pour l'Allemagne 1,30 mark).

Supposons le poids de la bière analysée égal à 76^{gr},161 et le poids de 50 c. c. du liquide distillé égal à 49^{gr},573.

La densité de ce dernier liquide sera $\dfrac{49,573}{50} = 0,99146$.

Le tableau de Fownes indique 4,94 °/₀ alcool. Or, ces 4,94 se rapportant aux 49,573 gr. de liquide distillé, on pose :

$$100 : 4,94 = 49,573 : x$$

$$x = 2,448.$$

Les 76^{gr},161 de bière contenant 2^{gr},448 d'alcool, 100 gr. en contiendront $\dfrac{244,800}{76,161} = 3,21$.

On voit que cette méthode exige des instruments d'une grande précision et par conséquent d'un prix élevé et d'un fonctionnement délicat. Le nécessaire Stammer[1] permet d'opérer d'une manière à la fois plus simple et moins dispendieuse.

Une observation aréométrique fait reconnaître immédiatement la richesse du liquide analysé.

VII. — DÉTERMINATION DE L'ACIDE CARBONIQUE.

On chauffe 250 gr. de bière dans un matras pesé, à double tube de dégagement : le premier hermétiquement fermé pendant l'opération, le second en communication avec une capacité remplie de chlorure de calcium. L'humidité se trouve ainsi retenue tandis que le gaz carbonique se dégage.

Le liquide étant ramené à la température de 5°, on aspire l'air par le premier tube, jusque-là fermé.

---

(1) Ce nécessaire comprend : Une cornue avec accessoires, entonnoir, supports, capsule, bain de sable, lampe, etc. Réfrigérants en zinc, serpentin en cuivre, thermomètre, etc. Avec brochure explicative.

On peut se le procurer, ainsi que le chromoscope dont il est parlé page 510, chez les auteurs, soit à Louvain (Belgique), soit à Koberwitz près Breslau (Allemagne).

La différence de poids de l'appareil avant et après l'opération provient de l'acide carbonique mis en liberté.

Une différence de 0,6 gr. par exemple, indique

$$250 : 0,6 = 100 : x.$$

$$x = 0,24 \; {}^{\circ}/_{\circ} \; \text{ac. carbonique.}$$

Pour les bières très-mousseuses, il y aurait une perte notable d'acide en opérant de la sorte. Conséquemment, on opère le dosage sans transvasement, dans les flacons ou cruchons renfermant la bière : sitôt ouverts, on chausse dans leur goulot un bouchon en caoutchouc, muni d'un tube de dégagement qui se rend dans une solution de baryte, à l'abri du contact de l'air. La première effervescence calmée, on place le cruchon dans un bain-marie contenant de l'eau salée que l'on chauffe graduellement et à suffisance.

On pèse ensuite, avec les précautions usuelles, le carbonate de baryte obtenu et l'on en déduit le poids du gaz carbonique qui s'y trouvait combiné. Il ne reste plus, dès lors, qu'à mesurer exactement le volume du flacon pour établir la teneur pour cent de la bière en gaz carbonique.

VIII. — DÉTERMINATION DE LA GLUCOSE ET DE LA DEXTRINE.

On porte à l'ébullition, dans une capsule en verre, 10 c. c. de liqueur Fehling et 20 c. c. d'eau distillée. La bière, diluée de manière à contenir environ 2 ${}^{\circ}/_{\circ}$ d'extrait, est ajoutée goutte à goutte au liquide bouillant jusqu'à réduction complète du sulfate de cuivre contenu dans la liqueur. Le volume de liquide glucosique employé à cette réduction et à la précipitation du protoxide de cuivre formé sert à déterminer la proportion de glucose renfermée dans la bière.

Ce procédé est très-sensible entre les mains d'un opérateur habile, mais il exige des manipulations soignées. Pour l'industriel, il réclame un apprentissage assez laborieux.

La proportion de dextrine se reconnait aisément si l'on est familiarisé avec l'essai précédent : à cet effet, 20 c. c. de la bière dont on connaît la teneur saccharine, ramenés par une addition convenable d'eau pure à 5 % d'extrait, puis additionnés de 3 c. c. d'acide sulfurique à 1,125 de densité, sont maintenus pendant six heures à 110° dans un tube de verre épais dont l'extrémité est fermée à la lampe.

De cette manière la dextrine se transforme totalement en glucose. On ouvre le tube après le refroidissement, et la liqueur diluée par l'eau pure est traitée par la liqueur Fehling.

Si, par exemple, on a trouvé 1,5 % de glucose dans la bière naturelle et 5 % après la conversion de la dextrine, il en résulte que 3,9 % de glucose sont dûs à cette transformation. Or, 0,9 p. de dextrine donnent lieu à 1 p. de glucose.

La bière en question renferme donc 3,15 % dextrine.

IX. — DÉTERMINATION DE L'ACIDITÉ.

On verse dans une capsule en porcelaine 100 c. c. de bière : si la couleur est trop foncée, on dilue à l'eau pure et on colore en rouge par la teinture neutre de Tournesol.

La bière est chauffée avec précaution et agitée en vue d'éliminer l'acide carbonique.

Une liqueur alcaline titrée est ajoutée à l'aide d'une burette ou pipette graduée en dixièmes de c. c., jusqu'à neutralisation exacte de la liqueur.

Supposons qu'il faille 2,2 c. c. de solution sodique normale. 1 c. c. contenant 0,04 gr. de soude hydratée correspond à 0,09 gr. d'acide lactique. La bière en renferme ainsi 0,198 %. L'acidité de la bière provient en majeure partie de l'acide lactique.

L'acide acétique est dosé dans les vapeurs alcooliques condensées : 1 c. c. d'alcool normal sature 0,051 gr. d'acide acétique[1].

---

[1] Le nécessaire Stammer (p. 507), contient tous les ustensiles et réactifs appropriés à ces diverses déterminations.

X. — DÉTERMINATION DES MATIÈRES MINÉRALES.

Une quantité connue de bière est évaporée à siccité (au bain marie) dans une capsule en platine, on chauffe ensuite à feu nu. Par suite de la présence de sels fusibles, le charbon ne brûle pas facilement; d'autre part, une température trop élevée occasionnerait une perte sensible ; on enlèvera par conséquent les sels solubles du charbon à l'aide de l'eau bouillante. L'absence de ces matières facilite l'oxydation du charbon.

On ajoute au résidu blanc les lessives filtrées : et l'évaporation et la calcination recommencent. De la quantité de cendres obtenue par une calcination qui ne dépasse guère le rouge foncé, on déduit le poids des cendres provenant du filtre.

XI. — DÉTERMINATION DE LA COULEUR.

M. Kohlrausch et Schwackhöffer se sont servi dans leurs remarquables travaux sur les bières autrichiennes du chromoscope Stammer [1] pour établir les relations entre la composition des bières et leur couleur.

L'instrument comprend : un réservoir à bière I; un tuyau ou mesureur III relié au tuyau à couleur II et mobile avec lui. Le verre coloré adapté à III se compose de deux disques jumeaux, identiques.

Un oculaire permet d'observer simultanément les disques colorés. L'instrument est monté sur un pied portant à sa partie inférieure un miroir blanc mat.

Le Chromoscope est réglé de manière qu'en regardant par l'oculaire, après avoir enlevé le verre coloré, on voie un cercle, uniformément éclairé, exactement divisé en deux. On replace le verre

(1) Voir *Organ des Centralvereins fur Oesterreich* 1874 p. 763 et 1875 p. 398. *Polytechnic Journal*, vol. 216, p. 57 et vol. 219, p. 147. — Voir aussi la remarque p. 507.

coloré, et on verse la bière filtrée et parfaitement limpide dans le réservoir I. Ensuite on déplace verticalement le système mobile jusqu'à rétablissement de l'uniformité de teinte.

Le tableau ci-joint permet d'exprimer directement la couleur de la bière en nombres absolus, comparables pour tous les cas et tous les instruments de même provenance. Après chaque observation l'instrument doit être parfaitement rincé à l'eau distillée, un nettoyage complet est parfois indispensable : cette besogne se trouve d'ailleurs simplifiée par l'arrangement spécial de toutes les parties de l'instrument.

M. M.	COULEUR.	M. M.	COULEUR.	M. M.	COULEUR.	M. M.	COULEUR.
		30	3.33	60	1.67	90	1.11
1	100.00	31	3.23	61	1.64	91	1.10
2	50.00	32	3.13	62	1.61	92	1.09
3	33 33	33	3.03	63	1.59	93	1.08
4	25.00	34	2.94	64	1.56	94	1.06
5	20.00	35	2.86	65	1.54	95	1.05
6	16.67	36	2.78	66	1.52	96	1.04
7	14.29	37	2.70	67	1.49	97	1.03
8	12.50	38	2.63	68	1.47	98	1.02
9	11.11	39	2.56	69	1.45	99	1.01
10	10.00	40	2.50	70	1.43	100	1.00
11	9.09	41	2.44	71	1.41	110	0.90
12	8.33	42	2.38	72	1.39	120	0.83
13	7.69	43	2.33	73	1.37	130	0.77
14	7.14	44	2.27	74	1.35	140	0.71
15	6.67	45	2.22	75	1.33	150	0.67
16	6.25	46	2.17	76	1.32	160	0.63
17	5.88	47	2.13	77	1.30		
18	5 55	48	2.08	78	1 28	170	0.59
19	5.26	49	2.04	79	1.27	180	0 56
						190	0.53
20	5.00	50	2.00	80	1.25	200	0.50
21	4.76	51	1.96	81	1.24		
22	4.55	52	1.92	82	1.22		
23	4.35	53	1.89	83	1.20		
24	4.17	54	1.85	84	1.19		
25	4 00	55	1 82	85	1.18		
26	3.85	56	1.79	86	1.16		
27	3 70	57	1.75	87	1.15		
28	3.57	58	1.72	88	1.14		
29	3.54	59	1.69	89	1.12		

XII. — Détermination des substances albumineuses.

Une dose de 0,6 à 0,9 gr. du résidu sec de l'évaporation est soumise à l'analyse organique avec la chaux sodée pour la détermination de l'azote contenu dans l'extrait. Le nombre trouvé multiplié par 6,25 fournit la quantité de matières albumineuses ou protéïques.

XIII. — Méthode halométrique.

La quantité de sel dissoute par un poids donné de bière peut servir, jusqu'à un certain point, à la détermination de l'alcool qu'elle contient. Un petit instrument gradué, appelé *halomètre* du mot grec ἄλς, sel, servait jadis dans ces opérations.

La méthode est très-imparfaite et ne parait pas mériter la faveur dont elle a joui précédemment.

XIV. — Recherche des principes amers nuisibles.

Les substances étrangères plus ou moins nuisibles le plus fréquemment décelées dans les bières sophistiquées sont : la *dextrine*, la *glycérine*, l'*aloës*, les *feuilles de trèfle amer*, la *gentipicrine*, la *quassine*, l'*absinthine*, la *colchidine*, la *picrotoxine*, la *brucine*, la *strychnine* et l'*acide picrique*. Ces cinq dernières substances sont des poisons très-actifs, les autres sont moins dangereuses.

Pour reconnaître la présence de ces agents dans la bière, on peut suivre la marche rapide que nous allons indiquer.

On évapore un poids déterminé de la bière suspecte jusqu'à consistance sirupeuse ; on y ajoute alors cinq fois son poids d'acide acétique concentré. On répète cet épuisement à plusieurs reprises, puis on réunit les liquides, filtre, évapore à une douce chaleur jusqu'à consistance sirupeuse. A une portion de ce sirop, on ajoute trois fois son poids d'eau. Dans le liquide ainsi préparé, on plonge une bandelette de laine blanche pendant une heure. Si les lavages à l'eau pure rendent à la laine sa blancheur primitive, l'absence d'acide picrique est certaine, car la coloration jaune provenant de cet acide n'aurait pu être enlevée par ce lavage.

Une autre portion de sirop est additionnée de six fois son poids de benzine pure. Celle-ci, par un contact intime et prolongé, absorbe la brucine, la strychnine et la colchicine. On évapore à basse température pour éliminer la benzine. On prend trois échantillons : au premier, on ajoute quelques gouttes d'acide nitrique concentré (poids spéc. 1,40); au second, de l'acide sulfurique concentré; au troisième, aussi de l'acide sulfurique après addition préalable de quelques grains de chromate de potasse. La brucine détermine dans le premier une coloration rouge.

La colchicine y produit une couleur violette; cette substance se reconnaît encore au second échantillon par la couleur rouge qu'elle produit en présence d'acide sulfurique concentré.

La strychnine se reconnaît au troisième par la coloration violette-pourpre obtenue par l'action conjointe du chromate de potasse et de l'acide sulfurique.

La présence de ces « poisons » communique aux extraits une amertume insupportable.

Le sirop, débarrassé de benzine, est agité à différentes reprises avec l'alcool amylique pur. Celui-ci ne dissout, en fait de substances amères, que la picrotoxine et l'aloès.

La première se reconnaît facilement et sûrement en faisant évaporer à l'air et à la température ordinaire une portion du liquide : la picrotoxine passe à l'état de petits grains fins et cristallins.

Le sirop privé d'alcool amylique (par le papier Joseph) est traité par l'éther pur.

Celui-ci dissout l'*absinthine* et le principe amer du houblon. La première de ces substances se reconnaît facilement à l'odeur caractéristique de l'absinthe, que possède le résidu de l'évaporation.

L'absinthine donne aussi avec l'acide sulfurique une coloration rouge-jaunâtre passant rapidement à l'indigo.

Le sirop débarassé d'éther, est étendu d'eau et filtré. — A une partie, on ajoute une solution d'argent ammonicale, la *quassine* trouble la limpidité de la liqueur. La *gentipicrine* et la *meny-anthine* y produisent des surfaces argentées. Pour les distinguer, on évapore une nouvelle portion à siccité, on y ajoute de l'acide sulfurique concentré. Une coloration jaune-brun, passant insensible-ment au violet, annonce la menyanthine. — S'il n'y a pas de coloration à froid, et seulement du rouge carmin par la chaleur, on conclut à la présence de gentipicrine.

D'autres substances nuisibles, telles que les sulfures, se recon-naissent immédiatement : elles proviennent généralement du bisul-fite de chaux employé pour la conservation de la bière et parfois du gypse contenu dans les eaux et qui a cédé son oxygène, sous l'action réductrice des ferments. Parfois aussi, les glucoses du commerce renferment du gypse : en les ajoutant au moût, en guise de succé-danés du malt, ils y introduisent des sulfates, puis, par réduction, des sulfures, générateurs de décompositions malsaines. Le bisulfite de chaux n'est pas toujours d'une pureté absolue et c'est pourtant là une qualité *sine qua non* de son emploi en brasserie. L'industriel doit donc, avant de faire usage d'un ingrédient dont l'emploi rationnel est surbordonné à sa pureté, se rendre compte de sa valeur réelle et des conséquences néfastes que son usage peut entraîner.

LIVRE V.

LÉGISLATION ET STATISTIQUE.

CHAPITRE PREMIER.

LEGISLATION BELGE.

La législation qui régit aujourd'hui la fabrication des bières et vinaigres est encore celle qui a été établie par la loi du 2 août 1822. La modification la plus importante qu'elle a subie résulte de l'arrêté du Gouvernement provisoire du 1ᵉʳ novembre 1830 qui, en abrogeant l'art. 3, a supprimé implicitement la limitation de la quantité de farine aux deux tiers de la capacité de la cuve matière. Entr'autres changements qui ont encore été apportés à la loi de 1822, on peut citer l'obligation de faire jauger par empotement les cuves matières et, comme conséquence, la suppression de la déduction de cinq centimètres, accordée par l'art. 15 pour couvrir la perte occasionnée par le faux-fond (loi du 20 décembre 1851), et enfin le minimum de capacité des cuves matières qui a été fixé uniformément à dix hectolitres pour toutes les localités du pays (loi du 20 décembre 1862).

Dans les Pays-Bas, il a été pourvu par une seule loi à la fixation de l'accise, tant sur les bières que sur les vinaigres, ces derniers liquides étant fabriqués généralement à l'aide de bières ou de métiers.

LOI DU 2 AOUT 1822, CONCERNANT L'ACCISE SUR LES BIÈRES ET VINAIGRES.

Nous, GUILLEAUME, par la grâce de Dieu, roi des Pays-Bas, etc., A tous ceux que les présentes verront, salut ! savoir faisons :

Ayant pris en considération que, par la loi du 12 juillet 1821 (Journ. offic., n° 9), art. 2, § 3, il est statué, que dans le système d'impositions pour le royaume, sera comprise une accise à prélever sur la fabrication des bières et vinaigres dans l'intérieur du royaume; — notre Conseil d'État entendu, et de commun accord avec les États-Généraux.

Avons arrêté et arrêtons :

Art. 1er. — L'accise sur les bières indigènes qui se brassent dans toute l'étendue du royaume, soit qu'on les destine à la consommation, soit à être converties en vinaigre, est fixée à *soixante-dix cents* par baril [1] de la contenance des cuves-matières ou autres bacs ou vaisseaux, dans lesquels on travaille la mouture ou farine [2] servant au brassin, et sera payable chaque fois que l'on emploiera les cuves-matières ou autres bacs ou vaisseaux à y préparer la mouture ou farine.

PREMIÈRE DIVISION. — BIÈRES.

Art. 2. — Il est défendu de verser de la mouture ou farine destinée à un brassin en plusieurs reprises dans la cuve-matière, sous peine d'une amende de 848 francs pour chaque contravention ; il est également défendu, sous la même peine, outre le payement de l'accise ordinaire, d'après la capacité de la cuve-matière, de renou-

---

(1) Le baril des Pays-Bas correspond à un hectolitre et le cents à deux centimes et 12 %, ce qui fait 1,484 fr. par hectolitre. — Ce droit a été porté de fr. 1,48 à fr. 4,00 par l'art. 8 de la loi du 18 juillet 1860.

(2) On a prétendu que la bière faite avec autre chose que de la farine ou mouture n'était pas imposable; mais c'est une erreur qui a été démontrée par l'administration des accises en 1832.

veler, remplacer ou augmenter la mouture ou farine en entier ou
en partie pendant la durée du travail dans ladite cuve-matière ou
chaudière sans déclaration préalable et soumission à l'accise.

Art. 3[1]. — Aucune farine ou mouture, servant à brasser, ne
pourra être introduite ou employée dans la brasserie, soit qu'elle
vienne du moulin ou d'ailleurs sans être munie d'un permis du
receveur ; outre la justification par permis en due forme des
quantités de farine qui seront trouvées chez les brasseurs, conformément à la loi sur la mouture, ceux-ci seront tenus de justifier
l'emploi desdites farines par les déclarations de l'usage des cuves-
matières et des quantités de farine qui seront censées y avoir été
employées en proportion de leur contenance nette.

Si le résultat de cette justification offre un excédant de farine
au-delà de la quantité que donneront deux tiers de la capacité nette
des cuves-matières déclarées, multipliées par le nombre des
brassins qu'on y aura brassés suivant déclaration, et celle de la
mouture ou farine qui se trouverait encore dans la brasserie, cet
excédant sera puni d'une amende de 3 florins pour chaque razière de
farine qui ne serait pas justifiée.

Au cas de l'emploi de farine dans la chaudière ou dans les
chaudières, la quantité à justifier de la farine reçue sera augmentée
dans la proportion que prescrit l'art. 16 pour l'augmentation de
l'accise dans ce cas.

Art. 4. — L'accise sera due immédiatement après que la
déclaration mentionnée à l'article 13 sera faite par le brasseur, sauf
ce qui sera prescrit relativement à l'époque et au mode de payement
ou de décharge.

Art. 5. — Tous ceux qui veulent exercer la profession de brasseur
et qui construisent une brasserie dans un bâtiment ou dans un lieu
où il ne s'en trouve pas, ainsi que ceux qui voudraient remettre

---

(1) L'art. 3 a été, comme nous l'avons dit, abrogé en Belgique par le Gouvernement provisoire, le 1 novembre 1830.

en activité une brasserie hors d'activité, sont tenus d'en faire la déclaration à l'employé de l'administration dans leur commune, désigné à cet effet, outre les autres formalités auxquelles ils pourraient être assujettis en pareil cas.

Cette déclaration devra énoncer :

1. Le lieu et la date ;

2. Les noms, prénoms et raison de commerce des propriétaires, possesseurs ou sociétaires, et leur demeure ;

3. Les nom et prénoms du gérant particulier et sa demeure ou résidence ;

4. La commune où est situé l'établissement ;

5. La situation, la rue, le quai ou autre avenue publique conduisant à l'atelier ou à son emplacement, et pour les fabriques situées dans la campagne, leur distance de l'enceinte de la commune ;

6. Le numéro et autres marques distinctives des bâtiments ;

7. Le nombre et la contenance des cuves-matières ;

8. Le nombre et la contenance des différentes chaudières ;

9. Le nombre, la contenance et l'endroit où sont placés les bacs refroidissoirs ou autres bacs ou vases servant à refroidir la bière, les cuves-guilloires, reverdoires, et autres bacs, dans lesquels on tient les métiers ou bières en réserve ;

10. Le nombre et la désignation des cuves et autres lieux de dépôt destinés à garder les bières ;

Les employés délivreront un certificat de la remise de cette déclaration ;

Les locataires de brasseries sont tenus de faire la même déclaration.

Art. 6. — Les possesseurs de brasseries non en activé, d'ustensiles, cuves et chaudières qui seraient propres à former ensemble une fabrique ou à effectuer la fabrication entière ou partielle de bières, seront tenus d'en faire la déclaration, sous peine d'une amende de 100 florins.

Les chaudronniers et tonneliers qui ont les ustensiles dans leurs boutiques ou ateliers, pour l'exercice de leur métier, sans qu'ils soient fixés de manière à pouvoir préparer des matières ou à pouvoir les faire servir à la fabrication de bières, seront dispensés de faire cette déclaration.

Art. 7. — Les brasseries et ustensiles non en activité, ou qu'on mettra hors d'activité, désignés à l'article 6, seront mis hors d'état de pouvoir servir à la fabrication de bières, et ce par l'apposition des scellés sur les cuves matières et sur les chaudières.

L'application des scellés devra se faire par deux employés de l'administration, et de la manière à prescrire ultérieurement par elle.

L'apposition des scellés sera constatée par un procès-verbal, dans lequel on désignera l'établissement, les ustensiles ou outils scellés, le nombre des scellés et l'époque à laquelle l'apposition en aura été faite. Il sera présenté à la signature du redevable, s'il se trouve présent ; et, dans le cas contraire, on y fera mention de son absence, et s'il y a lieu, de son refus de confirmer le procès-verbal par sa signature.

Copie de cette pièce sera délivrée au redevable contre reçu, et remise à l'administration municipale s'il refuse de l'accepter.

Le bris ou l'altération des scellés apposés sur des chaudières ou autres ustensiles déclarés, comme ne devant pas être employés, ainsi que la non-reproduction des ustensiles qui auront été scellés, sera puni d'une amende qui, eu égard aux circonstances résultant du bris ou de l'altération des scellés, ne sera pas inférieure à 100 florins et n'excédera pas 400 florins.

Art. 8. — La capacité des cuves-matières dans la brasserie est fixée comme suit :

Dans les communes de cinq mille âmes et au-dessus, une cuve-matière devra être de la contenance de vingt barils au moins pour chaque brasserie.

Toutes brasseries à établir dans la suite seront soumises aux dispositions ci-dessus mentionnées, celles des brasseries déjà existantes et qui ne sont point à tous égards conformes à ces dispositions. pourront néanmoins demeurer dans le même état.

Si les possesseurs ou locataires de ces dernières brasseries veulent ou sont dans la nécessité de faire des changements aux cuves-matières qu'elles renferment, ou de les remplacer par d'autres, ils seront tenus dans ce cas de se conformer à ce qui est statué ci-dessus relativement au minimum (1).

Art. 9. — Avant l'envoi des déclarations, les cuves et chaudières devront être vérifiées par des employés assermentés du gouvernement.

La contenance sera constatée de la manière à déterminer par l'administration, soit au moyen du jaugeage métrique, soit par empotement ou dépotement. En cas d'opposition de la part du brasseur ou d'un des employés, elle sera toujours constatée par empotement ou dépotement (2).

La capacité constatée sera désignée par, ou de la part du brasseur, à une place apparente des cuves, soit par incision au bois, soit par empreinte au moyen d'un fer ardent, soit en l'indiquant au moyen de couleur à l'huile; chacune des cuves sera également marquée d'un numéro particulier.

Ces formalités seront de la manière prescrite par l'art. 7, constatées par un procès-verbal qui sera signifié à l'intéressé.

Les cuves et chaudières seront placées dans l'enceinte des murs de la brasserie et fixées.

L'usage des hausses mobiles est défendu, il sera considéré comme fraude et puni d'une amende de 400 florins.

L'on pourra se servir de hausses mobiles sur les chaudières dans les brasseries pour lesquelles l'on paye les droits supplémentaires pour l'emploi dans les chaudières de farines et moutures, conformément à l'art. 16, pourvu que ces hausses ne soient pas plus élevées que d'une palme, sous la peine statuée ci-dessus (3).

---

(1) Le minimum de la capacité imposable des cuves-matières est fixé à dix hectolitres par l'art. 3 de la loi du 20 décembre 1862.

(2) Le § 2 est abrogé et remplacé par l'art. 1er de la loi du 20 décembre 1862.

(3) Cet art. 9 est complété par l'art. 2 de la loi du 20 décembre 1854.

Art. 10. - Si l'on vient à constater que pendant l'opération de l'épalement prescrit par l'article précédent, le brasseur introduise, ait introduit, fait ou laissé introduire de l'eau ou tout autre liquide dans la cuve-matière ou chaudière pendant l'empotement, ou a fait ou laissé écouler de l'eau ou tout autre liquide pendant le dépotement, ce fait sera considéré comme fraude et puni d'une amende de 400 florins.

Dans le cas où les employés s'apercevraient que les résultats de l'épalement ne correspondent pas à ceux des précédents mesurage ou jaugeage, ou à la capacité apparente et présumée des cuves et chaudières, et que la cause de cette différence ou de cette diminution ne puisse être constatée dans le moment même; dans ce cas, la capacité reconnue ou à reconnaître par le jaugeage fait ou à faire, servira de base à l'accise jusqu'à ce que l'épalement puisse se faire d'une manière convenable.

Le résultat du jaugeage ou mesurage métrique continuera également à servir de base dans le cas où la cuve ou la chaudière se trouverait n'être pas posée de niveau, ou que leurs douves ou plaques fussent trouvées ne pas être posées à la même hauteur, dans toutes leurs circonférences, et ce, jusqu'à ce que le brasseur les ait posées à leur niveau [1].

Il est défendu de diminuer la capacité des cuves et des chaudières en sciant ou faisant scier ou couper une partie de quelques douves des cuves-matières, ôter ou couper quelques parties des plaques des chaudières ou de toute autre manière, en établissant ou faisant établir des maçonneries dans les cuves, en pratiquant des trous ou ouvertures dans leurs douves; toute cuve ou chaudière qui sera trouvée dans un pareil état, ne pourra être jaugée ni épalée, et le brasseur ne sera pas admis à les déclarer pour s'en servir à brasser.

Lorsque cependant des circonstances locales ou particulières

---

(1) Les §§. 2 et 3 de l'art. 10 sont abrogés par l'art. 4 de la loi du 20 décembre 1851.

empêcheraient le brasseur d'employer constamment, et conformément aux principes de la perception de l'accise, toute la capacité de la cuve-matière, l'administration générale, en ayant égard à ces circonstances, veillera également à ce que le principe de percevoir l'accise en raison de la capacité qui a été remplie soit rigoureusement maintenu.

Art. 11. — Aucune cuve matière ou chaudière ne pourra être vendue, cédée, prêtée, démontée, changée, agrandie, ni diminuée, sans qu'au préalable l'Administration n'en soit informée.

La déclaration que l'on en fera sera remise aux employés de l'Administration pour la commune où l'établissement est situé, et devra contenir une désignation de l'usine, ainsi que des ustensiles et instruments; dans le cas où quelque accident nécessiterait une démolition immédiate, les employés qui se trouveront sur les lieux, et en cas d'absence de ceux-ci, l'administration locale donnera une autorisation provisoire, sauf à en référer à l'employé supérieur de l'Administration.

Toute vente, cession, prêt des cuves matières et chaudières, ou diminution de leurs contenances, sans déclaration préalable, comme il est dit ci-dessus, sera punie d'une amende de 212 fr. ; l'agrandissement des capacités des cuves matières ou chaudières sans déclaration préalable, sera puni d'une amende de 848 fr., outre l'augmentation de l'accise qui résultera de l'agrandissement reconnu de la capacité des cuves matières, pour chaque brassin qu'on pourrait constater y avoir été brassé depuis le changement [1].

Art. 12. — Ceux qui exercent l'état de brasseur seront tenus de placer, à la hauteur de trois ou [2] cinq aunes (mètres) au-dessus de la porte principale d'entrée de la fabrique, si la situation le permet, et dans le cas contraire, à trois ou [2] cinq aunes (mètres) au-dessus du

---

[1] Les pénalités comminées par l'art. 11 sont encourues également par les brasseurs qui contreviennent à la loi du 20 décembre 1851.

[2] Il faut trois *à* cinq : le texte hollandais porte : *drij* TOT *vijf*.

sol, mais toujours au-dessus de la principale porte d'entrée, un écriteau sur lequel ils feront peindre à l'huile le mot *Brasserie*.

Ils seront en outre tenus de signaler chaque entrée de leur établissement, en y faisant placer, de la manière prescrite ci-dessus, le mot *Brasserie*.

Chaque fois qu'ils négligeront de satisfaire à l'une ou l'autre de ces obligations, ils seront punis d'une amende de fr. 21.20, s'ils ne réparent cette omission dans les huit jours après l'avertissement, par écrit, qui leur aura été adressé par le receveur.

Art. 13. — Les brasseurs, soit que la bière qui résultera de leurs brassins soit destinée à être livrée à la consommation, soit à être convertie en vinaigre, devront, chaque fois qu'ils se proposeront de brasser, en faire la déclaration à l'employé préposé à cet effet, et dans le ressort duquel leur établissement est situé; cette déclaration devra se faire la veille du jour fixé pour la mise de feu sous la chaudière pour chauffer l'eau nécessaire au brassin, et depuis 9 heures du matin jusqu'à 3 heures de relevée.

Dans les villes fermées, de plus de cinq mille âmes, cette déclaration pourra, dans des cas particuliers, se faire, au plus tard, 4 heures avant la mise de feu susdite.

La déclaration que le brasseur ou son fondé de pouvoirs fera par écrit, devra énoncer :

1º Le lieu et la date ;

2º Le nom ou la raison du commerce du déclarant;

3º La désignation de la brasserie ainsi que la marque qui la distingue, ou autres renseignements.

4º L'heure de la mise de feu sous la chaudière destinée à chauffer l'eau pour le brassin, sa contenance et son numéro, l'heure à laquelle on cessera d'y chauffer de l'eau ;

5º Le numéro et la contenance de la cuve matière destinée à recevoir et à y travailler la mouture ou farine pour le brassin projeté ;

6º Le numéro et la contenance des chaudières ou de la chaudière dont on fera usage pour la cuisson des trempes ou métiers, et l'ébullition des bières, l'heure de la mise de feu sous ces chaudières ;

7° L'heure à laquelle on commencera à mouiller et travailler la mouture ou (les) substances dans la cuve matière ;

8° L'heure à laquelle le travail dans la cuve matière sera terminé ;

9° Si l'on employera, ou non, des paniers (dits *stuikmanden*) dans la cuve matière ;

10° Si l'on clarifiera, ou non, lesdits métiers, après leur première ébullition, en les rejetant sur la drèche ou mouture travaillée dans la cuve matière ;

11° Si l'on mettra, ou non, de la farine ou mouture dans les chaudières ;

12° L'espèce de bières que l'on se propose de brasser ;

13° L'heure à laquelle la dernière ébullition des bières sera terminée ;

14° L'heure à laquelle l'entonnement sera terminé.

Pour les brasseries qui ont plus d'une cuve matière, l'Administration générale arrêtera les dispositions nécessaires, pour prévenir les abus qui pourraient résulter de la latitude accordée aux brasseurs par le § 5 de la déclaration, qui ne les astreint qu'à déclarer les seules cuves qu'ils veulent employer.

La mise de feu sous la chaudière, à l'effet de chauffer l'eau, avant l'heure indiquée par la déclaration, le commencement des travaux dans la cuve matière, avant l'heure déterminée par la même déclaration, et la prolongation des mêmes travaux après celle également déterminée par la déclaration, seront punis d'une amende de 848 fr., si l'anticipation ou la prolongation excède d'une heure le temps déterminé comme il est dit ci-dessus.

La prolongation des ébullitions de bière ou celle de l'entonnement, qui aura dépassé de plus d'une heure le temps déclaré pour les terminer, sera punie d'une amende de 212 francs.

Les déclarations des brasseurs doivent être faites par écrit, sur un registre à souche, déposé au bureau des employés de l'administration, préposés et désignés à cet effet.

Art. 14. — L'on comprend expressément, parmi le travail de la cuve matière, l'écoulement du dernier fluide, qui, prolongé au delà du délai fixé pour le travail, entraînera la peine d'une amende de 848 fr., sauf cependant les arrangements que l'Administration pourrait faire avec le brasseur, à l'effet de concilier les intérêts du trésor avec ceux des fabricants dans les lieux où les circonstances locales présentent les moyens d'une plus stricte surveillance.

Art. 15. — Lors de la fixation de l'accise à porter en débet, en raison de l'usage des cuves matières, l'on accordera, sur la capacité cumulée des cuves matières, employées et déclarées chaque fois, une déduction de cinq pouces de profondeur, pour couvrir la perte occasionné par les faux fonds [1].

Art. 16. — Par rapport aux brassins pour lesquels on met de la farine ou de la mouture dans la chaudière, on observera les dispositions suivantes :

1° Que pour autant que la chaudière dans laquelle on emploie de la farine ou mouture, est plus petite ou égale à la cuve matière, ou dépasse la contenance de celle-ci de moins d'un dixième, l'accise due sur la contenance de la cuve matière sera augmentée d'un tiers ;

2° Que si la chaudière dans laquelle on emploie de la farine ou matière, surpasse d'un dixième, ou plus, la contenance de la cuve matière, il sera exigé un supplément de l'accise, calculé à fr. 1.48.4 [2] pour chaque baril (hectolitre) de la moitié de la contenance de la chaudière ;

3° Que si on met de la farine ou mouture dans deux chaudières, dont la contenance réunie dépasse d'un dixième la double capacité de la cuve matière, le supplément de l'accise sera calculé à raison de la moitié de la contenance de [2] deux chaudières, et que si la contenance des deux chaudières est moindre ou égale au double de la capacité de la cuve matière, ou qu'elle la dépasse de moins d'un

---

(1) L'art. 15 est abrogé par l'art. 4 de la loi du 20 décembre 1851.
(2) Ce droit a été porté à 4 fr., par l'art. 8 de la loi du 18 juillet 1860.

dixième, le supplément sera compté à raison d'un tiers de la contenance de (1) deux chaudières ;

4° Que si on ne fait usage que d'une des deux chaudières pour y mettre de la farine ou de la mouture, la plus grande des deux devra toujours être déclarée à cet usage ;

5° Que le numéro, la contenance et le temps du travail dans la chaudière ou dans les chaudières, devront être déclarés comme pour les cuves matières, sous peine de la même amende, prononcée par l'art. 17.

On pourra se servir, dans ces brasseries, d'une cuve de transvasion ou de clarification, dont la contenance ne pourra jamais dépasser de plus d'un dixième celle de la cuve matière.

L'Administration générale pourra accorder l'usage de ces cuves à d'autres brasseurs, pour autant que leur manière de brasser en rende l'usage indispensable.

L'Administration générale prendra, dans tous les cas où l'on se sert des cuves de transvasion ou (de) clarification, les mesures nécessaires pour que le numéro et la contenance de ces cuves soient déclarés, et que le temps pendant lequel on pourra en faire usage soit réglé de manière qu'il n'en puisse être abusé; tout usage de ces cuves, d'une autre manière que celle prescrite, sera puni d'une amende de 848 francs.

Art. 17. — Les brasseurs qui seront convaincus d'avoir fait usage d'autres cuves matières ou chaudières que celles dont on fait la déclaration, seront punis d'une amende de 848 fr., outre le payement de l'accise qui résultera de la différence en plus entre la capacité de la cuve matière employée et celle déclarée.

Pareille amende, avec payement de l'accise, sera appliquée aux brasseurs et à tous particuliers qui seront trouvés avoir brassé sans déclaration préalable et clandestinement.

---

(1) On doit lire : DES deux chaudières; le texte hollandais porte : DER *beide ketels.*

Les brasseurs qui auront déclaré leurs brasseries comme hors d'activité, ainsi que les particuliers qui seront trouvés brassant à l'insu de l'Administration, seront punis de ce chef d'une pareille amende de 848 fr., outre la confiscation des bières qui seront trouvées, ainsi que des matières ou farines en préparation et des ustensiles, lesquels seront démolis aux frais du contrevenant.

Les matières imposées et saisies qui se trouvent en cours de fabrication, devront être rachetées par le contrevenant, moyennant la moitié de leur valeur, suivant le prix courant.

La démolition et le transport des ustensiles et outils saisis, dont la confiscation a été prononcée, ou qui ont été cédés au Gouvernement par transaction, auront lieu dans la huitaine après le jugement ou la transaction, ou bien après le parachèvement des matières en cours de fabrication, au moment du jugement ou de la transaction.

Art. 18. — Le temps pour la durée du travail dans la cuve matière, ainsi que celui nécessaire pour mettre le feu sous la chaudière, à l'effet de chauffer l'eau avant de commencer ledit travail, sera réglé d'après le tarif annexé à la présente loi.

Nous arrêterons des modifications au tarif, dans l'intérêt de la fabrication, partout où l'expérience en fera voir la nécessité.

Le travail dans la cuve matière ne pourra commencer, depuis le premier avril jusqu'au dernier septembre, qu'entre quatre heures du matin et l'heure de midi; et depuis le premier octobre jusqu'au dernier mars, qu'entre six heures du matin et l'heure de midi.

Ces dispositions ne sont cependant pas applicables aux brasseries situées dans l'enceinte des villes ou autres endroits où il réside des employés de l'Administration, et dans lesquelles on se sert de cuves matières d'une contenance de cinquante-quatre barils (hectolitres) ou plus, et l'on pourra commencer en tout temps, dans ces brasseries, le travail dans ces cuves matières et dans toute autre cuve employée simultanément.

Pour les brasseries situées hors des villes et autres endroits précités, dans lesquelles on se sert de cuves matières de cinquante-

quatre barils (hectolitres) et plus, le commencement du travail dont
est fait mention ci-dessus, pourra être avancé d'une heure.

Dans le cas où les travaux dans la cuve matière viendraient à être
interrompus, à cause d'un accident, soit à la cuve, soit aux chaudières
ou autres ustensiles, et qu'une prolongation de temps fût jugée nécessaire, le brasseur sera tenu d'en faire sa déclaration à l'employé qui
a reçu sa déclaration pour brasser, et celui-ci sera autorisé à
prolonger le temps, selon l'exigence de l'accident, après qu'il aura
été dûment constaté.

Art. 19. — Le brasseur qui voudrait employer pour son brassin
une plus grande quantité de farine que celle dont, en proportion de la
capacité de sa cuve matière, il peut extraire toutes les substances
dans le délai fixé, pourra, sur sa demande, obtenir un plus long
délai, pourvu que, dans ce cas, il se soumette à payer l'accise sur
son brassin déclaré, comme s'il avait fait usage d'une cuve matière
pour laquelle on peut, en se conformant au tarif susmentionné,
accorder, pour le travail, le temps que le brasseur désire.

Il ne sera accordé aucune prolongation de temps pour travaux de
la cuve matière de la contenance la plus grande, qui se trouve mentionnée au tarif, que sous l'obligation imposée au brasseur de suppléer un dixième de l'accise sur son brassin, en proportion de la
contenance de la cuve matière pour laquelle la prolongation de
temps est accordée.

Art. 20. — Le marc ou résidu des grains ou substances farineuses,
connu sous la dénomination de drèche, devra être enlevé des cuves
matières et des chaudières des brasseurs qui y emploient de la
farine, avant l'expiration de l'heure qui suivra celle déclarée pour
la fin de l'entonnement des bières, et ce, sous peine d'une amende
de 53 francs.

L'Administration pourra, à l'égard des brasseries où l'on se sert
de cuves matières de la contenance de soixante et dix barils (hec-
litres) et plus, modifier ces dispositions, sauf les mesures à prendre
pour prévenir les abus.

Art. 21. — Sera considérée comme brassin clandestin et punie de la peine statuée à l'art. 17, l'existence des substances farineuses et autres matières premières détrempées, évidemment propres à faire de la bière, ainsi que la découverte de bières en ébullition partout ailleurs que dans les chaudières déclarées pour brasser, soit que l'un ou l'autre fût trouvé dans un bâtiment ou local déclaré comme brasserie, soit dans quelque autre local ou bâtiment particulier.

Art. 22. — Seront pareillement mises au rang des brassins clandestins et punies de la même peine, saisie et confiscation, que celles statuées à l'art. 17, les bières trouvées dans les bacs refroidissoirs après l'heure fixée pour la fin de l'entonnement, ou dans tout autre endroit que dans les magasins ou caves déclarés par le brasseur, ainsi que la découverte de marcs ou résidus chauds dans les cuves matières, chaudières ou usines et magasins des brasseurs, après l'heure déclarée pour l'enlèvement, et enfin la découverte d'eau chaude[1] dans les chaudières à quelque usage que ce puisse être, sans déclaration préalable.

DEUXIÈME DIVISION.

VINAIGRES.

Art. 23. — Les vinaigriers seront divisés en trois classes.

Dans la première seront compris : tous les vinaigriers fabriquant leurs vinaigres avec de la bière soit cuite ou non cuite, ou proprement avec des métiers pour la bière, préparés dans la cuve matière, sans macération ou fermentation, soit qu'ils achètent cette bière ou métiers d'un brasseur, soit qu'ils la fassent brasser pour leur compte, ou qu'enfin ils la fassent brasser dans leurs propres brasseries ou dans les brasseries qu'ils tiendront en loyer.

---

(1) Remplacer les mots : *la découverte d'eau*, par ceux-ci : le fait d'avoir ou de conserver de l'eau. (Texte hollandais).

La deuxième classe renfermera tous les vinaigriers qui fabriquent leurs vinaigres avec du liquide, vulgairement connu sous la dénomination de *waij*, qu'ils préparent et tirent au moyen d'une macération et fermentation de mouture ou farine.

Dans la troisième classe seront compris tous les fabricants de vinaigres artificiels, c'est-à-dire ceux qui fabriquent leurs vinaigres avec des substances autres que celles précitées, et qui se servent à cet effet de cuves dites *cuves jumelles* ou autres vases. Les particuliers qui font le vinaigre avec le jus de pommes ou de poires seulement ne seront pas considérés comme fabricants de vinaigre artificiel, et ne seront assujettis à aucune formalité.

Toutes les dispositions comprises dans les art. 5, 6, 7 et 12 de cette loi, concernant la déclaration de profession, désignation des brasseries, leur établissement, la possession des brasseries hors d'activité, le placement des écritaux au-dessus des entrées des brasseries, sont rendues applicables à l'exercice de la profession des vinaigriers des trois classes [1].

Art. 24. — Les locaux dans lesquels on introduit les bières, pour les exposer à l'acidification, vulgairement connus sous le nom de *azijnplaatsen*, devront être séparés et isolés des brasseries, soit que la brasserie appartienne en propriété à un vinaigrier de première classe, soit qu'elle soit tenue à loyer par lui.

Dans ces deux cas cependant, il suffira que le vinaigrier tienne les bières ou métiers qu'il aura déclaré vouloir convertir en vinaigre, dans un local particulier, séparées de toutes autres bières, sans que ce local puisse avoir aucune communication avec la brasserie ou les magasins et caves qui y appartiennent.

Nous nous réservons, pour tels endroits où la situation ou autres circonstances locales empêcheraient d'appliquer les dispositions ci-dessus, sans nuire aux fabricants, d'y pourvoir au moyen de la con-

---

(1) Ajouter après le mot *établissement*, ceux-ci : *ou leur location*, et après les mots *hors d'activité*, ceux-ci : *et leur mise en non-activité*. (Texte hollandais).

cession de telles facilités qui seront trouvées convenables dans l'intérêt du vinaigrier et celui du trésor.

Art. 25. — Les vinaigriers de première classe, qui exercent ou non la profession de brasseur avec celle de vinaigrier, seront tenus, toutes les fois qu'ils se proposent de tirer quelques bières ou métiers des brasseries pour les introduire dans leurs vinaigreries, avec la déduction dont il est fait mention à l'art. 26 et suivants, d'en faire la déclaration au receveur de l'Administration dans le ressort duquel la vinaigrerie ou local connu sous le nom de *azijnplaats* est situé et établi, en désignant les quantités des bières ou métiers qu'ils introduiront dans leurs vinaigreries.

Ils ne pourront en introduire à chaque fois des quantités inférieures à soixante-dix-huit barils (hectolitres).

La prise en charge pour l'accise aura lieu à raison de fr. 1-48 [1] pour chaque baril (hectolitre), dans le cas où l'introduction se fasse avec transcription de l'accise.

Ces déclarations seront faites par écrit, par le vinaigrier ou son fondé de pouvoir, sur un registre à souche, qui sera ouvert à cet effet au bureau du receveur précité.

Le receveur délivrera au déclarant un permis qui devra servir à constater l'introduction de la bière dans la vinaigrerie, conformément à ce qui est statué aux articles suivants.

Art. 26. — Les vinaigriers de la première classe jouiront d'une déduction de l'accise à raison de fr. 0.14.84 [2] par baril (hectolitre) sur toutes bières et métiers qu'ils auront introduits dans leurs vinaigreries, en conformité des articles précédents.

Art. 27. — Les vinaigriers de la première classe seront tenus de garder les permis de transport qui leur auront été délivrés, ainsi qu'il est prescrit par l'art. 25, pendant les six jours qui suivront la date de l'introduction des bières ou métiers dans les vinaigreries ; ils

---

(1) Ce droit a été porté à 4 fr., par l'art. 8 de la loi du 18 juillet 1860.

(2) Cette déduction est de 40 centimes, par application de la loi du 18 juillet 1860.

devront, pendant le même espace de temps, y tenir les bières ou métiers, et ils ne pourront en faire aucun mélange qu'en présence des employés [1].

Les employés de l'Administration auront, pendant ces six jours, la faculté de constater les qualités et quantités desdites bières ou métiers ; le vinaigrier est tenu de les leur indiquer et de les mêler en leur présence et à leur réquisition avec d'autres bières ou métiers déjà aigris, ou des vinaigres, afin de les rendre impotables et impropres à être livrés à la consommation comme bières.

Les employés, dans ce cas, certifieront au dos des permis que les bières ou métiers leur ont été représentés en nature de bières ou métiers et non encore mélangés, et que le mélange a été fait en leur présence.

S'ils reconnaissent que les bières ou métiers ont été mélangés en leur absence, pendant l'espace des six jours précités, ils en feront de même mention au dos du permis.

Si, dans les six jours, les employés ne s'étaient pas présentés à la vinaigrerie pour constater la situation des bières ou métiers, le vinaigrier déclarera, au dos du permis, que la visite des employés n'a pas eu lieu et signera cette déclaration ; dans ce cas, la déduction de l'accise sera accordée par le receveur.

Art. 28. — Tous les permis qui ont servi au transport des bières ou métiers dans les vinaigreries, devront, après l'expiration du sixième jour de leur date, être rendus au receveur qui les a délivrés, afin de servir à celui-ci pour régler le compte des déductions à accorder aux vinaigriers.

Il ne sera accordé aucune déduction sur les quantités de bières ou métiers pour lesquelles les permis de transport n'auront pas été rendus aux receveurs, ainsi qu'il est prescrit ci-dessus, ni pour celles que les employés auraient constatées avoir été mélangées par

---

(1) Ajouter, d'après le texte hollandais, après les mots : *y tenir les bières ou métiers*, ceux-ci : *dans leur état naturel de bières ou métiers.*

les vinaigriers à leur insu et en leur absence, avant l'expiration du sixième jour après leur introduction dans la vinaigrerie.

Art. 29. — Aucune fabrique de liquide par macération et fermentation de mouture ou farine, pour en faire du vinaigre, ne pourra être établie à moins que le vinaigrier de la deuxième classe ne se conforme, pour ce qui concerne la capacité de sa cuve ou (de ses) cuves de macération, à ce qui est prescrit à cet égard par l'art. 8 de la présente loi, par rapport aux cuves matières des brasseurs.

Art. 30. — L'impôt sur le liquide fabriqué au moyen de macération et fermentation de mouture, et destiné à être converti en vinaigre, sera prélevé au même taux et ainsi que celui sur les bières, en raison de la capacité de la cuve ou des cuves de macération [1] dont le vinaigrier de deuxième classe aura déclaré vouloir se servir. On se conformera, en ce qui concerne cette déclaration, à ce qui est prescrit par l'art. 13 de la présente loi, pour les déclarations des brasseurs, à l'exception cependant de ce qui concerne l'ébullition des métiers et de la bière.

Il sera accordé, sur la capacité des cuves de macération des vinaigriers de la deuxième classe, une déduction d'un dixième de la contenance.

Art. 31. — La justification des quantités de mouture ou farine que les vinaigriers de la deuxième classe ont reçues avec des permis de transport, sera réglée sur le même pied qu'il est prescrit par l'art. 3 de la première division de la présente loi, pour les brasseurs.

Art. 32. — Les dispositions contenues dans la première division de cette loi, pour ce qui concerne le jaugeage, l'épalement des cuves matières et chaudières des brasseurs, ainsi que la vente, le prêt, la démolition, le changement, l'agrandissement, ou la diminution de ces objets, sont rendues applicables au jaugeage et à l'épalement

---

(1) Le texte hollandais porte en outre : *et de fermentation.*

des cuves de macération, chaudières et bacs, connus sous le nom de *moerstukken*, des vinaigriers de la deuxième classe.

Art. 33. — L'emploi des hausses mobiles devra être déclaré et donnera lieu à une augmentation de l'impôt proportionnée à l'augmentation de capacité que l'application de hausses ajoutera aux cuves de macération.

Ces hausses devront être vérifiées avant l'envoi de la déclaration et la capacité devra en être constatée par jaugeage sur le pied prescrit par l'Administration. Les vinaigriers seront aussi tenus de les numéroter.

L'emploi de ces hausses mobiles sans déclaration préalable, ou l'emploi d'une hausse autre que celles déclarées, sera puni d'une amende de 848 fr., outre le payement de l'accise, en proportion de la capacité des hausses.

Cependant, s'il était prouvé que, dans le dernier cas, la hausse non déclarée n'était pas d'une contenance plus grande que celle déclarée, l'emploi de l'une pour l'autre ne sera puni que d'une amende de 106 fr.

Art. 34. — Les travaux dans les cuves de macération des vinaigriers de la deuxième classe ne pourront durer que soixante heures ; à l'expiration de ce délai, la fermentation des matières devra être terminée, la drêche ou résidu de matière devra être retiré des dites cuves une heure après la fin desdits travaux.

Art. 35. — Les vinaigriers de la deuxième classe, pour ce qui concerne la fixation de l'heure pour allumer le feu sous leur chaudière, à l'effet de chauffer l'eau nécessaire à la mise en macération de la mouture ou farine, devront se conformer à ce qui est réglé à cet effet, pour les brasseurs, par l'art. 18 de la présente loi.

Art. 36. — Aucun liquide préparé au moyen de macération et fermentation de mouture ou farine, destiné à être converti en vinaigre, ne pourra être bouilli ni chauffé, pendant les dix jours qui suivront celui de la fin de leur fermentation.

Le vinaigrier de deuxième classe qui sera trouvé chauffer pareil liquide, pendant les dix jours susdits, sera puni sur le pied statué par les art. 21 et 22, pour le cas de brassins clandestins.

Le liquide susdit ou *waij* ne pourra être chauffé ou bouilli après les dix jours susmentionnés, qu'après que le vinaigrier en aura fait la déclaration au préposé de l'Administration, sous peine d'une amende de 424 francs.

Art. 37. — La mise en macération de matières sans déclaration préalable, l'usage d'une autre ou autres cuves pour la mise en macération, ou de chaudière à l'eau [1] que celles désignées par la déclaration, l'anticipation de la mise de feu sous lesdites chaudières, l'anticipation du commencement de la mise en macération, la prolongation des fermentations, l'existence de matières en macération ou fermentation découvertes partout ailleurs que dans les lieux, vaisseaux, cuves, bacs ou chaudières déclarés, la non-évacuation de la drêche ou du résidu des matières hors des cuves de macération dans le délai prescrit par l'art. 34, seront punis conformément à ce qui est statué pour pareils cas, à l'égard des brasseurs, dans la première division de cette loi.

Pareille amende sera encourue par tout vinaigrier de la deuxième classe ou autres personnes qui fabriqueront du vinaigre sans déclaration et à l'insu de l'Administration, outre la saisie et confiscation, ainsi qu'il est statué à l'art. 17 de la présente loi.

Art. 38. — Il ne pourra se trouver dans ces fabriques aucun alambic, soit pour distiller des matières, soit propre à rectifier des flegmes, et le liquide qu'on y a préparé ne pourra être destiné à d'autres usages qu'à être converti en vinaigre, sous peine d'une amende de 848 francs.

Art. 39. — Il est défendu aux vinaigriers de la deuxième classe d'exercer en même temps et dans le même local la profession de brasseur ou distillateur, ou de la faire ou laisser exercer dans leurs locaux par d'autres personnes.

―――――――――――――――

(1) Le texte hollandais porte : d'une autre ou d'autres chaudières à eau (*andere waterketel of ketels*).

Art. 40. — Les vinaigriers de la troisième classe qui voudraient commencer leurs travaux pour la première fois, seront tenus d'en faire la déclaration à l'employé de l'Administration proposé à cet effet, et dans le ressort duquel leur fabrique est située.

Cette déclaration, qui devra être faite par écrit, par le fabricant de vinaigre ou son fondé de pouvoir, devra énoncer :

1° Le lieu et la date :

2° Le nom ou la raison de commerce du déclarant ;

3° La désignation de la vinaigrerie, la marque ou autre indication qui puisse la faire connaître ;

4° Le jour et l'heure à laquelle on commencera les opérations ;

5° Le numéro des cuves destinées à la fabrication projetée.

Les vinaigriers de la troisième classe pour ce qui concerne le jaugeage, l'épalement et changement de leurs cuves et chaudières, sont tenus de se conformer aux dispositions des art. 9, 10 et 11 de la présente loi, pour le jaugeage, l'épalement et changement de leurs cuves matières et chaudières des brasseurs [1].

Art. 41. — Après cette première déclaration, les vinaigriers de la troisième classe seront dispensés de la réitérer lors d'une fabrication subséquente; mais ils seront, par contre, censés renouveler trois fois par an le travail de leurs cuves jumelles [2].

Art. 42. — Si cependant les vinaigriers de la troisième classe désiraient faire quelque changement dans leurs procédés de fabrication, travailler avec plus ou moins de cuves que celles qu'ils ont déclarées, ou bien faire chômer leur fabrique, ils seront tenus d'en faire, avant d'effectuer le changement, une nouvelle déclaration au même employé désigné ci-dessus.

Toute omission à cet égard sera punie, en cas d'augmentation et

---

(1) Le texte hollandais porte : *l'épalement et changement des cuves matières et chaudières des brasseurs.* — Aux termes de l'art. 3 de la loi du 20 décembre 1851, ces vaisseaux doivent continuer d'être jaugés métriquement.

(2) Il faut, d'après le texte hollandais, ajouter : *ou ustensiles.*

de changement des cuves, d'une amende de 848 fr. outre le payement de l'accise, et, en cas de diminution, par refus de la décharge
sur la capacité primitive qui sera censée ne point être diminuée
pendant tout le temps que comprendra la première déclaration.

Les cuves déclarées comme non employées, ou pour lesquelles il a
été accordé décharge, devront être scellées, sur le pied prescrit par
l'art. 7.

Toutes les dispositions contenues dans les art. 17, 21 et 22 de
cette loi, concernant l'emploi d'autres cuves que celles déclarées, les
brassins sans déclarations et à l'insu de l'Administration ou clandestins, sont rendues applicables aux vinaigriers de la troisième
classe.

Art. 43. — Les déclarations et renonciations ou déclaration des
changements, seront faites par écrit sur un registre à souche, qui
sera déposé au bureau des employés qui seront commis et désignés à
cet effet.

Art. 44. — L'Administration pourra, quant aux cuves jumelles
des vinaigriers de la troisième classe, proposer et nous soumettre
ultérieurement telles mesures au moyen desquelles la perception des
accises soit assurée, et qui tendent à favoriser l'uniformité des procédés de fabrication [1].

Art, 45. — Lors de la prise en charge des droits dus par les vinaigriers de la troisième classe, au même taux établi par l'art. 30, on
leur accordera sur le montant total de ces droits, pour chaque renouvellement de travail, une déduction de 18 p. c., pour tenir lieu de
toute décharge sur la contenance de leur cuves jumelles, ou pour le
travail [2], qu'ils estimeraient pouvoir leur être due, soit par suite

---

[1] Le texte hollandais ne parle pas seulement de mesures applicables aux *cuves
jumelles*, mais aussi de celles qui concernent *les travaux* des vinaigriers (*nopens
de tweelings-kuipen of zoo genaamde werken*). Le Gouvernement, faisant usage du
pouvoir qui lui confère cet article, a, par arrêté royal du 30 décembre 1841, soumis à l'impôt les vaisseaux des vinaigriers, sans distinction de forme.

[2] Au lieu de : *ou pour le travail*, il faut lire, d'après le texte hollandais :
ou ustensiles.

du mode adopté pour la construction de leurs cuves, soit par suite
de la nature des procédés de fabrication qu'ils suivent pour leurs
vinaigres, soit enfin par suite du déchet qu'ils éprouvent sur leur
fabrication [1].

TROISIÈME DIVISION.

DISPOSITIONS GÉNÉRALES.

Art. 46. — L'accise qui, conformément aux art. 1 et 4 de cette
loi, sera due par suite de (la) déclaration prescrite par les art. 13,
30, 40 et 42, ne sera exigible qu'en raison de leur montant et de la
destination des bières et vinaigres, le tout conformément aux dispositions des articles suivants.

Il ne sera dû, par suite de ce qui est dit aux art. 13 et 30 [2],
aucune accise pour la déclaration de mise de feu pour chauffer de
l'eau, à moins qu'on ne l'ait fait suivre d'un commencement ou confection d'un brassin.

Art. 47. — Il sera ouvert un compte, entre les brasseurs de bière
et vinaigriers des trois classes et l'Administration, au débet duquel
on portera successivement la montant de leurs déclarations, sauf la

----

(1) Les vinaigriers de la 3ᵉ classe, qui n'emploient, comme éléments principaux
de fabrication, que des matières soumises à l'accise, sont exempts de l'impôt.
(Voir la loi du 7 février 1844).

(2) La citation de l'art. 30, qui n'a aucun rapport avec l'art. 46, est tout à fait
incompréhensible, et ne peut s'expliquer que par une erreur matérielle. Cette
erreur devient évidente si l'on rapproche l'art. 46 de la loi de 1822, des art. 62 et
41 des lois de 1816 et de 1819, dont il est la reproduction textuelle. Or ces articles
renvoient respectivement à l'art. 60 de la loi de 1816 et à l'art. 30 de la loi de
1819; qui contiennent tout deux la même disposition que l'art. 22 de la loi de 1822.
C'est donc l'art. 22 qu'on aurait dû citer avec l'art. 13 dans l'art. 46 de cette
dernière loi. A l'aide de cette rectification, l'article devient clair : la défense,
qui termine l'art. 22, de conserver de l'eau chaude sans déclaration, établit la
corrélation entre cet article et l'art. 46, deuxième alinéa, qui autorise pour le
chauffage de l'eau la délivrance d'une ampliation de déclaration ne donnant pas
ouverture au droit d'accise.

déduction accordée par les art. 15, 26 et 30, et l'augmentation éventuelle fixée par les art. 16 et 19, pour ce qui concerne les brasseurs ; ainsi que sauf la déduction accordée par l'art. 45, pour ce qui concerne les vinaigriers de la troisième classe.

En tête de ce compte, le brasseur de bière et le vinaigrier, ou son fondé de pouvoirs, inscrira une déclaration par laquelle : « Il enga-« gera sa personne et ses biens pour le payement des droits, qui, « par suite de ses déclarations successives, seront reportés, du « registre des déclarations des brasseurs de bière et vinaigriers des « deux premières classes, à son compte. »

Le report des prises en charge, en ce qui concerne les vinaigriers de la troisième classe, sera fait par suite de ce qui est dit à l'art. 41, tous les quatre mois, au jour de l'expiration du terme des quatre mois précédents.

Art. 48. — Lorsque l'accise due par toutes les déclarations cumulées des brasseurs[1] n'excédera pas, pour un mois, la somme de 424 fr., le payement devra s'en faire en une fois, dans les vingt premiers jours du mois suivant.

Si l'accise à payer, comme il est dit ci-dessus, excède la somme de 424 fr.. mais non celle de 1060 fr. par mois, on devra l'acquitter en deux termes, savoir : la première moitié dans les vingt premiers jours du mois suivant, et l'autre moitié dans les vingt premiers jours du second mois.

Si l'accise à payer, comme dessus, excède la somme de 1060 fr., mais non celle de 2120 fr. par mois, on payera également en deux termes, mais dont le premier n'écherra qu'au vingtième jour du second mois, après celui de la déclaration de brasser, et l'autre moitié, ou le dernier terme, seulement au vingtième jour du troisième mois.

---

(1) Il faut lire, d'après le texte hollandais : *Lorsque l'accise, résultant de toutes les déclarations d'un brasseur*, etc.

Si enfin l'accise à payer, comme dessus, excède la somme de 2120 fr. par mois, on payera en trois termes : le premier n'écherra qu'au vingtième jour du troisième mois, après celui de la déclaration de brasser ; le second au même jour du quatrième mois, et le dernier terme, au même jour du cinquième mois.

Art. 49. — Quoique, d'après l'art. 4, l'accise sur les bières destinées à être converties en vinaigre soit due immédiatement après la déclaration faite par le brasseur, elle ne sera cependant exigible, en cas de transcription de l'accise par le brasseur sur un vinaigrier de première classe, qu'en trois termes, à partir du jour de la transcription, et ce :

Un tiers dans les vingt premiers jours du dixième mois après celui de la déclaration ;

Un tiers dans les vingt premiers jours du onzième mois après celui de la déclaration ;

Et enfin un tiers dans les vingt premiers jours du douzième mois après celui de la déclaration.

Art. 50. — Le mode prescrit par l'art. 48 pour la formation des comptes mensuels concernant les brasseurs, et la fixation de termes de crédit ou époques de payement qui sont déterminés en proportion de l'accise due sur leur fabrication pendant chaque mois, sont rendus applicables aux vinaigriers de la deuxième classe, avec cette diffé-rence que les époques fixées pour le payement prendront seulement cours à commencer du soixantième jour après celui fixé par les brasseurs [1].

Art. 51. — Les termes de payement, pour les vinaigriers de la troisième classe, seront régulièrement exigibles au vingtième jour du sixième mois après celui de la déclaration, ou de l'époque à

(I) Il faut lire, d'après le texte hollandais : *avec cette différence que les époques fixées pour le payement seront reportées au soixantième jour après celui qui est déterminé pour l'acquittement des termes de crédit des brasseurs.*

laquelle on a recommencé la fabrication d'après les bases de cette déclaration (1).

Art. 52. — Dès que l'accise d'un ou plusieurs mois excédera pour une brasserie ou vinaigrerie de la deuxième et troisième classe, dont la contenance des cuves-matières, cuves de macération ou cuves jumelles est inférieure à soixante et dix barils (hectolitres), la somme de 4240 fr., il sera fourni caution pour le crédit qu'on accordera.

Il en sera de même à l'égard des brasseries et vinaigreries de la deuxième et troisième classe, dont la cuve ou les cuves-matières, de macération ou cuves jumelles ont soixante et dix barrils (hecto- litres) ou plus de contenance, du moment que le crédit surpassera la somme de 8480 francs.

Art. 53. — L'apurement du compte ainsi ouvert avec les bras- seurs et vinaigriers de troisième classe pourra se faire (2) :

1° Par le payement des termes échus;

2° Par la livraison des bières et vinaigres avec transcription de l'impôt ;

3° Par l'exportation pour commerce à l'étranger (3), et enfin

4° Pour ce qui concerne le vinaigre seulement, par le dépôt dans un des entrepôts du royaume.

Aucun apurement de compte au moyen de transcription de l'accise, d'exportation ou d'entreposage, ne pourra avoir lieu pour apurer les termes de crédit échéant, ou déjà échus, à la date où la déclaration pour (la) transcription, l'exportation ou l'entreposage sera faite.

Art. 54. — Si, à l'échéance des termes de payement, l'accise n'est pas acquittée, le receveur enverra une sommation au redevable, à

---

(1) Il faut lire, d'après le texte hollandais *continué*, au lieu de *recommencé* la fabrication.

(2) Le texte hollandais ne parle pas seulement des vinaigriers de troisième classe, mais des brasseurs, vinaigriers et négociants en bières et vinaigres.

(3) L'art. 3 de la loi du 21 août 1846 a chargé le Gouvernement de modifier ces dispositions ; un arrêté royal du 17 septembre suivant a été pris pour faciliter l'exportation des bières avec décharge de droits.

l'effet de satisfaire à son obligation, en payant l'accise dans un délai de trois fois 24 heures.

Art. 55. — Le brasseur ou vinaigrier pourra, s'il le désire, livrer tout ou partie de ses bières ou vinaigres à un autre fabricant ou négociant, et, s'il veut le faire avec transcription de l'accise due à la fabrication, il sera tenu, lui et l'acquéreur, d'observer à cet égard les formalités prescrites par le présent article.

D'abord, cette opération ne pourra se faire que pour des livraisons dans la même province, et ensuite pour aucunes quantités dont l'accise, à raison de fr. 1.48.4 [1] le baril (hectolitre), n'excéderait point la somme de 636 francs.

Art. 56. — Les brasseurs ou vinaigriers [2] qui désireront exporter leurs bières et vinaigres pour commerce à l'étranger, devront, pour obtenir décharge de l'accise à la fabrication des bières et vinaigres, se conformer en tous points à ce qui est prescrit par la loi générale sur les perceptions des accises concernant les exportations [3].

Dans les bières et vinaigres pour lesquels on accorde décharge, ne sont pas compris les bières et vinaigres qui sont exportés en des quantités inférieures à quarante barils [4] (hectolitres) ou en quantités équivalentes en cruchons ou bouteilles.

L'on n'accordera aucune décharge pour les bières exportées par terre ou par les rivières [5].

La décharge pour les bières et vinaigres exportés ainsi qu'il est

---

(1) L'impôt a été porté à 4 fr. par hectolitre, aux termes de l'art. 8 de la loi du 18 juillet 1860.

(2) Il faut ajouter : *ou traficants.* (Voir le § 4 du même article 56.)

(3) Voir le renvoi (4) à l'art. 53 de la présente loi.

(4) Ce minimum avait été abaissé à dix hectolitres pour les bières en cercles, et à deux hectolitres pour les bières en bouteilles et en cruchons, par l'art. 1er de l'arrêté royal du 17 septembre 1846. Il est aujourd'hui fixé à cinq hectolitres par l'art. 2 de l'arrêté royal du 24 décembre 1861, pour les bières en cercles.

(5) L'exportation avec décharge de l'accise peut avoir lieu par terre, rivières et canaux, aux termes de l'art. 1er de l'arrêté royal du 17 septembre 1846.

dit plus haut, sera accordée à raison de fr. 1.37.8 [1] par baril (hectolitre); mais les brasseurs et vinaigriers ou trafiquants ne pourront obtenir décharge de l'accise que jusqu'à concurrence du montant du débit de leur compte, de manière qu'ils ne pourront pas le réclamer sur le montant de termes apurés.

La décharge aura toujours lieu sur le terme de crédit le plus anciennement ouvert au compte [2].

Il ne sera point accordé de décharge pour des bières et vinaigres dont la valeur ou qualité est inférieure à celle des bières et vinaigres ordinaires, ni pour ceux qui sont mélangés ou détériorés.

Art. 57. — Les vinaigres [3] que l'on désirerait entreposer ne pourront être déposés dans les entrepôts qu'après que leurs quantité et qualité auront été constatées au moyen du jaugeage et de la dégustation.

Art. 58. — On observera, relativement à la mise en entrepôt de vinaigres indigènes, ce qui est prescrit par la loi générale sur les accises concernant les entrepôts en général; et, relativement au payement au comptant ou à termes de crédit et à l'exportation pour commerce, les formalités prescrites par la présente loi, sauf cependant ce qui suit :

a. Que la mise en entrepôt, la transcription et le mouvement d'un entrepôt à un autre, l'enlèvement des liquides, soit pour passer sous direction particulière, soit pour être livrés à la consommation, ou bien pour l'exportation, ne pourra se faire en quantité moindre de quarante barils (hectolitres), hormis les

---

(1) La décharge accordée à l'exportation des bières et vinaigres est fixée à fr. 2,50 par hectolitre, aux termes de l'art. 17 du traité du 1er mai 1861, avec la France.

(2) Pour ce qui concerne les bières, la décharge des droits est imputée sur les termes de crédit dont l'échéance est la plus prochaine. (Voir l'art. 4 del'arrêté royal du 17 septembre 1846.)

(3) Il faut lire, d'après le texte hollandais *les vinaigres indigènes* (binnenlandsche azijnen).

restants, dans les cas d'enlèvement pour passer sous direction particulière ou pour être livrés à la consommation ;

b. Que lorsqu'on retire les liquides entreposés pour passer sous direction particulière, ou pour être livrés à la consommation, l'accise devra être payée de suite et en numéraire.

Art. 59. — On accordera, pour les vinaigres que l'on fait entrer à l'entrepôt, décharge au compte du vinaigrier à raison de fr. 1.37.8 [1] par baril (hectolitre), et, pour les quantités supérieures ou inférieures, en proportion.

Art. 60. — Les vinaigriers sont autorisés à transvaser, à faire le remplissage des futailles, à travailler et mélanger de telle manière qu'il leur semblera convenable pour leur commerce et débit, les liquides entreposés sous leur direction dans des caves et magasins des entrepôts.

Ils auront aussi à cet effet la faculté de pouvoir, en donnant connaissance à l'entreposeur, y faire introduire les ingrédients nécessaires ; mais ils seront cependant tenus de faire au receveur une déclaration par écrit de leurs opérations, pour autant qu'il en résulterait une augmentation des vinaigres, à l'effet d'être débités pour cet excédant comme pour des vinaigres venant de leurs vinaigreries, et pour que leur enlèvement ne puisse être refusé par le motif d'un excédant à leur charge.

Si, parmi les liquides que l'on a introduits dans l'entrepôt pour servir à mélanger, il se trouve des vinaigres, ils seront considérés comme vinaigres indigènes, dont l'accise n'a point été acquittée, tandis que, dans le cas où ces liquides se composent de vinaigres étrangers, sortant d'un entrepôt, on devra, au préalable, apurer le montant de l'accise à laquelle ils sont soumis.

Aucun vinaigre indigène ne pourra, en outre, être déposé dans le même emplacement de l'entrepôt où il se trouvera des bières

---

(1) Cette décharge est portée à fr. 2.50 par hectolitre, aux termes de l'art. 17 du traité du 1ᵉʳ mai 1861, avec la France.

ou vinaigres étrangers, sous la direction spéciale du propriétaire ou consignataire.

Art. 61. — Les bières et vinaigres indigènes qui, conformément aux dispositions de la loi générale sur les accises, passent, avec emprunt de territoire étranger, d'un endroit du royaume à un autre, ne pourront être transportés en quantités moindres de quarante barils (hectolitres).

Art. 62. — Les brasseurs de bières et les vinaigriers qui désireraient abandonner leur profession, ou faire chômer leur fabrique ou établissement, seront tenus d'en faire la déclaration par écrit aux employés de l'Administration pour la commune où leur fabrique est située, et quinze jours avant de cesser leurs travaux.

Ceci doit également être observé par les administrateurs des successions et exécuteurs testamentaires, ou les curateurs et syndics dans les faillites. Aucun décompte ne pourra avoir lieu, ni, en cas de décès ou de faillite, aucun partage de succession, de distribution aux héritiers et légataires, ou bien, dans le dernier cas, aucune liquidation avec les créanciers ne pourra être effectuée, qu'après que le compte de l'Administration avec la masse ou l'établissement aura été apuré et clos, ou que du moins l'on ait fourni, en cas de contestation, une caution suffisante.

TIMBRE COLLECTIF [1].

Art. 63. — Les quittances de payement de l'accise seront écrites sur un timbre collectif dont la valeur devra être payée en outre de l'accise.

Le timbre collectif sera calculé d'après le montant de l'accise, selon le tarif suivant :

---

(1) L'art. 63 est abrogé par l'art. 2 de la loi du 20 décembre 1856.

Quant le montant de l'accise est au-dessous

et jusqu'à . . . .   50 cents, un timbre de fl. 0 02 1/2

De fl. 0	50	jusques au-dessous de fl. 1	»	—	0 05
—	1	»	—	—	1 50	—	0 07 1/2
—	1 50	—	—	2	»	—	0 10
—	2	»	—	—	3	»	—	0 15
—	3	»	—	—	4	»	—	0 20
—	4	»	—	—	6	»	—	0 30
—	6	»	—	—	8	»	—	0 40
—	8	»	—	—	11	»	—	0 55
—	11	»	—	—	14	»	—	0 70
—	14	»	—	—	17	»	—	0 85
—	17	»	—	—	20	»	—	1 »
—	20	»	—	—	25	»	—	1 25
—	25	»	—	—	30	»	—	1 50
—	30	»	—	—	40	»	—	2 »
—	40	»	—	—	50	»	—	2 50
—	50	»	—	—	60	»	—	3 »
—	60	»	—	—	80	»	—	4 »
—	80	»	—	—	100	»	—	5 »
—	100	»	—	—	120	»	—	6 »
—	120	»	—	—	140	»	—	7 »
—	140	»	—	—	170	»	—	8 50
—	170	»	—	—	200	»	—	10 »
—	200	»	—	—	250	»	—	12 50
—	250	«	—	—	300	»	—	15 »

Et quand l'accise se monte au-dessus de fl. 300, on devra joindre
au timbre de fl. 15, pour le montant de l'accise au-dessus de fl. 300
un ou plusieurs timbres supplémentaires, en prenant le mode le plus
avantageux au contribuable.

Les permis ou passavants requis par la présente loi, pour l'introduction, l'enlèvement ou le transport de la bière, devront être écrits
sur un timbre calculé d'après la quantité de la bière ou du vinaigre ;
ce timbre doit être payé par les intéressés, d'après le tarif suivant :

De 40 barils (hectolitres) bière ou vinaigre, jusqu'au-
dessous 100 barils (hectolitres), sur un timbre de fl. 0 05

de 100	à	150 barils (hectolitres)		0	10
— 150	—	200	—	0	20
— 200	—	250	—	0	30
— 250	—	300	—	0	45
— 300	—	350	—	0	60
— 350	—	400	—	0	75
— 400 et au-dessus				1	»

Mandons et ordonnons, etc.

Nous donnons ci-après le *Tarif* annexé à la loi et fixant le temps accordé à l'industrie pour parachever les opérations, une fois la prise en charge établie.

On sait qu'en ce règlement gît la prescription caractéristique du régime belge de la législation en matière de brasserie, règlementation en opposition avec les exigences de la pratique rationnelle des opérations du brassage.

TARIF fixant le temps à accorder aux brasseurs, tant pour chauffer l'eau avant le commencement des travaux dans la cuve matière, que pour les travaux dans ladite cuve ; le tout basé d'après la capacité des chaudières et cuves, et divisé, comme suit : pour l'emploi d'une, de deux ou de plusieurs chaudières, et tant pour le cas où la capacité des chaudières est en rapport avec celle des cuves matières déclarées, que pour celui où elles sont d'une dimension plus grande. (Art. 10 de la loi).

Ce tarif indique le maximum et le minimum du temps qui peut être accordé : le maximum peut être accordé aux brasseurs qui se servent de paniers dits *stuikmanden*, pour clarifier le produit des deux premières trempes après la première ébullition ; le minimum s'applique aux autres brasseurs.

POUR UNE CUVE MATIÈRE DE	TEMPS ACCORDÉ POUR TRAVAUX DANS LA CUVE MATIÈRE, LORS DE L'EMPLOI D'UNE SEULE CHAUDIÈRE. POUR UN BRASSIN DE						TEMPS ACCORDÉ POUR TRAVAUX DANS LA CUVE MATIÈRE, LORS DE L'EMPLOI DE DEUX CHAUDIÈRES DONT LA CAPACITÉ RÉUNIE NE DÉPASSE PAS CELLE DE LA CUVE MATIÈRE. POUR UN BRASSIN DE						TEMPS ACCORDÉ POUR TRAVAUX DANS LA CUVE MATIÈRE, LORS DE L'EMPLOI DE DEUX CHAUDIÈRES DONT LA CAPACITÉ RÉUNIE SURPASSE CELLE DE LA CUVE MATIÈRE. POUR UN BRASSIN DE					
	BIÈRE BRUNE.		BIÈRE JAUNE.		BIÈRE BLANCHE		BIÈRE BRUNE.		BIÈRE JAUNE.		BIÈRE BLANCHE		BIÈRE BRUNE.		BIÈRE JAUNE.		BIÈRE BLANCHE	
	Maximum.	Minimum.	Maximum.	Minimum.	Maximum.	Minimum.	Maximum.	Minimum.	Maximum.	Minimum.	Maximum.	Minimum.	Maximum.	Minimum.	Maximum.	Minimum.	Maximum.	Minimum.
	heures.	heures.	heures.	heures.	heures.	heures.	heures.	heures	heures	heures	heures.	heures.	heures.	heures.	heures.	heures.	heures.	heures.
100 barils (hectol.) et au-dessus.	24	22	22	20	20	18	22	20	20	18	18	16	21	19	19	17	17	15
75 et moins de 100	22	20	20	18	18	16	20	18	18	16	16	14	19	17	17	15	15	13
50 — 75	20	18	18	16	16	14	18	16	16	14	14	12	17	15	15	13	13	11
30 — 50	18	16	16	14	14	12	16	14	14	12	12	10	15	13	13	11	11	9
20 — 30	16	14	14	12	12	10	15	13	13	11	11	9	14	12	12	10	10	8
Moins de 20 barils (hectolitres).	15	13	13	11	11	9	14	12	12	10	10	8	13	11	11	9	9	7

Indépendamment du temps déterminé ci-dessus pour les travaux dans la cuve matière, il sera accordé le temps suivant pour chauffer l'eau avant le commencement des travaux dans ladite cuve matière :

Pour une chaudière de 100 barils (hectolitres) et au-dessus. . . . . 8 heures.
— — 75 et au-dessous de 100. . . . . 6 —
— — 50 — 75. . . . . 5 —
— — 25 — 50. . . . . 4 —
— — et au-dessous de 25. . . . . 3 —

ARRÊTÉ DU 1ᵉʳ NOVEMBRE 1830, ABROGEANT L'ART. 3 DE LA LOI SUR LES BIÈRES, RELATIF A LA JUSTIFICATION DES FARINES.

Le Gouvernement provisoire, sur le rapport de M. le Commissaire général des Finances ;

Considérant la gêne qu'éprouvent les brasseurs de la Belgique par les dispositions de l'art. 3 de la loi du 2 août 1822, sur les bières, qui les assujettit à la levée d'un permis pour introduire des farines dans leurs brasseries, et à la justification de l'emploi de ces farines ;

Considérant le peu d'utilité de ces dispositions qui, du reste, depuis l'abrogation de la loi sur la mouture, sont éludées avec la plus grande facilité ;

Arrête : Les dispositions de l'art. 3 de la loi du 2 août 1822 (Journal officiel, nᵒ 32), sur les bières, sont abrogées. A l'avenir les farines pourront être introduites dans les brasseries sans permis et sans justification de leur emploi.

Expédition du présent, etc.

EXTRAIT DE LA LOI DU 21 AOUT 1846, CONCERNANT L'EXPORTATION DES BIÈRES AVEC DÉCHARGE DE L'ACCISE.

Léopold, etc.

.   .   .   .

Art. 3. — Le Gouvernement modifiera, provisoirement, les conditions établies par les art. 53 et 56 de la loi du 2 août 1822 (Journal officiel, nᵒ 32), de manière à faciliter l'exportation des bières avec décharge de l'accise.

Les dispositions prises en vertu du présent article seront soumises à l'approbation des Chambres, dans leur prochaine session.

.   .   .   .

ARRÊTÉ ROYAL DU 17 SEPTEMBRE 1846, RELATIF A L'EXPORTATION
DES BIÈRES.

Léopold, etc.

Vu l'art. 3 de la loi du 21 août 1846 (Moniteur, n° 234), portant : etc. ;

Sur la proposition de notre Ministre des Finances,

Nous avons arrêté et arrêtons :

. Art. 1er. — L'exportation des bières avec décharge de l'accise
aura lieu par mer, canaux ou rivières, et par terre. Les bureaux de
chargement et de sortie seront désignés ultérieurement par nous [1].

Le minimum des quantités admises à l'exportation est fixé à dix [2]
hectolitres de bières en cercles et à deux hectolitres de bières en
bouteilles ou en cruchons.

Art. 2. Les bières déclarées à l'exportation seront dégustées au
bureau de chargement et confrontées à celui de sortie, sur échantillon d'un demi-litre au moins, levé à cet effet par les employés chargés de la vérification. La décharge ne sera pas accordée si, à l'un
ou l'autre de ces bureaux, les employés reconnaissent qu'elles n'ont
pas la valeur et la qualité des bonnes bières ordinaires.

Les formalités auxquelles l'exportation avec décharge de l'accise
est assujettie, par les lois en vigueur, seront observées.

Art. 3. — Après la vérification au bureau de chargement, les
bières déclarées à l'exportation pourront, avec suspension du délai
déterminé pour la sortie, être déposées dans l'entrepôt public pour
un terme qui ne dépassera pas trois mois.

Art. 4. — La décharge de l'accise demeure fixée au taux réglé
par l'art. 56 de la loi du 2 août 1822 (Journal officiel, n° 32). Elle

---

(1) Consulter le tableau n° 4 de l'*Appendice* au Tarif officiel des douanes,
approuvé par arrêté royal du 30 mars 1866.

(2) Ce minimum est réduit à cinq hectolitres pour les bières en cercles, aux
termes de l'art. 2 de l'arrêté royal du 24 décembre 1861.

sera imputée sur les termes de crédit dont l'échéance est la plus prochaine.

Art. 5. — Les tonneaux vides pourront être réimportés en exemption des droits d'entrée par le bureau où l'exportation a eu lieu.

Les tonneaux devront porter l'empreinte d'un fer ardent apposé par les employés des douanes, à la demande des intéressés, lors de l'exportation des bières.

Ils devront en outre être marqués au chiffre de la brasserie d'où ils proviennent, et porter des traces d'un usage réel.

La déclaration de rentrée mentionnera la date et le numéro des permis d'exportation auxquels les tonneaux se rapportent.

Notre Ministre des Finances, etc.

LOI DU 20 DÉCEMBRE 1851, MODIFIANT LA LOI DU 2 AOUT 1822 SUR LES BIÈRES.

Léopold, etc.

Les Chambres ont adopté et nous sanctionnons ce qui suit :

Art. 1er. — Le § 2 de l'art. 9 de la loi du 2 août 1822 (Journal officiel, n° 32) est remplacé par les dispositions ci-après :

La capacité imposable des cuves matières et celle des chaudières dans lesquelles on emploie des farines, sont constatées par empotement.

Par capacité imposable des cuves matières, on entend la capacité brute de ces vaisseaux, après déduction du volume que représentent les faux fonds, les pompes à jeter et les agitateurs placés à demeure et servant à débattre les matières, dont les brasseurs font habituellement usage.

Les résultats de l'empotement sont contrôlés par le jaugeage métrique, suivant les règles à prescrire par le Ministre des Finances.

Tout changement ayant pour effet de réduire, à l'insu des employés, l'espace qu'ont occupé dans la cuve, lors de l'empotement, les faux fonds, les pompes à jeter et les agitateurs placés à demeure, est considéré comme un agrandissement de la capacité imposable sans déclaration préalable, et puni conformément à l'art. 11 de la loi préindiquée.

Les droits fraudés sont, en outre, exigibles pour tous les brassins déclarés depuis le dernier épalement.

Il est interdit de faire usage de cuves matières ou de chaudières construites ou disposées de manière que les employés ne puissent en constater régulièrement la capacité.

Art. 2. Les cuves matières et les chaudières, mentionnés au § 2 de l'art. 1er, ne peuvent avoir qu'une inclinaison d'un centimètre et demi au plus. Les inclinaisons dépassant cette proportion sont jaugées métriquement, et le résultat de cette opération est ajouté à la capacité imposable, constatée par l'empotement.

Art. 3. — La capacité des cuves et des chaudières dont se servent les vinaigriers de la troisième classe, continue à être vérifiée par le jaugeage métrique.

Art. 4. Les §§ 2 et 3 de l'art. 10 et l'art. 15 de la loi du 2 août 1822 (Journal officiel, n° 32) sont abrogés.

Promulguons la présente loi, etc.

EXTRAIT DE LA LOI BUDGÉTAIRE DU 30 DÉCEMBRE 1856.

. . . .

Art. 2. — L'art. 63 de la loi du 2 août 1822 (Journal officiel, n° 32), sur les bières et vinaigres, est abrogé.

. . . .

EXTRAIT DE L'ARRÊTÉ ROYAL DU 24 DÉCEMBRE 1861.

. . . .

Art. 2. — Le minimum des quantités de bières en cercles admises à l'exportation avec décharge des droits d'accise, est abaissé à cinq hectolitres.

Art. 3. — La décharge de l'accise à l'exportation par les frontières de terre est subordonnée à la condition que l'exportateur remette au bureau de sortie, dans les 15 jours, les quittances des droits payés à l'entrée dans les pays de destination.

. . . .

EXTRAIT DE LA LOI BUDGÉTAIRE DU 20 DÉCEMBRE 1862.

. . . .

Art. 3. — L'art. 8 de la loi du 2 août 1822 sur les bières et vinaigres (Journal officiel, n° 32) est remplacé par la disposition suivante :

« Le minimum de la capacité imposable des cuves matières des » brasseries est fixé à dix hectolitres. »

. . . .

CHAPITRE DEUXIÈME.

LÉGISLATION FRANÇAISE.

EXTRAIT DU CODE DES CONTRIBUTIONS INDIRECTES.

LOI DU 28 AVRIL 1816.

Art. 107. — Cet article, qui portait le droit sur la bière forte à 2 fr. par hectolitre et 50 cent. celui de la petite bière, a été remplacé par l'article 4 de la loi du 1er septembre 1871, qui a fixé le tarif à 3 fr. 60, décimes compris, pour la bière forte, et à 1 fr. 20 pour la petite bière.

Art. 108. — Cet article, relatif à la fabrication de la petite bière, a été remplacé par l'article 8 de la loi du 1er mai 1822, ainsi conçu :

Art. 8. — « Il ne pourra être fait application de la taxe sur la petite bière que lorsqu'il aura été préalablement fabriqué un brassin de bière forte avec la même drèche et pourvu, d'ailleurs, que cette drèche ait subi, pour le premier brassin, au moins deux trempes, qu'il ne soit entré, dans le second brassin, aucune portion de matières résultant des trempes données pour le premier ; qu'il n'ait été fait aucune addition, ni aucun remplacement de drèche, et que le second brassin n'excède point, en contenance, le brassin de bière forte.

S'il était fabriqué plus de deux brassins avec la même drèche, le *dernier* seulement sera considéré comme petite bière.

Indépendamment des obligations imposées par l'article 129 de la loi du 28 avril 1816, les brasseurs indiqueront, dans leurs déclarations, l'heure à laquelle les trempes de chaque brassin devront être données.

A défaut d'accomplissement des conditions ci-dessus, tout brassin sera réputé de bière forte et imposé comme tel.

D'après les dispositions qui précèdent, les articles 107 et 108 de la loi du 28 avril 1816, et 86 de la loi du 25 mars 1817, sont abrogés. »

Art. 109. — *Cet article, qui fixait la limite du produit des trempes, a été remplacé par l'article 23 du décret du 17 mars 1852, ainsi conçu :*

Art. 23. — « Le produit des trempes données pour un brassin pourra excéder de 20 % la contenance de la chaudière déclarée pour la fabrication du brassin.

La Régie des contributions indirectes est autorisée à régler, en raison des procédés de fabrication, et de la durée de la violence de l'ébullition, le moment auquel le produit des trempes devra être rentré dans la chaudière.

Art. 110. — La quantité de bière passible du droit sera évaluée, quelles qu'en soient l'espèce et la qualité, en comptant, pour chaque brassin, la contenance de la chaudière, lors même qu'elle ne serait pas entièrement pleine. Il sera seulement déduit sur cette contenance 20 %, pour tenir lieu de tous déchets de fabrication, d'ouillage, de coulage et autres accidents [1].

---

[1] On déduit des dispositions de la loi les règles suivantes pour la constatation des *quantités imposables :*

1º Si la quantité totale effectivement reconnue est supérieure à la contenance nette sans toutefois la dépasser de plus d'un dixième de cette contenance, le droit n'est exigible que sur la contenance nette ;

2º Quand la quantité totale dépasse de plus d'un dixième la contenance nette, sans être néanmoins supérieure à la contenance brute, cette quantité doit être soumise au droit de fabrication ;

3º Si la quantité totale est supérieure à la contenance brute, sans toutefois la dépasser de plus d'un dixième, la quantité qui forme excédant à cette contenance doit être saisie par un procès verbal donnant lieu à la confiscation de la quantité saisie et à l'amende ;

4º Enfin, si l'excédant à la contenance brute est de plus d'un dixième de cette

Art. 111. — Les employés de la Régie sont autorisés à vérifier, dans les bacs et cuves, ou à l'entonnement, le produit de la fabrication de chaque brassin.

---

contenance, il suppose la fabrication d'un deuxième brassin non déclaré, lequel, indépendamment de l'amende, de la saisie et de la confiscation de l'excédant, est passible du droit de fabrication, droit qui, pour chacun des deux brassins doit être évalué d'après la contenance nette de la chaudière.

L'Administration, pour mieux faire saisir les dispositions ci-dessus, a fait imprimer le tableau ci-après :

QUANTITÉS RECONNUES DANS LES BACS ET CUVES OU A L'ENTONNEMENT.	QUANTITÉS PASSIBLES DU DROIT DE FABRICATION			OBSERVATIONS.
	d'après la déclaration de mise à feu. (Loi du 28 avril 1816. — Art. 110.)	pour excédant à la contenance nette ou brute.	Total.	
hectol.	hectol.	hectol.	hectol.	
de 88 et au-dessous. .	80	»	80	
de 88 à 100 inclusivement, soit 100. . .	80	20	100	Pas de saisie, l'excédant (20 h.) à la contenance nette simplement imposable.
de 100 à 110 inclusivement, soit 110. . .	80	30	110	Saisie de l'excédant (10 h.) à la contenance brute ; en cas de main-levée prise en charge de 30 h. (indépendamment du brassin) ; dans le cas contraire, prise en charge de 20 hectol. et prélèvement du droit pour les 10 hectol. restant sur le montant de la transaction.
de 110 à 160 inclusivement, soit 160. . .	80	80	160	Saisie de l'excédant (30 h.) à la contenance brute ; en cas de main levée prise en charge de 50 hectol. (indépendamment du brassin); dans le cas contraire, prise en charge de 20 hectol. différence du brut au net.

Tout excédant à la contenance brute de la chaudière sera saisi. Un excédant de plus du dixième supposera, en outre, la fabrication d'un brassin non déclaré, et le droit sera perçu, en conséquence, indépendamment de l'amende encourue.

Tout excédant à la quantité déclarée imposable par l'article 110, sera soumis au droit, quand il sera de plus du dixième de cette quantité, soit qu'on le constate sur les bacs, ou à l'entonnement.

Art. 112. — L'entonnement de la bière ne pourra avoir lieu que de jour.

Le jour légal a été établi comme suit par l'article 26 de la même loi de 1816 :

« Pendant les mois de janvier, février, novembre et décembre, depuis sept heures du matin jusqu'à six heures du soir.

Pendant les mois de mars, avril, septembre et octobre, depuis six heures du matin jusqu'à sept heures du soir.

Pendant les mois de mai, juin, juillet et août, depuis cinq heures du matin jusqu'à huit heures du soir. »

Art. 113. — Il ne pourra être fait d'un même brassin qu'une seule espèce de bière. Elle sera retirée de la chaudière et mise aux bacs refroidissoirs, sans interruption ; les décharges partielles sont par conséquent défendues.

Art. 114. — La petite bière fabriquée sans ébullition sur des marcs qui auront déjà servi à la fabrication de tous les brassins déclarés, sera exempte de tout droit, pourvu qu'elle ne soit que le produit d'eau froide versée dans la cuve-matière sur ces marcs, qu'elle ne soit fabriquée que de jour, n'excède pas en quantité le huitième des bières assujetties au droit pour un des brassins précédents, et qu'en sortant de la cuve-matière, elle soit livrée de suite à la consommation, sans être mélangée d'aucune autre espèce de bière.

A défaut d'une de ces conditions, toute la petite bière fabriquée sera soumise au droit, indépendamment des peines encourues pour fausse déclaration, s'il y a lieu.

Art. 115. — Les bières destinées à être converties en vinaigre sont assujetties aux mêmes droits de fabrication que les autres bières.

Les quantités passibles du droit seront évaluées, lorsque ces bières auront été fabriquées par infusion, en comptant pour chaque brassin la contenance de la cuve, dans laquelle le produit des trempes aura dû être réuni pour fermenter, lors même qu'elle ne serait pas entièrement pleine.

Il sera déduit sur la contenance de la chaudière ou de la cuve, quelles que soient les quantités fabriquées, pourvu qu'elles n'excèdent point la contenance des vaisseaux, 20 p. 100 pour tous déchets de fabrication, d'ouillage, de coulage, d'évaporation et autres accidents.

En cas d'excédant à la contenance de la chaudière ou de la cuve, il sera fait application des peines établies par l'article 111 pour les autres bières.

Art. 116. — Il ne pourra être fait usage pour la fabrication de la bière que de chaudières de 6 hectolitres et au-dessus.

Il est défendu de se servir de chaudières qui ne seraient pas fixées à demeure et maçonnées.

Les brasseries ambulantes sont interdites, et néanmoins la Régie pourra les permettre, selon les localités.

Art. 117. — Les brasseurs seront tenus de faire au bureau de la Régie la déclaration de leur profession et du lieu où seront situés leurs établissements ; ils seront, en outre, obligés à déclarer par écrit la contenance de leurs chaudières, cuves et bacs, avant de s'en servir ; ils fourniront l'eau et les ouvriers nécessaires pour vérifier, par l'empotement de ces vaissaux, les contenances déclarées ; cette opération sera dirigée, en leur présence, par des employés de la Régie, et il en sera donné procès-verbal. Chaque vaisseau portera un numéro et l'indication de sa contenance.

La loi du 25 avril 1836 est venue ajouter que « la vérification ci-dessus ne pourra être empêchée par aucun obstacle du fait des brasseurs. »

Art. 118. — Il est défendu de changer, modifier ou altérer la contenance des chaudières, cuves et bacs, ou d'en établir de nouveaux, sans en avoir fait la déclaration, par écrit, vingt-quatre heures d'avance. Cette déclaration contiendra la soumission du brasseur de ne faire usage desdits ustensiles qu'après que leur contenance aura été vérifiée, conformément à l'article précédent.

Art. 119. — Le feu ne pourra être allumé sous les chaudières, dans les brasseries, que pour la fabrication de la bière.

Art. 120. — Tout brasseur sera tenu, chaque fois qu'il voudra mettre le feu sous ses chaudières, de déclarer au moins quatre heures d'avance dans les villes, et douze heures dans les campagnes :

1° Le numéro et la contenance des chaudières qu'il voudra employer, et l'heure de la mise de feu sous chacune;

2° Le nombre et la qualité des brassins qu'il devra fabriquer avec la même drèche ;

3° L'heure de l'entonnement de chaque brassin ;

4° Le moment où l'eau sera versée sur les marcs pour fabriquer la petite bière sans ébullition, exempte du droit, et celui où elle devra sortir de la brasserie.

(*Et de plus, l'heure des trempes, d'après la loi du* 1er *mai* 1822, *art.* 8).

Les brasseurs qui voudront faire, pour la fabrication du vinaigre, un ou plusieurs brassins, par infusion, déclareront, en outre, la contenance de la cuve dans laquelle toutes les trempes devront être réunies pour fermenter.

Le préposé qui aura reçu une déclaration en remettra une ampliation, signée de lui, au brasseur, lequel sera tenu de la représenter à toute réquisition des employés pendant la durée de la fabrication.

Art. 121. — La mise de feu sous une chaudière supplémentaire pourra être autorisée, sans donner ouverture au paiement du droit de fabrication, pourvu qu'elle ne serve qu'à chauffer les eaux nécessaires à la confection de la bière et au lavage des ustensiles de la brass.rie. Le feu sera éteint sous la chaudière supplémentaire, et elle sera vidée aussitôt que l'eau destinée à la dernière trempe en aura été retirée.

Art. 122. — Les brasseurs sont autorisés à se servir de hausses mobiles, qui ne seront point comprises dans l'épalement, pourvu qu'elles n'aient pas plus de 1 décimètre (environ 4 pouces) de hauteur, qu'elles ne soient placées sur les chaudières qu'au moment de l'ébullition de la bière, et qu'on ne se serve point de mastic ou autres matières pour les soutenir ou pour les élever [1].

----

(1) Voici le règlement originaire, en date de 1831, édicté à propos de la tolérance des hausses fixes de 35 °/₀, concédées aux brasseurs :

Règlement.

Faculté pour le brasseur, lors de la réunion générale des trempes, de faire entrer dans la chaudière de fabrication, surmontée à cet effet de hausses, une quantité de métiers supérieure de 35 °/₀ à la contenance brute de la chaudière, sous la condition toutefois que l'excédant de métiers sera toujours absorbé à la fin de l'ébullition.

Autorisation de donner aux hausses une dimension suffisante pour qu'au-delà de la hauteur représentant 35 °/₀ de la capacité des chaudières, il reste pour le jeu de l'ébullition un espace de 5 centimètres.

Obligation pour les brasseurs de réunir la totalité des métiers dans la chaudière de fabrication, et cela dans le délai strictement nécessaire :

Si la fabrication a lieu à Malt clair au moment de la rentrée d'une portion quelconque de la deuxième et dernière trempe. — Si la fabrication a lieu à Malt trouble au moment de la rentrée d'une portion quelconque de la trempe de repassage ou de clarification.

Défense par conséquent de mettre alors en réserve des métiers destinés à alimenter ultérieurement la chaudière.

Obligation de faire connaître, dans les déclarations de mise de feu, l'heure à laquelle commencera la réunion des trempes, sous la réserve toutefois qu'en cas d'anticipation ou de retard, nécessités par des circonstances *imprévues*, il suffira que les circonstances soient *relatées* sur l'ampliation des déclarations.

Défense, en cas de fabrication d'après le procédé à Malt trouble, de faire subir aux métiers une *ébullition véritable* ; une cuisson proprement dite, avant le commencement de la réunion générale et définitive dans la chaudière de fabrication.

Défense, en cas de fabrication, d'après le procédé à Malt clair, de mettre les

Art. 123. — Toutes constructions en charpente, maçonnerie ou autrement, qui seront fixées à demeure sur les chaudières, et qui s'étendront de plus de moitié de leur contour, seront comprises dans l'épalement ; les brasseurs devront, en conséquence, les détruire ou faire les dispositions convenables pour qu'elles puissent être épalées.

Art. 124. — Toute brasserie en activité portera une enseigne sur laquelle sera inscrit le mot : BRASSERIE.

Les brasseurs de profession apposeront sur leurs tonneaux une marque particulière dont une empreinte sera par eux déposée au bureau de la Régie, au moment où ils feront la déclaration prescrite par l'art. 117.

---

métiers en ébullition plus de deux heures avant le moment déclaré pour la réunion générale et définitive dans la chaudière de fabrication.

Défense de procéder au houblonnage avant le commencement de la réunion des trempes, et tant qu'il reste au-dehors de la chaudière de fabrication une quantité de métiers supérieure à l'excédant de 35 % dont l'emploi est autorisé.

Pour les brasseurs qui ne jouissent pas de la tolérance des 35 %, voici les règles suivies par l'Administration en ce qui concerne les réserves :

	DURÉE DE L'ÉBULLITION.	MOMENT A FIXER POUR LA RENTRÉE INTÉGRALE DES MÉTIERS.
Brasseries dans lesquelles les métiers ne sont mis en ébullition qu'après la rentrée d'une portion de la dernière trempe.	Ébullition de 12 heures et au-dessous, en comptant que l'ébullition commence 2 heures après la jetée de la dernière trempe.	à la moitié de la durée de l'ébullition.
	Ébullition de plus de 12 heures.	quand l'ébullition est au 3/5 terminée.
Brasseries dans lesquelles les métiers sont mis en ébullition dès avant la rentrée d'une portion quelconque de la dernière trempe.	Ébullition de 12 heures et au dessus, calculée comme il est ci-dessus indiqué.	à l'expiration du premier tiers de la durée de l'ébullition.
	Ébullition de plus de 12 heures.	à la moitié de la durée de l'ébullition.

Art. 125. — Les brasseurs seront soumis aux visites et vérifications des employés, et tenus de leur ouvrir, à toute réquisition, leurs maisons, brasseries, ateliers, magasins, caves et celliers, ainsi que de leur représenter les bières qu'ils auront en leur possession. Ces visites ne pourront avoir lieu dans les maisons non contiguës aux brasseries ou non enclavées dans la même enceinte.

Ils seront également tenus de faire sceller toute communication des brasseries avec les maisons voisines, autres que leur maison d'habitation.

Art. 126. — Les brasseurs pourront avoir un registre coté et paraphé par le juge-de-paix, sur lequel les employés consignent le résultat des actes inscrits à leurs portatifs.

Art. 127. — Les brasseurs auront avec la Régie des contributions indirectes, pour les droits constatés à leur charge, un compte ouvert qui sera réglé et soldé à la fin de chaque mois.

Les sommes dues pourront être payées en obligations dûment cautionnées, à trois, six ou neuf mois de terme, pourvu que chaque obligation soit au moins de 300 fr.

Art. 128. — Les particuliers qui ne brassent que pour leur consommation, les colléges, maisons d'instruction, et autres établissements publics, sont assujettis aux mêmes taxes que les brasseurs de profession, et tenus aux mêmes obligations, excepté au paiement du prix de la licence.

(*Toutefois, l'application d'une enseigne n'est exigée que des brasseurs de profession*).

Néanmoins, les hôpitaux ne seront assujettis qu'à un droit proportionnel à la qualité de la bière qu'ils font fabriquer pour leur consommation intérieure; ce droit sera réglé par deux experts, dont l'un sera nommé par la Régie, et l'autre par les administrateurs des hôpitaux. En cas de discord, le tiers arbitre sera nommé par le préfet.

Art. 129. — Toute contravention aux dispositions du présent chapitre, sera punie d'une amende de 200 à 600 francs.

Les bières trouvées en fraude et les chaudières qui ne seraient pas fixées à demeure et maçonnées, seront, en outre, saisies et confisquées.

Art. 130. — La Régie pourra consentir, de gré à gré, avec les brasseurs de la ville de Paris et des villes au-dessus de 30,000 âmes, un abonnement général pour le montant du droit de fabrication dont ils seront présumés passibles. Cet abonnement sera discuté entre le directeur de la Régie et les syndics qui seront nommés par les brasseurs. Il ne sera définitif qu'après qu'il aura été approuvé par le Ministre des finances, sur le rapport du directeur général des contributions indirectes.

Art. 131. — Dans le cas de l'abonnement autorisé par l'article précédent, les syndics des brasseurs procéderont, chaque trimestre, en présence du préfet, ou d'autres membres du Conseil municipal délégué par lui, à la répartition entre les brasseurs, en proportion de l'importance du commerce de chacun, de la somme à imposer sur tous. Les rôles arrêtés par les syndics, et rendus exécutoires par le préfet ou son délégué, seront remis au directeur de la Régie, pour qu'il en fasse poursuivre le recouvrement.

Art. 132. — Les brasseurs de Paris et des villes au-dessus de 30,000 âmes, seront solidaires pour le paiement des sommes portées aux rôles. En conséquence, aucun nouveau brasseur ne pourra s'établir, s'il ne remplace un autre brasseur compris dans la répartition.

Art. 133. — Pendant toute la durée de l'abonnement, nul brasseur ne pourra accroître ses moyens de fabrication, soit en augmentant le nombre et la capacité des chaudières, soit de toute autre manière.

Art. 134. — Les sommes portées aux rôles de répartition seront exigibles par douzième, de mois en mois, d'avance et par voie de contrainte. A défaut de paiement d'un terme échu, les redevables, dûment mis en demeure, ou, en cas de contravention à l'article précédent, le Ministre des finances, sur le rapport du directeur général des contributions indirectes, sera autorisé à prononcer la révocation de l'abonnement et à faire remettre immédiatement en vigueur le mode de perception établi par la présente loi, sans préjudice des poursuites à exercer pour raison des sommes exigibles.

Art. 135. — Au moyen de l'abonnement autorisé par l'article 130, les brasseurs seront dispensés de la déclaration qu'ils sont tenus, par l'article 120 de la présente loi, de faire, au bureau de la Régie, avant chaque mise de feu ; mais, afin de fournir aux syndics les éléments de la répartition, et à la Régie, les moyens de discuter l'abonnement pour l'année suivante, les brasseurs inscriront sur leur registre, coté et paraphé, chaque mise de feu, au moment où elle aura lieu. Les commis, lors de leurs visites, établiront sur leur registre portatif les produits de la fabrication, d'après la contenance des chaudières et sous la déclaration réglée par l'article 110, et s'assureront seulement, par la vérification des quantités de bière existant dans les brasseries, qu'il n'a point été fait de brassin qui n'ait été inscrit sur le registre de fabrication.

Art. 136. — L'abonnement ne pourra être consenti que pour une année. En cas de renouvellement, les brasseurs procèderont, au préalable, à la nomination d'un tiers des membres du Syndicat. Les syndics qui devront être remplacés la première et la deuxième année, seront désignés par le sort. Ils ne pourront, dans aucun cas, être réélus qu'après une année au moins d'intervalle.

Art. 137. — Les bières fabriquées dans Paris, qui seraient expédiées hors du département de la Seine, seront soumises à la sortie dudit département, au droit de fabrication établi par l'article 107 (*par l'article 4 de la loi du 4 septembre* 1871) de la présente loi, et auquel sont assujettis les brasseurs des départements circonvoisins. Il en sera de même des bières fabriquées dans des villes où l'abonnement avec les brasseurs aura été consenti, lorsqu'elles seront expédiées hors desdites villes.

DISPOSITIONS GÉNÉRALES.

EXTRAIT DE LA LOI DU 28 AVRIL 1816.

Art. 234. — Les buralistes tiendront leur bureau ouvert au public depuis le lever jusqu'au coucher du soleil, les jours ouvrables seulement.

Art. 235. — Les visites et exercices que les employés sont autorisés à faire chez les redevables ne pourront avoir lieu que pendant le jour ; cependant ils pourront aussi être faits la nuit dans les brasseries, distilleries, lorsqu'il résultera des déclarations que les établissements sont en activité, et chez les débitants de boissons pendant tout le temps que les lieux de débit seront ouverts au public.

Art. 236. — Les visites et vérifications que les employés sont autorisés à faire pendant le jour seulement ne pourront avoir lieu que dans les intervalles de temps déterminés par l'art. 26 de la présente loi.

ARTICLE 4 DE LA LOI DU 1ᵉʳ SEPTEMBRE 1871.

« Le droit à la fabrication des bières sera porté : pour la bière forte, à 3 fr. 60 c. l'hectolitre, décime compris ; pour la petite bière, à 1 fr. 20 c.

EXTRAIT DE L'ARTICLE 6 DE LA LOI DU 4 SEPTEMBRE 1871.

A partir du 1ᵉʳ octobre 1871, les droits de licence seront perçus d'après le tarif suivant :

... BRASSEURS : Dans les départements de l'Aisne, des Ardennes, de la Côte-d'Or, de la Meurthe, du Nord, du Pas-de-Calais, du Rhône, de la Seine, de la Seine-Inférieure, de Seine-et-Oise et de la Somme, 100 fr.; dans les autres départements, 60 fr.

LOI DU 23 JUILLET 1820.

Art. 4. — Le droit de fabrication sera restitué sur les bières qui seront expédiées à l'étranger ou pour les colonies françaises.

Extrait du tarif général dressé en exécution de l'article 9 de la loi du 24 juillet 1867 sur les Conseils municipaux.

BIÈRES.

OCTROIS.	MAXIMUM DES TAXES PAR HECTOLITRE DANS LES VILLES					
	de 4,000 âmes et au-dessous. (1re catégorie.)	de 4,001 à 10,000 âmes. (2me catégorie.)	de 10,001 à 20,000 âmes. (3me catégorie.)	de 20,001 à 50,000 âmes. (4me catégorie.)	de 50,001 à 100,000 âmes. (5me catégorie.)	au-dessus de 100,000 âmes. (6me catégorie.)
	fr. c.	fr. c.	fr. c.	fr. c.	fr. c.	fr. c.
1° Dans les départements suivants : Aisne, Ardennes, Marne, Haute-Marne, Meurthe, Meuse, Moselle, Nord, Oise, Pas-de-Calais, Haut-Rhin, Bas-Rhin, Somme, Vosges.	3.00	4.00	4 50	5.00	5.50	6.00
2° Dans les départements suivants : Allier, Aube, Calvados, Charente-Inférieure, Cher, Côtes-du-Nord, Creuse, Eure, Eure-et-Loir, Finistère, Ille-et-Vilaine, Indre, Indre-et-Loire, Loire-Inférieure, Loir-et-Cher, Loiret, Maine-et-Loire, Manche, Mayenne, Morbihan, Nièvre, Orne, Puy-de-Dôme, Sarthe, Seine, Seine-et-Oise, Seine-et-Marne, Seine-Inférieure, Deux-Sèvres, Vendée, Vienne, Haute-Vienne, Yonne. .	4.00	5.00	5.50	6.00	6.50	7.00
3° Dans les départements suivants : Ain, Basses-Alpes, Hautes-Alpes, Alpes-Maritimes, Ardèche, Ariège, Aude, Aveyron, Bouches-du-Rhône, Cantal, Charente, Corrèze, Corse, Côte-d'Or, Dordogne, Doubs, Drôme, Gard, Haute-Garonne, Gers, Gironde, Hérault, Isère, Jura, Landes, Loire, Haute-Loire, Lot, Lot-et-Garonne, Lozère, Basses-Pyrénées, Hautes-Pyrénées, Pyrénées-Orientales, Rhône, Saône-et-Loire, Haute-Saône, Savoie, Haute-Savoie, Tarn, Tarn-et-Garonne, Var, Vaucluse	5.00	6.00	6.50	7 00	7.50	8.00

CHAPITRE TROISIÈME.

STATISTIQUE.

CONSOMMATION ANNUELLE PAR TÊTE DANS LES DIVERS PAYS.

D'après des statistiques récentes, on estime comme suit la consommation de bière par tête, en litres, dans les divers états de l'Europe :

	par tête.
Bavière.	287 litres.
Wurtemberg .	195
Saxe .	126
Hohenzollern .	120
Angleterre.	113
Belgique .	80
Bade .	77
Allemagne.	72
Oldenbourg .	37 1/2
Luxembourg .	35 1/2
Hanovre .	33 1/2
Autriche .	22
Suisse .	20
France .	15
Espagne et Italie.	2
Russie .	1

Dans les capitales suivantes, on consomme par tête, annuellement :

Munich.	427 litres.
Berlin .	223
Londres .	188
Vienne .	131
Bruxelles .	122
Paris .	25

PRODUCTION DU HOUBLON.

Des évaluations approximatives puisées à de bonnes sources
assignent à la production houblonnière des divers pays de l'Europe
continentale les quantités suivantes :

	1877	1876	1875
Bavière. qx m.	105.000	37.000	140.000
Wurtemberg.	32.500	16.000	50.000
Bade.	22.500	8.000	20.000
Alsace-Lorraine.	37.500	25.000	65.000
Posen.	17.500	3.000	30.000
Brunswick et Vieille Marche.	18.000	8.000	20.000
Aut. pays allemands.	7.500	2.000	17.000
Bohême.	75.000	9.000	80.000
Autriche-Hongrie.	21.000	10.000	25.000
France.	18.000	2.000	8.000
Belgique.	125.000	45.000	100.000
Total.	479.500	165.000	555.000

En Angleterre, on évalue le rendement total de la cuœillette
de 1877 à 250,000 quintaux métriques.

L'Amérique, dont les plantations vont sans cesse en augmentant,
présentait en 1877, un excédant de 500,000 quintaux disponibles
pour l'exportation.

On évalue, comme suit, la superficie cultivée en houblon, dans
les divers pays et la consommation moyenne de cette plante
industrielle.

	Hectares.	Consommation (en quint.)
Allemagne.	37008	300.000
Amérique.	16228	130.000
Angleterre.	25606	540.000
Autriche-Hongrie.	8228	90.000
Belgique.	6500	50.000
Danemarck.	160	2.000
France.	4000	70.000
Hollande.	142	15.000
Russie.	200	20.000
Suède-Norwège.	70	5.500
Suisse.	40	5.000

Le tableau suivant permettra d'apprécier la marche de la fabrication des bières en Belgique depuis 1831, au point de vue des contenances imposables. Inutile de faire observer que les quantités réellement fabriquées dépassent sensiblement les chiffres renseignés par le fisc.

BRASSERIES BELGES.

ANNÉES.	NOMBRE.	CONTENANCES IMPOSABLES.	ANNÉES.	NOMBRE.	CONTENANCES IMPOSABLES.
		Hectol.			Hectol.
1831	. . .	3,124,335	1869	2,533	3,530,486
	. . .	3,440,369	1870	2,528	3,511,018
1851	2,875	3,239,489	MOYENNE décennale.	2,598	3,416,504
1861	2,689	3,268,013			
1862	2,652	3,244,569	1871	2,522	3,462,183
1863	2,626	3,421,430	1872	2,522	3,804,624
1864	2,605	3,486,414	1873	2,525	3,926,873
1865	2,613	3,635,734	1874	2,530	3,932,865
1866	2,605	3,470,725	1875	2,540	3,997,359
1867	2,586	3,220,965	1876	2,559	3,970,531
1868	2,543	3,375,690	1877	2,554	3,736,928

Voici, d'autre part, un relevé officiel indiquant, par province, les contenances imposables déclarées par les brasseurs pendant les années 1875, 1876 et 1877.

	ANNÉE 1875.		ANNÉE 1876.		ANNÉE 1877.	
	Hect.	Lit.	Hect.	Lit.	Hect.	Lit.
Anvers	386,459	60	389,732	82	389,004	65
Brabant	1,252,004	90	1,250,108	35	1,160,729	28
Flandre Occidentale . .	483,862	23	485,300	77	466,608	42
Flandre Orientale . . .	654,966	90	658,338	66	636,342	70
Hainaut	766,093	80	731,851	56	656,619	97
Liége.	138,271	79	135,704	56	126,918	19
Limbourg	102,127	20	102,220	13	98,514	70
Luxembourg	56,189	55	54,845	54	51,749	59
Namur	157,383	29	162,428	27	150,771	66
	3,997,359	26	3,970,530	66	3,737,259	16

Le rendement légal en bière, par hectolitre de contenance imposable, a été de $1^h.50$ de 1831 à 1843 ;
il a monté successivement à 1.75 de 1844 à 1857

»	»	»	1.88 de 1858 à 1859
»	»	»	1.94 en 1860.
»	»	»	1.99 en 1860 à 62.

A partir de cette époque les chiffres constatés annuellement ont été les suivants :

1863.	2^b02	1870.	2^b22
1864.	2.07	1871.	2 23
1865.	2.08	1872.	2 31
1866.	2.10	1873.	2.34
1867.	2.16	1874.	2.38
1868.	2.19	1875.	2.42
1869.	2.20	1876.	2.44

La moyenne de la consommation annuelle des bières (y compris les vinaigres, dont le chiffre est peu important), pendant la période quinquennale de 1871 à 1875, a été de 9.013.235 hectolitres.

La consommation de 1876 a dépassé cette moyenne de 764.636 hectolitres, soit 8 1/2 p. c. environ.

La moyenne des quantités importées pendant la même période s'élève à 74.727 hectolitres. En 1876, la quantité déclarée a dépassé cette moyenne de 22.750 hectolitres, soit 30 p. c.

La moyenne de la consommation des bières et vinaigres pendant la période quinquennale de 1872 à 1876 a été de 9,415,914 hectolitres. La consommation pendant l'année 1877 atteint cette moyenne à 1/2 p. % près, soit 9,357,438 hectolitres.

L'importation des bières et vinaigres a quelque peu fléchi. Néanmoins, la quantité déclarée pendant 1877 (97,059 hect.) dépasse encore de 13,386 hectolitres, la moyenne des cinq dernières années, soit 16 p. %. La consommation de ces liquides représente 1 p. % de la consommation générale.

Les droits d'entrée perçus sur les bières étrangères se sont élevés respectivement en

1871 . . . . à fr.	237.619
1872	263.856
1873	308.967
1874	282.403
1875	344.588
1876	363.144

A la suite de ces chiffres, il ne sera pas sans intérêt de faire apprécier, à l'aide de la statistique officielle, le mouvement tant à l'importation qu'à l'exportation, des bières ainsi que des diverses matières premières qui trouvent leur placement principal dans l'industrie de la brasserie, à savoir : les orges, le houblon et la levûre.

ROYAUME DE BELGIQUE.

—

Statistique des Bières et Vinaigres.

ANNÉES.	IMPORTATION.	PRODUCTION.	TOTAL.	EXPORTATION.	CONSOMMATION.	DROITS PERÇUS.	
						Douane.	Accise.
MOYENNE DÉCENNALE.							
	hectol.	hectol.	hectol.	hectol.	hectol.	francs.	francs.
1840	1,257	5,362,958	5,364,215	2,250	5,361,965	23,569	7,360,941
1850	1,472	5,243,119	5,244,591	1,700	5,242,891	26,767	6,472,557
1860	3,384	5,941,333	5,944,717	2,989	5,941,728	37,918	6,943,246
1870	28,213	7,181,232	7,209,445	3,805	7,205,639	169,677	13,629,907
PAR ANNÉE.							
1831	1,899	4,686,503	4,688,402	1,472	4,686,930	34,642	6,426,133
1861	11,523	6,503,346	6,514,869	1,543	6,513,326	69,347	12,874,647
1862	14,208	6,424,247	6,438,455	3,121	6,435,334	85,533	12,946,925
1863	17,488	6,911,288	6,928,776	1,925	6,926,851	105,146	13,576,574
1864	21,503	7,216,877	7,238,380	3,250	7,235,130	129,502	13,913,810
1865	28,887	7,562,326	7,591,213	3,146	7,588,067	174,040	14,483,235
1866	29,636	7,288,522	7,318,158	4,535	7,313,623	178,045	14,129,285
1867	31,636	6,951,421	6,983,057	4,583	6,978,474	190,389	12,916,731
1868	40,442	7,392,762	7,433,204	4,511	7,428,693	243,642	13,265,869
1869	44,128	7,767,069	7,811,197	5,758	7,805,439	264,952	14,108,351
1870	42,678	7,794,459	7,837,137	5,682	7,831,455	256,173	14,083,645
1871	52,747	7,720,668	7,773,415	8,940	7,764,475	310,620	13,810,975
1872	68,979	8,788,680	8,857,659	9,543	8,848,116	414,017	15,133,588
1873	81,009	9,188,882	9,269,891	6,930	9,262,961	486,456	15,655,106
1874	78,377	9,360,219	9,438,596	7,981	9,430,615	471,102	15,773,303
1875	92,523	9,673,609	9,766,132	6,126	9,760,006	555,716	15,985,456
1876	97,477	9,688,095	9,785,572	7,701	9,777,871	585,310	15,935,181
1877	97,059	9,267,581	9,364,640	7,202	9,357,438	582,920	15,118,028

ANNÉE 1877.

IMPORTATIONS.

	QUANTITÉS		VALEURS	
	des MARCHANDISES entrées.	des mises en CONSOMMATION.	des MARCHANDISES entrées.	des mises en CONSOMMATION.
En cercles.				
	hectol.	hectol.		
Prusse . .	39,417.36	37,751.27	985,434	943,781
Brême . .	2,167.01	1,004.76	54,175	25,119
Hambourg	1,485.77	1,485.77	37,144	37,144
Gr. D. de L. .	660.39	386.99	16,510	9,675
Pays-Bas .	22,078.57	6,454.20	551,964	161,355
Angleterre .	10,468.02	9,868.69	261,700	246,702
Autres pays .	1,335.10	209.60	33,378	5,240
TOTAL .	77,612.22	57,160.68	1,940,305	1,429,016
En bouteilles.				
Prusse . .	1,948.61	178,01	77,944	7,120
Saxe, etc.. .	238.62	2.55	9,545	102
Angleterre .	69,21	60.26	2,769	2,411
Autres pays .	65.41	30.66	2,616	1,226
TOTAL .	2,321.85	271.48	92,874	10,859

EXPORTATIONS.

	QUANTITÉS.			VALEURS.		
	SORTIES. (Belges et étrangères)	BELGES.	ÉTRANGÈRES Transit.	SORTIES. (Belges et étrangères)	BELGES.	ÉTRANGÈRES Transit.
En cercles.						
	hect.	hect.	hect.			
Prusse . .	772.04	22.89	749.15	19,302	572	18,730
Pays-Bas .	14,139.40	917.14	13,222.26	353,484	22,928	330,556
Angleterre .	1,537.93	5.92	1,532.01	38,449	148	38,301
France . .	10,777.47	6,154.81	4,622.66	269,436	153,871	115,565
Suisse . .	118.02	»	118.02	2,951	»	2,951
Autres pays.	255.30	48.43	206.87	6,382	1,211	5,171
TOTAL .	27,600.16	7,149.19	20,450.97	690,004	178,730	511,274
En bouteilles.						
Hambourg .	332.28	»	332.28	13,291	»	13,291
Angleterre .	376.33	»	376.33	15,053	»	15,053
France . .	86.11	2.90	83.21	3,445	116	3,329
Brésil . .	1,105.30	»	1,105.30	44,212	»	44,212
Rio de la Pl.	55. »	»	55. »	2,200	»	2,200
Autres pays.	117.42	19.17	98.25	4,697	767	3,930
TOTAL .	2,072.44	22.07	2,050.37	82,898	883	82,015

ANNÉE 1877.

IMPORTATIONS.

PROVENANCES.	QUANTITÉS		VALEURS	
	DES MARCHANDISES ENTRÉES.	DES MISES EN CONSOMMATION.	DES MARCHANDISES ENTRÉES.	DES MISES EN CONSOMMATION.
Orge, Escourgeon et Drêche.				
	kil.	kil.	francs.	francs.
Russie	24,841,394	24,841,394	5,713,521	5,713,521
Danemark	437,391	437,391	100,600	100,600
Prusse	6,769,356	6,606,503	1,556,952	1,519,496
Brême	38,800	38,800	8,924	8,924
Hambourg	2,550,502	2,550,502	586,615	586,615
Gr.-D. Luxembourg .	101,547	101,547	23,356	23,356
Pays-Bas	29,247,354	25,185,206	6,726,891	5,792,597
Angleterre	626,904	626,904	144,188	144,188
France	36,472,991	34,008,763	8,388,788	7,822,015
Portugal	2,265,286	2,265,286	521,016	521,016
Espagne	720,789	720,789	165,781	165,781
Italie	2,348,496	2,348,496	540,154	540,154
Autriche.	1,558,000	1,558,000	358,340	358,340
Turquie	27,819,099	27,819,099	6,398,393	6,398,393
Algérie	4,016,316	4,016,316	923,753	923,753
Etats-Unis	500,645	500,645	115,148	115,148
Total . .	140,314,870	133,625,641	32,272,420	30,733,897
Houblon.				
Prusse	1,187,836	792,949	950,269	634,359
Saxe, etc.	17,851	〃	14,281	〃
Gr.-D. Luxembourg .	3,955	3,955	3,164	3,164
Pays-Bas.	300,839	193,919	240,671	155,135
Angleterre	140,852	135,578	112,682	108,463
France	312,147	308,136	249,718	246,509
Autriche.	214,759	〃	171,807	〃
Etats-Unis	6,585	6,585	5,268	5,268
Total . .	2,184,824	1,441,122	1,747,860	1,152,898
Levûre.				
Prusse	〃	〃	35,031	30,936
Pays-Bas.	〃	〃	2,217,361	2,211,186
Angleterre	〃	〃	1,059,343	1,059,243
France	〃	〃	1,753,273	1,741,128
Total . .	〃	〃	5,065,008	5,042,493

ANNÉE 1877.

EXPORTATIONS.

DESTINATION.	QUANTITÉS DES MARCHANDISES			VALEURS DES MARCHANDISES		
	SORTIES. (Belges et étrangères.)	BELGES.	ÉTRANGÈRES. *Transit.*	SORTIES. (Belges et étrangères.)	BELGES.	ÉTRANGÈRES. *Transit.*

Orge, Escourgeon et Drêche.

DESTINATION.	kil.	kil.	kil.	francs.	francs.	francs.
Prusse. . .	9,816,854	8,146,427	1,670,427	2,257,876	1,873,678	384,198
Hambourg .	856,895	856,895	"	197,086	197,086	"
Gr.-D. Lux.	293,059	240,238	52,821	67,404	55,255	12,149
Pays-Bas . .	13,473,606	8,791,243	4,682,363	3,098,930	2,021.986	1,076,944
France . .	4,230,195	3,954,277	275,918	972,945	909,484	63,461
Brésil . . .	6,897	6,897	"	1,586	1,586	"
Rio de la Pl.	7,700	"	7,700	1,771	"	1,771
TOTAL.	28,685,206	21,995,977	6,689,229	6,597,598	5,059,075	1,538,523

Houblon.

DESTINATION.						
Suède et Nor.	80,887	80,887	"	64,709	64,709	"
Prusse. . .	82,514	76,947	5,567	66,011	61,558	4,453
Pays-Bas. .	586.458	455,708	130,690	469,166	364,614	104,552
Angleterre .	3,238,081	2,677,846	560,235	2,590,466	2,142,277	448,189
France . .	853,674	840,072	13,602	682,939	672,058	10,881
Brésil . . .	37,290	7,078	30,212	29,832	5,662	24,170
Autres pays.	15,513	12,117	3,396	12,411	9,694	2,717
TOTAL.	4,894,417	4,150,715	743,702	3,915,534	3,320,572	594,962

Levûre.

DESTINATION.						
Pays-Bas. .	"	"	"	48,782	48,782	"
Angleterre .	"	"	"	42,545	30,400	12,145
France . .	"	"	"	34,519	24,493	10,026
Autres pays.	"	"	"	344	"	344
TOTAL.	"	"	"	126,190	103,675	22,515

En Belgique, la loi du 18 juillet 1860, qui a aboli les octrois, a créé un fonds communal alimenté par les droits de douane, les droits d'accise sur les vins étrangers, les eaux-de-vie indigènes, les bières et vinaigres, les sucres et le produit des postes.

La part proportionnelle dans laquelle ces différentes sources de revenu concourent à alimenter le fonds communal se compose :

1° de 75 p. c. du produit des droits d'entrée sur le café et de 35 p. c. du produit des droits d'entrée sur les bières, les eaux-de-vie et les sucres raffinés étrangers ;

2° de 35 p. c. du produit des droits d'accise sur les bières et vinaigres, les sucres, les vins et les eaux-de-vie indigènes;

3° de 41 p. c. du produit brut du service des postes.

FRANCE.

Le tableau suivant, extrait du rapport officiel sur l'industrie des bières à l'Exposition universelle de Paris, fait toucher du doigt l'importance de cette industrie en France et des importations durant la dernière période décennale. On y verra que si la France est le pays du vin, il n'en est pas moins vrai que le véritable vin des départements du Nord, c'est la bière.

Tableau des bières fabriquées, importées et exportées de 1867 à 1876.

ANNÉES.	FABRICATIONS.	IMPORTATIONS.	EXPORTATIONS.
	hectolitres.		
1867	7,001,611	64,989	27,202
1868	7,322,618	76,456	37,261
1869	4,523,092	79,355	39,008
1870	"	60,197	28,778
1871	"	76,971	26,647
1872	7,131,313	279,598	25,165
1873	7,413,190	270,592	23,981
1874	7,339,990	249,882	28,810
1875	7,355,513	274,723	34,784
1876	7,619,541	300,703	27,790

AMÉRIQUE (États-Unis).

En 1872, on comptait, dans l'Amérique du Nord, 3041 brasseries, produisant la quantité de 8.009,969 barrels de bière (le barrel vaut 31 gallons, et le gallon lit. 4,543). Cette production équivaut à 29 litres environ par habitant.

L'impôt, payé sur la bière entrant en consommation, est de 1 dollar par barrel. La somme totale perçue en 1873 était de 9,324,937 dollars.

ANGLETERRE.

En 1874, les 2693 brasseries du Royaume-Uni produisirent, chiffres ronds, 45 millions d'hectolitres de bière, soit 146 litres par tête. L'année précédente, la quantité de malt, mis en œuvre atteignait 62,496,765 bushels de 36,347 lines. L'exportation des bières anglaises est, comme on sait, très-considérable. Elle atteignait, en 1871, le chiffre de 483,120 barrels, représentant une valeur de 1.853,733 livres sterling.

L'impôt se prélève sur le volume de l'orge mouillée depuis 60 heures. Le produit de l'accise sur la bière était, en 1874, de 7,946,000 livres sterling.

AUTRICHE-HONGRIE.

En 1873, on y comptait 2621 brasseries fabricant ensemble 13,459,284 hectolitres de bière. Cette même année, la brasserie de Klein-Schwechat, la plus grande du Continent, produisit à elle seule 931,904 hectolitres.

Dans l'empire d'Autriche, l'impôt se prélève au refroidissoir, en prenant pour bases le volume et la densité du moût houblonné ; le taux en est de 16.7 kreùtzer par hectolitre et par degré saccharométrique.

DANEMARK.

La fabrication est libre d'accise dans ce pays : il est, dès lors, difficile d'asseoir une estimation exacte sur l'étendue de la production. On évalue la quantité totale de bière produite par les 240 brasseries du Danemark à 1,200,000 hectolitres environ.

EMPIRE D'ALLEMAGNE.

Le gouvernement allemand a fait établir, en 1876, la statistique de tous les établissements industriels de l'empire et du personnel employé. Il résulte de ces documents officiels, publiés par le Bureau impérial de statistique, que les brasseries allemandes, sont au nombre de 15,860, dont 5,743 localisées dans le royaume de Prusse. On comptait, à la date de ce relevé, 69,355 ouvriers employés dans les brasseries.

Voici, rangés par provinces et par états, le détail de ces établissements :

	NOMBRE	
	de brasseries.	d'ouvriers.
1. Prusse :		
Province de Prusse.	350	2,508
— Brandebourg	499	3,744
— (Berlin).	58	1,569
— Poméranie	164	942
— Posen	150	551
— Silésie	946	3,903
— Saxe	650	3,125
— Schleswig-Holstein	216	1,057
— Hanovre	293	1,463
— Westphalie	473	2,382
— Hesse-Nassau.	456	2,024
— Provinces Rhénanes	1,355	4,629
— Hohenzollern.	133	338
Total	5,743	28,235
2. Bavière	4,640	19,528
3. Saxe	639	3,623
4. Wurtemberg	2,041	6,626
5. Bade	1,331	3,594
6. Hesse.	243	1,459
7. Mecklembourg-Schwerin.	85	460
8. Saxe-Weimar	106	342
9. Mecklembourg-Streliz	14	78
10. Oldenbourg	53	178
11. Brunswick	69	480
12. Saxe-Meiningen	134	496
13. Saxe-Altenbourg	58	306
14. Saxe-Cobourg-Gotha	119	471
15. Anhalt	76	284
16. Schwarzbourg-Rudolstadt	51	163
17. Schwarzbourg-Sonderhausen	22	90
18. Waldeck.	25	63
19. Reuss A. L.	16	54
20. Reuss J. L.	40	137
21. Schaumburg-Lippe	4	19
22. Lippe.	15	114
23. Lubeck	28	102
24. Brême	18	348
25. Hambourg	18	446
26. Alsace-Lorraine	272	1,659
Total	15,860	69,355

La production totale de l'empire allemand est annuellement de 40,000,000 hectolitres environ, soit à peu près un hectolitre par tête.

La proportion de malt employé, d'après Thaussing [1], oscille entre 16 et 29 kilogr. par hectolitre de bière (moyenne 21 kilogr.).

Le droit payé en 1874 a été de 69,446,935 francs. La consommation dans les états jouissant d'une législation uniforme pour la fabrication de la bière, est d'environ 64 litres par tête ; elle s'élève en moyenne, à 172 litres, dans les états suivants :

Bavière, Wurtemberg, Bade, Alsace-Lorraine.

Dans le Grand-Duché de Bade et en Alsace-Lorraine, l'impôt est payé d'après la contenance des chaudières ; en Bavière, d'après le volume fabriqué.

Dans les autres parties de l'Allemagne, depuis le 31 mai 1872, l'impôt a pour base le poids des grains tant du malt que de ses succédanés. Le taux est de 2 mark, par quintal de 50 kilogr. (soit 15 francs par 100 kilogr.) pour le malt d'orge, le riz, etc.; et de 2 à 3 mark au quintal pour l'amidon, le sucre, les sirops, etc.

GRAND DUCHÉ DE LUXEMBOURG.

Le tableau suivant, publié par le gouvernement du Grand Duché de Luxembourg, donne un aperçu assez complet de l'importance de la brasserie dans ce pays. L'exportation des bières Luxembourgeoises se fait surtout vers la Belgique : elle est d'ailleurs peu importante, atteignant en 1876 un peu plus d'un millier d'hectolitres, en 1877 à peu près nulle, alors qu'en 1867, le chiffre similaire était de 6500 hectolitres.

(1) Thaussing. *Malzbereitung und bierfabrikation.* Leipzig, 1877.

ANNÉES.	NOMBRE DE BRASSERIES.	QUANTITÉS DE MALT EMPLOYÉES.
		kilog.
1867	38	1,282,262
1868	38	1,127,458
1869	35	1,413,856
1870	34	1,557,460
1871	34	1,738,189
1872	34	2,021,030
1873	34	2,364,209
1874	34	2,351,947
1875	32	1,729,720
1876	30	1,247,788

Par un arrêté royal grand-ducal du 17 avril 1869 il a été décidé que pour la bière fabriquée dans le Grand-Duché et exportée en Belgique, en France ou vers les Etats de l'Union douanière avec lesquels le pays n'est pas pour la bière en communauté d'impôt ni de libres relations commerciales, il est accordé aux brasseurs remise de l'impôt de 1 fr. par hectolitre. La remise à l'exportation ne s'octroye que pour des quantités minima de 5 hectolitres et sous obligation d'employer au moins 25 kilog. de malt par hectolitre de bière produite.

A dater du 4 octobre 1871, la loi du Nordbünd, autorisant les brasseries à payer les droits par abonnement, a été mise en vigueur à Luxembourg : la moitié des établissements ont opté successivement pour le régime de l'abonnement.

Vingt-deux brasseries luxembourgeoises travaillent à fermentation basse (*untergährig*), les autres à fermentation haute.

La production totale de ces usines est d'environ 70,000 hectolitres de bière par an.

PAYS-BAS.

Ce chiffre est à peu près celui de la production des brasseries hollandaises, au nombre de 560, qui en 1872, utilisaient 20,857,200 kilogr. de malt. Deux ans après, la production était de 1,528,000 hectolitres de bière, soit 41 litres par tête.

L'impôt est calculé, soit à raison de 3 1/2 centimes par kilogr. de malt employé; soit, à la cuve-matière, à raison de 1 flor. par hectolitre de capacité imposable.

En 1874, le revenu du chef de l'accise sur les bières, était de 730,000 florins.

RUSSIE.

La production de la Russie d'Europe (non compris le royaume de Pologne) est d'environ 2,200,000 hectolitres de bière, soit 3 litres par tête.

SUÈDE.-NORWÈGE.

La fabrication n'y est pas imposée. En 1874, la production était d'environ 1 1/2 millions d'hectolitres.

SUISSE.

Même régime. Production : environ 750,000 hectolitres. Importation : environ 30,000 hectolitres.

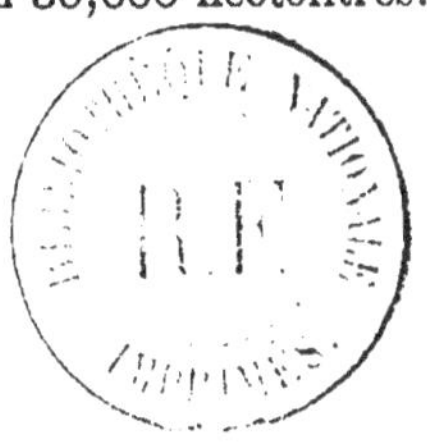

TABLE DES MATIÈRES.

LIVRE II.

LES MATIÈRES PREMIÈRES EMPLOYÉES DANS LA MALTERIE ET LA BRASSERIE.

LIVRE III.

PRATIQUE DE LA FABRICATION DU MALT ET DE LA BIÈRE.

PREMIÈRE PARTIE.

LIVRE IV.

DOSAGES.

LIVRE V.

LÉGISLATION ET STATISTIQUE.